普通高等教育“十三五”规划教材

# 无机及分析化学

主编　孙芬芳　张玲玲

山东科学技术出版社
·济南·

**图书在版编目（CIP）数据**

无机及分析化学 / 孙芬芳，张玲玲主编 . -- 济南：山东科学技术出版社，2019.8（2023.8 重印）
ISBN 978-7-5331-9817-6

Ⅰ. ①无… Ⅱ. ①孙… ②张… Ⅲ. ①无机化学 ②分析化学 Ⅳ. ① O61 ② O65

中国版本图书馆 CIP 数据核字（2019）第 084330 号

**无机及分析化学**

WUJI JI FENXI HUAXUE

责任编辑：赵 旭 宋丽群
装帧设计：孙非羽

**主管单位：山东出版传媒股份有限公司**
**出 版 者：山东科学技术出版社**
地址：济南市市中区舜耕路 517 号
邮编：250003 电话：（0531）82098088
网址：www.lkj.com.cn
电子邮件：sdkj@sdcbcm.com
**发 行 者：山东科学技术出版社**
地址：济南市市中区舜耕路 517 号
邮编：250003 电话：（0531）82098067
**印 刷 者：东营华泰印务有限公司**
地址：东营市广饶县大王镇华泰工业园
邮编：257300 电话：（0546）6441693

**规格：**16 开（184 mm × 260 mm）
**印张：**19 **字数：**440 千
**版次：**2019 年 8 月第 1 版 **印次：**2023 年 8 月第 4 次印刷
**定价：**39.00 元

# 编写委员会名单

主　　编　孙芬芳　张玲玲

副 主 编　殷兰兰　周　霞

参编人员　陈英杰　王　霞　葛胜菊

# 前 言

应用型本科院校的人才培养目标是应用型专业人才，这就决定了其教育教学的特点是理论不要太多，够用就行，突出在生产实践中有广泛应用价值的基础理论、基础知识和基本技能，使学生在理论学习的基础上，特别重视实践和实习教学环节，重视培养学生的实际操作能力和分析、解决问题的能力，使毕业生具有较强的就业竞争力。

本教材是2009年山东省高等学校教学改革立项项目“独立学院基础化学教材建设的研究”的成果之一，由农林水院校传统的普通化学和分析化学两门课程整合而成。全书共分为十一章，内容以化学反应原理为主，重点介绍化学热力学、化学动力学的基础知识，将各种滴定分析方法纳入相应的化学平衡中，物质结构基础知识与有机化学内容相结合，并简单介绍吸光光度法和电势分析法的基本知识。每章后附有课外阅读材料、思考题和习题，部分习题附有参考答案。

本教材是应用型本科院校的特色教材，适用于农林类、生物类及化工类各专业学生无机及分析化学课程的教学，也可作为高职高专和成人教育相关专业的教材、教学参考书。

教材内容包括溶液和溶胶，化学热力学基本原理，化学反应速率，物质结构基础，水溶液中的四大平衡以及对应的四大类滴定分析的基本原理和应用，吸光光度法和电势分析法。与国内目前使用的无机及分析化学教材相比，本教材在指导思想、体系编排和内容阐述上凸显以生为本、结构紧凑、深入浅出等特色。

1. 在深入研究新课标下高中化学教学内容，广泛调研国内应用型本科院校农林类、生物类和化工类专业无机及分析化学课程体系、教学内容和课时分配的基础上，将传统的普通化学和分析化学的课程内容进行了有机整合，有效地缓解了内容多、课时少的矛盾。

2. 在章节编排上，打破原有的各自为政的格局，特别注重课程内容的对接，避免衔接不紧凑或重复累赘，提高了课堂教学效率。

3. 选择贴近生活的阅读材料，不仅扩大了学生的视野，更有助于消除学生对基础课认识上的偏见，为其后续课学习夯实基础。

参加本教材编写的人员有青岛农业大学海都学院孙芬芳（绪论、第二章、第五章）、张玲玲（第八章、第十一章、总复习题及答案）、殷兰兰（第一章、第四章）、周霞（第三章、第七章）、青岛科技大学陈英杰（第六章）、烟台南山学院葛胜菊（第九章）、青岛农业大学海都学院王霞（第十章）。全书由孙芬芳、张玲玲统稿、定稿。

本教材在编写过程中，得到了青岛农业大学海都学院有关领导的大力支持，青岛大学化学学院李培耀副教授、青岛农业大学海都学院人文艺术系学生孙士玉和食品系学生杨政等为本教材绘制了大部分图片，青岛农业大学化学与药学院院长曲宝涵教授为本教材的编写工作提出了宝贵的意见，在此向他们表示衷心的感谢！

由于编者水平所限，不妥和疏漏之处在所难免，敬请广大读者批评指正。

编　者

2019年1月

# 目 录

# 绪 论

## 一、化学的研究对象和作用

世界是由物质组成的，化学是研究物质的组成、结构、性质、变化规律及变化过程中能量关系的自然科学。

自然界中从宏观的天体到微观的分子，从有生命的动植物到无生命的矿物质，都是由化学元素组成的，如生命体由碳、氢、氧、氮、硫、磷等化学元素组成。自然界中的物质，就其组成和性质可分为无机物和有机物两大类，如矿物质、大气、水等为无机物，淀粉、纤维素、蛋白质、油脂、塑料、橡胶等为有机物。

化学研究的内容非常丰富，传统化学按研究对象的不同分为无机化学(研究所有元素的单质及其化合物，碳氢化合物及其衍生物除外)、有机化学(研究碳氢化合物及其衍生物)、分析化学(研究物质的组成、结构和组分含量的测定方法及原理)和物理化学(利用物理学的原理和实验方法研究物质化学变化的基本规律)四大分支。随着科学技术的进步和生产的发展，这些分支已经发生了很大的变化。一方面，由于化学与其他学科之间相互渗透和融合以及化学学科内部各分支之间相互交叉，而不断形成新的边缘学科和应用学科，如生物化学、环境化学、食品化学、药物化学、农业化学、量子化学、结构化学、高分子化学、计算化学、材料化学、地球化学等等；另一方面，“四大分支”中的某些内容，已经发展成为一些新的独立分支，如电化学、配位化学、氟化学、稀有元素化学、胶体化学等等。

随着新的精密仪器、现代化的实验手段以及电子计算机的广泛应用，化学进入了一个崭新的发展阶段，主要表现为从描述性科学向推理性科学过渡，从定性向定量、从定态向动态发展，从宏观现象向微观结构深入。一个比较完整的化学新体系正在逐步建立起来。目前，世界上出现的以信息技术、生物工程、新材料、新能源、海洋开发等新技术为主导的技术革命都离不开化学和化学工业的发展，化学已被公认是一门中心科学。

## 二、化学与生物科学、食品科学的关系

化学园地繁花似锦，信息含量极为丰富。我们学习化学，究竟与生物科学、食品科学有什么关系呢？下面从化学与动物生产、化学与生物营养、化学与食品科学三个方面，择其重点简要阐述。

### 1. 化学与动物生产的关系

运用化学学科的成就为畜牧业服务，有着广阔的前景。

(1) 动物营养　饲料中的糖类、蛋白质、矿物质、维生素四大类营养物质，通过饲养动物而转化成肉、蛋、奶、毛和畜力等。为了能使饲养的动物按照人类需求进行生产活动，动物营养的摄入是关键，而动物摄入营养的调控与化学有着密切的关系。

(2) 动物饲料　中国饲料资源非常丰富，包括青绿饲料、青贮饲料、能量饲料、蛋白质饲料、矿物质饲料、维生素饲料等，动物饲料的合理选用离不开化学。

(3) 饲料工业　饲料工业是指根据畜、禽、水生动物的营养需要，用各种饲料原料生产配合饲料、浓缩饲料、预混饲料的工业。中国畜牧业一直保持着旺盛的发展势头，饲料工业的发展有力地推动了养殖业生产的发展。

在饲料工业中，饲料添加剂被广泛使用。所谓饲料添加剂，就是为了补充营养物质，提高饲料利用率，保证或改善饲料品质，防止饲料质量下降，促进动物健康生长繁殖而掺入饲料中的少量或微量营养性及非营养性物质，如防腐剂、促生长剂、抗氧化剂、调味剂、饲料黏合剂、抗生素、驱虫保健剂及载体等。

(4) 秸秆氨化　氨化处理秸秆是将含水量约 30% 的秸秆在密封状态下通以适量的氨，经一定时间的化学作用后，即成动物喜食的氨化秸秆。这种方法操作简单，并且效益很好，深受农民的欢迎。氨化秸秆的氨源可以是液氨、碳铵、尿素等。4 千克氨化秸秆约可抵 1 千克饲料粮。按我国年产秸秆 5 亿吨，以氨化秸秆 3 000 万吨计算，则相当于增产 750 万吨粮食，约增产牛、羊肉 94 万吨，经济效益非常可观。秸秆过腹后还田，可增加土壤肥力并改良土壤，还可解决废秸秆对环境的污染问题。

2. 化学与生物营养的关系

自然界中一切物质都是由化学元素组成的，人体也不例外，不同元素在人体中有不同的功能。人体通过呼吸、饮水和进食与地球表面的物质、能量交换达到某种动态平衡，所以生命过程就是生物体发生的各种物质转化以及能量转化的总结果。在生命活动过程中，化学元素和营养物质通过食物链循环而转化，再经过微生物分解返回环境。健康长寿是人类共同的愿望，大量研究证明，危害人类健康的疾病都与体内某些化学元素的平衡失调有关。

存在于生物(植物和动物)体内的化学元素大致可分为常量元素和微量元素。人体内约含有 70 种元素，其中有 11 种为常量元素，即碳、氢、氧、氮、硫、磷、氯、钙、镁、钠、钾，约占人体质量的 99.95%；其余的 0.05% 为微量元素或超微量元素，而微量元素中，如血液中浓度非常低的铅、镉、汞等，对人体具有毒害作用，称为有毒元素。人体需要的营养素是食物的组成成分，主要包括糖类、脂肪、蛋白质、维生素、无机盐、水和膳食纤维等七大类物质。各种营养素互相补充，相互制约，共同调理，以求在人体中达到和谐，并维持肌体正常的生命活动。

3. 化学与食品科学的关系

俗话说：“民以食为天。”提高粮食产量和食品质量已成为世界各国共同关注的问题。

(1) 粮食生产　自 20 世纪 50 年代开始，由于世界人口大量增加、耕地面积不断减小、害虫和杂草以及自然灾害、战争等因素的影响，粮食生产受到严重影响。据统计，1980 年有 23% 的发展中国家人口因食物不足造成严重营养不良。目前，世界范围内的粮食安全问题仍然受到人们极大的关注，有资料报道，日本、阿联酋及其他一些海湾国家开始在海外大量屯田。人类要解决粮食短缺问题，最有效的办法就是大力提高现有耕地的产量，这就要求大力发展肥料化学和农药化学，化肥、农药、植物生长激素和除草剂等应运而生，这些问题的解决都需要依靠化学。

（2）食品生产与质量控制　农、林、果、蔬、鱼、畜、禽产品的初加工和深加工及其副产品和废物的综合利用，粮食、油料、蔬菜、水果、水产品、肉奶蛋等的贮藏保鲜等，都离不开化学的基本原理、基本知识和基本操作技术。

综上所述，化学在大学生的专业学习和未来的专业工作中起着重要的作用。无论是从事专业本身发展，还是提高学生自身素质、适应社会需要，都要求大学生掌握必要的化学知识。本课程力求使学生通过学习，掌握从事动物养殖生产、动物检疫和食品加工、食品分析等所必需的化学知识。

## 三、无机及分析化学课程的内容和学习方法

无机及分析化学是高等院校生物类、食品类专业学生的一门重要的必修基础课，主要介绍无机化学和分析化学课程中的基本概念、基本原理和基本操作技术等内容，包括物质结构基础、溶液的基础知识、水溶液中的四大平衡原理和以滴定分析法为主的测定物质含量的方法，使学生建立起准确的“量”的概念，为后续课程的学习和将来的工作打下良好的基础。

学习就要讲究方法，要学会还要会学，更重要的是会用。大学与中学相比，在教学方法和教学管理方面都有较大的差别：大学课程的特点是课堂讲授内容多、信息量大、教学进度快；任课教师对学生的管理相对宽松，课外练习题、书面作业和阶段性的习题课较少。这就要求学生尽快完成从中学到大学在学习方法、学习习惯及自我管理等方面的转变，通过课前预习、课堂听讲、课后复习和课外阅读等环节，养成良好的学习习惯，培养和提高提出问题、分析问题和解决问题的能力。学习新课前要预习，这样听课时才能有所侧重；课堂上，对于预习时存在的疑问以及老师强调的重点、难点要集中精力听讲，并做好笔记。课堂笔记的重点是教师的授课纲要、基本结论、补充材料以及听课时发现的疑难问题。每次课后必须及时复习，不妨先按课堂笔记梳理一下授课内容，然后一边阅读教材、参考资料，一边整理笔记。另外，根据自身的记忆特点和课程内容的联系，进行阶段性复习，可以收到事半功倍的效果。

无机及分析化学课程的特点是理论性强，涉及的概念、计算公式较多，学习时要注意对基本概念、基本原理等基础知识的理解，处理好理解与记忆的关系，学会运用分析对比、联系归纳等方法，善于从书中的例题体会解题的思路、方法和技巧，弄清物理量的概念及其符号、单位的含义，注意基本化学原理、定律、公式的使用条件和适用范围，在理解的基础上，记忆一些重要的概念、原理和公式，努力做到熟练掌握、融会贯通，并能正确应用。

化学是一门以实验为基础的学科，实验是化学教学内容的重要组成部分，学生在整个大学化学的学习过程中都要树立“实践第一”的观点。通过实验，学生不仅可以加深对

所学基本概念和基本原理的理解，而且可以掌握基本的操作技能、科学的实验方法，不断提高动手能力。基础化学实验的基本内容、教学目的和要求及其他相关的问题，将在化学实验课程中阐述。

## 化学与社会

### 化学在取名上的科学性

人类有意识地变革物质的活动，最早要追溯到制陶上，然而，铜、铁、金等金属比陶瓷有更广泛的用途，所以，尽管金属的冶炼技术比制陶技术起步晚，但却更早地进入较高的发展阶段。我国在战国时期就出现了炼金术。在统治阶级企图炼出能延年益寿、长生不老的“金液”“仙丹”的驱使下，古人进行了大量的变革金属的活动。到了中国的唐朝，西亚的阿拉伯帝国崛起，唐朝的炼丹术经过丝绸之路传到了阿拉伯，从此，阿拉伯便创造出一个新的词语——炼金术(Alchemy)。

阿拉伯的炼金术长达数世纪，炼金士们学习中国的炼丹技术，用铁、铜、铅、汞、硫黄、丹砂等为原料，使用风箱、坩埚、勺子、烧杯、平底蒸发皿和沙浴等器具，企图制取灵丹妙药。

大约 11 世纪，阿拉伯的炼金术传到欧洲。西欧封建贵族对炼金术很感兴趣，他们驱使炼金士在宫廷和教堂中升起炉火，夜以继日地为他们炼制黄金。那时，仅英国亨利六世身边的炼金士就有三千多人。许多炼金术的作品详细记述了炼金士在炼金过程中观察到的一些化学现象，还创造了许多符号，有的至今还在沿用。

尽管亚洲和欧洲的炼金士在“炼丹”和“点金”方面是徒劳的，但是他们在实际操作过程中，确实也完成了不少化学转变，提高了人们对物质转化的认识。阿拉伯的炼金士拉泽把当时已知的物质分为植物性的、动物性的、矿物性的和衍生物。德国炼丹士马格努斯等详细记载了明矾、铅丹、砒石和酒石等许多物质在受热时的变化。17 世纪以前，欧洲乃至整个世界还没有哪一场运动，像炼金术那样长时间地、广泛地促使人们去探索科学，并得到丰富的经验和教训。因此，恩格斯将炼金术视为化学的“原始形态”。欧洲人在长期的炼金活动中，逐渐地把变革物质的尝试模仿阿拉伯人“炼金术”(Alchemy)的字音叫开了。英国来华传教士韦廉臣 1856 年出版的《格物探源》一书和英国伟烈亚力 1857 年在上海发行的期刊《六合丛谈》中，都使用了“化学”一词。有趣的是化学这一术语，英语叫 Chemistry，德国叫 Chemie，法国叫 Chime。它们与阿拉伯语“Alchemy”在拼音和字母组合上都很相近，这与古代人们变革金属和其他物质的实践活动密不可分。

中国把上述这门科学叫作“化学”。任何物质的形态或质地同原来的不一样了，皆可用“变化”一词。“变化”二字有时连在一起用，有时又分开用。细想起来，“化”比“变”更富有质变的含义。例如，纸燃烧后变成灰，有机物变成无机物，其性质完全发生了变化，用“化为灰烬”比“变为灰烬”确切得多。化学主要是研究物质发生质变规律的科学，所以科学家将其取名为“化学”是十分贴切的。19 世纪中叶以前，我国并无“化学”一词。早先，我国有人把“化学”译作“格致”“博学”“质学”。到 20 世纪 20 年代以后，才采用了“化学”这一译名。日本接受西方近代科学比我国早，1837 年，日本学者宇天川格庵将 Chemistry 和 Chemie 直译为“舍密”。1861 年，日本川本善民认为“化学”比“舍密”妥帖，于是用“化学”代替“舍密”。现在，世界各国虽然对“化学”这门学科的叫法和写法不同，但都是指人们专门从事认识物质和变革物质的这种特殊形式的科学研究活动。

# 第一章

# 溶液和溶胶

本章教学要求

1.熟悉溶液的组成和简单分类；掌握常见溶液组成的标度方法，能够熟练地进行相关的计算。

2.了解液体的蒸气压、沸点和凝固点的定义及其影响因素；掌握溶液的蒸气压降低、沸点升高、凝固点降低及溶液的渗透压的含义及其重要的应用，能用稀溶液的依数性解释一些常见的现象。

3.掌握溶液凝固点降低法和渗透压法测定物质相对分子质量的原理和方法。

4.了解溶液中固体表面吸附现象的分类及其吸附规律。

5.了解胶体的分类和性质；理解溶胶的性质及其产生的原因；了解胶粒带电的原因。

6.掌握胶团结构式的写法；理解溶胶的稳定性的含义；掌握电解质对溶胶的聚沉作用，了解其他因素对溶胶的聚沉作用。

溶液在生命现象、工农业生产以及日常生活中，都具有广泛应用。例如，食物的消化和吸收、营养物质的运输与转化、代谢废物的排泄等都是在溶液中进行的，离开溶液，生命就不存在了；在工业生产中，电解食盐水制取氯气和烧碱、海水淡化和污水处理、确定各种食物的化学成分和含量等，有关的化学反应几乎都在溶液中进行；在农业生产中，常常是先将化肥和农药配制成不同浓度的溶液再施用；就连我们熟悉的汽水、咖啡、洗发水等都是溶液。

胶体的存在也很普遍。例如，土壤的形成、动植物体的骨架和组织以及各种生命现象等都与胶体密切相关。

## 第一节 溶 液

### 一、溶液的分类

溶液是一种或多种物质以分子、原子或离子状态分散于另一种物质中所形成的均匀而又稳定的混合物。习惯上，人们把能够溶解其他物质的化合物称为溶剂(solvent)，把被溶解的物质称为溶质(solute)。

人们最熟悉的溶液是液态溶液。根据溶剂种类的不同,又可将液态溶液分为水溶液和非水溶液,并且在没有特别指明溶剂种类时,通常所说的溶液都是水溶液。例如,将白糖加入水中,固体糖颗粒溶解,以水合分子的形式分散在水中而形成糖水溶液;把食盐加入水中,NaCl 则以水合离子的形式分散在水中而形成氯化钠水溶液。用四氯化碳、汽油、苯等作为溶剂可以溶解有机化合物,这时形成的溶液称为非水溶液。除液态溶液外,还有气态溶液和固态溶液。气体混合物都是气态溶液,如没有被污染的空气就是一种气态溶液。少量的碳溶于铁而成为钢,少量的锌溶于铜而成为黄铜,它们都是固态溶液。

提问

$O_3$与$O_2$的混合气体是气态溶液吗?

根据组成溶液的溶质状态,可以将液态溶液分为三类:气态物质溶于液态物质形成的溶液,如稀盐酸;固态物质溶于液态物质形成的溶液,如上述的盐—水溶液、糖—水溶液等;液态物质溶于液态物质形成的溶液,如乙醇—水溶液、甲醛—水溶液等。在前两类溶液中,通常将液态物质看作溶剂,而把气态物质或固态物质看作溶质。在第三类溶液中,一般是将量较多的一种物质称为溶剂,而把量较少的一种物质称为溶质,如在消毒酒精中,乙醇为溶剂,水为溶质。

根据导电性质的不同,可将液态溶液分为电解质溶液和非电解质溶液。难挥发性非电解质的稀溶液服从"依数性"定律,而电解质溶液则常偏离"依数性"定律(即拉乌尔定律,具体内容参见本节中"四、稀溶液的依数性")。

此外,人们常说的"稀溶液""浓溶液",只是对溶液中各组分的相对含量的一种定性描述,而不是一种定量标度。一般来说,人们把单位体积中含少量溶质的溶液称为"稀"溶液,而把含有较多溶质的溶液看成"浓"溶液。这种"稀""浓"溶液之间没有明确的界限。人们还根据溶质在溶剂中的溶解情况,将液态溶液分为饱和溶液、过饱和溶液和不饱和溶液三类。

特别值得注意的是,溶液与化合物不同:化合物是单一的纯物质,有特定的组成、结构及摩尔质量等;溶液则是一种特殊的混合物,在溶液中,溶质和溶剂的相对含量可以在一定范围内变化。溶质溶解于溶剂的过程,既不是溶质与溶剂之间简单的机械混合,也不是定量的化学反应,而是一种特殊的物理化学过程。溶质在溶解过程中,常伴随着能量变化和体积变化,有时还会有颜色的变化。例如,浓硫酸、氢氧化钠溶于水时都会放出大量的热,而硝酸钾、硝酸铵溶于水时则要吸收热量;乙醇溶于水时,液体总体积会减小;无水硫酸铜是白色粉末,溶解于水时则是蓝色溶液。这些现象说明,溶质在溶剂中的溶解确实不是一个简单的、机械混合的物理过程,而是伴随有一定程度的化学变化的复杂过程。但是这种变化又与通常的纯化学变化不同,因为用蒸馏、蒸发结晶等物理方法能很容易地将溶质从溶液中分离出来。溶质在溶剂中的溶解实际上包括两个过程:一是溶质的分子或离子的"分散",这一过程需要吸收热量以克服原有粒子间的吸引力,并倾向于使溶液的体积增大;另一过程是溶剂分子与溶质粒子发生"溶剂化"(solvation)作用,这一过程会放出热量,并倾向于使溶液的体积缩小。整个溶解过程是放出热量还是吸收热量、体积是增大还是缩小，受“分散”和“溶剂化”两个过程的控制。至于颜色的变化也与“溶剂化”有关，如二价铜离子是无色的，仅溶解于水后生成水合铜离子时是蓝色的。

所谓“溶剂化”指的是当溶质与溶剂混合后，溶剂分子会将溶质粒子包围起来，好比给溶质粒子裹上了衣服，裹的衣服越厚，溶剂化作用越强。如果溶剂是水，就称为水化作用。例如，将固态的蔗糖溶于水后，蔗糖先分散成蔗糖分子，然后蔗糖分子就被水分子包围起来形成了水合糖分子；食盐溶于水后，食盐分散成的钠离子和氯离子分别被水分子包围起来，就形成了水合钠离子和水合氯离子。在基础化学中，涉及较多的是水合氢离子 $H_3O^+$。水合分子或离子与非水合分子或离子在结构和性质上都有差异。

## 二、物质的量和物质的摩尔质量

### 1. 物质的量($n$)

物质的量是以摩尔(mole)为计量单位来表示物质所含微粒数目多少的物理量。摩尔是一个系统的物质的量，该系统中所包含的基本单元数与 0.012 kg$^{12}$C 的原子数目相同。组成系统的基本单元可以是分子、原子、离子、电子及其他粒子或这些粒子的特定组合。使用摩尔时必须在其单位符号(mol)或量的符号($n$)后面用元素符号或化学式注明基本单元，而不能用文字表示。例如，1 mol($H_2$)或 $n(H_2)=1$ mol，表示基本单元是 $H_2$ 的物质的量是 1 mol，即 $6.02\times10^{23}$ 个氢气分子；1 mol($2H_2$)或 $n(2H_2)=1$ mol，表示基本单元是($2H_2$)的物质的量是 1 mol，即 $2\times6.02\times10^{23}$ 个氢气分子；1 mol(H)或 $n(H)=1$ mol，表示基本单元是 H 的物质的量是 1 mol，即 $6.02\times10^{23}$ 个氢原子。

### 2. 物质的摩尔质量

1 mol 物质 B 所具有的质量称为 B 物质的摩尔质量，常用符号 $M$ 表示，其 SI 制单位符号为 $kg\cdot mol^{-1}$，常用单位符号是 $g\cdot mol^{-1}$。若某物质 B 的质量为 $m$，物质的量为 $n(B)$，摩尔质量为 $M(B)$，则它们三者间的关系是

$$n(B)=\frac{m}{M(B)} \tag{1-1}$$

使用“摩尔质量”这一概念时，同样需要用元素符号或化学式注明基本单元。例如，$M(H_2SO_4)=98\ g\cdot mol^{-1}$，而 $M(1/2H_2SO_4)=49\ g\cdot mol^{-1}$。

## 三、溶液的组成标度

溶液的组成标度是指溶液中溶质和溶剂的相对含量。溶液的组成标度有不同的表示方法，下面是几种常用的溶液组成标度的表示方法。

### 1. 质量分数

质量分数(mass fraction)定义为物质 B 的质量除以混合物的质量。对于溶液而言，质量分数定义为溶质的质量除以溶液的质量，即

$$w(B)=\frac{m(B)}{m} \tag{1-2}$$

式中：$w(B)$为溶质 B 的质量分数，$m(B)$为溶质 B 的质量，$m$ 为溶液的质量。质量分数的

单位为 1，但溶质 B 的质量和溶液的质量单位必须相同。质量分数也可以用百分数表示。

用质量分数表示溶液的组成，简单、方便，是常用的溶液组成标度之一。市售浓硫酸、浓盐酸、浓硝酸、浓氨水等试剂都用这种方法表示溶液的组成。

2. 质量浓度

质量浓度（mass concentration）定义为物质 B 的质量除以混合物的体积。对于溶液而言，质量浓度定义为溶质的质量除以溶液的体积，即

$$\rho(\mathrm{B})=\frac{m(\mathrm{B})}{V} \tag{1-3}$$

式中：$\rho(\mathrm{B})$为溶质 B 的质量浓度，$m(\mathrm{B})$为溶质 B 的质量，$V$ 为溶液的体积。质量浓度的 SI 制单位为 $\mathrm{kg\cdot m^{-3}}$，常用的单位为 $\mathrm{g\cdot L^{-1}}$、$\mathrm{mg\cdot L^{-1}}$等。

使用质量浓度时请注意，溶质的质量可以用不同的单位，但是溶液的体积必须统一用升（L）做单位。

3. 质量摩尔浓度

质量摩尔浓度（molality）定义为溶质 B 的物质的量除以溶剂的质量，即

$$b(\mathrm{B})=\frac{n(\mathrm{B})}{m(\mathrm{A})} \tag{1-4}$$

式中：$b(\mathrm{B})$为溶质 B 的质量摩尔浓度，$n(\mathrm{B})$为溶质 B 的物质的量，$m(\mathrm{A})$为溶剂 A 的质量。$b(\mathrm{B})$的 SI 制单位为 $\mathrm{mol\cdot kg^{-1}}$。

例如，将 18 g 葡萄糖（摩尔质量为 180 $\mathrm{g\cdot mol^{-1}}$）溶解于 1 000 g 水中，所得溶液的质量摩尔浓度为 0.1 $\mathrm{mol\cdot kg^{-1}}$。

用质量摩尔浓度表示溶液的组成，优点是其数值不受温度影响，所以，在讨论稀溶液的依数性等理论问题时常用到它。

4. 物质的量浓度

物质的量浓度（amount-of-substance concentration）定义为物质 B 的物质的量除以混合物的体积。对于溶液而言，物质的量浓度定义为溶质的物质的量除以溶液的体积，即

$$c(\mathrm{B})=\frac{n(\mathrm{B})}{V} \tag{1-5}$$

式中：$c(\mathrm{B})$为溶质 B 的物质的量浓度，$n(\mathrm{B})$为溶质 B 的物质的量，$V$ 为溶液的体积。物质的量浓度的 SI 制单位为 $\mathrm{mol\cdot m^{-3}}$，常用单位为 $\mathrm{mol\cdot dm^{-3}}$或 $\mathrm{mol\cdot L^{-1}}$。

需要注意的是：

(1) 因为计算物质的量浓度时涉及物质的量，而物质的量与基本单元有关，因此，使用物质的量浓度时，必须指明物质 B 的基本单元或微粒种类，基本单元可以是原子、分子、离子以及它们的特定组合。

(2) 在不至于引起混淆的情况下，物质的量浓度可以简称为浓度。也就是说，在没有特别说明的情况下，本课程以后提到浓度时均指物质的量浓度。

(3) 物质的量浓度会随温度的改变而略有变化，所以在讨论有些理论问题时，常用质量摩尔浓度而非物质的量浓度。但是，对于很稀的溶液来说，可以近似地认为物质的量

浓度约等于其质量摩尔浓度。

(4) 在本教材中，用 $c$(B)表示物质 B 的浓度，用[B]表示物质 B 的平衡浓度。

(5) 在实际工作中，凡是已知相对分子质量的物质，通常用物质的量浓度表示一定体积的溶液中所含溶质的量；而对于未知其相对分子质量的物质，则用质量浓度表示一定体积的溶液中所含溶质的量。

5. 物质的量分数

物质的量分数(amount-of-substance fraction)又称为物质的量之比或摩尔分数(mole fraction)，其定义为物质 B 的物质的量与混合物的总的物质的量之比。对于溶液而言，物质的量分数定义为溶质的物质的量除以溶液的总的物质的量，即

$$x(\mathrm{B})=\frac{n(\mathrm{B})}{\sum n(\mathrm{A})} \tag{1-6}$$

式中：$x$(B)为溶质 B 的物质的量分数，$n$(B)为溶质 B 的物质的量，$\sum n$(A)为溶液中各物质的物质的量之和。物质的量分数的单位为 1。

在化学反应中，物质的质量之比是复杂的，但用物质的量之比表示参加反应的各物质之间量的关系就比较简单，所以用物质的量分数来标度溶液的组成可以和化学反应直接联系起来。同时，这种溶液组成的标度方法也常用于稀溶液性质的研究中。

## 四、稀溶液的依数性

在本章的开始已介绍过，溶液是一种特殊的混合物。根据溶液是否导电，可将其分为电解质溶液和非电解质溶液，而前者依据其导电能力的不同，又有强电解质和弱电解质之分；根据溶质和溶剂的相对含量，溶液又有稀溶液和浓溶液之分。溶液是由溶质溶解于溶剂中形成的，溶解的结果使溶质和溶剂的性质都发生了变化。这些性质的变化可分为两类：一类性质的变化与溶质、溶剂的本性以及溶质与溶剂的相互作用有关，如溶液的颜色、体积、导电性、黏度等性质的变化；另一类性质的变化则主要与溶质的微粒数目和溶剂的微粒数目之间的比值有关，如溶液中溶剂的蒸气压下降、溶液的沸点升高和凝固点降低以及溶液的渗透现象等。物理化学之父——德国的奥斯特瓦尔德(Ostwald)将这些只与溶液的组成有关的后一类性质称为溶液的依数性(colligative property of solution)。

在难挥发性非电解质的稀溶液中，溶质微粒之间以及溶质微粒与溶剂微粒之间的相互作用极弱，因而溶液的依数性呈现出明显的规律性，并且可以从溶液的一种依数性的数值推算出其他依数性的数值，所以稀溶液的依数性又被称为稀溶液的通性(common gender)。在浓溶液以及电解质溶液中，溶质微粒之间以及溶质微粒与溶剂微粒之间的相互作用较强，往往较大程度地偏离稀溶液的依数性规律。稀溶液的依数性在人们的生产、生活中有很多的应用，尤其是稀溶液的渗透作用对生命科学极为重要。

1. 溶液的蒸气压下降

在一定温度下，将足量的液体盛放于密闭容器中，则液面上的一部分分子会逸出液面成为蒸气，这一过程叫蒸发。同时，一部分蒸气分子又会重新回到液面变成液体，这一过程叫冷凝。当液体蒸发的速率和蒸气冷凝的速率相等时，系统达到动态平衡，这时蒸

气所产生的压力称为该液体的饱和蒸气压，简称为蒸气压。在一定温度下，每种纯液体的蒸气压都有一定值。例如，在 293.15 K 时，水的蒸气压为 2.338 5 kPa，乙醚的蒸气压为 57.6 kPa。由于蒸发是吸热过程，所以液体的蒸气压随温度的升高而增大。表 1-1 列出了水的蒸气压与温度的关系。

**表 1-1 水的蒸气压与温度的关系**

| 温度 $t$/℃ | 蒸气压 $p^*$ /kPa | 温度 $t$/℃ | 蒸气压 $p^*$ /kPa | 温度 $t$/℃ | 蒸气压 $p^*$ /kPa |
|---|---|---|---|---|---|
| 0 | 0.61 | 40 | 7.38 | 80 | 47.33 |
| 10 | 1.23 | 50 | 12.33 | 90 | 70.08 |
| 20 | 2.34 | 60 | 19.92 | 100 | 101.32 |
| 30 | 4.24 | 70 | 31.15 | | |

图 1-1 绘制的是水、冰和溶液的蒸气压曲线。不同的物质在同一温度下的蒸气压不同。固态物质的蒸气压一般很小，但也随温度的升高而增大。无论是固态还是液态物质，在同一温度下蒸气压大的物质称为易挥发物质，蒸气压小的物质称为难挥发物质。本章讨论稀溶液的依数性时，只考虑溶剂的蒸气压。若以蒸气压为纵坐标，温度为横坐标作图，所得曲线称为蒸气压曲线。

实验结果表明，在一定温度下，向纯溶剂中加入少量难挥发的溶质，所得溶液的蒸气压（实际上是溶液中溶剂的蒸气压）会下降。这是由于溶质溶于溶剂后，每个溶质分子与若干个溶剂分子结合，形成了溶剂化分子，溶剂化分子一方面束缚了一些高能量的溶剂分子，另一方面又占据着一些溶剂的表面，结果使得单位时间内逸出液面的溶剂分子数目相应地减少，蒸发和冷凝达到平衡状态时液面上蒸气分子数目减少，使得溶液的蒸气压低于纯溶剂的蒸气压。在同一温度下，纯溶剂的蒸气压与溶液的蒸气压之差，称为溶液的蒸气压下降。

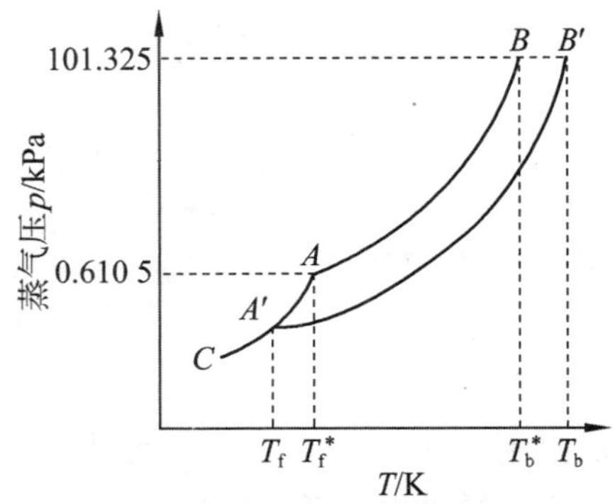


图 1-1 水、冰和溶液的蒸气压曲线

*AB* 为水的蒸气压曲线，*AC* 为冰的蒸气压曲线，*A′B′* 为稀溶液的蒸气压曲线

法国化学家拉乌尔（Raoult F. M.）于 1887 年根据大量实验结果总结出一条普遍规律：在一定温度下，难挥发非电解质稀溶液的蒸气压下降与溶液的质量摩尔浓度成正比，而与溶质的本性无关。这一规律称为拉乌尔定律，其数学表达式为

$$\Delta p = p^* - p = k \cdot b(\mathrm{B}) \tag{1-7}$$

式中：$p$ 为溶液的蒸气压，单位为帕(Pa)；$p^*$ 为纯溶剂的蒸气压，单位为帕(Pa)；$\Delta p$ 为溶液的蒸气压下降，单位为帕(Pa)；$k$ 为比例常数；$b(\mathrm{B})$ 为溶质 B 的质量摩尔浓度，单位为 $\mathrm{mol \cdot kg^{-1}}$。

式(1-7)的另一表达形式：

$$p = p^* \cdot x(\mathrm{A}) \tag{1-7a}$$

对于二组分系统，$x(\mathrm{A}) = 1 - x(\mathrm{B})$，与上式合并，得 $p = p^* - p^* \cdot x(\mathrm{B})$。

$$\Delta p = p^* - p = p^* \cdot x(B) \approx p^* \cdot \frac{n(B)}{n(A)} = p^* \cdot M(A) \cdot \frac{n(B)}{m(A)} = k \cdot b(B) \tag{1-7b}$$

式中：$p^*$ 是纯溶剂的蒸气压，$M(A)$是溶剂的摩尔质量，$k=p^* \cdot M(A)$。显然，对于给定的溶剂，在一定的温度下，$k$ 是一常数。

利用溶液的蒸气压下降，能说明某些易吸潮的物质，如 $CaCl_2$、$P_2O_5$ 等做干燥剂的原理。当这些物质吸收了空气中的水蒸气后，表面形成了溶液，由于溶液的蒸气压低于空气中水蒸气的分压，结果空气中的水蒸气不断冷凝进入溶液，从而使周围空气得到干燥。

2. 溶液的沸点上升和凝固点下降

沸点指液体的蒸气压等于外界大气压时的温度。一定外压下，任何纯液体都有一定的沸点，如外界大气压为 101.3 kPa 时，纯水的沸点为 373.15 K。

由图 1-1 可知，溶解有难挥发物质的稀溶液，其蒸气压在任意温度下都较纯水的蒸气压低。因此，在 373.15 K 时溶液并不沸腾。要使溶液的蒸气压上升到 101.3 kPa，就必须将溶液继续加热到高于 373.15 K 的某一温度，此温度就是溶液的沸点。可见，溶液的沸点总是高于纯溶剂的沸点。溶液的沸点与纯溶剂的沸点之差，称为溶液的沸点上升，用 $\Delta T_b$ 表示。

某物质的凝固点是指在一定外压下（一般是指常压），该物质的液相和固相达到平衡时的温度。在 101.3 kPa 下，水的凝固点为 273.15 K，这时冰和水两相平衡共存，由图 1-1 可以看出，此时冰和水的蒸气压相等，都是 0.610 5 kPa，所以凝固点就是某物质的固相蒸气压与其液相蒸气压相等时的温度。

若在水中加入溶质，由于溶液的蒸气压下降，在 273.15 K 时，溶液的蒸气压低于 0.610 5 kPa，即低于 273.15 K 时冰的蒸气压，则蒸气压大的一相就会消失，转移到蒸气压小的一相中去，此时，冰将融化成水，所以 273.15 K 不是溶液的凝固点。

由图 1-1 中的曲线可以看出，虽然水、冰和溶液的蒸气压都随温度的下降而减小，但冰的蒸气压减小的幅度大，因而在低于 273.15 K 的某一温度，冰和溶液的蒸气压曲线可以相交于一点，该点对应的温度就是溶液的凝固点。由此可见，溶液的凝固点总是低于纯溶剂的凝固点。纯溶剂的凝固点与溶液的凝固点之差，称为溶液的凝固点下降，用 $\Delta T_f$ 表示。

溶液的沸点上升和凝固点下降是溶液的蒸气压下降的必然结果，而溶液的蒸气压下降的程度又与溶液的浓度有关，因此，溶液的沸点上升和凝固点下降必然与溶液的浓度有关。对稀溶液，拉乌尔根据实验结果又归纳出如下规律：难挥发非电解质稀溶液的沸点上升和凝固点下降与溶液的质量摩尔浓度成正比，而与溶质的本性无关。此定律的数学表达式为

$$\Delta T_b = K_b \cdot b(B) \tag{1-8}$$

$$\Delta T_f = K_f \cdot b(B) \tag{1-9}$$

式中：$b(B)$为溶质 B 的质量摩尔浓度，$\Delta T_b$ 和 $\Delta T_f$ 分别表示溶液的沸点上升和凝固点下降，$K_b$ 和 $K_f$ 分别是溶液的沸点上升常数和凝固点下降常数。溶剂不同，$K_b$ 和 $K_f$ 的数值也不同。表 1-2 列出了一些常见溶剂的沸点和凝固点及其 $K_b$ 和 $K_f$ 值。

由实验测得溶液的沸点上升和凝固点下降，可以计算出溶质的相对分子质量。由于同一溶剂的凝固点下降常数比沸点上升常数大，实验误差较小，且达到凝固点时有固体析出，实验现象明显，因此，用凝固点下降法测定溶质的相对分子质量在实际中应用更广泛。

**表 1-2　一些常见溶剂的沸点和凝固点及其 $K_b$ 和 $K_f$ 值**

| 溶剂 | 沸点/K | $K_b/(K \cdot kg \cdot mol^{-1})$ | 凝固点/K | $K_f/(K \cdot kg \cdot mol^{-1})$ |
|---|---|---|---|---|
| 水 | 373.15 | 0.52 | 273.15 | 1.86 |
| 苯 | 353.35 | 2.53 | 278.68 | 5.12 |
| 四氯化碳 | 351.66 | 4.88 | 250.35 | 29.8 |

**例 1-1**　将 2.6 g 尿素[$CO(NH_2)_2$]溶于 50 g 水中，实验测得溶液的凝固点为 271.54 K，求尿素的相对分子质量。

**解：**　$\Delta T_f = K_f \cdot b(B)$　　　$273.15 - 271.54 = 1.86 \times b(B)$

$$b(B) = \frac{273.15 - 271.54}{1.86} = 0.866\ mol \cdot kg^{-1}$$

当 50 g 水中含 2.6 g 尿素时，1 000 g 水中含尿素为 $m = \frac{1\,000 \times 2.6}{50} = 52\ g$

即 0.866 mol 尿素的质量为 52 g，尿素的摩尔质量为

$$M = \frac{52}{0.866} = 60\ g \cdot mol^{-1}$$

所以，尿素的相对分子质量为 60。

需要说明的是，若不断降低稀溶液的温度，开始时只有纯溶剂呈固态析出，而溶质并不析出。例如，水溶液凝固时，首先析出冰，随着冰的析出，溶液浓度不断增大，于是凝固点进一步下降。当溶液达到饱和时，冰和溶质同时结晶析出，此时溶液的凝固点不再降低，直到溶液全部变成固态冰和溶质的混合物，这种混合物称为低共熔混合物。生成低共熔混合物时的温度，称为低共熔温度。不同物质的水溶液其低共熔温度不同，例如，食盐为－22 ℃，氯化钙为－55 ℃。由此可知，当温度高于－22 ℃时，冰和食盐不能共存，将二者混合在一起时，冰开始融化。冰融化时要大量吸热，因此，冰盐混合物常用作制冷剂，广泛应用于水产品和食品的贮藏及运输行业。又如，在寒冷的冬季，往汽车、坦克的散热器（水箱）中加入适量的甘油或乙二醇，从而降低水的凝固点，可保证汽车、坦克在严冬时节正常运行。这些实例都是利用溶液凝固点下降的原理，而且稀溶液凝固点下降的测定是在低温下进行的，即使多次重复测定也不会引起生物样品的变性或破坏，加之稀溶液的质量摩尔浓度不会随温度的变化而改变，所以在医学和生物科学实验中，凝固点下降法被广泛应用。

溶液凝固点下降的原理在生物科学的研究上也具有重要的意义。在严寒的冬季，植物细胞中的可溶物会大量积累，以增大细胞液的浓度，使细胞液的凝固点降低，增强植物的耐寒能力。

3. 稀溶液的渗透压

日常生活中有许多现象，如地底下的水和养料会上升到数十米高的大树顶端；施过化肥的农作物需要立即浇水，否则化肥会将农作物“烧死”；因失水而发蔫的蔬菜、水果，喷上水后又可以焕发生机；淡水鱼类和海水鱼类不能互换生活环境；人们在淡水中游泳时，如果时间过长，眼睛会红肿，并有疼痛的感觉；护士在为病人大量输液时，只用0.9%的NaCl溶液（即生理盐水）或5%的葡萄糖溶液等。这些现象都与细胞膜的渗透性能有关。物质自发地由高浓度向低浓度迁移的现象称为扩散。扩散现象不仅存在于溶液和溶剂之间，也存在于不同浓度的溶液之间。如果用半透膜（semipermeable membrane，半透膜是能有选择性地允许或阻止某些粒子通过的物质，例如动植物的细胞膜、胶棉、醋酸纤维素膜等）把纯溶剂和溶液或者是两种不同浓度的溶液隔开（图1-2a），由于膜两侧单位体积内溶剂分子数目不等，在单位时间内由纯溶剂进入溶液中的溶剂分子的数目要比由溶液进入纯溶剂中的溶剂分子数目多，渗透的结果是溶液一侧的液面升高（图1-2b）。这种溶剂分子通过半透膜由纯溶剂（或稀溶液）“单方向扩散”进入溶液（或浓溶液）的现象称为渗透（osmosis）。因为溶液一侧液面升高后，其静压力增大，驱使溶液中的溶剂分子加速通过半透膜进入纯溶剂。当静压力增大至一定数值后（即当溶液一侧液面上升到一定高度时），单位时间内从膜两侧双向通过的溶剂分子数目相等，这种状态称为渗透平衡（osmotic equilibrium）。由此可见，渗透现象是一种特殊的扩散现象，即具有方向性的扩散现象。

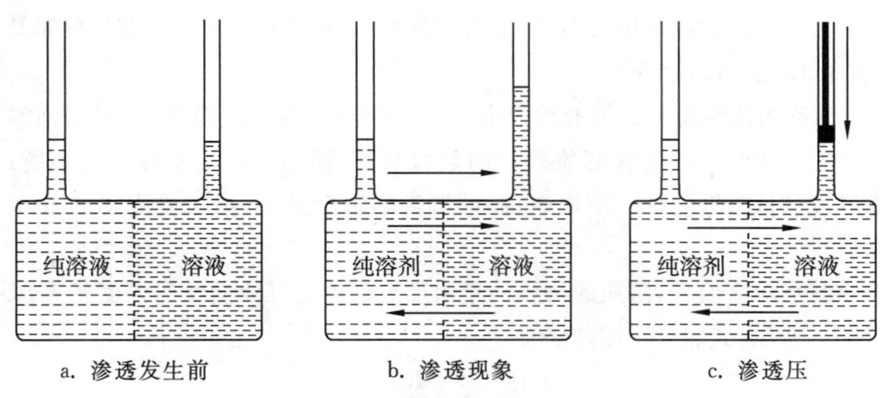


图1-2 渗透现象和渗透压示意图

有半透膜存在和膜两侧单位体积内溶剂分子数目不相等（即存在着浓度差）是发生渗透现象的两个必要条件。渗透作用总是使溶剂分子从纯溶剂一方向溶液一方，或是从稀溶液一方向浓溶液一方进行，其结果是缩小溶液之间或溶液与溶剂之间的浓度差。

半透膜的种类多种多样，其通透性能也不相同。理想的半透膜是一种水分子能自由通过，而其他溶质分子或离子都不能透过的薄膜，这样的半透膜实际上是不存在的。人工制备的火棉胶膜、玻璃纸等，不仅溶剂水分子可以透过，而且溶质小分子、离子也可以缓慢透过，但大分子化合物不能透过。在生物化学实验中使用的透析袋（dialysis tubing）和超滤膜（ultrafiltration membrane）也是用半透膜制成的，它们有不同的规格（即不同的微孔大小），可以阻止大于某一相对分子质量的溶质分子透过。至于生物膜（如萝卜皮、肠衣、细胞膜、毛细血管壁等),其通透性能就更为特殊和复杂。

如图 1-2c 所示,为了阻止渗透现象的发生,必须在溶液的液面上施加一额外的压力。根据国家标准规定:将为了维持只允许溶剂通过的膜所隔开的溶液与溶剂之间的渗透平衡而需要在溶液液面上所施加的额外压力称为渗透压(osmotic pressure)。渗透压的符号是 $\Pi$,单位符号为 Pa 或 kPa。

如果用半透膜将稀溶液和浓溶液(即两种不同浓度的溶液)隔开,也将会发生渗透现象。为了阻止渗透现象的发生,必须在浓溶液液面上施加一额外压力,以维持其渗透平衡。但这里的额外压力并不等于它们中任一溶液的渗透压,而是两种溶液的渗透压之差。

若选用一种高强度而且耐高压的半透膜将溶液和溶剂隔开,此时如果在溶液液面上施加的外界压力大于溶液的渗透压,则将会有更多的溶剂分子从溶液一方通过半透膜进入溶剂一方,这种使渗透现象逆向发生的过程称为反渗透(reverse osmosis)。反渗透作用常用于从海水中快速提取淡水,其成本仅为目前城市市政自来水费用的 3 倍。反渗透作用还可用于废水处理,以除去废水中的有毒、有害物质。

1886 年,荷兰化学家范特霍夫(Van't Hoff)综合前人的实验结果,提出了关于稀溶液的渗透压定律:稀溶液的渗透压可以用与理想气体状态方程相似的式子表示,即

$$\Pi V=n(\mathrm{B})RT \quad 或 \quad \Pi=c(\mathrm{B})RT \tag{1-10}$$

式中:$\Pi$ 为溶液的渗透压,单位为 kPa;$V$ 为溶液的体积,单位为 $\mathrm{dm^3}$ 或 L;$n(\mathrm{B})$ 为难挥发非电解质稀溶液中溶质的物质的量,单位为 mol;$c(\mathrm{B})$ 为溶质 B 的物质的量浓度,单位为 $\mathrm{mol\cdot L^{-1}}$;$T$ 为绝对温度,单位为 K;$R$ 为比例常数,其取值和单位与摩尔气体常数的完全一样,等于 $8.314\ \mathrm{J\cdot mol^{-1}\cdot K^{-1}}$。

式(1-10)称为范特霍夫定律的数学表达式,它表明:在一定温度下,稀溶液渗透压的大小只与单位体积溶液中所含溶质质点的数目有关,而与溶质的本性无关。所以,渗透压也是稀溶液的依数性之一。溶液越稀,即溶液的浓度越小,由实验测得的 $\Pi$ 值越接近理论计算值。

对于稀的水溶液而言,溶质的物质的量浓度近似地与其质量摩尔浓度相等,即 $c(\mathrm{B})\approx b(\mathrm{B})$。所以,式(1-10)可以变为:

$$\Pi=b(\mathrm{B})RT \tag{1-11}$$

**例 1-2** 将 2.0 g 蔗糖($C_{12}H_{22}O_{11}$)溶解于水,配成 50 mL 溶液。求该溶液在 37 ℃时的渗透压。

**解:**已知 $C_{12}H_{22}O_{11}$ 的摩尔质量为 $342\ \mathrm{g\cdot mol^{-1}}$,则

$$c=\frac{2.0}{342\times 0.050}\approx 0.12\ (\mathrm{mol\cdot L^{-1}})$$

$$\Pi=c(\mathrm{B})RT=0.12\times 8.314\times (273.15+37)=309\ (\mathrm{kPa})$$

计算结果表明,$0.12\ \mathrm{mol\cdot L^{-1}}$ 的蔗糖溶液在 37 ℃时能产生 309 kPa 的渗透压,相当于 30.8 m 高的水柱所产生的压力,这表明稀溶液的渗透压是一种很大的推动力,所以地底下的水及养料会沿着树干上升到数十米高的大树顶端。用普通的半透膜精确测定稀溶

液的渗透压是比较困难的，因为除非这种半透膜有很高的机械强度，否则是难以胜任的。正因为直接测定稀溶液的渗透压比较困难，而测定稀溶液的凝固点下降比较方便，所以可以通过测定稀溶液的凝固点下降来推算稀溶液的渗透压。

利用稀溶液的渗透压也可以测定溶质的相对分子质量。

**例 1-3**　有一种蛋白质的饱和水溶液，每升含有蛋白质 5.18 g。已知 298.15 K 时，该溶液的渗透压为 413 Pa，求此蛋白质的相对分子质量。

**解**：根据式(1-10)得

$$M=\frac{5.18\times8.314\times298.15}{413\times10^{-3}\times1}=31\ 090\ \mathrm{g\cdot(mol^{-1})}$$

即所求蛋白质的相对分子质量为 31 090。

另外，对于摩尔质量较大的物质，以相同浓度的稀溶液进行实验时，$\Delta p$、$\Delta T_b$ 及 $\Delta T_f$ 往往都很小，难以准确测定，而渗透压 $\Pi$ 却很大。所以，在实际工作中，常用渗透压法测定大分子物质的平均摩尔质量(或相对分子质量)。

需要特别说明的是，在使用渗透压定律表达式进行计算时，要注意 $R$ 的取值和单位与 $\Pi$、$V$ 单位的对应关系，见表 1-3：

**表 1-3　$R$ 的取值和单位与 $p$、$V$、$T$ 的关系**

| 压强($p$)的单位 | 体积($V$)的单位 | 温度($T$)的单位 | $R$ 的取值和单位 |
|---|---|---|---|
| Pa | $m^3$ | K | $8.314\ \mathrm{J\cdot mol^{-1}\cdot K^{-1}}$ |
| kPa | $dm^3$ 或 L | K | |

以上讨论的规律，只适用于难挥发的非电解质的稀溶液，而不适用浓溶液和电解质溶液。这是因为在浓溶液中，溶质粒子间的相互作用较大，使得溶液中各种粒子间的作用情况变得复杂，简单的定量关系不再适用。电解质溶液的蒸气压下降、沸点上升、凝固点下降以及渗透压都比相同浓度的非电解质溶液的大。这是因为电解质在溶液中会发生电离，使溶液中粒子的总数增多，此时，稀溶液的依数性取决于溶质分子和离子的总数，稀溶液通性所指的定量关系不再存在，必须加以校正。

## 第二节　溶　胶

胶体(colloid)是分散质粒子直径在 1～100 nm 的一种分散系。按分散质粒子的不同组成，胶体分散系又可分为溶胶(sol)、高分子溶液(macromolecular solution)和聚集胶体(aggregation colloid)。其中，溶胶的分散质粒子是分子、原子或离子的聚集体，如氢氧化铁溶胶、碘化银溶胶及金溶胶、硫溶胶等；高分子溶液的分散质粒子是高分子，如蛋白质和核酸等的水溶液、橡胶的苯溶液等；聚集胶体的分散质粒子是胶束。本节只介绍溶胶的性质和结构。

### 一、溶液中固体表面的吸附

吸附(absorption)是一种物质的分子、原子或离子自动地聚集在另一种物质表面上的现象。例如，在充满红棕色溴蒸气的容器中加入少量活性炭，不久就可看到容器中气体的颜色变浅了。这是大量溴蒸气分子在活性炭表面相对聚集的结果，即活性炭吸附了溴蒸气，在两相界面上溴的浓度自动发生了变化。像活性炭这种具有吸附作用的物质称为吸附剂(adsorbent)，被吸附剂吸附的物质(如溴蒸气)称为吸附质(absorbate)，吸附剂和吸附质构成了吸附系统。吸附作用既可以发生在固体表面上，也可以发生在液体表面上。下面只介绍溶液中固体表面的吸附现象。

固体表面上的分子(或原子)具有不饱和的剩余力，固体一般不能自动地缩小表面积来降低表面能，通常依靠吸附作用降低表面能，这是一个自发的过程。

溶液中固体表面的吸附比较复杂，因为吸附剂既可以吸附溶质，也可以吸附溶剂，往往二者兼有。如活性炭在含色素的水溶液中吸附色素的量比吸附水的量多，所以常用活性炭除去水溶液中的有色物质或提取有效成分；但活性炭在含色素的苯溶液中，吸附苯的量比吸附色素的量多，因此活性炭不能用于苯溶液的脱色。

固体在溶液中的吸附与吸附剂、溶质和溶剂三者间的相互作用有关，人们在长期实践和研究中，归纳出如下规律：

(1) 极性吸附剂容易吸附极性物质，非极性吸附剂易吸附非极性物质。例如，硅胶是极性吸附剂，在乙醇—苯溶液中主要吸附乙醇；若用非极性的吸附剂活性炭，则主要吸附苯。极性越相近越易优先吸附。

(2) 在相同的溶剂或吸附作用相近的溶剂中，溶解度越小的溶质越易被吸附，因为溶解度越小，溶质和溶剂间的相互作用力越弱，被吸附的倾向越大。

固体从溶液中吸附的溶质，既可以是电解质，也可以是非电解质。所以，溶液中固体表面的吸附可分为分子吸附和离子吸附，而离子吸附又有离子选择吸附和离子交换吸附之分。

1. 分子吸附

分子吸附是固体吸附剂对溶液中非电解质或弱电解质分子的吸附，吸附质以分子的形式被吸附在吸附剂的表面上。吸附的规律是：极性吸附剂易吸附极性的溶质或溶剂，非极性吸附剂易吸附非极性的溶质或溶剂，即“相似相吸”。在溶液中，吸附剂对溶剂吸附得越多，对溶质吸附得就越少；反之亦然。利用这种吸附现象，可用活性炭做吸附剂使溶液脱色、脱臭或除去溶液中的杂质，以达到提取或分离某种成分的目的。

选择适当的吸附剂，利用其对溶液中各组分的吸附能力不同，可将混合物中的各组分分离开来。分子吸附极为重要的应用领域就是色谱分析法，简称色谱法(chromatography)。

最简单的色谱装置是在带细颈的直立玻璃管中装入某种吸附剂(如氧化铝、硅胶或淀粉等)做成吸附柱，如图 1-3 所示。当含有多种组分的混合液流经吸附柱时，由于吸附剂对混合液中各组分吸附的能力不同，被吸附在柱内不同高度位置上，其中最易被吸附的物质留在柱的最上部，其余依次向下。例如，用石油醚提取植物绿叶中的成分时，混合液流经吸附柱后，柱中依次显示出叶绿素、叶红素、胡萝卜素等色层，分

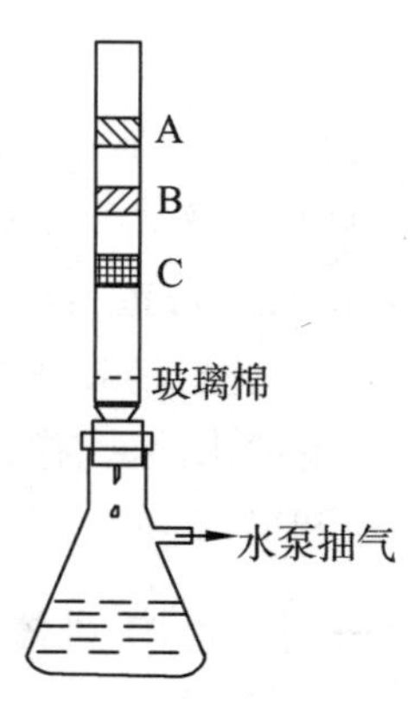

图 1-3 色谱装置示意图

别对应图 1-3 中的 A、B、C 带，然后取出吸附柱分段切开，再用溶剂分别提取出来；或者用适当的溶剂流经谱柱，把被吸附的物质从柱中洗脱出来。吸附能力弱的(在柱下端)先被洗出，吸附能力强的后被洗出。收集各段洗脱液，即可达到分离的目的。

色谱分析法具有灵敏度高、选择性好、分离和分析速度快，同时还能保持各组分的化学组成和性质不变等特点，这对于研究和分析生物体液、组织、器官和中草药及药品等的成分具有特别重要的意义，现已广泛应用在医学、药学、生物化学和食品卫生等方面。例如，已利用色谱法对蛋白质、激素、酶、生物碱、色素、烃类、氨基酸及其他许多有机化合物进行分离和分析。

2. 离子吸附

知识引入

两相各有过剩的电荷，电量相等，正负号相反，相互吸引，形成双电层。

吸附剂在强电解质溶液中的吸附是离子吸附，离子吸附又可分为离子选择吸附和离子交换吸附。离子选择吸附是吸附剂优先吸附与其组成有关的离子，即吸附剂优先选择性地吸附那些能在固体表面生成难电离、难溶解或形成同晶型晶格的离子。以 AgI 固体为例，如果溶液中有 $AgNO_3$，由于 $Ag^+$ 是相关离子，则 AgI 固体优先吸附 $Ag^+$ 使固体表面带正电荷，而 $NO_3^-$ 仍然留在溶液中。同时，由于 $Ag^+$ 的静电引力作用，溶液中的 $NO_3^-$ 又被吸引在 $Ag^+$ 的周围，便形成双电层。离子选择吸附是胶体化学中的一个重要现象，这部分内容将在稍后讨论。

离子交换吸附指的是当吸附剂从溶液中吸附某种离子的同时，吸附剂本身被等电量地置换出另一种符号相同的离子到溶液中去，即吸附剂和溶液之间进行离子交换。能进行离子交换的吸附剂称为离子交换剂。常用的离子交换剂是离子交换树脂和离子交换纤维。离子交换树脂是一种合成的具有网状立体结构的高分子化合物，含有许多能与溶液中离子发生交换吸附的活性基团。离子交换树脂按其性质可分为：含有—$SO_3H$、—COOH、—OH 等基团可以交换阳离子的物质，称阳离子交换树脂；含有—$NH_2$、═NH 等基团可以交换阴离子的物质，称阴离子交换树脂。

离子交换剂广泛用于硬水软化、海水淡化、混合物的分离、贵金属的回收等；在生物学和医药学实验研究中，也常用于电解质、多肽、维生素、氨基酸等物质的分离和分析。

土壤溶液对养分的吸收和释放也属于离子交换吸附。施肥后，如施入 $(NH_4)_2SO_4$，$NH_4^+$ 就与土壤胶体中的 $Ca^{2+}$ 交换，使 $NH_4^+$ 被吸附在土壤胶粒上，把肥料贮藏在土壤里。当作物吸收溶液中的 $NH_4^+$ 后，溶液中 $NH_4^+$ 浓度降低了，平衡被破坏，$NH_4^+$ 就从土壤进入溶液继续供作物吸收。

## 二、溶胶的性质

1. 溶胶的光学性质

溶胶的光学性质是其高度分散性和多相性的反映。通过溶胶的光学性质不仅可以解释溶胶的一些光学现象，而且还可以了解溶胶粒子的运动状态，研究它们的形状和大小。

丁达尔(J. Tyndall)于 1869 年发现，当一束光线透过溶胶时，在与光束相垂直的方向上可以观察到一条明亮的光柱，这种现象称为 Tyndall 效应(Tyndall effect)，如图1-4 所示。Tyndall 效应是溶胶粒子对光产生散射作用的结果。当光线照射到分散系上时，若分散质粒子的直径远大于入射光的波长，则主要发生光的反射或折射；若分散质粒子的直径接近入射光的波长，则发生光的散射，即光在绕过微粒前进的同时，又会从粒子的各个方向上散射，散射出来的光称为乳光。光线照射到溶胶上时，就会发生这种现象。这时，溶胶粒子好像一个一个的小发光体，无数个发光体就产生了 Tyndall 效应。若分散质粒子直径小于 1 nm，则入射光直接绕过微粒，产生的散射光十分微弱，难以观察到乳光。所以，利用 Tyndall 效应可以区分悬浮液、溶胶和真溶液。

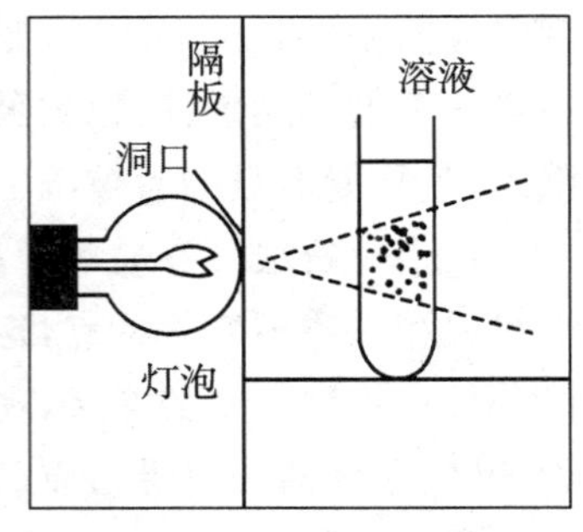

图 1-4 Tyndall 效应示意图

利用光散射原理可以制成超显微镜(ultramicroscope，亦称暗视野显微镜)，这是一种装有强光源的暗背景显微镜，可以观察到溶胶粒子散射的乳光，从而确定粒子的数目、形状、运动状态和溶胶的分散程度等。超显微镜已投入科研应用。

2. 溶胶的动力学性质

在超显微镜下，可以观察到溶胶粒子处于不停地无规则的运动状态，这种运动即为溶胶粒子的 Brown 运动(Brownian movement)。产生 Brown 运动的本质原因是粒子固有的热运动。不停地做热运动的分散介质分子从不同方向撞击溶胶粒子时，由于受力的不平衡而产生了不规则的运动。实验证明，溶胶粒子越小，温度越高，分散介质的黏度越小，Brown 运动越剧烈。Brown 运动使溶胶粒子不易下沉，所以溶胶具有动力学稳定性(kinetic stability)。

**知识引入**

热力学不稳定的体系是有发生反应的可能的，但是反应的速率可以很慢，这样来说就是动力学稳定的，否则就是动力学不稳定的。

胶体分散系的分散质粒子都很小，再加上激烈的 Brown 运动，使之沉降的速率很小，达到平衡所需的时间一般很长。如果利用超速离心机，可使溶胶中的粒子迅速建立起沉降平衡。利用沉降平衡可测定溶胶和高分子溶液中分散质颗粒的大小以及它们的相对分子质量。

超速离心技术是研究蛋白质、核酸和其他大分子物质的重要手段，也是分离、提纯各种细胞所不可或缺的重要工具。

3. 溶胶的电学性质

在溶胶中插入两个电极，通入直流电后，可以看到溶胶粒子向某一电极方向移动。这种在电场作用下胶粒发生定向移动的现象称为电泳(electrophoresis)。图 1-5 是最简单的电泳实验示意图。U 形管内装入 $Fe(OH)_3$ 溶胶，在溶胶液面上小心地注入纯水，并使其与溶胶间有明显的界面，然后在纯水中插入铂电极，通入直流电后不久可以观察到红棕色 $Fe(OH)_3$ 溶胶的界面向负极上升，而

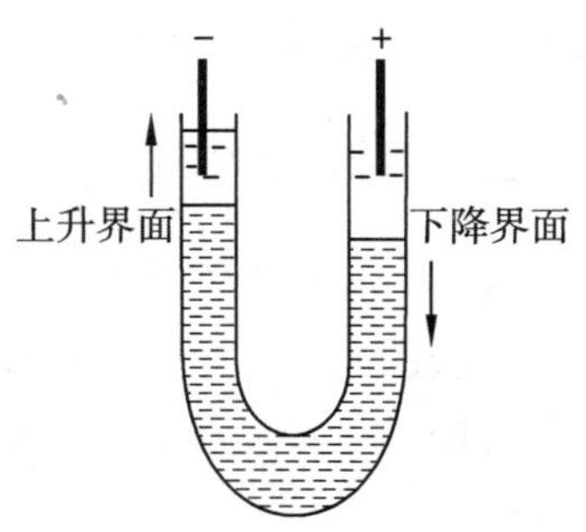

图 1-5 电泳示意图

正极溶胶界面下降，说明 $Fe(OH)_3$ 溶胶中存在着带正电荷的粒子(称为溶胶粒子，简称胶粒)。电泳实验表明，大多数金属氢氧化物的溶胶粒子带正电荷，为正溶胶(positive sol)，而大多数金属硫化物、硅酸、硫、重金属、黏土等溶胶粒子带负电荷，为负溶胶(negative sol)。

在直流电场作用下，分散介质发生定向移动的现象称为电渗(electroosmosis)。电泳是分散介质不动，胶粒在电场作用下的定向运动；电渗则是分散介质在电场作用下的定向运动。把溶胶浸渍在多孔性物质上，然后在多孔性物质两侧施加电压，通电一段时间后就可以观察到分散介质的定向移动。电渗技术常用于水的净化。

电泳和电渗统称为电动现象(electrokinetic phenomena)，其实质是相同的，只是表现形式不同。利用电动现象可以研究胶体粒子的结构、电性及稳定性等。应用电泳可以分离蛋白质、核酸等大分子物质；应用电泳除尘既回收了有用成分，又能保护环境；应用显微电泳仪可直接观测胶粒的电泳速率，这对生物体(如细菌、病毒、血细胞等)的研究具有重要的意义。

毛细管电泳(capillary electrophoresis，简写为 CE)是 20 世纪 80 年代末发展起来的一种新型分离分析技术。毛细管电泳符合了以生物工程为代表的生命科学领域中对生物大分子(如肽、蛋白质、DNA 等)的高度分离、分析的要求而得到了迅速发展，现已形成一门新的分支学科。

毛细管电泳系统是以高压电场为驱动力，以毛细管为分离通道，依据样品中各组分在毛细管内分配系数的差异而进行分离的一类液相分离技术。毛细管电泳系统如图 1-6 所示。

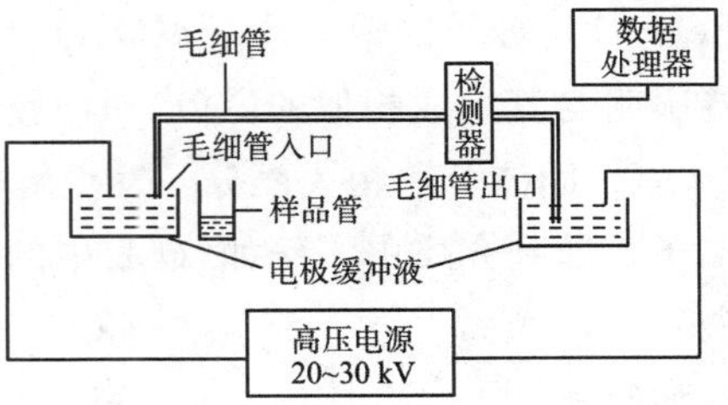

图 1-6 毛细管电泳系统示意图

(1) 毛细管电泳技术的优点

① 灵敏度高　用紫外检测器的检出限为 $10^{-13}\sim10^{-15}$ mol，用激光诱导荧光检测器的检出限为 $10^{-19}\sim10^{-21}$ mol。

② 分辨率高　每米理论塔板数为几十万到几百万乃至几千万。

③ 检测速率高　几分钟就可分离多种组分。

④ 样品用量少　只需纳升(nL)级的进样量。

⑤ 分析成本低　只需几毫升的流动相和价格低廉的毛细管。

⑥ 应用范围广　可分离从离子到中性分子，从小分子到生物大分子的一系列化合物。目前，毛细管电泳分析在化学、生命科学、环境、法医、药物、临床医学等各领域中已成为重要的、最佳的分离和分析方法之一。

(2) 毛细管电泳法分离模式

① 毛细管区带电泳(CZE)　主要用于氨基酸、肽、蛋白质、离子的分析以及对映体的拆分和许多其他离子态物质的分析。

② 胶束电动毛细管色谱(MECC)　主要用于小分子、中性化合物、对映体及各种药物的分离。

③ 毛细管凝胶电泳(CIEF)　常用于蛋白质、核糖核苷酸、RNA 及 DNA 的片段分离

和测序。

④ 毛细管等电聚焦(CIEF) 用于蛋白质等电点(等电点的概念及其测定方法将在后续课中介绍)的测定、分离异构体或其他方法难以分离的蛋白质。

⑤ 毛细管等速电泳(CITP) 用于富集试样和分离离子。

⑥ 毛细管电色谱(CEC) 在分离、分析中可以提高选择性。

(3) 胶粒带电的主要原因

实验证明,产生电动现象的根本原因是胶粒带有电荷,而胶粒带电的主要原因是固体分散相表面选择性吸附某种离子或固体分散相表面分子发生解离。

① 固体分散相表面选择吸附某种离子 溶胶中的分散相粒子具有很大的表面积和表面能,所以分散相粒子将自动地发生吸附作用,使表面能降低。研究表明,分散相粒子总是选择吸附分散介质中与其组成相似的离子,若吸附正离子则带正电荷,若吸附负离子则带负电荷。例如,水解法制备氢氧化铁溶胶的反应式:

$$FeCl_3 + 3H_2O \longrightarrow Fe(OH)_3 + 3HCl$$

溶液中部分 $Fe(OH)_3$ 与 HCl 作用生成氯化铁酰:

$$Fe(OH)_3 + HCl \longrightarrow FeOCl + 2H_2O$$

FeOCl 再解离:
$$FeOCl \longrightarrow FeO^+ + Cl^-$$

$Fe(OH)_3$ 分子的聚集体$[Fe(OH)_3]_m$ 称为胶核,即溶胶分散相粒子的内核。胶核表面选择吸附与其组成相似的$FeO^+$而使胶粒带正电荷。

② 固体分散相表面分子发生解离 溶胶中分散相表面分子在介质中解离,其中一种离子扩散到介质中。例如,硅胶中的分散相粒子为$(SiO_2)_m$,其表面分子与水作用生成硅酸:
$$SiO_2 + H_2O = H_2SiO_3$$

硅酸解离:
$$H_2SiO_3 \rightleftharpoons HSiO_3^- + H^+$$

解离产生的 $H^+$ 扩散到介质中,而 $HSiO_3^-$ 则留在胶核表面使胶粒带负电荷。

## 三、胶团结构

胶团是由胶粒和扩散层构成的,其中胶粒又是由胶核和吸附层组成的。胶核是溶胶中分散相分子、原子或离子的聚集体,是胶粒或胶团的核心,它能选择吸附介质中的某种离子或因表面分子解离而形成带电粒子(称为电势离子)。由于静电引力作用,电势离子又吸引了介质中部分与胶粒所带电性相反的离子(称为反离子)。电势离子与部分反离子紧密结合在一起构成了吸附层,另一部分反离子则因扩散作用分布在吸附层外围,形成了与吸附层电性相反的扩散层。这种由吸附层和扩散层构成的电量相等、电性相反的两层结构称为扩散双电层(diffused double electric layer)。$Fe(OH)_3$ 溶胶的胶团结构式:

$$\{[Fe(OH)_3]_m \cdot nFeO^+ \cdot (n-x)Cl^-\}^{x+} \cdot xCl^-$$

其中:$[Fe(OH)_3]_m$ 是胶核,$FeO^+$ 是电势(位)离子,$Cl^-$ 是反离子。电势离子与部分反离子(与它紧密接触的那部分)构成吸附层(更确切地说,应是紧密层),胶核与吸附层构成胶粒,与电势离子相距较远的反离子本身构成扩散层,胶粒与扩散层构成胶团。同理,硅胶、三硫化二砷溶胶和碘化银（硝酸银过量时）溶胶的胶团结构分别为：

$$[(H_2SiO_3)_m \cdot nHSiO_3^- \cdot (n-x)H^+]^{x-} \cdot xH^+$$

$$[(As_2S_3)_m \cdot nHS^- \cdot (n-x)H^+]^{x-} \cdot xH^+$$

$$[(AgI)_m \cdot nAg^+ \cdot (n-x)NO_3^-]^{x+} \cdot xNO_3^-$$

胶团结构还可用图表示，图 1-7 是氢氧化铁溶胶的胶团结构示意图。

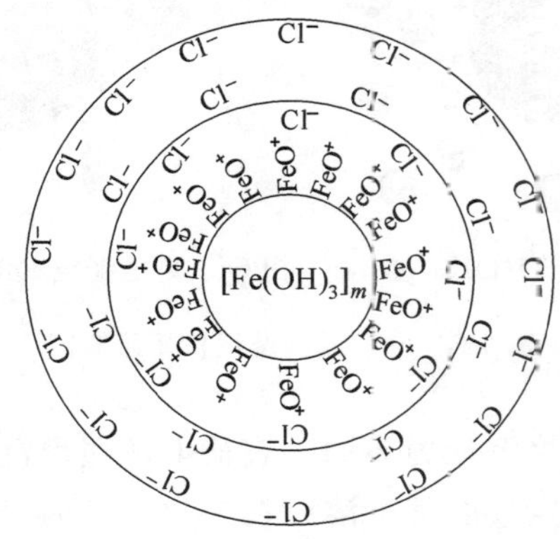


图 1-7 氢氧化铁溶胶的胶团结构示意图

必须说明的是，溶胶中胶核吸附的电势离子以及电势离子吸引的反离子都是溶剂化的，所以扩散双电层也是溶剂化的。在直流电场作用下发生电动现象时，胶团就从吸附层与扩散层之间断开，带有溶剂化吸附层的胶粒向与其电性相反的电极移动，而溶剂化的扩散层则向另一电极移动。

## 四、溶胶的稳定性和聚沉

1. 溶胶的稳定性

一方面，溶胶是高度分散的多相系统，有很大的表面能，因而是热力学不稳定系统。胶粒间有相互聚结而降低表面能的趋势，该性质称为聚结不稳定性（coagulation unstability）。另一方面，从动力学角度看，因为胶粒较小，剧烈的 Brown 运动能阻止其在重力场中的沉降，又使其稳定，即溶胶具有动力学稳定性。同时，同种胶粒都带有相同电性的电荷，强烈的静电斥力也阻止了胶粒间的碰撞而减少聚结的可能性。此外，胶团的双电层结构中的离子都是水化的，胶粒被水分子包围所形成的水化膜犹如一层弹性隔膜，同样能阻止胶粒聚结。在上述三种稳定因素中，胶粒带同性电荷和水化膜的存在是主要因素，而胶粒的 Brown 运动对溶胶的稳定性仅起到次要作用。

2. 溶胶的聚沉

溶胶稳定的因素一旦被削弱或破坏，胶粒就会聚结变大，当 Brown 运动阻止不了胶粒的沉降时，胶粒便会从分散介质中析出，这种现象称为聚沉（coagulation）。促使溶胶聚沉的方法很多，如外加电解质、升高温度、增大溶胶的浓度、改变介质的 pH 以及异电溶胶适量地相互混合等，都会使溶胶发生聚沉作用，其中使用最多的是利用电解质的作用。

(1) 电解质的作用。溶胶对电解质很敏感，向溶胶中加入少量电解质就能引起溶胶聚沉。这是因为电解质的加入迫使反离子更多地进入吸附层，扩散层变薄(图 1-8)，胶粒所带电荷量减少，从而使溶胶的稳定性降低而发生聚沉。

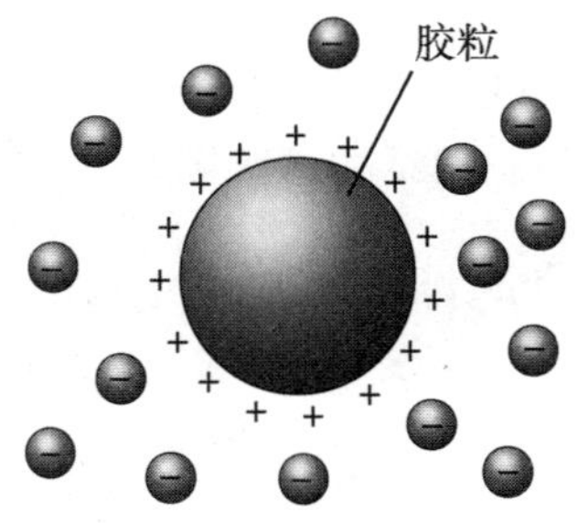


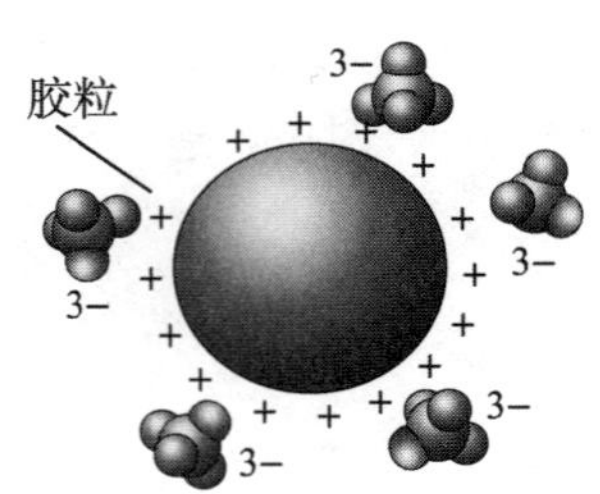


$Cl^-$ 离子围绕 $Fe(OH)_3$ 胶粒　　$PO_4^{3-}$ 离子围绕 $Fe(OH)_3$ 胶粒

图 1-8　电解质的聚沉作用示意图

不同的电解质对溶胶的聚沉能力不同。表征电解质聚沉能力的参数是临界聚沉浓度。临界聚沉浓度是指使一定量的某种溶胶在一定时间内发生明显的聚沉所需电解质的最低量，常以 $mmol \cdot L^{-1}$ 为单位。临界聚沉浓度越小，电解质对溶胶的聚沉能力越强。

电解质对溶胶的聚沉作用大致有以下经验规律：

① 异性电荷的影响　电解质对溶胶的聚沉作用主要由与胶粒带相反电荷的离子引起。

② 离子化合价的影响　反离子的化合价越高，其聚沉能力越强，临界聚沉浓度越小。电解质的临界聚沉浓度约与反离子化合价的六次方成反比，这就是叔尔采—哈迪规则(Shulze-Hardy rule)。

③ 水化离子半径的影响　同价离子的聚沉能力相近，但也有差别。例如，碱金属的硝酸盐对负溶胶的聚沉能力由大到小的顺序是 $Cs^+ > Rb^+ > K^+ > Na^+ > Li^+$，一价卤离子的钾盐对正溶胶的聚沉能力由大到小的顺序是 $Cl^- > Br^- > I^-$。

(2) 溶胶的相互聚沉。溶胶的相互聚沉是指把两种电性相反的溶胶(严格说，应该是胶粒带相反电荷，因为溶胶是电中性的)混合而发生聚沉的现象，聚沉的程度取决于二者的用量比例，发生聚沉的原因是相反电荷相互中和。

明矾净水的原理是利用明矾水解生成的 $Al(OH)_3$ 正溶胶，与水中带负电荷的溶胶(如硅酸腐殖质等)污物相互聚沉来达到净化水的目的。

另外，升高温度、增大溶胶的浓度、改变介质的 pH 等也能促使溶胶聚沉。

**化学与健康**

## 水缺乏和水过多的病理生理

大家都知道，生命起源于海洋，没有水就没有生命。人体组织中的水，既是营养素的溶剂，也是代谢产物的溶剂和体内所有反应的介质。营养素的消化和吸收、体内废物和有毒物质的排泄、物质的交换、血液循环、新组织的合成等都离不开水。例如，由 99% 的水组成的眼泪，不断地润湿我们的眼睛，并冲洗眼睛中的灰尘；肾则利用水的流动性这一特性成为机体的一部不可缺少的“净化机器”，大约只有140 g的肾，一昼夜可净化约2 $m^3$ 的血液，使有毒物（如亚硝酸盐等）随尿排出体外。水分通过皮肤和肺的蒸发，散失机体代谢过程中不断产生的热量，以维持体温恒定。水也是关节、肌肉的润湿剂。水还具有使皮肤保持柔软、有伸缩性的健美作用。

机体水缺乏可由摄入减少（脱水），肾脏病或继发于醛、酮缺乏而排泄过多，或由异常途径排出（呕吐、腹泻、大量出汗或过度呼吸）所致。

机体水过多可由摄入或静脉注射过多，或因肾病、ADH（抗利尿激素，又称血管升压素）过多而刺激肾脏，以及转运到肾脏的水量不足致使排泄减少（如休克或充血性心力衰竭所致）。

人体缺水或失水过多时，消化液分泌减少，食欲减退，体内各种营养物质的代谢速度减慢，易出现精神不振、乏力等症状。口渴是最早的失水信号，当人体水分失去2%～5%时，人就会感到口渴；当失去10%时，人体的很多正常生理功能便会受到影响；失去20%便会导致死亡。

人出现发烧、腹泻、呕吐、多尿或昏迷时会失去大量水分，要增加饮水量或静脉注射。

老年人应适量饮水。一般认为，日饮水量控制在2 L左右为宜，以防结肠的肌肉萎缩（老年人排便能力较差，加上肠道中黏液分泌减少，所以大便容易秘结）。但是，饮水过量，又会增加心脏和肾脏的负担。

年轻人也不宜过量饮水，特别是饭前饭后更不宜过量饮水，否则会稀释消化液，不利于消化。

另外，有些疾病会使人出现水肿，是因为水的排出量少于摄入量，水滞留在人体组织中。如果体内积水在50%以上，可导致浮肿、心力衰竭甚至死亡。

你知道日常生活中喝什么水、怎样喝水有益于健康吗？给你点小小的建议吧。

喝白开水。喝水的最佳时间是早晨起床空腹时、午饭和晚饭前各1～1.5 h，每次喝水量不宜太多，并且水喝进嘴里最好先停留一会儿再咽下；水烧开后，应该保持微沸状态2～3 min，再停止加热，这样烧出来的水饮用更安全。远离瓶装水和饮料，才能喝出健康来。

1. 何为液体的蒸气压？其大小与哪些因素有关？

2. 何为液体的沸点？其大小与哪些因素有关？用压力锅做饭能缩短煮饭的时间，为什么？

3. 现有A、B两瓶晶体有机化合物，其熔点均为132.6 ℃。请你用最简单的物理方法鉴别它们是否是同一种物质。

4. 蒸馏是分离液体有机化合物常用的方法，有些物质在常压下蒸馏易分解或者被空气氧化，因此，对其常采用减压蒸馏法。试简述减压蒸馏的原理。

5. 扩散和渗透有哪些异同点？举例说明渗透和反渗透原理的应用。

6. 已知稀溶液的依数性与溶质的本性无关，那么，与溶剂的本性有无关系呢？

7. 相同质量的少量葡萄糖（$C_6H_{12}O_6$）和甘油（$C_3H_8O_3$）分别溶于100 g水中，所得溶液的沸点、凝固点和渗透压是否相同？如果将溶质的质量换成溶质的物质的量，结果又如何？

8. 将一块0 ℃的冰分别放在0 ℃的纯水和0 ℃的盐水中，现象有何不同？为什么？

9. 实验结果证明，用活性炭脱去水中色素比脱去苯中色素的脱色效果好。活性炭脱色属于哪类吸附？

10. 你认为正确书写胶团结构式的关键是什么？将相同物质的量的 $AgNO_3$ 和KI溶液混合，能否制得 AgI 溶胶？

11. 从胶粒的直径大小看，溶胶具有较大的表面积，具有聚结不稳定性，但用适当方法制备的溶胶却能保存很长时间。这是为什么？

12. 影响电解质聚沉能力大小的因素有哪些？

13. 正、负溶胶相混合一定能发生聚沉吗？

14. 江河入海口处经常出现三角洲，为什么？

15. 实验证明，稀溶液定律对于浓溶液和电解质溶液不适用，为什么？

**一、选择题**

1. KCl 和 $AgNO_3$ 在一定条件下反应，制得 AgCl 溶胶的胶团结构式：

$$[(AgCl)_m \cdot nCl^- \cdot (n-x)K^+]^{x-} \cdot xK^+$$

反应中过量的物质是（　　）。

A. $AgNO_3$　　B. KCl　　C. 都过量　　D. 无法确定

2. 在四份相同质量的水中加入相同质量、少量的下列物质，其中水溶液凝固点最低的是（　　）。

A. 葡萄糖（式量 180）　B. 蔗糖（式量 342）　C. 甘油（式量 92）　D. 尿素（式量 60）

3. 相同条件下，0.1%的下列水溶液中，沸点最高的是（　　）。

A. 葡萄糖　　B. 甘油　　C. 蔗糖　　D. 尿素

4. 室温下，0.1 $mol \cdot kg^{-1}$ 葡萄糖溶液的渗透压接近于（　　）。

A. 2.5 kPa　　B. 25 kPa　　C. 250 kPa　　D. 15 kPa

5. 医学上称 5%的葡萄糖溶液为等渗溶液，这是因为（　　）。

A. 它与水的渗透压相等　　B. 它与 5% NaCl 溶液的渗透压相等

C. 它与血浆的渗透压相等　　D. 它与尿的渗透压相等

6. 难挥发物质的水溶液，在不断沸腾的过程中，它的沸点（　　）。

A. 不断升高　　B. 不断降低　　C. 恒定不变　　D. 无法确定

7. 淡水鱼和海水鱼不能互换生活环境，这是因为淡水和海水的（　　）。

A. pH 不同　　B. 密度不同　　C. 渗透压不同　　D. 溶解氧不同

8. 下列电解质中，对负溶胶聚沉能力最大的是（　　）。

A. $Al_2(SO_4)_3$　　B. $Na_3PO_4$　　C. $CaCl_2$　　D. NaCl

9. 在相同条件下，水溶液甲的凝固点比水溶液乙的高，则两水溶液的沸点比较（　　）。

A. 甲的较低　　B. 乙的较低　　C. 相同　　D. 无法确定

10. 相同质量摩尔浓度的下列水溶液中，沸点最高的是（　　）。

A. HAc　　B. NaCl　　C. 蔗糖　　D. 葡萄糖

11. 下列四种溶液的浓度均为 0.01$mol \cdot kg^{-1}$，其中凝固点相同的是（　　）。

A. 蔗糖水溶液　　B. 蔗糖乙醇溶液　　C. 甘油水溶液　　D. 甘油苯溶液

12. 将 5.6 g 难挥发非电解质溶于 100 g 水中（$K_f = 1.86\ K \cdot kg \cdot mol^{-1}$），测得其凝固点降低了 1.86 K，则该溶液中溶质的摩尔质量为（　　）。

A. 56 $g \cdot mol^{-1}$　　B. 28 $g \cdot mol^{-1}$　　C. 14 $g \cdot mol^{-1}$　　D. 112 $g \cdot mol^{-1}$

13. 在相同温度下，物质的量浓度相同的下列物质的水溶液，其渗透压从大到小的顺序排列正确的是(　　)。

A. $C_{12}H_{22}O_{11}>CO(NH_2)_2>NaCl>CaCl_2$　　B. $CaCl_2>NaCl>CO(NH_2)_2=C_{12}H_{22}O_{11}$

C. $CaCl_2>CO(NH_2)_2>NaCl>C_{12}H_{22}O_{11}$　　D. $NaCl>C_{12}H_{22}O_{11}=CO(NH_2)_2>CaCl_2$

**二、判断题**

1. 1摩尔某物质的质量叫作该物质的摩尔质量。

2. 溶质B的质量摩尔浓度是在1 kg溶液中所含溶质B的物质的量。

3. 5%蔗糖水溶液和5%葡萄糖水溶液的渗透压相等。

4. 将0 ℃的冰和0 ℃的NaCl溶液混合，因为二者的温度相同，所以混合后能共存。

5. 电解质的临界聚沉浓度越大，其聚沉能力越强。

6. Tyndall效应是胶体分散系的特征，据此可将溶胶与其他分散系区分开来。

7. 海水的冰点比纯水的低，这是因为海水含有大量的电解质。

**三、填空题**

1. 将0.02 mol·L$^{-1}$ KCl溶液100 mL与0.05 mol·L$^{-1}$ $AgNO_3$溶液100 mL混合制备AgCl溶胶，其胶团结构式为________________________________；在电泳实验中，胶粒向________极移动。

2. 拉乌尔定律适用于______________溶液，$K_f$、$K_b$是与________有关的常数。

3. 浓度均为0.01 mol·L$^{-1}$的KCl、HAc、甘油的水溶液，按沸点由低到高的排列顺序是__________________________________。

4. 将4.6 g甘油(式量92)溶于1 000 g水中，所得溶液的质量摩尔浓度是________。

**四、计算题**

1. 将2.5 g某有机化合物溶于100 g水中，在20 ℃时测得其渗透压为101.3 kPa，求该化合物的相对分子质量。已知$R$=8.314 kPa·L·mol$^{-1}$·K$^{-1}$。【601.2】

2. 将12.2 g苯甲酸分别加入100 g苯和100 g无水乙醇中，测得两溶液的沸点分别升高了1.21 ℃和1.13 ℃。计算苯甲酸在两种溶剂中的摩尔质量。已知无水乙醇的$K_b$为1.22 K·kg·mol$^{-1}$。

【255.1 g·mol$^{-1}$，131.7 g·mol$^{-1}$】

3. 将6.8 g难挥发的非电解质溶于400 g水中，测得溶液的凝固点为−0.93 ℃，求此物质的相对分子质量。【34】

4. 测得某未知物水溶液的凝固点下降0.57 K，求该溶液在298 K时的渗透压。【759.3 kPa】

# 第二章

# 化学热力学基础

## 本章教学要求

1. 了解热力学的基本内容和处理问题的方法。

2. 掌握热力学的一些基本概念，特别是要正确理解热力学状态函数的性质，并能根据状态函数的性质解决实际问题。

3. 理解化学反应热效应的概念，明确恒压热与焓变、恒容热与热力学能变之间的关系。

4. 掌握化学计量数和化学反应进度的概念，理解化学反应的摩尔焓变、摩尔熵变、摩尔自由能变等的含义。

5. 掌握热力学标准状态的含义，明确热力学对各类物质标准状态的规定。

6. 掌握热力学第一定律和盖斯定律的内容及其适用范围。

7. 掌握物质的标准摩尔生成焓和标准摩尔燃烧焓的定义，并能正确地计算化学反应的标准摩尔焓变。

8. 理解熵的统计学概念；了解影响熵值的因素；掌握物质的标准摩尔熵的定义，能够根据参加反应的物质的标准摩尔熵，熟练地计算化学反应的标准摩尔熵变；理解物质的标准摩尔生成焓与物质的标准摩尔熵、化学反应的标准摩尔焓变与标准摩尔熵变的异同点。

9. 理解吉布斯自由能的概念；掌握热力学第二定律的内容，能够应用吉布斯—亥姆霍兹方程定性地讨论焓变、熵变、温度对化学反应自发方向的影响。

10. 掌握物质的标准摩尔生成自由能的定义，能够熟练地计算在标准状态和任意温度下化学反应的标准摩尔自由能变，并判断标准状态下反应的自发方向。

11. 掌握化学反应等温方程式的数学表达式，理解式中每一物理量的含义和单位；能够根据化学反应等温方程式判断在任意状态下化学反应的自发方向；理解化学反应等温方程式与化学反应限度的关系，能够根据标准摩尔自由能变计算任意温度下化学反应的标准平衡常数。

12. 掌握可逆反应和化学平衡的概念，理解化学平衡的特征；掌握化学反应标准平衡常数的定义及其影响因素；能够熟练地书写各类可逆反应标准平衡常数的数学表达式，并能够初步进行有关的计算。

13. 掌握化学平衡及其移动原理，能够根据化学反应等温方程式判断平衡移动的方向。

早在19世纪，基于当时生产上的需要，人们在研究如何提高热机效率的过程中就建立了热力学第一、第二定律，并逐渐形成了热力学这门学科。这两个定律阐述了热能和机械能以及其他形式能量间的转化规律。20世纪初，热力学第三定律的建立，使热力学内容更趋完善。热力学只研究由大量质点组成的宏观系统，而不考虑其微观结构；只考虑过程发生的可能性，而不考虑如何把可能性变为现实；热力学不考虑时间因素，因而无法预测过程发生的速率及其进行的机理。

将热力学的理论、规律及研究方法应用于化学现象的研究，就产生了化学热力学(chemical thermodynamics)，它可以解决化学反应过程中的能量变化问题、化学反应的方向以及限度问题。本章介绍热力学的一些基本概念，重点讨论化学反应的热效应和化学反应的方向问题。

# 第一节　热力学的基本概念

## 一、系统和环境

在热力学中，为了明确研究的对象，将一部分物体从其余的物体中划分开来，把被划为研究对象的这一部分物体称为系统(system)，在研究任一系统的某种热力学性质时，为了强调这一点，常把系统称为热力学系统(thermodynamic system)。在本教材中，把热力学系统简称为系统，把系统以外并且与系统密切相关的部分称为环境(surroundings)。例如，研究烧杯中氢氧化钠溶液与盐酸的反应，则烧杯中的氢氧化钠溶液与盐酸就是系统，而盛溶液的烧杯及周围的空气等都是环境。根据系统与环境之间能量传递和物质交换的不同，可把系统分为三种：

(1)开放系统(又称敞开系统，open system)：系统和环境之间既有物质的交换，又有能量的传递。生物体即属开放系统，它不断地和环境交换着物质、传递着能量。

(2)封闭系统(closed system)：系统和环境之间只有能量的传递而没有物质的交换。

(3)孤立系统(isolated system)：系统和环境之间既没有物质交换也没有能量传递。

例如，在一个敞口烧杯中盛满热水，烧杯内的水与其周围环境间有热量的传递；烧杯内的水汽向外蒸发，同时烧杯外的空气溶解于水，即有物质的交换。如果选烧杯内的水为系统，这个系统就是敞开系统。如果将水放在一个密闭的普通容器中，容器内的水与周围环境就只有热量的传递，而没有物质的交换，这就是一个封闭系统。如果将水放在一个密闭且绝对绝热的保温瓶中，则水与周围环境间既没有物质的交换，也没有能量的传递，如果将保温瓶和水一起作为研究对象，则此时的系统就近似是一个孤立系统。

实际上，世界上一切事物总是有机地相互联系、相互制约的，因此绝对孤立的系统是不存在的。但是，有时为了研究问题的方便，在适当的条件下，可以近似地把一个系统看成是孤立系统。

## 二、过程和途径

热力学系统中发生的一切变化都被称为热力学过程，简称过程(process)，而完成过程所经历的具体步骤就称为途径(pass)。系统完成一个过程可经历不同的途径。例如，将一定量的气体从始态 298 K、100 kPa 变为终态 300 K、150 kPa，可以由多种途径完成：先保持温度不变压缩，再保持压强不变升温；也可以同时进行升温和加压；还可以先保持压强不变升温，再保持温度不变压缩等等。

(1)等温过程(isothermal process)：如果系统的变化是在等温条件下进行的，就是说过程的始态和终态温度相同，此变化为等温过程。

(2)等压过程(isobaric process)：如果系统的变化是在等压条件下进行的，就是说过程的始态和终态压强相等并且等于环境的压强，此变化为等压过程。

(3)等容过程(isovolumic process)：如果系统的变化是在体积恒定的条件下进行的，此变化为等容过程。

(4)绝热过程(adiabatic process)：如果系统的变化是在绝热的条件下进行的，此变化为绝热过程。

(5)循环过程(cyclic process)：如果系统从状态 A 出发，经过一系列变化后又回到状态 A，这种变化为循环过程。

## 三、状态和状态函数

当系统的各种性质，如温度($T$)、压强($p$)、体积($V$)、物质的量($n$)、密度($\rho$)、黏度($\eta$)等确定时，我们就说系统处于一定的状态(state)；反之，当系统处于一定的状态时，系统的性质均具有确定的值。也可以说，系统的这些宏观性质与系统的状态间有一一对应的关系。描述系统状态的这些物理量称为状态函数(state function)，一个状态函数就是系统的一种性质。前面提到的物理量 $T$、$p$、$V$、$n$、$\rho$、$\eta$ 等都是状态函数。本章还将陆续介绍一些新的状态函数。

应该指出，描述一个系统所处的状态不必把所有的状态函数都一一列出，因为这些状态函数之间往往有一定的联系。例如，描述一理想气体所处的状态，只要知道温度、压强和物质的量就够了，因为根据理想气体状态方程 $pV=nRT$ 可计算出理想气体的体积。通常选择系统中几个易于测定的相互独立的状态函数来描述系统的状态。

最后需要强调一下状态函数的重要性质：系统的状态发生变化，状态函数的数值就可能改变，但状态函数的变化量只取决于系统始态和终态，而与系统所经历的途径无关。无论系统发生多么复杂的变化，只要恢复原态，则状态函数必定恢复原值，其变化量为零。例如，100 g、30 ℃的水(始态)加热后变为 100 g、50 ℃的水(终态)，状态函数温度的变化量 $\Delta T=50\ ℃-30\ ℃=20\ ℃$。换言之，使 100 g、30 ℃的水先降温后升温，或者经历其他一些更为复杂的中间过程，只要终态是 100 g、50 ℃的水，其 $\Delta T$ 总是 20 ℃。同理，如果将 100 g、30 ℃的水，经历若干升降温过程，最后恢复到 100 g、30 ℃的水这一状态，则不管中间过程多么复杂，状态函数温度的变化量均为零。

状态函数的性质可概括为：状态一定，值（数值）一定；殊途同归，值（变化量）相等；周而复始，值（变化量）为零。

描述系统状态的物理量可分为两类：一类是具有广度性质（extensive property）的物理量，如体积($V$)、物质的量($n$)、质量($m$)，以及后面将要介绍的内能、焓、熵、自由能等，这类性质具有加和性，即其数值与系统中物质的数量成正比。例如，100 g 水与 200 g 水相混合，其总质量为 300 g。另一类是具有强度性质（intensive property）的物理量，如温度、密度等，这些性质没有加和性，即其数值与系统中微粒的数量无关。例如，100 g、30 ℃的水与 200 g、30 ℃的水相混合后，水的温度仍为 30 ℃。

## 四、热和功

在热力学中，热（heat）和功（work）是能量交换和传递的两种形式。热是系统和环境之间由于温度不同而交换的能量形式，热用符号 $Q$ 表示。热力学规定：系统向环境放热，$Q$ 取负值，即 $Q<0$；系统从环境吸热，$Q$ 为正值，即 $Q>0$。

除热以外，系统和环境之间其他的一切能量交换形式都称为功，功的符号是 $W$。系统对环境做功，功为负值，即 $W<0$；环境对系统做功，功为正值，即 $W>0$。在热力学中，常把功分为两种：由于系统体积变化而造成的系统对环境所做的功或环境对系统所做的功称为体积功（volume work）或膨胀功（expansion work），用 $W_e$ 表示；除体积功以外，所有其他形式的功统称为非体积功（non-volume work），用 $W_f$ 表示，如电功、表面功等。

需要强调的是，热和功都不是状态函数。我们不能说系统含有多少热或多少功，而只能说系统发生变化时吸收（或放出）多少热，得到（或给出）多少功，它们只在变化过程中才能表现出来，其数值与系统所经历的变化途径密切相关。例如，山顶上的一块石头沿着不同路径滚到山脚下某一位置，所做的功和因摩擦所产生的热，都是不同的。

**例 2-1**　有 10 mol 理想气体，其压强和温度分别为 10 kPa 和 300 K，经以下不同的等温膨胀过程，试分别计算系统所做的体积功。

(1) 自由膨胀；(2) 反抗 1.0 kPa 的外压，膨胀到 1.0 kPa；(3) 先反抗 5.0 kPa 的外压，膨胀到 5.0 kPa，体积为 $V_1$，再反抗 1.0 kPa 的外压，膨胀到 1.0 kPa，体积为 $V_2$。

**解**：(1) 自由膨胀，$p=0$，$W=0$

(2) $$W=-p\Delta V=-p(V_1-V_0)=-p(\frac{nRT}{p}-\frac{nRT}{p_0})=-10\times 8.314\times 300\times(1-\frac{1.0}{10})$$
$$=-2.24\times 10^4\ \text{J}$$

(3) $$W=-p\Delta V=-p_1(V_1-V_0)-p_2(V_2-V_1)$$
$$=-p_1(\frac{nRT}{p_1}-\frac{nRT}{p_0})-p_2(\frac{nRT}{p_2}-\frac{nRT}{p_1})=-nRT(2-\frac{p_1}{p_0}-\frac{p_2}{p_1})$$
$$=-10\times 8.314\times 300\times(2-\frac{5.0}{10}-\frac{1.0}{5.0})=-3.24\times 10^4\ \text{J}$$

## 五、化学计量数和化学反应进度

1. 化学计量数

化学反应计量方程式可写作：

$$-\nu(\mathrm{A})-\nu(\mathrm{B})-\cdots=\cdots+\nu(\mathrm{Y})+\nu(\mathrm{Z})$$

式中：A、B 等代表反应物(reactant)的化学式，Y、Z 等代表产物(product)的化学式；$\nu$ 为参加反应的物质的化学计量数(stoichiometric number)。对于反应物，$\nu$ 取负值，对于产物，$\nu$ 取正值。$\nu$ 的单位是 1，取值可以是整数或简分数。这样，化学计量方程式可简化为

$$0=\sum_{\mathrm{B}}\nu(\mathrm{B})$$

式中：B 为参加反应的任意一种物质的化学式。

例如，合成氨反应，若将反应计量方程式写作　$3H_2+N_2 = 2NH_3$

则　　$\nu(H_2)=-3,\nu(N_2)=-1,\nu(NH_3)=+2$

若将反应计量方程式写作　$H_2+\frac{1}{3}N_2 = \frac{2}{3}NH_3$

则　　$\nu(H_2)=-1,\nu(N_2)=-\frac{1}{3},\nu(NH_3)=+\frac{2}{3}$

2. 化学反应进度

化学反应进度是表征化学反应的最基本的量，用它可以表示化学反应进行的程度。例如，氢气的燃烧反应可写作　$2H_2(g)+O_2(g) = 2H_2O(l)$

若有 1 mol 氢气完全燃烧生成了液态水，则该反应进行的程度是多大呢？

对于任意化学反应　$0=\sum_{\mathrm{B}}\nu(\mathrm{B})$

反应进度定义为

$$\xi=\frac{n_{\mathrm{B}}(\xi)-n_{\mathrm{B}}(0)}{\nu(\mathrm{B})}$$

式中：$n_{\mathrm{B}}(0)$、$n_{\mathrm{B}}(\xi)$分别表示反应尚未开始(即反应进度为零)和反应进行到某一时刻(此时反应进度为 $\xi$，$\xi$ 读作 ksai)时物质 B 的物质的量。化学反应进度的单位为 mol。由此可知，上例中的反应进度为：

$$\xi=\frac{-1}{-2}=0.5\ \mathrm{mol}$$

需要特别说明的是，化学反应进度与化学计量方程式的写法有关，因此，使用“反应进度”这一概念时，必须与具体的反应方程式相对应；反应进度与选择反应系统中何种物质无关。如上例中，若有 1mol 氢气完全燃烧生成了液态水，则必定会同时消耗 0.5 mol 氧气。根据反应进度的定义可求得，用氧气的物质的量的变化所求得的反应进度也是 0.5 mol。当反应进度为 1 mol 时，可以理解为参加反应的各物质的物质的量与化学方程式中各物质化学式前面的系数相同，有时也说发生了 1 mol 化学反应。

# 第二节　热化学

人类很早就知道利用化学反应获取所需要的能量，如石油、煤、天然气等燃烧反应所

放出的能量是人类生产、生活中重要的能量来源。另外，还可以根据化学反应本身吸热或放热来设计生产工艺流程，以确保反应的正常进行。研究化学反应过程的热及其变化规律是化学热力学的一个重要分支——热化学，而热力学第一定律是热化学的基础。

## 一、热力学能

热力学能(thermodynamic energy)又称内能(internal energy)，它是系统内部所有分子动能及所有分子间势能的总和，常用符号 $U$ 表示。内能包括平动动能、分子之间吸引和排斥产生的势能、分子内部的振动能和转动能、电子及核的能量等等。由于人们对物质运动形式的认识永无穷尽，内能的绝对值是无法确定的。但可以肯定的是，处于一定状态的封闭系统必定有一个确定的内能值，即内能是状态函数。

如图 2-1 所示，系统由状态 A 变到状态 B 经过两条途径：途径(Ⅰ)及途径(Ⅱ)。系统从状态 A 沿途径(Ⅰ)变为状态 B，其内能变化为 $\Delta U_{\mathrm{I}}$，而经另一条途径(Ⅱ)由状态 A 变化为状态 B，其内能变化为 $\Delta U_{\mathrm{II}}$。设系统由状态 A 沿途径(Ⅰ)到 B，再由状态 B 沿途径(Ⅱ)逆向回到状态 A，完成了一个循环过程。这个循环过程的内能变化为

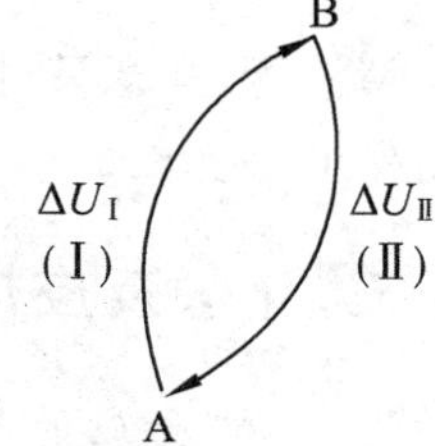


图 2-1　循环过程示意图

$$\Delta U=\Delta U_{\mathrm{I}}+(-\Delta U_{\mathrm{II}})=\Delta U_{\mathrm{I}}-\Delta U_{\mathrm{II}}$$

如果内能不是状态函数，则系统经过两条不同的途径完成同一个过程，其内能的变化量就应该不相等。

设 $\Delta U_{\mathrm{I}}>\Delta U_{\mathrm{II}}$，则 $\Delta U>0$，即系统循环一周回到原来的状态时凭空增加了能量，这违背了能量守恒定律；同样，设 $\Delta U_{\mathrm{I}}<\Delta U_{\mathrm{II}}$，则 $\Delta U<0$，即系统循环一周回到原来的状态时凭空减少了能量，这同样违背了能量守恒定律。因此，只可能是 $\Delta U_{\mathrm{I}}$ 等于 $\Delta U_{\mathrm{II}}$，即 $\Delta U=0$。

虽然内能的绝对值至今尚无法确定，但这一点并不妨碍对实际问题的解决。实际上，人们只需要知道在变化过程中内能的改变量就行了，而它的改变量只决定于系统的始态和终态，与变化的途径无关。内能具有广度性质，即 $U$ 和 $\Delta U$ 都与组成系统的微粒数目有关。

## 二、热力学第一定律

热力学第一定律(the first law of thermodynamics)就是大家熟悉的能量转化与守恒定律，可用文字表述如下：自然界的一切物质都具有能量，能量有各种不同形式，并且能够从一种形式转化为另一种形式，在转化过程中，能量的总量保持不变。

对于封闭系统，系统和环境之间只有能量交换，而能量交换的形式无非是热和功。当系统状态发生了变化，且在变化过程中系统从环境吸收的热量为 $Q$，对环境做的功为 $W$，根据能量守恒定律，系统内能变化量为

$$\Delta U=Q+W \tag{2-1a}$$

式(2-1a)是热力学第一定律的数学表达式，使用该式进行计算时，需特别注意热和功的符号。

**例 2-2** 试分析系统在下列变化过程中的 $Q$、$W$ 和 $\Delta U$：

(1) 化学反应在孤立系统中进行；

(2) 系统发生一循环过程。

**解：**(1) 因为孤立系统与环境间没有能量交换，$Q=0$，$W=0$，所以 $\Delta U=0$。

(2) 因为内能是状态函数，而系统发生的是循环过程，所以

$$\Delta U=Q+W=0, Q=-W$$

需要特别说明的是，式(2-1a)中的“功”是体积功和非体积功之和，即 $W=W_e+W_f$。若系统在变化过程中只做体积功，即 $W_f=0$，则式(2-1a)可写作

$$\Delta U=Q+W_e \tag{2-1b}$$

请注意，本章只讨论系统不做非体积功的热力学过程。习惯上，将式(2-1b)中的 $W_e$ 简写作 $W$。

## 三、化学反应热

1. 化学反应的热效应

所谓化学反应的热效应，指的是当产物与反应物的温度相同时，化学反应过程中吸收或放出的热量，或者说，当反应在一定的温度下进行时，反应所吸收或放出的热量称为该反应在此温度下的热效应，简称为反应热(heat of reaction)。在这个定义中，规定产物的温度和反应物的温度相同是必要的，因为产物的温度升高或降低都将引起能量的改变，而这种改变不是化学反应过程本身引起的。反应热的数据可由实验测得，也可以通过理论计算求得。热化学就是用实验和理论方法研究反应热的化学分支。

2. 热力学的标准状态

因为化学反应的热效应，因反应条件及参加反应的物质的物理状态的不同而异，因此有必要规定统一的标准，或称标准状态(standard state)。根据国家标准，热力学的标准状态是在指定温度 $T$ 和标准压力(100 kPa)下，物质所处的物理状态。具体规定如下：

(1) 气体物质的标准状态是该物质的物理状态为气态，并且气体的压强或混合气体中该气体的分压(气体分压的定义：在一定温度下，当某气体占有与混合气体相同的总体积时，该气体对器壁所产生的压强)为 100 kPa。热力学将 100 kPa 规定为标准压强，并用符号 $p^{\ominus}$ 表示，即 $p^{\ominus}=100$ kPa。

(2) 液体和固体物质的标准状态是处于标准压力下的纯液体和纯固体。本教材将参加反应的固体和液体物质都视作纯固体和纯液体。

(3) 溶液中溶质的标准状态是在标准压力下，溶质的质量摩尔浓度为 1.0 $mol \cdot kg^{-1}$。在一般的化学计算中，常用溶质的物质的量浓度代替质量摩尔浓度，这样溶液中溶质的标准状态可近似地看作是溶质的物质的量浓度为 1.0 $mol \cdot L^{-1}$，用符号 $c^{\ominus}$ 表示，即 $c^{\ominus}=1.0$ $mol \cdot L^{-1}$。

当系统中所有物质都处于标准状态时，就说系统处于标准状态；对于化学反应而言，如果参加反应的物质都处于标准状态，就说它是标准状态下的反应。

在热力学的有关计算中，涉及状态函数的变化时，都要注明其状态，如本章中的 $\Delta H^{\ominus}$、$\Delta S^{\ominus}$、$\Delta G^{\ominus}$ 等分别表示标准状态下的焓变、熵变、Gibbs 自由能变；而 $\Delta H$、$\Delta S$、$\Delta G$ 则分别表示非标准状态下的焓变、熵变、Gibbs 自由能变。

标准状态明确规定了标准压力 $p^{\ominus}$ 为 100 kPa，但未指明温度，或者说标准态规定中不包含温度。前面所说的指定温度，一般采用国际纯粹和应用化学联合会（IUPAC）推荐的 298.15 K 为参考温度。从手册和教科书中查到的热力学数据大多数为 298.15 K 条件下的数据。

3. 定容反应热和定压反应热

由于热与过程相联系，因此在讨论反应热时应指明具体的过程。通常用到的是两种过程的反应热：定容反应热和定压反应热。

化学反应在定容下进行（如在密封的氧弹量热计内测定燃烧热），这时的反应热就是定容反应热，用符号 $Q_V$ 表示。对于封闭系统，在只做体积功的定容过程中，$\Delta V=0$，故体积功也为零，即 $W=0$，热力学第一定律的表达式为

$$\Delta_r H(T)=Q_V+W_e=Q_V \tag{2-2}$$

即系统在定容下的反应热等于系统热力学能的变化，若系统吸热，热力学能增加；反之，热力学能减少。

系统在定压、不做非体积功的条件下发生了一热力学过程，此时的反应热称为定压反应热，用符号 $Q_p$ 表示。根据热力学第一定律可知 $\Delta U=U_2-U_1=Q_p-p_{外}\Delta V$

$$Q_p=\Delta U+p_{外}\cdot\Delta V=U_2-U_1+p_{外}\cdot(V_2-V_1)$$

因为在定压过程中　　$p_2=p_1=p_{外}$

代入上式，得　　$Q_p=(U_2+p_2V_2)-(U_1+p_1V_1)$

根据状态函数的性质知，若将状态函数 $U$、$p$、$V$ 组合起来会得到一个新的状态函数，热力学定义这个新的状态函数为焓（enthalpy），用符号 $H$ 表示，即 $H=U+pV$，因此有

$$Q_p=H_2-H_1 \tag{2-3}$$

即系统在定压下的反应热等于化学反应的焓变。若 $\Delta H>0$，则反应吸热；若 $\Delta H<0$，则反应放热。

由于无法确定系统内能的绝对值，所以焓的绝对值也无法确定。但在实际工作中，人们只需要知道焓的变化量。由式(2-3)可以看出，对于一个封闭系统，在只做体积功的定压过程中，系统的焓变（$\Delta H$）等于定压反应热（$Q_p$）。应该指出，在非定压过程中，$\Delta H$ 仍然存在，但此时它与过程热无直接关系。焓具有能量的单位，但它并没有明确的物理意义。人们之所以要定义一个新函数 $H$，仅仅是为了处理热力学问题的方便。

需要注意的是，由于 $H$ 是状态函数，所以 $\Delta H$ 只与系统的始态和终态有关，而与变化的途径无关。化学反应过程的焓变通常用 $\Delta_r H(T)$ 表示，当反应进度为 1 mol 时，则称为摩尔焓变，用 $\Delta_r H_m(T)$ 表示，下角标的"r(reaction)"表示化学反应，"m(mole)"表示摩尔。若反应处于标准状态下，则此时的焓变称为标准摩尔焓变，用 $\Delta_r H_m^{\ominus}(T)$ 表示。

由式(2-2)、(2-3)知，虽然在一定状态下系统的热力学能和焓的绝对值至今无法测

得，但在一定的条件下可由系统与环境间交换的热来确定它们的变化量，这是一个通过外部环境的变化来衡量系统内部变化的实例，它是热力学独有且常用的解决问题的方法。

由焓的定义式可知 $\Delta H = \Delta U + \Delta(pV)$ (2-4)

若做体积功的气体是理想气体，将 $pV = nRT$ 与式(2-4)合并可得

$$\Delta H = \Delta U + \Delta(pV) = \Delta U + \Delta(nRT)$$

因为一定量的理想气体的内能和焓只是温度的函数，因此，同一温度下的定容过程和定压过程的 $\Delta U$ 和 $\Delta H$ 相同，所以对于反应前后气体的物质的量没有变化(即 $\Delta n = 0$)的反应及由纯溶剂或固体参加的反应，体积变化极小，体积功可以忽略，则可以认为

$$\Delta H \approx \Delta U \approx Q_p \approx Q_V$$

**例 2-3** 已知 298 K 时，反应 $N_2(g) + 3H_2(g) = 2NH_3(g)$ $\Delta_r H_m^{\ominus} = -92.2\ kJ \cdot mol^{-1}$，求该反应的 $\Delta_r U_m^{\ominus}$。

**解**：$\Delta_r U_m^{\ominus} = \Delta_r H_m^{\ominus} - \Delta nRT = -92.2 - (2-1-3) \times 8.314 \times 298 \times 10^{-3}$

$= -87.2\ kJ \cdot mol^{-1}$

4. 热化学方程式

能同时标明物质的物理状态、反应条件和反应热的化学方程式称为热化学方程式(thermochemical equation)。例如，

$$2H_2(g) + O_2(g) = 2H_2O(l) \quad \Delta_r H_m^{\ominus} = -571.68\ kJ \cdot mol^{-1}$$

$$H_2(g) + \frac{1}{2}O_2(g) = H_2O(l) \quad \Delta_r H_m^{\ominus} = -285.84\ kJ \cdot mol^{-1}$$

对于热化学方程式中热效应符号 $\Delta_r H_m^{\ominus}(298.15\ K)$的意义需做如下说明：在这里，$\Delta H$(焓变)表示定压反应热，若 $\Delta H$ 为负值表示反应放热；若 $\Delta H$ 为正值，则表示反应吸热；“r”表示化学反应；“m”表示反应进度为 1 mol。由于反应进度与反应方程式的写法有关，所以对于由相同种类的物质参加的反应，按第一式完成 $\xi = 1$ mol 的反应所放出的热量是按第二式完成 $\xi = 1$ mol 的反应的 2 倍；“298.15”是反应温度，温度为 298.15 K 时通常可省略；“$\ominus$”表示热力学的标准状态。

前面说过，化学反应的热效应随反应条件及参加反应的物质物理状态的不同而异。因此，为了正确地书写热化学方程式，还需要注意以下几点：

(1) 反应热与方程式的写法有关，所以必须写出完整的化学计量方程式；

(2) 要标明反应的温度和压力。如果反应在标准态下进行，要标注“$\ominus$”；按习惯，若反应在 298.15 K 下进行，可不标明温度。

(3) 要标明参加反应的各物质的状态，用 g、l 和 s 分别表示气态、液态和固态，用 aq(aqueous solution)表示水溶液。若固体有不同晶型，还要指明固体的晶型，若碳有石墨(graphite，简写为 gra)和金刚石(diamond)等不同晶型，应予以标明。

## 四、反应热的计算

1. 利用已知的热化学方程式计算

1840 年，俄国化学家 Hess 在大量实验事实的基础上总结出 Hess 定律(Hess law)：

一定条件下，一个化学反应不管是一步完成还是分几步完成，其反应热都是相同的。换言之，即一定条件下反应热只与始态和终态有关，而与变化途径无关。因为热与途径有关，所以 Hess 定律只有在非体积功为零和定压(或定容)条件下才能成立。

Hess 定律是在热力学第一定律发表之前作为一条经验定律提出来的，在热力学第一定律发表之后，Hess 定律就成为热力学第一定律的必然推论。因为在非体积功为零和定压(或定容)条件下，定压反应热 $Q_p=\Delta H$，定容反应热 $Q_V=\Delta U$，而 $H$ 和 $U$ 都是状态函数，其变化量只取决于过程的始态和终态，与变化的途径无关。Hess 定律是热化学的基本定律，它的重要意义在于，由可测的已知的化学反应的 $Q_p$ 和 $Q_V$，通过类似于普通代数方程式那样进行运算，可求得不可测的一些化学反应的 $Q_p$ 与 $Q_V$，或者求出一些新反应的反应热。例如，下列反应

$$C(gra,s)+\frac{1}{2}O_2(g)═══CO(g)$$

其反应热无法由实验直接测得，因为很难控制反应条件使反应产物中只有 CO(g)，但是人们利用 Hess 定律很容易根据已知的热化学方程式求得它的反应热。

**例 2-4** 已知 298.15 K 时下列热化学方程式：

① $C(gra,s)+O_2(g)═══CO_2(g)$ $\Delta_r H_m^\ominus=-393.5\ kJ\cdot mol^{-1}$

② $CO(g)+\frac{1}{2}O_2(g)═══CO_2(g)$ $\Delta_r H_m^\ominus=-283.0\ kJ\cdot mol^{-1}$

计算相同温度下，反应③ $C(gra,s)+\frac{1}{2}O_2(g)═══CO(g)$的标准摩尔反应热。

**解**：把 $C(gra,s)+O_2(g)$作为反应的始态，$CO_2(g)$作为反应的终态，三个反应方程式的关系可用下图表示：

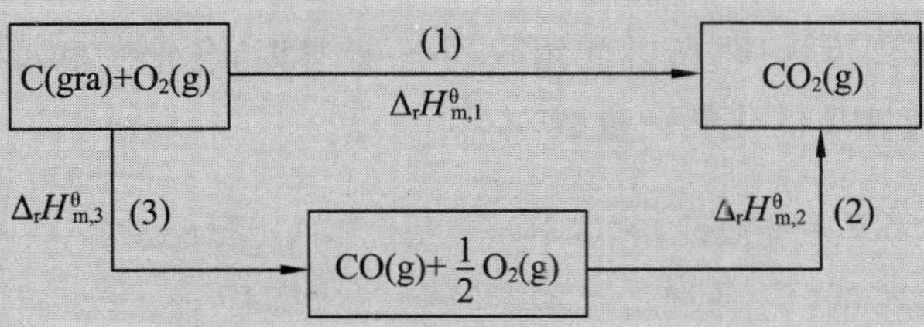


根据 Hess 定律，所求反应的反应热如下：

$\Delta_r H_m^\ominus(3)=\Delta_r H_m^\ominus(1)-\Delta_r H_m^\ominus(2)=(-393.5)-(-283.0)=-110.5\ kJ\cdot mol^{-1}$

需要注意的是，利用热化学方程式计算时，不仅要求消去的物质种类、系数相同，而且其物理状态、温度、压力也要相同，否则不能消去；如果运算中反应式需乘以某一系数，则其 $\Delta_r H_m^\ominus$ 也要乘以相应的系数。

2. 利用物质的标准摩尔生成焓计算

对于定压，且不做非体积功的任一反应：

$$aA+dD═══yY+zZ$$

根据状态函数的性质不难理解，反应热 $\Delta_r H_m$ 等于反应产物焓的总和与反应物焓的总和

的代数和，即

$$Q_p=\Delta_r H_m=\sum_P H_P-\sum_R H_R$$

若能知道参加反应的各物质的焓值，则很容易求得定压反应热，但是物质的焓的绝对值至今无法测得。为了解决这一问题，热力学规定：在指定温度下，由参考态的单质生成1 mol物质 B 时的焓变，称为物质 B 的摩尔生成焓(molar enthalpy of formation)，并用符号 $\Delta_f H_m(B)$表示，单位为$kJ\cdot mol^{-1}$。如果生成物质 B 的反应是在标准状态下进行的，这时的生成焓称为物质 B 的标准摩尔生成焓(standard molar enthalpy of formation)，写作 $\Delta_f H_m^{\ominus}(B)$。按照标准摩尔生成焓的定义，热力学实际上规定了在指定温度下，参考态单质的标准摩尔生成焓为零，而化合物 B 的标准摩尔生成焓则等于由参考态的单质生成 1mol B 物质时的焓变，即在对应的热化学方程式中，物质 B 前面的系数必须是 1。例如：

$$H_2(g,298.15\ K,p^{\ominus})+\frac{1}{2}O_2(g,298.15\ K,p^{\ominus})=\!=\!=H_2O(l,298.15\ K)$$

298.15 K 时，液态水的标准摩尔生成焓 $\Delta_f H_m^{\ominus}(H_2O,l)$等于上述反应的标准摩尔焓变，即

$$\Delta_f H_m^{\ominus}(H_2O,l,298.15\ K)=\Delta_r H_m^{\ominus}=-285.8\ kJ\cdot mol^{-1}$$

利用物质的标准摩尔生成焓可以方便地计算在标准状态下化学反应的热效应：

$$\Delta_r H_m^{\ominus}=\sum_P \nu_P \Delta_f H_m^{\ominus}(P)+\sum_R \nu_R \Delta_f H_m^{\ominus}(R) \qquad (2\text{-}5)$$

式中：P(product)、R(reactant)分别为反应方程式中各产物、反应物的化学式。使用公式(2-5)时应注意以下几点：

(1) 利用物质的标准摩尔生成焓只能计算标准状态和 298.15K 下的定压反应热。

(2) 必须指明物质 B 的物理状态。因为物质的物理状态不同，其标准摩尔生成焓也不同。例如，在 298.15 K 时，液态水和气态水的标准摩尔生成焓的值是不同的。常见物质在 298.15 K 下的 $\Delta_f H_m^{\ominus}(B)$值，见本教材附表 3，也可查阅有关的化学手册。

(3) 由于焓具有广度性质，所以使用式(2-5)计算时，各产物和反应物的 $\Delta_f H_m^{\ominus}$ 值必须乘以反应式中相应物质的化学计量数。

**例 2-5** 葡萄糖在生物体内供给能量的反应是重要的生化反应之一。试根据各种物质的标准摩尔生成焓，计算 298.15 K 时下列反应的标准反应热。

$$C_6H_{12}O_6(s)+6O_2(g)=\!=\!=6CO_2(g)+6H_2O(l)$$

**解**：查附表 3，得

| | $C_6H_{12}O_6(s)$ | $O_2(g)$ | $CO_2(g)$ | $H_2O(l)$ |
|---|---|---|---|---|
| $\Delta_f H_m^{\ominus}(B)/(kJ\cdot mol^{-1})$ | −1 273.3 | 0 | −393.5 | −285.8 |

将各数据代入式(2-5)，得

$$\Delta_r H_m^{\ominus}=6\times(-285.8)+6\times(-393.5)+(-1)\times(-1\ 273.3)=-2\ 802.5\ kJ\cdot mol^{-1}$$

3. 利用物质的标准摩尔燃烧焓计算

大多数有机物很难由参考态单质直接合成，因此其生成热难以由实验测得，但大多数有机物很容易燃烧，其燃烧热很容易由实验测得，因此可以利用某些燃烧反应的热效应来计算其他反应的热效应。标准摩尔燃烧热的概念就是为了方便这类计算而提出来的。

在指定温度和标准状态下，1 mol 物质 B 完全燃烧，生成指定产物时的标准摩尔焓变，称为物质 B 的标准摩尔燃烧焓（standard molar enthalpy of combustion），符号是 $\Delta_c H_m^\ominus$，单位为kJ·mol$^{-1}$，下标“c”(combustion)指燃烧。这里的“完全燃烧”是有机化合物中的 C、H、S、N 及 X（卤素）等元素分别变为 $CO_2(g)$、$H_2O(l)$、$SO_2(g)$、$N_2(g)$及 HX(aq)。不仅有机物能燃烧，有些无机化合物也能燃烧，因此也可以测得这些物质的标准摩尔燃烧焓。目前，多数手册给出的是 298.15 K 下物质的标准摩尔燃烧热数据。今后，凡是不加说明，物质的标准摩尔燃烧焓均是指 298.15 K 下的数据。常见物质的标准摩尔燃烧焓值见表 2-1。使用物质的标准摩尔燃烧焓时，需要注意以下几点：

(1) 由于反应物已“完全燃烧”，意味着生成的指定产物不能再燃烧。这实际上规定了指定产物以及氧气的标准摩尔燃烧焓为零。

(2) 燃烧反应的产物皆为指定的产物及物理状态。例如，下列反应

$$H_2(g)+\frac{1}{2}O_2(g)=\!=\!=H_2O(g)$$

其标准摩尔焓变就不等于氢气的标准摩尔燃烧焓，因为气态水不是氢元素燃烧的指定产物。

(3) 在表示物质 B 的燃烧焓的热化学方程式中，B 化学式前面的系数必须是 1。

根据状态函数的性质，同样可以导出化学反应的标准摩尔焓变与参加反应的物质的标准摩尔燃烧焓的关系：

$$\Delta_r H_m^\ominus=-\sum_B[\nu_B\cdot\Delta_c H_m^\ominus(B)] \tag{2-6}$$

**表 2-1　一些常见物质的标准摩尔燃烧焓(298.15 K)**

| 物质 | $\Delta_c H_m^\ominus(B)/(kJ\cdot mol^{-1})$ | 物质 | $\Delta_c H_m^\ominus(B)/(kJ\cdot mol^{-1})$ |
|---|---|---|---|
| $H_2(g)$ | −285.8 | $CH_3CHO(g)$ | −1 192.4 |
| C(gra,s) | −393.5 | $CH_3COCH_3(l)$ | −1 802.9 |
| CO(g) | −283.0 | $CH_3COOC_2H_5(l)$ | −2 246.5 |
| $CH_4(g)$ | −890.3 | HCOOH(l) | −269.9 |
| $C_2H_2(g)$ | −1 299.6 | $CH_3COOH(l)$ | −871.5 |
| $C_2H_4(g)$ | −1 411.0 | $C_6H_6(l)$ | −3 267.6 |
| $C_2H_6(g)$ | −1 560.0 | $C_7H_8(l)$，甲苯 | −3 910.0 |
| $C_3H_8(g)$ | −2 058.5 | $CH_3OH(l)$ | −726.6 |
| $C_4H_{10}(g)$，正丁烷 | −2 878.5 | $C_2H_5OH(l)$ | −1 366.8 |
| $C_4H_{10}(g)$，异丁烷 | −2 871.6 | $C_3H_8O_3(l)$，甘油 | −1 664.4 |
| $C_4H_8(g)$ | −2 718.6 | $C_6H_{12}O_6(s)$，葡萄糖 | −2 815.8 |
| HCHO(g) | −563.6 | $C_{12}H_{22}O_{11}(s)$，蔗糖 | −5 648.0 |

**例 2-6** 计算下列反应的标准摩尔焓变：

$$C_2H_5OH(l)+CH_3COOH(l) = CH_3COOC_2H_5(l)+H_2O(l)$$

**解：**从表 2-1 中，查得各物质的标准摩尔燃烧焓并将数据代入式(2-6)，得

$\Delta_r H_m^{\ominus} = -[(-1)\times(-1\ 366.8)+(-1)\times(-871.5)+(+1)\times(-2\ 246.5)] = 8.2\ kJ\cdot mol^{-1}$

## 第三节 化学反应的方向

热力学第一定律表明，系统的状态发生变化时，其能量是守恒的并且能量可以传递，但能量传递的方向如何呢？这是热力学第一定律回答不了的问题。其实，能量的传递是有方向性的，如热可以自动地由高温物体传向低温物体。除热传递有方向性以外，许多物理和化学变化过程也具有方向性。例如，水和电流的流动方向、室温下冰融化、固体在水中溶解、固体表面的吸附作用以及钢铁在潮湿的空气中会生锈、氢气与氧气混合会生成水、氢氧化钠溶液与盐酸混合生成氯化钠和水等等。

研究化学反应在一定条件下能否自发进行，具有重要的实际意义。例如，为治理煤燃烧所造成的污染，能否在约 1 200 ℃的炉温下，用 CaO(s)吸收煤燃烧产生的 $SO_3(g)$；能否利用 C(gra，s)与 $H_2O(l)$作用大规模工业化生产淀粉等碳水化合物；能否在常温常压下将 $H_2(g)$通过 C(gra，s)制取苯，等等。为了说明在一定条件下化学反应自发进行的方向和化学反应的限度问题，人们提出了热力学第二定律。本节先讨论一定条件下化学反应的自发方向问题。

### 一、自发过程

热力学中的自发过程(spontaneous process)是指在一定条件下，不需要环境对系统做非体积功就能自动发生的过程。例如，水从高处(高度 $h_1$)自动流向低处(高度 $h_2$)，直到水位差等于零水不再流动，这时达到了平衡状态。因此，水自发流动方向的判断标准是 $\Delta h=h_2-h_1<0$，平衡条件是 $\Delta h=0$。考查自然界中大量的自发过程，人们总结出自发过程具有以下特征：

(1)具有单向性。自发过程只能自动地向一个方向进行，而它的逆过程不可能自动进行。例如，水从高处自动流向低处，而相反过程不可能自动发生。若要逆向进行，环境必须对系统做功(如用水泵做功可以使水从低处流向高处)。

(2)具有做功的能力。所有自发过程都有做功的能力。例如，水由高处自动流向低处可以推动发电机做电功或推动水轮机做机械功；由高温热源向低温热源自发传递的热量可使热机运转做功；锌与硫酸铜的反应是自发进行的，据此可以组装成电池做电功。过程的自发性愈大，做功的潜能也越大。做功能力实际上是过程自发性大小的一种量度。

(3)具有一定的限度。任何自发过程进行到平衡状态时宏观上就不再继续进行，这

时系统做功的本领为零。例如，原电池中发生的化学反应达到平衡状态时，该原电池就不能产生电能，也就失去了做功的能力。

常识告诉人们，自发的物理变化过程都有自身的推动力。例如，水流靠水位差，电流靠电位差，热传导靠温度差等等，那么自发的化学反应过程的推动力又是什么呢？

早在19世纪70年代，法国化学家Berthelor和丹麦化学家Thomson就指出，反应的热效应可作为化学反应自发方向的判据，并认为“只有放热反应才能自发进行”。人们经过大量的研究发现，所有放热反应在298.15K和标准态下都是自发的。所以，这种观点是有一定道理的，因为系统处于高能态是不稳定的，经过反应将一部分能量释放给环境，变成低能态的产物，系统变得更稳定。但后来发现，有些吸热反应(即 $\Delta H>0$)也是自发的。例如，$KNO_3$ 晶体在水中的溶解过程，便是由于离子水化的化学反应所引起的，这是一个吸热的自发过程。另外，还发现有的吸热反应在室温下虽不能自发进行，但在高温下却能自发进行。例如，298.15 K时，$CaCO_3$ 的分解反应

$$CaCO_3(s)═══CaO(s)+CO_2(g) \quad \Delta_r H_m^{\ominus}=177.8\ kJ\cdot mol^{-1}$$

该反应在室温下不能自发进行，但在1 200 K和标准状态下，就能自发进行，而1 200 K时反应的 $\Delta_r H_m^{\ominus}(1\ 200)$ 为176.5 $kJ\cdot mol^{-1}$，与298.15 K的 $\Delta_r H_m^{\ominus}(298.15\ K)$ 基本相同。此外，室温下冰的熔化或水的蒸发等物理变化也是常见的吸热自发过程。因此，把反应放热(即焓值降低)作为推动化学反应自发进行的动力，在大多数情况下是合乎事实的，而且在理论上它也与能量降低从而可能做功的推论是一致的，但也有不少例外，这说明自发过程的推动力中还有其他因素在起作用。

考查上述吸热自发过程发现，这些反应都有一个共同特征，即反应后系统的混乱度增大。在 $KNO_3$ 晶体中，$K^+$ 和 $NO_3^-$ 的排布是相对有序的，$KNO_3$ 溶于水后 $K^+$ 和 $NO_3^-$ 在水溶液中杂乱地分布，显然使系统的混乱度增大；$CaCO_3(s)$分解后产生了气体，也使系统的混乱度增大；室温下冰融化，同样是从排列较整齐的冰的晶体变成较为混乱的液态水。由此可见，系统的混乱度增大，从有序变为无序，也是自发过程的重要推动力。

## 二、熵与自发过程

### 1. 熵的初步概念

系统在一定条件下都具有一定的混乱度，热力学用状态函数熵(entropy)表示系统的混乱度。换言之，熵是系统混乱度的量度，用符号 $S$ 表示，单位是 $J\cdot K^{-1}$。每一种物质，如一块石头、一桶水、一个废弃的塑料袋等，在一定条件下都有一个熵值作为它的特征性质，就好比一定条件下任何物体都有一定的体积、密度、焓和热力学能等作为特征性质一样。

自从1954年克劳修斯(Clausius)引入熵的概念用于研究反应的方向性以来，熵的内涵不断地发展和完善，其应用范围不断地扩大，不仅在自然科学的很多领域得到应用，而且已渗透到了人文科学中。在物理学、化学、信息科学、生命科学、环境科学、社会科学等领域中，熵无孔不入！例如，生物体为了维持自身的生存，要不断地利用从环境中摄入的营养物质，合成自身器官的组织单元，这是一个熵变过程；生物体吸收所需要的氨基酸，

并将氨基酸合成细胞所需要的蛋白质，这是一个合成代谢过程；生物体要进行分解代谢，分解代谢是一个放热熵增的过程。生物为了维持其生存，要保持自身的低熵状态，即将体内的高熵物质排出体外，如人体摄入高度有序的、低熵值的聚合物分子食物（淀粉、蛋白质等）并排泄出分解代谢后的高熵物质，从而使生命活动过程的熵变保持为负值，生命体就可以延缓衰老。

系统的混乱度越低，有序程度越高，熵值越小。同一种物质处于气、液、固三态时，气态的熵值最大，固态的熵值最小。另外，与焓一样，熵也具有容量性质，系统的熵值与组成系统的微粒数目有关，微粒越多，系统的熵值也越大。

由于熵与内能、焓一样是状态函数，因此，熵变 $\Delta S$ 只取决于过程的始态和终态，而与变化的途径无关。

*2. 物质的标准摩尔熵和化学反应的标准摩尔熵变*

20 世纪初，科学家根据一系列低温实验结果加上科学的推测指出：在热力学温度0K时，任何纯物质完美晶体的绝对熵值为零。这就是热力学第三定律（the thid law of thermodynamics）。据此，可以求得物质在其他温度下的熵值。

在指定温度和标准状态下，1 mol 纯物质 B 的熵值称为物质 B 的标准摩尔熵，用符号 $S_m^\ominus(B)$ 表示，单位是 $J \cdot mol^{-1} \cdot K^{-1}$。附表 3 中给出了 298.15 K 下常见物质的标准摩尔熵值。需要注意的是，与物质的标准摩尔生成焓 $\Delta_f H_m^\ominus(B)$ 不同，指定温度下单质的标准摩尔熵值不为零，因为它们不是绝对零度时的完美晶体，而化合物 B 的标准摩尔熵也不等于指定温度下由参考态的单质生成 1mol 化合物 B 时的标准摩尔熵变。

根据熵的性质和参加反应的各种物质的标准摩尔熵数据，可求得 298.15 K 下化学反应的标准摩尔熵变：

$$\Delta_r S_m^\ominus = \sum_B [\nu_B \cdot S_m^\ominus(B)] \tag{2-7}$$

利用式(2-7)只能求得化学反应在 298.15 K 下的标准摩尔熵变，但由于温度升高时产物与反应物的熵都会增大并且增大的量相近，所以可以近似地认为：

$$\Delta_r S_m^\ominus(T) \approx \Delta_r S_m^\ominus(298.15)$$

**例 2-7** 计算 298.15 K 时，下列反应的标准摩尔熵变：

$$CaCO_3(s) = CaO(s) + CO_2(g)$$

**解**：查附表 3，知

| | $CaCO_3(s)$ | $CaO(s)$ | $CO_2(g)$ |
|---|---|---|---|
| $S_m^\ominus/(J \cdot mol^{-1} \cdot K^{-1})$ | 92.9 | 39.8 | 213.6 |

$\Delta_r S_m^\ominus = 213.6 + 39.8 + (-1) \times 92.9 = 160.5\ J \cdot mol^{-1} \cdot K^{-1}$

计算结果表明，$CaCO_3(s)$ 分解是熵增加过程；同样可计算出 $H_2(g)$ 与 $O_2(g)$ 反应生成 $H_2O(l)$ 是熵减少过程。一般地说，根据参加化学反应的各种物质的物理状态及反应前后微粒数目的变化，可以粗略地估计化学反应的熵变：

(1) 反应后气体分子数目增加的反应，熵变大多为正值；气体分子数目减少的反应，熵变大多为负值。

(2) 没有气体参加的反应，若反应后物质的量（或溶质的微粒数）增多，则为熵增过程，如晶体的溶解和一些由简单配合物转化为螯合物的反应都是熵增过程；若反应后物质的量（或者溶质的微粒数）减少，则一般为熵减过程，如溶液中的沉淀反应，就是熵减少过程。

上述讨论表明，熵增是过程自发进行的推动力，但有一些熵减的过程也能自发进行。可见，单独考虑系统的熵是否增大或过程是否放热，均不能对所有过程的自发方向做出准确的判断。另外，$CaCO_3(s)$分解是一个熵增、吸热的过程，在低温和标准状态下非自发，高温时却能自发进行。看来，除了熵变和焓变外，温度也是影响过程自发方向的重要因素。为此，人们在已有的热力学函数的基础上，导出了一个新的状态函数——$G$，并利用系统本身的这一状态函数的变化量 $\Delta G$，就可以判断自发过程的方向。

## 三、吉布斯自由能

### 1. 吉布斯自由能与自发过程

为了确定一个过程自发方向的判断标准，美国物理学家 Gibbs 早在 19 世纪 70 年代就提出：在等温、等压条件下，如果在理论上或实践上一个反应能被用来做“有用功”，则这个反应就是自发的；如果由环境提供“有用功”去使反应发生，这个反应就是非自发的。这里所说的“有用功”就是前面介绍的非体积功，如电功、表面功等。换言之，化学反应自发进行的推动力就是系统具有做有用功的本领。例如，Zn 可以从 $CuSO_4$ 溶液中置换出 Cu，根据这个反应可设计成原电池用来做电功，因此这个反应能自发进行。

在热力学中，用 Gibbs 自由能来表示等温等压条件下系统做有用功的本领，简称自由能(free energy)，用符号 $G$ 表示，其定义是：

$$G = H - TS \tag{2-8}$$

由于 $H$ 和 $S$ 都具有广度性质，所以自由能 $G$ 也具有广度性质，它的数值与组成系统的微粒数目有关。自由能是状态函数，其变化量 $\Delta G$ 只与过程的始态和终态有关，而与变化的具体途径无关。

在等温条件下，当系统从状态 1 变化到状态 2 时，有

$$G_1 = H_1 - TS_1 \quad ①$$

$$G_2 = H_2 - TS_2 \quad ②$$

②－①，得
$$\Delta G = G_2 - G_1 = (H_2 - H_1) - T(S_2 - S_1)$$

所以
$$\Delta G = \Delta H - T\Delta S \tag{2-9}$$

式(2-9)称为吉布斯－亥姆霍兹(Gibbs-Helmholtz)方程式。该式表明，等温、等压条件下，化学反应的热效应只有一部分可用于降低系统的自由能（即可用于做非体积功），而另一部分则用于维持系统的温度和增加系统的混乱度。

一个自发的化学反应所做的非体积功，不仅取决于系统的始态和终态，还取决于具体途径。例如，化学反应 $Zn + Cu^{2+} = Zn^{2+} + Cu$，若在电池中进行反应，则可做电功；若反应在烧杯或试管中进行，则化学能几乎全部以热的形式放出，只做体积功，根本没有做电功。每个自发反应在等温、等压条件下都有自己在理论上的最大非体积功值，而实际上得到的非体积功要少些。必须指出，功并不是状态函数，但 $W_{f,max}$ 是理论上非体积功的

极限值，它只取决于系统的始态和终态，而与途径无关。热力学可以证明，在等温等压条件下，一个封闭系统所能做的最大非体积功等于其 Gibbs 自由能的减小值($-\Delta G$)，即

$$-\Delta G = W_{\mathrm{f,max}} \tag{2-10}$$

Gibbs-Helmholtz 方程式把影响化学反应自发性的两个因素——能量(这里表现为 $\Delta H$)及混乱度完美地统一起来，变成了一个综合因素——自由能，即自由能降低是化学反应在等温等压条件下自发进行的推动力。在热力学中已经证明，在等温、等压并且不做非体积功条件下，化学反应自发进行的判据为：

$$\Delta G < 0 \tag{2-11}$$

即在等温、等压并且不做非体积功的条件下，化学反应的自发方向与自由能变的关系是：

$\Delta G<0$，正向反应自发进行

$\Delta G>0$，正向反应非自发，而逆向反应可自发进行

$\Delta G=0$，系统达到平衡状态

以上内容就是热力学第二定律的一种表达形式，利用它可以判断一定条件下化学反应的自发方向以及化学反应进行的完全程度。

2. 温度对化学反应自发方向的影响

从 Gibbs-Helmholtz 方程式可以看出，温度 $T$ 不仅会影响自由能变的数值，有时甚至能改变自由能变的符号，具体情况见表 2-2。

**表 2-2　温度对化学反应自发方向的影响**

| $\Delta H$ | $\Delta S$ | 正反应自发进行的温度条件 |
|---|---|---|
| $<0$ | $<0$ | 低温 |
| $>0$ | $>0$ | 高温 |
| $<0$ | $>0$ | 任意温度 |

由表 2-2 不难看出，当 $\Delta H$ 和 $\Delta S$ 这两个因素都有利于反应自发进行，或都不利于反应自发进行时(即 $\Delta H$ 与 $\Delta S$ 的符号相反时)，通过改变温度来改变反应自发进行的方向是不可能的。只有 $\Delta H$ 和 $\Delta S$ 这两个因素对反应自发性的影响相反时($\Delta H$ 与 $\Delta S$ 的符号相同时)，即一个有利、另一个不利时，才有可能通过控制温度来改变反应自发进行的方向。当$\Delta G=0$ 时，对应的温度，即为化学反应达到平衡状态时的温度，也称为转变温度：

$$T_{\text{转变}} = \frac{\Delta H}{\Delta S} \tag{2-12}$$

3. 物质的标准摩尔生成自由能和化学反应的标准摩尔自由能变

根据状态函数的性质可知，一个化学反应的自由能变 $\Delta_r G$ 等于产物与反应物的自由能的代数和，而自由能具有加和性，因此，要计算一个化学反应的自由能变 $\Delta_r G$，必须写出具体的反应方程式。在任意温度和标准状态下，当化学反应进度 $\xi=1$ mol 时，反应的自由能变称为该温度下化学反应的标准摩尔自由能变，符号是 $\Delta_r G_m^\ominus(T)$，单位是 $kJ \cdot mol^{-1}$。计算化学反应的标准摩尔自由能变，通常有以下两种方法：

(1) 利用物质的标准摩尔生成自由能计算

因为在自由能的定义式中含有绝对值无法确定的 $H$ 项，因此，也就无法确定 $G$ 的绝

对值。为此，热力学中规定参考态单质的标准摩尔生成自由能为零。

在任意温度和标准状态下，由参考态单质生成 1 mol 物质 B 时的标准摩尔自由能变称为该温度下物质 B 的标准摩尔生成自由能，符号是 $\Delta_f G_m^{\ominus}(B,T)$，单位是 $kJ \cdot mol^{-1}$。例如，任意温度时

$$C(gra,s)+O_2(g)=\!=\!=CO_2(g) \quad \Delta_r G_m^{\ominus}(T)=\Delta_f G_m^{\ominus}(CO_2,g,T)$$

通常，当温度为 298.15 K 时可以省略不写，如 $\Delta_f G_m^{\ominus}(CO_2,g,T)$ 可以写作 $\Delta_f G_m^{\ominus}(CO_2,g)$。常见物质的标准摩尔生成自由能可从附表 3 或化学手册中查到。请注意，在使用这一概念时，相应的热化学方程式中，物质 B 前面的系数必须是 1。

在 298.15 K 下，化学反应的标准摩尔自由能变可按下式计算：

$$\Delta_r G_m^{\ominus}=\sum \nu_B \Delta_f G_m^{\ominus}(B) \tag{2-13}$$

（2）利用 Gibbs-Helmholtz 方程式计算

在等温等压条件下，可利用 Gibbs-Helmholtz 方程式近似计算任意温度下化学反应的标准摩尔自由能变，即

$$\Delta_r G_m^{\ominus}(T) \approx \Delta_r H_m^{\ominus}-T\Delta_r S_m^{\ominus} \tag{2-14}$$

请注意，$\Delta_r G_m^{\ominus}(T)$ 与 $\Delta_r H_m^{\ominus}$ 和 $\Delta_r S_m^{\ominus}$ 不同，温度对 $\Delta_r G_m^{\ominus}(T)$ 的影响很大，而对后两者的影响可忽略不计。因此，除非在 298.15 K 时，否则，$\Delta_r G_m^{\ominus}(T)$ 不能简写作 $\Delta_r G_m^{\ominus}$。

**例 2-8** 对于生命的起源问题，有人提出最初动物或植物体内的复杂分子是由简单分子自发形成的。例如，尿素（$NH_2CONH_2$）的生成可以用如下反应方程式表示：

$$CO_2(g)+2NH_3(g)=\!=\!=NH_2CONH_2(s)+H_2O(l)$$

（1）利用附表 3 中的热力学数据计算上述反应在 298.15 K 时的 $\Delta_r G_m^{\ominus}$，说明反应在 298.15 K 和标准状态下能否自发地正向进行；（2）计算在标准状态下，该反应不能自发地正向进行的最低温度。

**解**：查附表 3，得

| | $CO_2(g)$ | $NH_3(g)$ | $NH_2CONH_2(s)$ | $H_2O(l)$ |
|---|---|---|---|---|
| $\Delta_f G_m^{\ominus}/(kJ \cdot mol^{-1})$ | −394.38 | −16.14 | −197.33 | −237.19 |
| $S_m^{\ominus}/(J \cdot mol^{-1} \cdot K^{-1})$ | 213.64 | 192.51 | 93.14 | 69.94 |

根据式(2-13)，得

$\Delta_r G_m^{\ominus}=(-237.19)+(-197.33)+(-2)\times(-16.14)+(-1)\times(-394.38)$
$=-7.86\ kJ \cdot mol^{-1}$

因为 $\Delta_r G_m^{\ominus}<0$，所以在 298.15 K 和标准状态下，上述反应可以自发地正向进行。

$\Delta_r S_m^{\ominus}=69.94+93.14+(-1)\times 213.64+(-2)\times 192.51=-435.58\ J \cdot mol^{-1} \cdot K^{-1}$

$\Delta_r H_m^{\ominus}=\Delta_r G_m^{\ominus}+T\Delta_r S_m^{\ominus}=(-7.86)+298.15\times(-435.58)\times 10^{-3}=-137.73\ kJ \cdot mol^{-1}$

因该反应的 $\Delta_r H_m^{\ominus}$ 和 $\Delta_r S_m^{\ominus}$ 均为负值，所以，低温有利于反应自发进行。

根据式(2-12)，得 $T<\dfrac{137.73\times 10^3}{435.58}=316.2\ K$

即该反应不能自发进行的最低温度为 316.2 K。

以上讨论的化学反应的摩尔自由能变的计算，仅限于任意温度和标准状态下的反应。如果反应是在任意温度和非标准态下进行的，则必须用给定条件下的 $\Delta_r G_m(T)$ 来判断反应的自发方向。

4. 非标准状态下化学反应自发方向的判据

前面讨论了任意温度和标准状态下，化学反应自发进行的可能性以及反应的焓变、熵变和温度对反应自发方向的影响，而大多数化学反应是在非标准状态下进行的。因此，研究非标准状态下反应的自发方向问题更具有普遍意义。热力学已经证明，化学反应在非标准状态下的摩尔自由能变与其在标准状态下的摩尔自由能变以及反应条件之间存在下列关系：

$$\Delta_r G_m(T) = \Delta_r G_m^{\ominus}(T) + RT\ln Q \tag{2-15}$$

式(2-15)称为化学反应等温方程式(isothermal equation)。式中：$\Delta_r G_m(T)$、$\Delta_r G_m^{\ominus}(T)$ 分别表示化学反应在任意温度和非标准状态下的摩尔自由能变和标准状态下的摩尔自由能变，$R$ 是摩尔气体常数，$T$ 是反应的热力学温度，$Q$ 称为反应商。

反应商表示的是反应系统中各组分的量的关系，它的表达式需与具体的化学计量方程式相对应。例如，合成氨反应可以用不同的化学计量方程式表示：

$$(1)\ N_2(g) + 3H_2(g) = 2NH_3(g)$$

$$(2)\ \frac{1}{3}N_2(g) + H_2(g) = \frac{2}{3}NH_3(g)$$

对于反应(1)，反应商的表达式写作：

$$Q_1 = \frac{[p(NH_3)/p^{\ominus}]^2}{[p(N_2)/p^{\ominus}]\cdot[p(H_2)/p^{\ominus}]^3}$$

对于反应(2)，反应商的表达式写作：

$$Q_2 = \frac{[p(NH_3)/p^{\ominus}]^{\frac{2}{3}}}{[p(N_2)/p^{\ominus}]^{\frac{1}{3}}\cdot[p(H_2)/p^{\ominus}]}$$

式中：$p^{\ominus} = 100$ kPa；$p(B)$ 是参加反应的物质 B 在任意状态(非平衡状态下的任意一种状态)下的分压，常用单位是 kPa；$p(B)/p^{\ominus}$ 是物质 B 的相对分压。可见，反应商的单位是 1。特别说明：

(1) 对于溶液中的反应，反应商可用参加反应的各物质的相对浓度表示。例如，

$$NH_3\cdot H_2O = NH_4^+ + OH^- \qquad Q = \frac{[c(NH_4^+)/c^{\ominus}]\cdot[c(OH^-)/c^{\ominus}]}{[c(NH_3)/c^{\ominus}]}$$

(2) 若有纯固态或纯液态物质参加反应，则它们不出现在反应商的表达式中。例如，

$$Zn(s) + 2H^+ = Zn^{2+} + H_2(g) \qquad Q = \frac{[c(Zn^{2+})/c^{\ominus}]\cdot[p(H_2)/p^{\ominus}]}{[c(H^+)/c^{\ominus}]^2}$$

(3) 对于稀水溶液中的化学反应，不管水是反应物还是产物，水都不出现在反应商的表达式中。例如，

$$MnO_2(s) + 4H^+ + 2Cl^- = Mn^{2+} + Cl_2(g) + 2H_2O \qquad Q = \frac{[c(Mn^{2+})/c^{\ominus}]\cdot[p(Cl_2)/p^{\ominus}]}{[c(H^+)/c^{\ominus}]^4\cdot[c(Cl^-)/c^{\ominus}]^2}$$

利用化学反应等温方程式，可以计算任意温度和任意状态下化学反应的摩尔自由能变，

从而判断化学反应的自发方向。

**例 2-9**　已知 $\Delta_f G_m^\ominus(HI,g)=1.30\ kJ \cdot mol^{-1}$，$\Delta_f G_m^\ominus(H_2,g)=0$，$\Delta_f G_m^\ominus(I_2,g)=19.37\ kJ \cdot mol^{-1}$，若各种物质的开始分压：$p(HI)=40.5\ kPa$，$p(H_2)=p(I_2)=1.01\ kPa$，试判断 298.15 K 时下列反应的自发方向：

$$2HI(g) = H_2(g) + I_2(g)$$

**解**：先计算 298.15 K 时反应的 $\Delta_r G_m^\ominus$

$$\Delta_r G_m^\ominus = \Delta_f G_m^\ominus(I_2,g) + (-2) \times \Delta_f G_m^\ominus(HI,g) = 19.37 - 2 \times 1.30 = 16.77\ kJ \cdot mol^{-1}$$

求反应商：

$$Q=\frac{[p(H_2)/p^\ominus]\cdot[p(I_2)/p^\ominus]}{[p(HI)/p^\ominus]^2}=\frac{(1.01/100)^2}{(40.5/100)^2}=6.2\times10^{-4}$$

根据式(2-15)求反应的 $\Delta_r G_m$：

$$\Delta_r G_m = 16.77 + 8.314 \times 298.15 \times 10^{-3} \times \ln(6.2 \times 10^{-4}) = -1.54\ kJ \cdot mol^{-1} < 0$$

所以在 298.15 K 时，反应能自发地正向进行。

# 第四节　化学平衡

用氢气与碘蒸气反应合成碘化氢气体时，即使氢气与碘蒸气的物质的量之比为 1∶1，它们也不能全部反应，这是为什么？一个可能发生的反应进行的程度如何？在允许的情况下如何通过改变反应条件，获得尽可能高的转化率？这些问题涉及的均是化学反应的限度——化学平衡的内容。

平衡是自然界存在的普遍现象，例如，热平衡、力学平衡、相平衡和化学平衡等。化学平衡是可逆反应的共同特征，它涉及的内容较多，本节主要对化学平衡状态、化学平衡常数、化学平衡的移动等问题做初步介绍。化学平衡原理的具体应用将在后续章节中详细介绍。

## 一、可逆反应与化学平衡

在同一条件下，既可向正反应方向进行又可以向逆反应方向进行的反应称为可逆反应(reversible reaction)。反之，只能向一个方向进行的反应称为不可逆反应(irreversible reaction)。书写可逆反应方程式时，必须用可逆号连接反应物和产物。例如，

$$N_2(g) + 3H_2(g) \rightleftharpoons 2NH_3(g)$$

大多数化学反应都具有可逆性。习惯上，把从左向右进行的反应称为正反应，而从右向左进行的反应称为逆反应。

在可逆反应中，随着反应的进行，反应物的浓度或分压逐渐减小，产物的浓度或分压逐渐增大。因此，正向反应的反应速率逐渐减小，逆向反应的反应速率逐渐增大，当正向反应的反应速率与逆向反应的反应速率相等时，反应物和产物的浓度或分压不再随时间变化。此时，各反应物和产物的浓度或分压称为平衡浓度或平衡分压，常用[B]或 $c^{eq}(B)$

表示物质B的平衡浓度,单位是$mol \cdot L^{-1}$;用$p^{eq}(B)$表示物质B的平衡分压,单位是kPa。本教材一律用[B]表示物质B的平衡浓度。

在可逆反应中,当正向反应的反应速率与逆向反应的反应速率相等时,系统所处的状态称为化学平衡状态(chemical equilibrium state),简称化学平衡(chemical equilibrium)。

当可逆反应达到平衡时,正向反应和逆向反应仍在继续进行,只不过是它们的反应速率相等,而反应方向相反,正向反应与逆向反应互相抵消,反应物和产物的浓度不再发生变化。因此,化学平衡是一种动态平衡。化学平衡具有以下基本特征:

(1)正向反应的反应速率和逆向反应的反应速率相等,这是建立化学平衡的条件。

(2)化学平衡是可逆反应进行的最大限度,反应物和产物的浓度都不再随时间变化,这是建立化学平衡的标志。

(3)化学平衡是相对的、有条件的动态平衡,当外界条件改变时,原来的化学平衡被破坏,直至在新条件下又建立起新的化学平衡。

(4)外界条件相同时,可逆反应不论从正向反应开始,还是从逆向反应开始或者是正、逆向反应同时开始,虽然系统的开始状态不同,但总是可以达到相同的平衡状态,或者说,反应进行的完全程度是相同的。

## 二、吉布斯自由能与化学平衡

### 1. 化学平衡常数

一定温度下的可逆反应,当正、逆两个方向的反应速率相等时,系统就达到了平衡状态。在平衡状态下,系统内物质的种类及各物质的浓度不再随时间的变化而改变。那么,在平衡系统中各物质的浓度或分压间存在怎样的关系呢?表2-3列出了698.4 K时可逆反应$I_2(g)+H_2(g) \rightleftharpoons 2HI(g)$达到平衡状态时,各物质的分压及其关系。

**表2-3 平衡混合物中$H_2(g)$、$I_2(g)$和$HI(g)$的分压及其关系**

| 实验序号 | $p^{eq}(H_2)/kPa$ | $p^{eq}(I_2)/kPa$ | $p^{eq}(HI)/kPa$ | $\frac{[p^{eq}(HI)]^2}{p^{eq}(H_2) \cdot p^{eq}(I_2)}$ |
|---|---|---|---|---|
| 1 | 10.634 | 18.172 | 102.62 | 54.5 |
| 2 | 20.675 | 7.259 6 | 90.542 | 54.6 |
| 3 | 2.651 2 | 4.284 9 | 78.636 | 54.4 |
| 4 | 2.781 3 | 2.781 3 | 20.50 | 54.3 |
| 5 | 6.626 6 | 6.626 6 | 48.84 | 54.3 |

在表2-3中,前三次实验,开始时分别将不同分压的$H_2(g)$和$I_2(g)$放入密闭容器,并将容器置于698.4 K的恒温槽中,至系统达到平衡状态时,测定三种气体的量;后两次实验,开始时分别将不同分压的HI(g)放入密闭容器,并将容器置于698.4 K的恒温槽中,至系统达到平衡状态时,再测定三种气体的量。最后一列数据表明,在一定温度下,不管反应是从反应物开始还是从产物开始,或者是反应系统的开始组成相同与否,达到平衡时,HI(g)分压的二次方与$H_2(g)$和$I_2(g)$分压一次方的乘积之比值基本相同。通过对大量可逆反应的研究,人们总结出了一条普遍的规律:在一定温度下,可逆反应达到平衡状态

时，系统中各物质的浓度或分压以反应方程式中各物质的化学计量数为乘幂的乘积是一个常数，该常数称为化学反应的平衡常数。因为平衡常数值可以通过测定平衡系统中各组分的浓度或分压计算得到，因此习惯上称之为实验平衡常数(experiment equilibrium constant)，分别用 $K_c$、$K_p$ 表示。不难看出，$K_c$、$K_p$ 的单位因反应方程式中各物质化学计量数的不同而异。

化学平衡常数除用实验方法测定外，还可以通过热力学方法计算，由此所得的平衡常数称为标准平衡常数(standard equilibrium constant)，用符号 $K^{\ominus}$ 表示。

将化学反应等温方程式应用于一定温度下的化学平衡系统中，则有

$$Q=K^{\ominus} \qquad \Delta_r G_m(T)=0$$

将上式与化学反应等温方程式结合，得

$$\Delta_r G_m^{\ominus}(T)=-RT\ln K^{\ominus} \tag{2-16}$$

式(2-16)表明：

(1) 化学反应的标准平衡常数只是温度的函数。使用标准平衡常数时，必须指明反应温度，如果反应是在 298.15 K 时进行的，通常可省略；

(2) 因为化学反应的 $\Delta_r G_m^{\ominus}(T)$ 与组成系统的微粒数目有关，所以标准平衡常数的数学表达式及其数值也必须与具体的反应方程式相对应。例如，在一定温度下 $SO_2$ 催化氧化为 $SO_3$ 的反应：

$$① \ 2SO_2(g)+O_2(g) \rightleftharpoons 2SO_3(g)$$

$$② \ SO_2(g)+\frac{1}{2}O_2(g) \rightleftharpoons SO_3(g)$$

对于反应①　$\Delta_r G_m^{\ominus}(1)=-RT\ln K_1^{\ominus}$

对于反应②　$\Delta_r G_m^{\ominus}(2)=-RT\ln K_2^{\ominus}$

而 $\Delta_r G_m^{\ominus}(1)=2\Delta_r G_m^{\ominus}(2)$，所以 $K_1^{\ominus}=(K_2^{\ominus})^2$

(3) $K^{\ominus}$ 与 $Q$ 都表示一定温度下反应系统的组成，但对于一个指定的可逆反应，在一定温度下因其平衡状态只有一个，因此 $K^{\ominus}$ 有且只能有一个数值，而 $Q$ 却随着反应进度的变化有不同的数值。

(4) 同一温度下，正、逆反应的平衡常数互为倒数。例如，

$$① \ 2SO_2(g)+O_2(g) \rightleftharpoons 2SO_3(g) \qquad K_1^{\ominus}=\frac{\{p^{eq}(SO_3)/p^{\ominus}\}^2}{\{p^{eq}(SO_2)/p^{\ominus}\}^2\cdot\{p^{eq}(O_2)/p^{\ominus}\}}$$

$$② \ 2SO_3(g) \rightleftharpoons 2SO_2(g)+O_2(g) \qquad K_2^{\ominus}=\frac{\{p^{eq}(SO_2)/p^{\ominus}\}^2\cdot\{p^{eq}(O_2)/p^{\ominus}\}}{\{p^{eq}(SO_3)/p^{\ominus}\}^2}$$

显然，$K_1^{\ominus}\cdot K_2^{\ominus}=1$。

(5) 利用化学平衡原理处理实际问题时，经常遇到在同一系统中有一种或几种物质同时参与多个平衡的情况。例如，$H_2S$ 在水中的解离是通过以下两步完成的：

$$① \ H_2S \rightleftharpoons H^+ + HS^- \qquad \Delta_r G_m^{\ominus}(1)$$

$$② \ HS^- \rightleftharpoons H^+ + S^{2-} \qquad \Delta_r G_m^{\ominus}(2)$$

总反应式　$H_2S \rightleftharpoons 2H^+ + S^{2-}$　$\Delta_r G_m^{\ominus}$

$H^+$同时参与了①②两个平衡，这种现象称为多重平衡(multiple equilibrium)。根据状态函数的性质可知 $\Delta_r G_m^\ominus=\Delta_r G_m^\ominus(1)+\Delta_r G_m^\ominus(2)$。结合式(2-16)，得

$$-RT\ln K^\ominus=-RT\ln K_1^\ominus-RT\ln K_2^\ominus$$

$$RT\ln K^\ominus=RT\ln(K_1^\ominus\cdot K_2^\ominus)$$

$$K^\ominus=K_1^\ominus\cdot K_2^\ominus$$

氢硫酸总的解离常数等于各分步解离常数的乘积。由此可得，如果一个化学反应是由几个反应相加(或相减)得到的，则总反应的平衡常数等于这几个反应的平衡常数之积(或商)，这一规律称为多重平衡规则(multiple equilibrium regulation)。

需要特别说明的是，式(2-16)是一定温度下化学反应的标准摩尔自由能变与反应的标准平衡常数的数值之间的关系，而不是化学反应所处的状态之间的关系。因为标准平衡常数是表征可逆反应进行的完全程度的物理量，它与平衡状态相联系，而标准状态或者非标准状态则是化学反应进行的条件。标准平衡常数 $K^\ominus$ 中的符号"$\ominus$"只说明可以利用热力学的方法计算某一温度下化学反应的 $K^\ominus$ 值。

**例 2-10** 分别计算下列可逆反应在 298 K 和 600 K 时的 $K^\ominus$ 值。

$$2SO_2(g)+O_2(g)\rightleftharpoons 2SO_3(g)$$

**解**：查附表 3，各种物质的热力学数据如下：

| | $SO_2(g)$ | $O_2(g)$ | $SO_3(g)$ |
|---|---|---|---|
| $\Delta_f G_m^\ominus/(kJ\cdot mol^{-1})$ | −300.37 | 0 | −370.37 |
| $\Delta_f H_m^\ominus/(kJ\cdot mol^{-1})$ | −296.06 | 0 | −395.18 |
| $S_m^\ominus/(J\cdot mol^{-1}\cdot K^{-1})$ | 248.53 | 205.0 | 256.23 |

298 K 时，$\Delta_r G_m^\ominus=2\times(-370.37)+(-2)\times(-300.37)=-140\ kJ\cdot mol^{-1}$

根据式(2-16)，得

$$\ln K^\ominus=-\frac{-140\times10^3}{8.314\times298}=56.5, K^\ominus=3.4\times10^{24}$$

600 K 时，$\Delta_r H_m^\ominus=2\times(-395.18)+(-2)\times(-296.06)=-198.24\ kJ\cdot mol^{-1}$

$\Delta_r S_m^\ominus=2\times256.23+(-2)\times248.53+(-1)\times205.0=-189.6\ J\cdot mol^{-1}\cdot K^{-1}$

$\Delta_r G_m^\ominus(600)\approx-198.24-600\times(-189.6)\times10^{-3}=-84.48\ kJ\cdot mol^{-1}$

根据式(2-16)，得

$$\ln K^\ominus=-\frac{-84.48\times10^3}{8.314\times600}=16.9 \qquad K^\ominus=2.2\times10^7$$

2. 标准平衡常数的应用

标准平衡常数是讨论各种有关平衡问题的一个非常重要的物理量，无论是多重平衡规则还是平衡常数表达式的写法都具有普遍的意义，标准平衡常数的应用也极为广泛。例如，判断一定条件下反应的自发方向、改变条件对化学平衡的影响，以及计算一定温度下平衡系统中各种组分的浓度或分压(即平衡浓度或平衡分压)等等。本章只讨论前两个问题。

(1) 判断反应的自发方向

由化学反应等温方程式以及反应的标准摩尔自由能变和标准平衡常数的关系可得

$$\Delta_r G_m(T) = -RT\ln K^{\ominus} + RT\ln Q$$

这是化学反应等温方程式的另一种表达形式。若 $Q > K^{\ominus}$，则 $\Delta_r G_m(T) > 0$，反应逆向自发进行；若 $Q < K^{\ominus}$，则 $\Delta_r G_m(T) < 0$，反应正向自发进行；若 $Q = K^{\ominus}$，则 $\Delta_r G_m(T) = 0$，反应达到平衡状态。

(2) 判断化学平衡移动的方向

化学平衡是相对的、有条件的。对于一个已经达到平衡状态的可逆反应，当外界条件改变时，化学平衡就会被破坏，可逆反应从暂时的平衡变为不平衡，经过一定的时间，在新的条件下，又建立了新的平衡。新平衡建立时，反应物和产物的浓度或分压与原来平衡状态时的已经不同了。这种由于外界条件的改变，使可逆反应从一种平衡状态向另一种平衡状态转变的过程称为化学平衡的移动(shift of chemical equilibrium)。下面分别讨论浓度、压强和温度等因素对化学平衡的影响。

① 浓度对化学平衡的影响

设可逆反应 $aA(g) + bB(g) \rightleftharpoons yY(g) + zZ(g)$ 在某一温度下达到平衡状态，则

$$K^{\ominus} = \frac{\{[Y]/c^{\ominus}\}^y \cdot \{[Z]/c^{\ominus}\}^z}{\{[A]/c^{\ominus}\}^a \cdot \{[B]/c^{\ominus}\}^b} = Q$$

如果增大反应物的浓度或减小生成物的浓度，将使 $Q < K^{\ominus}$，所以平衡会向正反应方向移动；反之，若减小反应物的浓度或增大生成物的浓度，将使 $Q > K^{\ominus}$，此时平衡会向逆反应方向移动。

**例 2-11**　在某一温度下，反应 $CO(g) + H_2O(g) \rightleftharpoons CO_2(g) + H_2(g)$　$K^{\ominus} = 1.0$。

(1) 若反应开始时，$c(CO) = 2.0\ mol \cdot L^{-1}$，$c(H_2O) = 3.0\ mol \cdot L^{-1}$，求平衡时各物质的浓度及 CO 的转化率；

(2) 若保持温度和系统的体积不变，向其中加入 $H_2O(g)$，使 $c(H_2O) = 6.0\ mol \cdot L^{-1}$，求达到新的平衡状态时，CO 的转化率。

**解：**(1) 设平衡时 $[CO_2] = x$

| | $CO(g)$ + | $H_2O(g) \rightleftharpoons$ | $CO_2(g)$ − | $H_2(g)$ |
|---|---|---|---|---|
| 起始浓度/$(mol \cdot L^{-1})$ | 2.0 | 3.0 | 0 | 0 |
| 平衡浓度/$(mol \cdot L^{-1})$ | $2.0-x$ | $3.0-x$ | $x$ | $x$ |

则

$$K^{\ominus} = \frac{\left(\frac{x}{1.0}\right) \times \left(\frac{x}{1.0}\right)}{\left(\frac{2.0-x}{1.0}\right) \times \left(\frac{3.0-x}{1.0}\right)} = 1.0$$

解得 $x = 1.2\ mol \cdot L^{-1}$，则各物质的平衡浓度 $[CO] = 0.8\ mol \cdot L^{-1}$，$[H_2O] = 1.8\ mol \cdot L^{-1}$，$[CO_2] = [H_2] = 1.2\ mol \cdot L^{-1}$。

CO 的转化率为

$$\alpha = \frac{1.2}{2.0} \times 100\% = 60\%$$

(2) 因为温度不变，所以 $K^{\ominus}=1.0$。设达到新的平衡状态时，$CO_2$ 的浓度增大 $y$ mol·L$^{-1}$。

| | $CO(g)$ | $+H_2O(g)$ | $\rightleftharpoons CO_2(g)$ | $+H_2(g)$ |
|---|---|---|---|---|
| 起始浓度/(mol·L$^{-1}$) | 0.8 | 6.0 | 1.2 | 1.2 |
| 平衡浓度/(mol·L$^{-1}$) | $0.8-y$ | $6.0-y$ | $1.2+y$ | $1.2+y$ |

$$K^{\ominus}=\frac{(\frac{1.2+y}{1.0})\times(\frac{1.2+y}{1.0})}{(\frac{0.8-y}{1.0})\times(\frac{6.0-y}{1.0})}=1.0$$

解得 $y=0.37$ mol·L$^{-1}$，此时[CO]$=0.8-0.37=0.43$ mol·L$^{-1}$。

CO 的转化率为：

$$\alpha=\frac{2.0-0.43}{2.0}\times 100\%=78.5\%$$

计算结果表明，在已达到平衡的系统中增加 $H_2O(g)$ 的量，CO 的转化率会显著增大，这说明，增大某一反应物的浓度，可以使化学平衡正向移动。

② 压强对化学平衡的影响

由于压强对固体和液体的体积影响极小，所以改变压强对于只有固体和液体参加反应的平衡几乎没有影响。但对于有气体参加且反应前后气体的物质的量有变化的可逆反应，改变压强可使平衡发生移动。改变压强有两种情况：一是改变平衡系统中某气体的分压；二是改变系统的总压。分述如下：

a. 改变平衡系统中某气体的分压　改变某气体的分压与改变其浓度对化学平衡的影响相同。增大反应物的分压或减小产物的分压，都将使 $Q<K^{\ominus}$，平衡会向正反应方向移动；反之，若减小反应物的分压或增大产物的分压，都将使 $Q>K^{\ominus}$，此时平衡会向逆反应方向移动。

b. 改变系统的总压　对于一个已经达到平衡且有气体参加的可逆反应，增大或减小系统的总压，对化学平衡的影响有两种情况。一种是反应前后气体分子总数相等，增大或减小系统的总压都不会改变 $Q$ 值，仍然有 $Q=K^{\ominus}$，平衡不发生移动；另一种情况是反应前后气体分子总数不相等，改变总压将改变 $Q$ 值，平衡将发生移动。增大总压，平衡向气体分子总数减少的方向移动；减小总压，平衡向气体分子总数增加的方向移动。例如，可逆反应：

$$N_2(g)+3H_2(g)\rightleftharpoons 2NH_3(g)$$

在某一温度下达到平衡时：$K^{\ominus}=\frac{[p^{eq}(NH_3)/p^{\ominus}]^2}{[p^{eq}(N_2)/p^{\ominus}]\cdot[p^{eq}(H_2)/p^{\ominus}]^3}$

若保持其他条件不变，将系统的总压增大为原来的二倍，则各组分气体的分压均增大为原来的二倍，反应商：

$$Q=\frac{[2p(NH_3)/p^{\ominus}]^2}{[2p(N_2)/p^{\ominus}]\cdot[2p(H_2)/p^{\ominus}]^3}=\frac{1}{4}\times\frac{[p(NH_3)/p^{\ominus}]^2}{[p(N_2)/p^{\ominus}]\cdot[p(H_2)/p^{\ominus}]^3}=\frac{1}{4}K^{\ominus}$$

显然，$Q<K^{\ominus}$，因此化学平衡向正反应方向移动。

③ 温度对化学平衡的影响

温度对化学平衡的影响与浓度、压强对化学平衡的影响有着本质的区别，因为浓度或压强改变只改变反应商，而化学平衡常数不变，但是温度改变时，将导致 $K^{\ominus}$ 发生变化，从而引起平衡发生移动。

因为 $\Delta_r G_m^{\ominus}(T)=-RT\ln K^{\ominus}$，又 $\Delta_r G_m^{\ominus}(T)\approx\Delta_r H_m^{\ominus}-T\cdot\Delta_r S_m^{\ominus}$，所以

$$\ln K^{\ominus}=-\frac{\Delta_r H_m^{\ominus}}{RT}+\frac{\Delta_r S_m^{\ominus}}{R}$$

分别将 $T_1$、$K_1^{\ominus}$ 和 $T_2$、$K_2^{\ominus}$ 代入上式并将所得两式相减，得

$$\ln\frac{K_2^{\ominus}}{K_1^{\ominus}}=\frac{\Delta_r H_m^{\ominus}}{R}\cdot\frac{T_2-T_1}{T_2\cdot T_1} \tag{2-17}$$

对于吸热反应，$\Delta_r H_m^{\ominus}>0$，当 $T_2>T_1$ 时，$K_2^{\ominus}>K_1^{\ominus}$，即平衡常数随着温度的升高而增大，可见，升温平衡向吸热方向移动；反之，当 $T_2<T_1$ 时，$K_2^{\ominus}<K_1^{\ominus}$，即平衡常数随着温度的降低而减小，可见，降温平衡向放热方向移动。

利用式(2-17)可进行以下两方面的计算：一是已知反应的标准摩尔焓变和某一温度下的平衡常数，求另一温度下的平衡常数；二是已知两个不同温度下的平衡常数，求反应的标准摩尔焓变。不管进行哪方面的计算，都应注意等式右边分子和分母单位的统一。

**化学与生命**

## 人体体温的调节

在实验室里，若想保持水或溶液的温度恒定，人们会发现把温度保持在一个非常小的范围内波动是很困难的，而人体的体温哪怕只有几度的变化，就说明人生病了。自然界的天气在不断变化，人体也在不断运动，代谢活动各不相同，但人的体温却能维持在一个恒定的范围内，那么，人的身体是如何做到这一点的呢？

保持近乎恒定的体温是人体的主要生理机能。正常体温在 35.8～37.2 ℃，这个很小的变化范围对人体适当的运动机能和控制体内的生化反应速率是非常重要的。

体温的调节由丘脑下部控制，它作为自动调温器来控制温度。当温度超过体温的上限时，丘脑下部就引发各种机制来降低温度；当体温下降太多时，丘脑下部就会引发升温机制。

人体升温或降温的运行机制可以作为一个热力学系统来理解，人体通过从外界摄取食物来增加体内的能量，如葡萄糖的代谢是体内主要能量的来源：

$$C_6H_{12}O_6(s)+6O_2(g)=\!=\!=6CO_2(g)+6H_2O(l)\quad \Delta_r H_m^{\ominus}=-2\,802.5\ kJ\cdot mol^{-1}$$

产生的能量大约有 40%以肌肉和神经收缩的形式做功被消耗掉了，其余能量则大部分用来维持体温，多余的部分则以热量的形式释放到环境中去了。

热量从体内传递到环境的主要方式有：辐射、对流和蒸发。辐射是热量直接从人体传递到冷环境中；对流是通过加热与人体接触的空气的方式损失热量，加热后的空气上升被冷空气取代后重复上述过程，人们穿保暖衣，是由于保暖衣有绝热层，绝热层之间空气不流通，减少了冷空气对流损失的热量；蒸发是通过皮肤表面的汗腺排汗实现的，热量随汗蒸发到空气中，随周围环境温度的升高，蒸发降温的速率不断下降，这就是人们在湿热的天气里感到闷热和不舒服的原因。

当丘脑下部感觉体温上升过快时，会通过两种方式加快体内热量的散失：一是增加皮肤表面血液流动以提高辐射和对流速度。常见的面色微红就是皮肤表面血液流动加快所致。二是丘脑下部刺激汗腺的分泌，以加快热量的蒸发。但是，如果因出汗失水过多则会导致中暑，严重时，会使体温升至 41～45 ℃。

当丘脑下部感觉体温下降过快时，丘脑下部的控制会降低皮肤表面血液的流动，减少热量损失，这一过程会引发肌肉无意识的微收缩，同时加快产生热量的化学反应以补充身体所需要的热量。但是，当肌肉收缩达到一定程度时，身体会感到寒冷导致战栗，如果不能使体温保持在 35℃以上，就会出现非常危险的体温过低现象。

人体就是通过控制体内能量的方式，来维持体温在一个非常小的范围内波动，它的这种能力非常强，你意识到了吗？

1. 何为状态函数？它有哪些特性？热和功不是状态函数，如何理解？

2. 说明下列符号的含义：(1) $H$、$\Delta H$、$\Delta_r H_m$、$\Delta_r H_m^\ominus$、$\Delta_f H_m^\ominus$、$\Delta_c H_m^\ominus$　(2) $Q$、$K^\ominus$

(3) $S$、$\Delta S$、$S_m^\ominus$、$\Delta_r S_m^\ominus$　(4) $G$、$\Delta G$、$\Delta_f G_m^\ominus$、$\Delta_r G_m^\ominus$、$\Delta_r G_m^\ominus(T)$、$\Delta_r G_m(T)$

3. $U$、$S$、$H$、$G$ 之间的关系如何？

4. 如何利用物质的 $\Delta_f H_m^\ominus$、$S_m^\ominus$、$\Delta_f G_m^\ominus$ 等数据，计算化学反应的 $\Delta_c H_m^\ominus$、$\Delta_r S_m^\ominus$ 以及任意温度下反应的 $\Delta_r G_m^\ominus(T)$？

5. 恒压反应热和恒容反应热与反应的焓变和热力学能变之间有下列关系：$Q_p=\Delta H$，$Q_V=\Delta U$，能否据此断定恒压反应热和恒容反应热是状态函数？

6. $H_2O(l)$的标准摩尔生成焓是在任意温度和标准状态下，由 $H_2(g)$和 $O_2(g)$生成 1 mol $H_2O(l)$时反应的焓变，能否由此定义：$H_2O(l)$的标准摩尔熵是在任意温度和标准状态下，由 $H_2(g)$和 $O_2(g)$生成 1 mol $H_2O(l)$时反应的熵变？

7. 等温、等压下，判断化学反应自发进行方向的依据是什么？

8. 列举两种方法计算化学反应的 $\Delta_r G_m^\ominus$(298K)，并说明哪种方法更合理。

9. 说明下列过程自发进行的温度条件：

(1) $\Delta H>0, \Delta S>0$　(2) $\Delta H<0, \Delta S<0$　(3) $\Delta H<0, \Delta S>0$

10. 化学平衡状态具有哪些特征？如何计算化学反应的标准平衡常数？标准平衡常数 $K^\ominus$ 是在标准状态下化学反应进行的完全程度的标志吗？

11. 书写化学平衡常数的数学表达式应注意哪些问题？对于任一可逆反应，影响平衡常数的因素是什么？

12. 化学反应的标准平衡常数与反应商有哪些异同点？

**一、选择题**

1. 下列物理量不属于状态函数的是(　　)。

A. $Q$　　B. $G$　　C. $H$　　D. $S$

2. 已知石墨、金刚石的标准摩尔燃烧焓分别是 $-393.5\ \mathrm{kJ \cdot mol^{-1}}$、$-395.8\ \mathrm{kJ \cdot mol^{-1}}$，则反应 C(石墨，s)→C(金刚石，s)的标准摩尔焓变是(　　)$\mathrm{kJ \cdot mol^{-1}}$。

A. $-789.3$　　B. $+2.3$　　C. $-2.3$　　D. $-789.3$

3. Hess 定律认为化学反应热与过程无关，这是因为反应在(　　)条件下进行。

A. 可逆　　B. 恒压、无其他功　　C. 恒容、无其他功　　D. B 和 C

4. 下列单质中，$\Delta_f H_m^{\ominus}$ 不为零的是(　　)。

A. $N_2(g)$　　B. Cu(s)　　C. $Br_2(l)$　　D. S(l)

5. 下列过程中，热力学能增加最多的是(　　)。

A. 系统吸热 1 000 J，同时做功 500 J　　B. 系统放热 1 000 J，同时做功 500 J

C. 系统放热 1 000 J，环境做功 500 J　　D. 系统吸热 500 J，同时做功 500 J

6. 反应 $MgCl_2(s) = Mg(s) + Cl_2(g)$ 在 100 kPa 和 298 K 时能自发逆向进行，但在 100 kPa 和 1 000 K时能自发正向进行，这说明该反应(　　)。

A. $\Delta_r H_m^{\ominus} > 0, \Delta_r S_m^{\ominus} < 0$　　B. $\Delta_r H_m^{\ominus} > 0, \Delta_r S_m^{\ominus} > 0$

C. $\Delta_r H_m^{\ominus} < 0, \Delta_r S_m^{\ominus} > 0$　　D. $\Delta_r H_m^{\ominus} < 0, \Delta_r S_m^{\ominus} < 0$

7. 已知 298 K 时，反应 $2HCl(g) = H_2(g) + Cl_2(g)$　$\Delta_r G_m^{\ominus} = 190.44\ \mathrm{kJ \cdot mol^{-1}}$，则 $\Delta_f G_m^{\ominus}(HCl)$ 等于(　　)$\mathrm{kJ \cdot mol^{-1}}$。

A. $-95.22$　　B. $+95.22$　　C. $-190.44$　　D. $+190.44$

8. 某温度时，反应 $CaO(s) + CO_2(g) \rightleftharpoons CaCO_3(s)$　$K^{\ominus} = 260 p^{\ominus}$，则 $p(CO_2)$ 为(　　)。

A. 260　　B. $\sqrt{260}$　　C. 1/260　　D. $260^2$

9. 某温度时，反应 $H_2(g) + Cl_2(g) \rightleftharpoons 2HCl(g)$　$K_1^{\ominus} = 4.0 \times 10^{-2}$，则在同一温度下，反应 $HCl(g) \rightleftharpoons \frac{1}{2}H_2(g) + \frac{1}{2}Cl_2(g)$ 的平衡常数 $K_2^{\ominus}$ 为(　　)。

A. $\dfrac{1}{(4.0 \times 10^{-2})}$　　B. $4.0 \times 10^{-2}$　　C. $\dfrac{1}{\sqrt{4.0 \times 10^{-2}}}$　　D. $(4.0 \times 10^{-2})^2$

10. 一个可逆反应达到平衡时，下列说法正确的是(　　)。

A. 各物质浓度或分压不随时间变化而改变　　B. $\Delta_r G_m^{\ominus} = 0$

C. 正逆反应速率常数相等　　D. 各物质浓度或分压相等

11. 下列各项中，降低温度其值一定减小的是(　　)。

A. $\Delta_r G_m^{\ominus} = 0$　　B. 反应商 $Q$

C. 液体的饱和蒸气压　　D. 平衡常数 $K^{\ominus}$

12. 反应 $CuCl_2(s) = CuCl(s) + \frac{1}{2}Cl_2(g)$ 在 298 K 及标准状态下非自发，但在高温下能自发进行，说明该反应(　　)。

A. $\Delta_r H_m^{\ominus} > 0, \Delta_r S_m^{\ominus} > 0$　　B. $\Delta_r H_m^{\ominus} > 0, \Delta_r S_m^{\ominus} < 0$

C. $\Delta_r H_m^{\ominus} < 0, \Delta_r S_m^{\ominus} < 0$　　D. $\Delta_r H_m^{\ominus} < 0, \Delta_r S_m^{\ominus} > 0$

13. 下列反应 $2SO_2(g) + O_2(g) \rightleftharpoons 2SO_3(g)$ 达到平衡时，保持系统的体积不变加入氦气，使总压力增大一倍，则(　　)。

A. 平衡向左移动　　B. 平衡向右移动　　C. 平衡不发生移动　　D. 条件不足，无法确定

**二、判断题**

1. 因为定压反应热与反应的途径无关，所以定压反应热是状态函数。

2. 化学反应的定容反应热不是状态函数，但与反应途径无关。

3. 系统的状态改变时，其所有的状态函数都发生变化。

4. 一定温度下，元素参考态单质的 $\Delta_f H_m^\ominus$、$S_m^\ominus$ 和 $\Delta_f G_m^\ominus$ 均为零。

5. 固体 $KNO_3$ 易溶于水，所以熵增的过程一定是自发过程。

6. 放热反应都是自发反应，而吸热反应都是非自发反应。

7. 在相同条件下，$H_2(g)$的标准摩尔燃烧焓等于 $H_2O(l)$的标准摩尔生成焓。

8. 利用盖斯定律，不仅可以计算化学反应的标准摩尔焓变，也可以计算化学反应的标准摩尔熵变和标准摩尔自由能变。

9. 化学反应商和标准平衡常数的共同点是，它们的单位都是 1。

10. 对于气相平衡系统，保持系统温度不变，加入惰性气体，平衡一定发生移动。

11. 对于放热的可逆反应，升高温度，平衡常数减小，反应的标准摩尔自由能增大。

12. 已知 $S(g)+H_2(g)$ ══ $H_2S(g)$ $\Delta_r H_m^\ominus=-240\ kJ\cdot mol^{-1}$，则 $H_2S(g)$的标准摩尔生成焓为 $-240\ kJ\cdot mol^{-1}$。

13. 系统的标准摩尔自由能变小于零的反应一定是自发反应。

14. 放热且熵增的反应在任意温度下都能自发进行。

15. 常温下，所有单质的标准摩尔熵均为零。

**三、填空题**

1. 已知在 298.15 K 和标准状态下，1 g 乙烷($C_2H_6$)完全燃烧放热 52 kJ，则乙烷的标准摩尔燃烧焓为________$kJ\cdot mol^{-1}$。

2. 在 298 K 和标准状态下，$N_2(g)$和 $H_2(g)$反应生成 1 g $NH_3(g)$放热 2.7 kJ，则 $NH_3(g)$的标准摩尔生成焓为________。

3. 已知 298.15 K 时，反应 $H_2O(g)$ ══ $H_2(g)+\frac{1}{2}O_2(g)$ $\Delta_r H_m^\ominus=242\ kJ\cdot mol^{-1}$，则 $\Delta_f H_m^\ominus(H_2O,g)=$________。

4. 已知反应 $N_2(g)+2O_2(g) \rightleftharpoons N_2O_4(g)$ $\Delta_r H_m^\ominus=9.16\ kJ\cdot mol^{-1}$。在平衡状态下，若升高反应温度，则反应速率将________，化学平衡将朝________向移动。

5. 一定温度下，可逆反应 1 和可逆反应 2 的标准摩尔吉布斯自由能变的关系是 $\Delta_r G_m^\ominus(1)=2\Delta_r G_m^\ominus(2)$，则两反应的标准平衡常数之间的关系是________。

6. 已知一定温度下下列反应的 $\Delta_r G_m^\ominus$ 和 $K^\ominus$：

(1) $N_2(g)+\frac{1}{2}O_2(g) \rightleftharpoons N_2O(g)$ $\Delta_r G_m^\ominus(1)$，$K_1^\ominus$

(2) $N_2O_4(g) \rightleftharpoons 2NO_2(g)$ $\Delta_r G_m^\ominus(2)$，$K_2^\ominus$，

(3) $\frac{1}{2}N_2(g)+O_2(g) \rightleftharpoons NO_2(g)$ $\Delta_r G_m^\ominus(3)$，$K^\ominus$

则反应 $2N_2O(g)+3O_2(g) \rightleftharpoons 2N_2O_4(g)$ $\Delta_r G_m^\ominus$ ________，$K^\ominus=$________。

7. 可逆反应 $Zn(s)+2H^+(aq) \rightleftharpoons Zn^{2+}(aq)+H_2(g)$的平衡常数表达式是________。

8. 已知 $\Delta_f H_m^\ominus(NO,g)=90.25\ kJ\cdot mol^{-1}$，2 300 K 时 $N_2(g)+O_2(g) \rightleftharpoons 2NO(g)$ $K^\ominus=0.10$，若 $p(N_2)=p(O_2)=10\ kPa$，$p(NO)=20\ kPa$，则反应商等于________，反应向________方向自发进行；在 2 000 K 时，若 $p(N_2)=p(NO)=10\ kPa$，$p(O_2)=100\ kPa$，则反应商等于________，反应向________自发进行。

9. 等温、等压下，已知反应 A ══ 2B 的 $\Delta_r H_m^\ominus(1)$以及反应 2A ══ C 的 $\Delta_r H_m^\ominus(2)$，则反应 C ══ 4B 的 $\Delta_r H_m^\ominus$ 为________。

10. 已知反应 $Fe_3O_4(s)+CO(g) \rightleftharpoons 3FeO(s)+CO_2(g)$的 $\Delta_r H_m^\ominus>0$。在恒压降温时，平衡向________(填“左”或“右”)移动。

**四、计算题**

1. 工业上用CO和 $H_2$ 合成甲醇的反应是 $CO(g)+2H_2(g)=CH_3OH(l)$，试根据下列已知条件，求合成甲醇反应的 $\Delta_r H_m^\ominus$。

(1) $CH_3OH(l)+\frac{1}{2}O_2(g)=C(gra,s)+2H_2O(l)$ $\Delta_r H_m^\ominus=-333.00\ kJ\cdot mol^{-1}$

(2) $C(gra,s)+\frac{1}{2}O_2(g)=CO(g)$ $\Delta_r H_m^\ominus=-110.50\ kJ\cdot mol^{-1}$

(3) $H_2(g)+\frac{1}{2}O_2(g)=H_2O(l)$ $\Delta_r H_m^\ominus=-285.84\ kJ\cdot mol^{-1}$

【$-128.2\ kJ\cdot mol^{-1}$】

2. 甘油三油酸酯在人体内可发生下列代谢反应：

$C_{57}H_{104}O_6(s)+80O_2(g)=57CO_2(g)+52H_2O(l)$ $\Delta_r H_m^\ominus=-3.35\times10^4\ kJ\cdot mol^{-1}$

试计算：(1) 1 g甘油三油酸酯代谢时放出的热量；(2) $\Delta_f H_m^\ominus(C_{57}H_{104}O_6,s)$。

【$-37.9\ kJ\cdot g^{-1}$；$-3\ 793.8\ kJ\cdot mol^{-1}$】

3. 根据有关热力学数据：(1) 判断298 K和标准状态下反应 $2HgO(s)=2Hg(l)+O_2(g)$ 自发进行的方向；(2) 计算反应自发进行的最低温度。

【逆向自发；839.1 K】

4. 煤中总有一些含硫杂质，当煤燃烧时，就有 $SO_2(g)$、$SO_3(g)$ 生成，这是酸雨形成的主要原因。试通过热力学计算说明：在标准状态下，可否用生石灰吸收 $SO_3(g)$ 以减少烟道废气对空气的污染，并预测该反应自发进行的最高温度。

| 已知： | CaO(s) | $SO_3(g)$ | $CaSO_4(s)$ |
|---|---|---|---|
| $\Delta_f H_m^\ominus/(kJ\cdot mol^{-1})$ | −635 | −396 | −1 433 |
| $\Delta_f G_m^\ominus/(kJ\cdot mol^{-1})$ | −604 | −371 | −1 320 |
| $S_m^\ominus/(J\cdot mol^{-1}\cdot K^{-1})$ | 40 | 257 | 107 |

【可以；2 121 K】

5. 已知空气中氧气的分压约为21.28 kPa，试从热力学分析，298.15 K时下列反应能否自发地正向进行：$Ag_2O(s)=2Ag(s)+\frac{1}{2}O_2(g)$（已知 $K^\ominus=1.3\times10^{-2}$）。

【正向反应非自发】

6. 已知反应 $2HI(g)\rightleftharpoons H_2(g)+I_2(g)$ 开始时各物质的分压，$p(H_2)=p(I_2)=1.01\ kPa$，$p(HI)=40.5\ kPa$，求320 K时上述反应的平衡常数并判断反应自发进行的方向。

【$1.6\times10^{-3}$；正向自发】

7. 某反应 $A(s)\rightleftharpoons B(g)+C(s)$ $\Delta_r G_m^\ominus=40\ kJ\cdot mol^{-1}$，计算该反应在298 K时的平衡常数；当B的分压降为 $1.02\times10^{-3}$ kPa时，上述反应能否自发地正向进行？

【$9.8\times10^{-8}$；正向反应非自发】

8. 已知383 K时，反应 $Ag_2CO_3(s)\rightleftharpoons Ag_2O(s)+CO_2(g)$ $\Delta_r G_m^\ominus=14.8\ kJ\cdot mol^{-1}$，求383 K时此反应的值 $K^\ominus$；在383 K时烘干 $Ag_2CO_3(s)$，为防止其受热分解，空气中 $CO_2$ 的分压最低应为多少？

【$9.58\times10^{-3}$；0.958 kPa】

9. 我国近海某地有丰富的天然气矿，若利用甲烷为原料制备甲醇，通过计算说明此方案在298 K和标准状态下的可行性，并求反应的平衡常数。

| 已知： | $CH_4(g)$ | $O_2(g)$ | $CH_3OH(g)$ |
|---|---|---|---|
| $\Delta_f H_m^\ominus/(kJ\cdot mol^{-1})$ | −74.8 | 0 | −200.7 |
| $S_m^\ominus/(J\cdot mol^{-1}\cdot K^{-1})$ | 187.9 | 205.0 | 237.9 |

【可行；$6.9\times10^{38}$】

# 第三章 化学反应速率

**本章教学要求**

1. 了解人们为何要研究化学反应速率、化学反应速率的概念及其表示方法。

2. 理解化学反应机理、基元反应、复杂反应、化学反应的定速步骤等概念。

3. 了解化学反应的有效碰撞理论和过渡状态理论的基本要点及其优势与局限性。能够根据化学反应速率理论解释浓度(压强)、温度、催化剂等对反应速率的影响。

4. 掌握质量作用定律的内容及其适用范围;掌握化学反应速率方程式的含义及基元反应速率方程式的确定;了解根据反应机理确定复杂反应速率方程的一般步骤,能够较熟练地应用初始速率法确定化学反应速率方程式。

5. 掌握反应级数的概念,能够根据速率常数的单位准确地判断反应级数;了解反应级数与反应分子数的异同点。

6. 掌握反应速率常数的物理意义及其影响因素;掌握阿仑尼乌斯方程式的对数形式,并能熟练地进行有关的计算。

7. 了解催化作用的原理和催化作用的分类。

实验测得常温常压下 $2H_2(g)+O_2(g)=\!=\!=2H_2O(l)$ $K^{\ominus}=10^{83}$ 说明上述反应正向进行的趋势很大,但在常温常压下即使经过数千年,氢气和氧气也不会生成水,而点燃时在爆鸣声中反应瞬间即可完成,这是化学反应速率问题,属于化学动力学研究的范畴。

化学动力学研究的内容包括:为什么化学反应有快有慢;化学反应是如何进行的;如何定量地表示化学反应速率;改变反应条件对反应速率有何影响。

## 第一节 基本概念

### 一、化学反应速率及其表示方法

化学反应速率(velocity of chemical reaction)是指在一定条件下,由反应物转化为产物的速率,常用单位时间内反应物浓度的减小或产物浓度的增大来表示。常用浓度单位是 $mol \cdot L^{-1}$,时间的单位可根据反应进行的快慢用 s、min 或 h 等。

对大多数反应而言，反应速率随着反应的进行会不断改变，因此反应速率有平均速率和瞬时速率两种表示方法。

1. 平均速率

在实际应用中，为了测量方便，通常采用在一定时间间隔内反应物浓度的减少量或产物浓度的增加量来表示反应速度，称为反应的平均速率（average velocity），即

$$\bar{\nu}=\frac{\Delta c(\mathrm{B})}{\nu_{\mathrm{B}}\cdot\Delta t} \tag{3-1}$$

式中：$\nu_B$ 为物质 B 的化学计量数（stoichiometric number），$\Delta c(\mathrm{B})$为 $\Delta t$ 时间间隔内物质 B 的浓度的变化量。例如，某一条件下合成氨反应中，各物质浓度变化情况如下：

| | $N_2$ + | $3H_2$ ═══ | $2NH_3$ |
|---|---|---|---|
| 起始浓度/($mol\cdot L^{-1}$) | 1.0 | 3.0 | 0 |
| 2 s 后浓度/($mol\cdot L^{-1}$) | 0.8 | 2.4 | 0.4 |

该反应的平均速率为：

$$\bar{\nu}=\frac{0.8-1.0}{(-1)\times 2}=0.1\ \mathrm{mol\cdot L^{-1}\cdot s^{-1}}$$

这是用 2 s 内反应物 $N_2$ 浓度的变化表示的平均反应速率，若用其他物质浓度的变化依次计算平均反应速率，会发现结果是一样的。所以，用实验方法测定反应速率时只需选择便于测定的某种物质就可以了。

2. 瞬时速率

在实际生产中，了解某一时刻的反应速率即瞬时速率，更具有实际意义。若将观察的时间无限缩短，所得平均速率的极限即是化学反应在某一时刻的瞬时速率。瞬时速率用 $\upsilon$ 表示。

当 $\Delta t$ 趋近于零时，平均反应速率就是瞬时速率：

$$\upsilon=\lim_{\Delta t\to 0}\frac{\Delta c(\mathrm{B})}{\nu_{\mathrm{B}}\cdot\Delta t}=\frac{\mathrm{d}c(\mathrm{B})}{\nu_{\mathrm{B}}\cdot dt} \tag{3-2}$$

反应的瞬时速率，可用作图法求得。如图 3-1 所示。其时刻 $t$ 对应的曲线的斜率即是在该时刻浓度随时间的变化率。

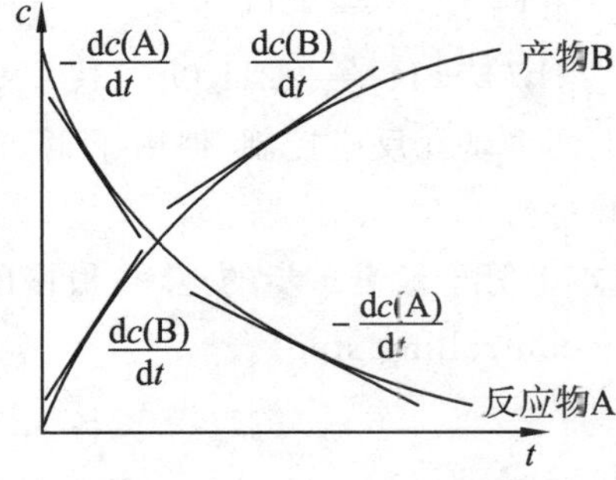


图 3-1 反应体系中物质的 $c$-$t$ 曲线和瞬时速率的求算

值得注意的是，反应物的 $c$-$t$ 曲线是随着时间而下降的，斜率为负值，因此反应物的瞬时速率应取斜率的负值；而产物的 $c$-$t$ 曲线是随着时间而上升的，斜率为正值，因此产

物的瞬时速率的取值就是 $c$-$t$ 曲线的斜率。

## 二、化学反应机理

化学方程式所表示的只是参加反应的反应物和产物之间的化学计量关系，没有表示出在反应过程中所经历的具体途径。研究表明，化学反应的实际过程是相当复杂的，大多数化学反应并不像化学方程式所表达的那样一步完成，而往往要经过几步才能完成。

一个化学反应所经历的具体步骤称为反应历程或反应机理(reaction mechanism)。例如，$H_2$ 和 $Cl_2$ 在日光照射下迅速反应甚至发生爆炸：

$$H_2 + Cl_2 \xlongequal{\text{光照}} 2HCl$$

实际上反应并不是按上式一步完成的，它仅仅表示了 $H_2$ 和 $Cl_2$ 参加了反应，以及它们之间是按 1∶1 的化学计量关系进行反应，并生成 HCl。德国化学家能斯特(Nernst)于 1916 年提出上述反应的反应机理如下：

$$Cl\cdot + H_2 \longrightarrow HCl + H\cdot$$

$$H\cdot + Cl_2 \longrightarrow HCl + Cl\cdot$$

$$Cl\cdot + Cl\cdot \longrightarrow Cl_2$$

## 三、基元反应和非基元反应

基元反应(elementary reaction)也称简单反应(simple reaction)或元反应，指由反应物直接转化为产物的反应。例如，

$$CO(g) + H_2O(g) = CO_2(g) + H_2(g)$$

非基元反应(non-elementary reaction)也称复杂反应(complex reaction)，指由两个或两个以上基元反应组成的反应。实验证明，大多数化学反应都是复杂反应。因此，不能想当然地根据参加化学反应的物质组成简单与否来确定一个反应是否为基元反应。例如，

$$2NO + 2H_2 = 2H_2O + N_2$$

人们曾经长期认为这是一个基元反应，但进一步研究表明，上述反应的反应机理如下：

$$2NO + H_2 = H_2O_2 + N_2 \quad (\text{慢})$$

$$H_2O_2 + H_2 = 2H_2O \quad (\text{快})$$

整个反应的反应速率，受以上两个基元反应控制，但由于第一个基元反应很慢，因此它的反应速率决定着整个反应的快慢。

复杂反应的反应速率基本上等于最慢一步的速率，最慢的一步反应就称为速率控制步骤，简称速控步骤(velocity controlling step)。

## 四、反应分子数

在基元反应中，同时直接参加反应的微粒(分子、原子、离子或自由基等)的数目，称为反应分子数(molecule number of reaction)。显然，反应分子数的概念只对基元反应才有意义，而对于非基元反应，不存在此概念。因此，不能简单地根据总反应中各反应物化

学式前面的系数来确定反应分子数。

根据反应分子数的多少，可以把基元反应分为以下三类：

(1)单分子反应。例如，$SO_2Cl_2 = SO_2 + Cl_2$。

(2)双分子反应。例如，$NO_2 + CO = NO + CO_2$。

(3)三分子反应。例如，$2NO + H_2 = N_2O + H_2O$。

实验证明，绝大多数化学反应都是双分子反应。实际上，三分子反应已经很少了，四分子或四分子以上的反应，迄今为止尚未发现。

## 第二节　化学反应速率理论简介

要回答为什么反应有快有慢、如何使化学反应按照人们所需要的速率完成等问题，就要研究化学反应速率理论。下面简单介绍化学反应速率理论中的有效碰撞理论和过渡态理论。

### 一、有效碰撞理论

1918 年，Lewis 根据气体分子运动论的研究成果提出了有效碰撞理论(collision theory)。其基本要点如下：

1. *有效碰撞*

由于热运动，分子不断发生碰撞，但事实上并不是每次碰撞都能发生反应。举一个简单的例子：

$$2HI(g) = H_2(g) + I_2(g)$$

该反应在 973 K，当 HI 气体浓度为 $1.0\times10^{-3}$ $mol\cdot L^{-1}$时，理论计算得到的碰撞频率为 $3.5\times10^{28}$ $L^{-1}\cdot s^{-1}$。若每次碰撞都能发生反应，则反应速率为 $5.8\times10^{4}$ $mol\cdot L^{-1}\cdot s^{-1}$，即反应瞬间即可完成，但实际测得的反应速率为 $1.2\times10^{-8}$ $mol\cdot L^{-1}\cdot s^{-1}$，二者相差了近 $10^{12}$ 倍。可见，只有极少数碰撞能发生化学反应，这类碰撞称为有效碰撞(effective collision)。

为什么只有如此少的分子能够发生反应，从而导致如此低的反应速率呢？对大量实验数据的分析发现，化学反应速率主要取决于 3 个因素：碰撞频率、能量因素和方位因素。

(1) 碰撞频率。分子之间要发生有效碰撞，首先分子或离子要克服外层电子之间的斥力而充分接近，相互碰撞，如下式中的二肽水解生成 2 个氨基酸，二肽分子必须和水分子碰撞才能发生水解反应。所以，碰撞频率是影响化学反应速率的重要因素之一。

$$\underset{\displaystyle NH_2}{R_1\underset{|}{C}HCO}-NH\underset{\displaystyle COOH}{\underset{|}{C}HR_2} + H_2O \longrightarrow \underset{\displaystyle NH_2}{R_1\underset{|}{C}HCOOH} + \underset{\displaystyle NH_2}{R_2\underset{|}{C}HCOOH}$$

(2) 能量因素。分子在碰撞过程中，要实现化学反应，必须经过旧键的破裂和新键的形成，这就需要高速、高能量的分子相碰撞，导致分子中原子的重排，即发生化学反应，否则 2 个分子碰撞一下仍旧分开，没有达到有效碰撞的目的。

(3) 方位因素。方位因素指分子碰撞要有合适的方向，要求碰撞的部位正是要发生反应的部位，如上式中的二肽水解，水分子要碰撞在肽键—CONH—处，水解反应才能发生。

综上所述，反应速率＝碰撞频率×能量因素×方位因素。

可见，分子间要发生有效碰撞，所涉及的因素很多，需要同时满足以上 3 个条件。这也说明了为什么三分子反应很少，因为要 3 个分子同时在适当的方向，同时又有足够的能量进行碰撞反应，概率非常小，而四分子或更多分子碰撞，发生反应则基本上是不可能的。因为可以想象，多个微粒要在同一时间到达同一位置，并各自具备适当的取向和足够的能量是相当困难的。

2. 活化分子和活化能

在反应系统中，分子是大量存在的，每个分子都有自己的平均动能，并且都不相同。在一定条件下，分子之间彼此发生相互碰撞，由于碰撞的角度和速率不尽相同，因此在碰撞过程中，出现了能量相互传递，即分子之间的能量进行了重新分配。由此可见，分子的能量是不同的、不固定的。但是理论推证和实验均表明，在定温下，气体分子的能量分布（即在各个能量范围内的分子百分率）是一定的，如图 3-2 所示。在图 3-2 中，横坐标表示气体分子的能量 $E$，纵坐标表示在能量间隔为 $\Delta E$ 内的气体分子的百分率。整个曲线下的总面积代表在各个能量范围内的分子百分率的总和 $N$，其值等于 100%。由图可以看出，原则上，分子的动能由 0 到 ∞，但事实上，动能很小和很大的分子数目都很少，而处于平均能量附近的分子所占的比例较大。

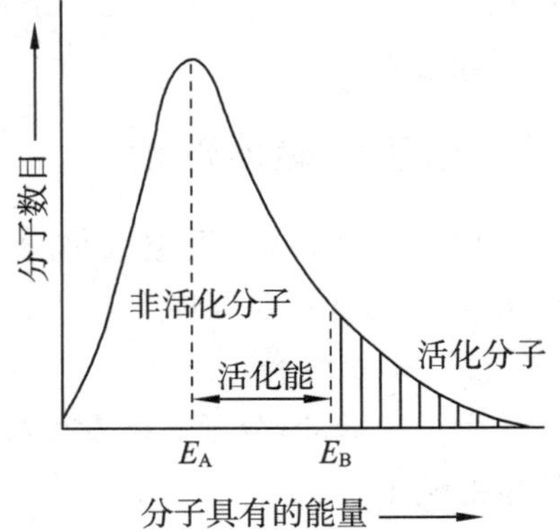

图 3-2 分子的能量分布与活化能

在图 3-2 中，$E_A$ 代表所有分子的平均能量，$E_B$ 是活化分子所具有的最低能量。在 $E_B$ 右侧的阴影部分是能量高于活化分子最低能量的分子，阴影面积代表了活化分子数目占整个分子数目的百分率，称之为活化分子百分率。在此基础上不难理解，当温度一定时，活化能越低，活化分子百分率越大，反应就越快；相反，活化能越高，活化分子百分率越小，能发生有效碰撞的分子就越少，反应就越慢。由此可见，活化能实际上就是反应的阻力，它具有以下特征：

(1) 绝大多数反应的活化能为正值，而且很多反应的活化能和反应中破坏化学键所需要的能量相近。

(2) 活化能的大小与反应的本性及反应途径有关，而与反应物的浓度无关；在温度变化不大的情况下，与温度无关。

(3) 活化能体现了反应的阻力，活化能越低，反应越快。通常，反应的活化能为 40～400 $kJ \cdot mol^{-1}$，多数反应的活化能在 60～250 $kJ \cdot mol^{-1}$之间；活化能低于 40 $kJ \cdot mol^{-1}$的反应（如酸碱反应）进行得相当快，一般方法难以测定其反应速率；而活化能高于 40 $kJ \cdot mol^{-1}$的反应，则进行得极慢，一般条件下难以察觉到反应的进行。

有效碰撞理论对于反应速率的本质的研究还比较粗浅，它没有考虑分子的内部结构和内部运动;理论本身对于活化能的本质也无法解释,因此,在使用时具有一定的局限性。

## 二、过渡状态理论

1930 年,艾林(H. Eying)等在量子力学和统计力学的发展中提出了反应速率的过渡状态理论(transition state theory)。其基本观点是反应物分子彼此靠近时引起内部结构的变化,先形成高能量的活化络合物(activated complex compound),然后再变成产物。

1. 活化络合物

化学反应并非只经过简单的碰撞就能完成,而是在反应过程中要经过一个中间过渡状态,先形成活化络合物:

$$A+B-C \rightarrow [A\cdots B\cdots C] \rightarrow A-B+C$$

反应物 活化络合物 产物

当原子 A 与 B-C 分子相接近时,B-C 分子中的化学键逐渐减弱,原子 A 与原子 B 之间逐渐形成新键。在 B-C 键完全断开、A-B 键完全形成之前,形成了[A…B…C]过渡状态,即活化络合物。

活化络合物极不稳定,一形成便分解,或分解为反应物,或分解为产物。但是,新键的形成和旧键的断裂是同时进行的,这比完全断开旧键后再形成新键所需的能量要低。

根据过渡态理论,反应速率与下列三个因素有关:(1) 活化络合物的浓度;(2) 活化络合物分解为产物的概率;(3) 活化络合物分解为产物的速率。

2. 能垒

在过渡态理论中,将活化络合物比反应物分子的平均能量高出的额外能量称为反应的能垒。活化络合物由于能量高,不稳定,可以生成产物或重新生成反应物。

如果产物分子的能量比反应物分子的能量低,这种反应称为释能反应;反之,即是吸能反应。图 3-3 表示的是一个释能反应。

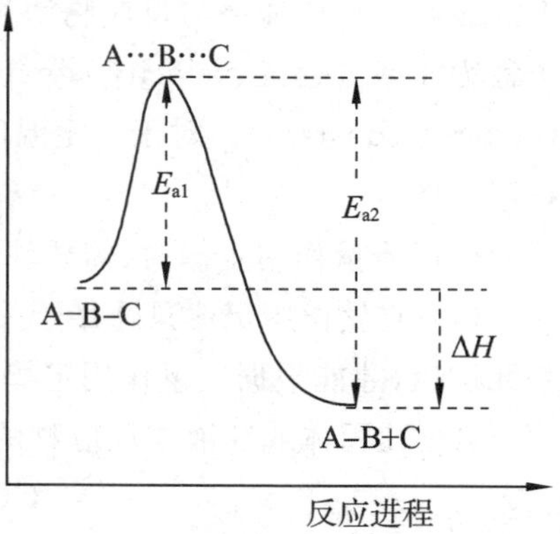

图 3-3 反应进程的势能图

在图 3-3 中,$E_{a1}$ 为正反应的活化能,$E_{a2}$ 为逆反应的活化能。可近似地认为,恒压反应热 $\Delta_r H_m$ 为:

$$\Delta_r H_m = E_{a1} - E_{a2}$$

当 $E_{a1} > E_{a2}$ 时,$\Delta_r H_m > 0$,反应吸热;当 $E_{a1} < E_{a2}$ 时,$\Delta_r H_m < 0$,反应放热。若正反应是放热反应,则逆反应必然是吸热反应。

从图 3-3 可以看出,无论是放热反应还是吸热反应,反应物分子必须先越过一个能垒,反应才能进行;由图 3-3 还可以看出,如果正反应经过一步完成,则其逆反应也经过一步完成,而且正反应和逆反应经过同一个活化络合物中间体,这就是微观可逆性原理。

过渡态理论将反应物的微观结构与反应速率联系起来,比碰撞理论前进了一步。然而,由于许多反应的活化络合物的结构无法验证,加之计算方法过于复杂,致使这一理论的应用受到限制,该理论还有待进一步完善。

# 第三节 影响化学反应速率的因素

化学反应的快慢首先取决于反应的本性，即反应物本身的结构和性质，这是影响化学反应速率的内因。对于同一化学反应而言，反应物浓度、温度和催化剂等外界条件的变化也会影响反应速率。

## 一、反应物浓度对反应速率的影响

大量实验事实表明，在一定温度下，增大反应物的浓度可以增大反应速率。这一现象可以用反应速率的碰撞理论加以解释。因为在恒定的温度下，对某化学反应来说，反应物中活化分子的百分数是一定的，增大反应物浓度时，单位体积内活化分子数目增多，从而增加了单位时间、单位体积内反应物分子间有效碰撞的次数，致使反应速率增大。

### 1. 质量作用定律

1864 年，挪威化学家古德贝格(G M Guldberg)和魏格(P Waage)通过大量化学实验提出了质量作用定律(law of mass action)：一定温度下，基元反应的反应速率与各反应物浓度的系数次方的乘积成正比。例如，某一温度下的基元反应：

$$CO(g)+NO_2(g)=\!=\!=CO_2(g)+NO(g)$$

根据质量作用定律，可得：$\upsilon=kc(CO)c(NO_2)$

上式表明了反应速率与反应物浓度的关系。这种表示反应速率与反应物浓度关系的式子称为速率方程式(velocity equation)，简称速率方程。其中的比例系数 $k$ 称为速率常数(velocity constant)。对于一定温度下的任意基元反应：$aA+bB=\!=\!=zZ+yY$，其速率方程可写作：

$$\upsilon=kc^a(A)c^b(B) \tag{3-3}$$

应用质量作用定律时，需要注意以下几点：

(1) 质量作用定律只适用于一定温度下的基元反应。换言之，只有已知某一反应为基元反应，才能根据质量作用定律直接写出其速率方程。

(2) 纯固体或纯液体反应物的浓度不写入速率方程，如碳的燃烧反应：

$$C(s)+O_2(g)=\!=\!=CO_2(g)$$

若该反应为基元反应，则其速率方程为：

$$\upsilon=kc(O_2)$$

### 2. 反应级数和反应速率常数

(1) 反应级数。反应级数(order of reaction)是速率方程式中各反应物浓度乘积项里的幂指数之和。设反应级数为 $n$，则在式(3-3)中，$n=a+b$。反应级数反映了浓度对速率影响程度的大小。反应级数越大，浓度对反应速率的影响越大。也就是说，反应级数越大，当反应物的浓度增大时，反应速率增大得越快；当反应物浓度减小时，反应速率减小得越快。

必须指出，反应级数与反应分子数是两个不同的概念。对于基元反应，两者数值相等。两者的区别见表 3-1。

**表 3-1　反应级数与反应分子数的区别**

| 概念 | 实质 | 适用范围 | 取值 |
|---|---|---|---|
| 反应级数 | 宏观概念 | 基元、非基元反应 | 整数、零、分数等 |
| 反应分子数 | 微观概念 | 基元反应 | 正整数 |

(2) 反应速率常数。反应速率常数是速率方程式中的比例系数 $k$。在速率方程式 $\upsilon=kc^a(\mathrm{A})c^b(\mathrm{B})$ 中，当 $c(\mathrm{A})=c(\mathrm{B})=1\ \mathrm{mol\cdot L^{-1}}$ 时，$\upsilon=k$。可见，$k$ 的物理意义是在一定温度下，各反应物浓度均为单位浓度时的反应速率。关于速率常数需要注意以下几点：① $k$ 与反应的本性有关。在其他条件相同的情况下，快反应的 $k$ 值比慢反应的大。② $k$ 与温度有关。一般情况下，速率常数 $k$ 随温度的升高而增大。③ $k$ 与反应物的浓度无关。④ $k$ 的单位因反应级数的不同而异。表 3-2 列出了反应级数与速率常数单位之间的对应关系。由此可知，根据速率常数的单位可以确定反应级数。

**表 3-2　反应级数与速率常数单位的关系**

| 反应级数 | 0 | 1 | 2 | 3 | $n$ |
|---|---|---|---|---|---|
| $k$ 的单位 | $\mathrm{mol\cdot L^{-1}\cdot s^{-1}}$ | $\mathrm{s^{-1}}$ | $\mathrm{L\cdot mol^{-1}\cdot s^{-1}}$ | $\mathrm{L^2\cdot mol^{-2}\cdot s^{-1}}$ | $\mathrm{L^{n-1}\cdot mol^{1-n}\cdot s^{-1}}$ |

### 3. 非基元反应速率方程的确定

因为质量作用定律不适用于非基元反应，所以非基元反应的速率方程必须通过实验来确定。例如，研究发现 $2N_2O_5(g)=4NO_2(g)+O_2(g)$ 的速率方程为 $\upsilon=kc(N_2O_5)$，而不是 $\upsilon=kc^2(N_2O_5)$。这是因为上述反应不是基元反应，其反应机理为

① $N_2O_5(g)=NO_2(g)+NO_3(g)$　　(慢)

② $NO_3(g)=NO(g)+O_2(g)$　　(快)

③ $NO(g)+NO_3(g)=2NO_2(g)$　　(快)

反应①是基元反应，同时又是速率控制步骤，所以根据质量作用定律可以写出整个反应的速率方程，并且与实验测得的结果吻合。化学反应速率方程的具体形式与反应的机理有关。实验测得的化学反应速率方程，是化学动力学研究中推测反应机理的重要依据。如果各反应物的级数与化学方程式中相应系数不完全一致，则该反应一定是复杂反应，并且可以根据测得的速率方程式的特点，推出可能的反应机理。值得注意的是，如果实验测得的各反应物的反应级数与化学方程式中相应物质化学式前面的系数完全一致，也不能认为该反应一定是基元反应。一个最典型的例子是 $H_2$ 和 $I_2$ 的反应：

$$H_2(g)+I_2(g)=2HI(g)$$

由实验测得该反应的速率方程是 $\upsilon=kc^2(\mathrm{I})c(H_2)$，但是进一步的研究发现，上述反应的反应机理如下：

① $I_2(g)=2I(g)$　平衡常数为 $K^\ominus$　　(快)

② $2I(g)+H_2(g)=2HI(g)$　　(慢)

因为第一步为快反应，因此很快就能建立起平衡，所以 $K^\ominus=\dfrac{c^2(\mathrm{I})}{c(I_2)}$，

即 $c^2(I)=K^{\ominus}\cdot c(I_2)$ ①

又因为第二步反应是慢反应，即整个反应的快慢是由这一步决定的，所以根据质量作用定律得 $\upsilon=kc^2(I)c(H_2)$ ②

将上述①②两式合并，得 $\upsilon=K^{\ominus}\cdot kc(H_2)c(I_2)$

式中：$k$、$K^{\ominus}$ 在一定温度下均为常数，将其合并为 $k'$，则上式可写作：$\upsilon=k'c(H_2)c(I_2)$。

**提问** 能否由此断定氢气与碘蒸气的反应是简单反应?

表 3-3 列出了一些反应的速率方程和反应级数。

**表 3-3 一些反应的速率方程和反应级数**

| 化学反应方程式 | 速率方程 | 反应级数 |
|---|---|---|
| $SO_2Cl_2 = SO_2+Cl_2$ | $\upsilon=kc(SO_2Cl_2)$ | 1 |
| $2H_2O_2 = 2H_2O+O_2$ | $\upsilon=kc(H_2O_2)$ | 1 |
| $NO_2+CO = NO+CO_2$ | $\upsilon=k'c(NO_2)c(CO)$ | 2 |
| $4HBr+O_2 = 2Br_2+2H_2O$ | $\upsilon=k'c(HBr)c(O_2)$ | 2 |
| $2NO+O_2 = 2NO_2$ | $\upsilon=k'c^2(NO)c(O_2)$ | 3 |
| $2NH_3 \xlongequal{Fe} N_2+3H_2$ | $\upsilon=k$ | 0 |

通过上述讨论不难看出，对于复杂反应（也称非基元反应）而言，化学反应速率方程与化学反应方程式之间没有必然的联系，要确定其速率方程，必须依据实验事实（实验数据或者是反应机理）。

对于复杂反应，除了根据反应机理确定其速率方程外，还可以通过测定恒温下反应物浓度（$c$）随时间（$t$）的变化，通过 $c$-$t$ 曲线求出反应速率，进一步确定反应速率与各反应物浓度的关系。这种确定反应速率方程的方法称为初始速率法。

**例 3-1** 实验测得一定温度下，反应 $2NO(g)+2H_2(g) = 2H_2O(g)+N_2(g)$ 下列实验数据：

| 实验序号 | $c_{始}(NO)/(mol\cdot L^{-1})$ | $c_{始}(H_2)/(mol\cdot L^{-1})$ | 反应速率/$(mol\cdot L^{-1}\cdot s^{-1})$ |
|---|---|---|---|
| 1 | $6.0\times10^{-3}$ | $1.0\times10^{-3}$ | $3.19\times10^{-3}$ |
| 2 | $6.0\times10^{-3}$ | $2.0\times10^{-3}$ | $6.36\times10^{-3}$ |
| 3 | $1.0\times10^{-3}$ | $6.0\times10^{-3}$ | $4.80\times10^{-4}$ |
| 4 | $2.0\times10^{-3}$ | $6.0\times10^{-3}$ | $1.92\times10^{-3}$ |

试确定该反应的速率方程，并计算当 $c(NO)=c(H_2)=1.0\times10^{-3}mol\cdot L^{-1}$ 时的反应速率。

**解**：设该反应的速率方程为 $\upsilon=kc^a(NO)c^b(H_2)$

比较表中"1""2"两组数据知，当 NO 的浓度不变时，$H_2$ 的浓度增大一倍，反应速率也增大一倍，即该反应速率与 $H_2$ 浓度的一次方成正比，所以 $b=1$。同理，比较表中"3""4"两组数据知，反应速率与 NO 浓度的二次方成正比，即 $a=2$。所以，该反应的速率方程为 $\upsilon=kc^2(NO)c(H_2)$

将表中任意一组数据代入上式，可求得相应温度下的反应速率常数：

$$k=8.9\times10^{4}\ L^{2}\cdot mol^{-2}\cdot s^{-1}$$

将 $c(NO)=c(H_2)=1.0\times10^{-3}mol\cdot L^{-1}$ 代入速率方程，得

$$\upsilon=8.9\times10^{4}\times(1.0\times10^{-3})^{3}=8.9\times10^{-5}mcl\cdot L^{-1}\cdot s^{-1}$$

必须指出，并非所有的化学反应都有简单形式的速率方程。例如，氢气与氯气反应生成氯化氢气体，其速率方程是 $\upsilon=kc(H_2)c(Cl_2)^{\frac{1}{2}}$，而氢气与溴蒸气反应生成溴化氢气体的速率方程更为复杂。

## 二、反应温度对反应速率的影响

大多数化学反应的速率随温度的升高而增大，这是因为温度升高，不仅分子运动速率加快，碰撞频率增加，而且活化分子所占的百分数也增大，有效碰撞次数增多，因此反应速率增大。

温度对反应速率的影响表现在对速率常数的影响，并且这种影响非常显著，如 $N_2O_5$ 的分解反应，在 273 K 时速率常数 $k$ 是 $7.87\times10^{-7}s^{-1}$，338 K 时 $k$ 为 $4.87\times10^{-3}\ s^{-1}$，增大了约 6 000 倍。

### 1. 范特霍夫规则

1884 年，范特霍夫(van't Hoff)根据大量的实验事实总结出一条经验规则：一般情况下，温度每升高 10 ℃，化学反应速率增大到原来的 2～4 倍。即

$$\gamma=\frac{k_{(t+10)}}{k_t}=2\sim4 \qquad \gamma^{n}=\frac{k_{(T+10n)}}{k_T} \tag{3-4}$$

式中：$k_t$、$k_{(t+10)}$ 分别表示温度为 $t$ ℃和 $(t+10)$ ℃时反应的速率常数。利用此规则可以粗略地估计温度对反应速率的影响。

### 2. 阿仑尼乌斯方程

1889 年，瑞典化学家阿仑尼乌斯(S. A. Arrhenius)提出了经验方程：

$$k=A\cdot e^{-\frac{E_a}{RT}} \tag{3-5}$$

式中：$A$ 为指前因子或频率因子；$R$ 为摩尔气体常数，取值 $8.314\ J\cdot mol^{-1}\cdot K^{-1}$；$E_a$ 为反应的活化能，单位是 $kJ\cdot mol^{-1}$；$T$ 是热力学温度，单位是 K。由式(3-5)可以看出，速率常数与绝对温度成指数关系，温度的微小变化，可引起速率常数的较大变化，尤其是对于活化能大的反应，升高温度可以显著地增大反应速率。用阿仑尼乌斯方程讨论温度对反应速率的影响时，可以认为在一定的温度范围内活化能 $E_a$ 和指前因子 $A$ 不随温度的变化而改变。

**例 3-2** 已知反应 $C_2H_5Cl(g)$══$C_2H_4(g)+HCl(g)$ 指前因子 $A=1.6\times10^{14}s^{-1}$，活化能 $E_a=246.6\ kJ\cdot mol^{-1}$。求反应在 700 K 时的速率常数。

**解**：将式(3-5)改写成对数形式，得

$$\lg k=-\frac{E_a}{2.303RT}+\lg A$$

$$\lg k=-\frac{246.6\times10^{3}}{2.303\times8.314\times700}+\lg(1.6\times10^{14})=-4.19$$

$$k=6.4\times10^{-5}\ \mathrm{s^{-1}}$$

同理,可以计算出 710 K 和 800 K 时反应速率常数分别为 $1.2\times10^{-4}\ \mathrm{s^{-1}}$ 和 $1.2\times10^{-2}\ \mathrm{s^{-1}}$。可以看出,当温度升高 10 ℃时,$k$ 变为原来的 2 倍;升高 100 ℃时,$k$ 变为原来的 200 倍。

若已知反应在两个不同温度下的速率常数分别为 $k_1$ 和 $k_2$,则根据式(3-5)有:

$$k_1=A\cdot e^{-\frac{E_a}{RT_1}},k_2=A\cdot e^{-\frac{E_a}{RT_2}}$$

取对数并将两式合并,得:

$$\lg\frac{k_2}{k_1}=\frac{E_a(T_2-T_1)}{2.303RT_1T_2} \tag{3-6}$$

若已知反应在两个不同温度下的速率常数,可计算反应的活化能;或者已知某一温度下的速率常数和反应的活化能,可求得另一温度下的速率常数。

## 三、催化剂对反应速率的影响

催化剂(catalyst)是一种能够改变化学反应速率,而自身的组成和质量在反应前后不发生任何变化的物质。催化剂对反应速率的影响称为催化作用(catalysis)。能加快化学反应的催化剂叫正催化剂,能使反应减慢的催化剂叫阻化剂。通常说到催化剂,若无特别说明,都是指正催化剂。催化剂能加快化学反应的根本原因是催化剂能改变反应机理,降低反应的活化能,从而增加活化分子的百分数,使反应加快。

有催化剂参加的反应叫催化反应。催化反应的种类很多,按催化剂和反应物存在的状态划分,可分为均相催化反应和多相催化反应。前者是反应物和催化剂处于同一相、催化剂参加了化学反应并且先与反应物生成一种中间产物,再生成产物的反应。例如,用 NO 做催化剂,使 $SO_2$ 氧化成 $SO_3$ 的反应就是均相催化反应。后者是催化剂与反应物处于不同物相的反应。例如,合成氨反应,用铁做催化剂就是多相催化反应。

**化学与生命**

### 酶——生物体的催化剂

酶(enzyme)是活细胞内产生的具有高度专一性和催化效率的蛋白质,又称为生物催化剂,生物体在新陈代谢过程中,几乎所有的化学反应都是在酶的催化下进行的。因此,酶催化反应是普遍存在于生物体内的生化反应。除此之外,酶催化反应也广泛应用于酿造发酵工业、抗生素生产及"三废"的处理中。

细胞内合成的酶,主要是在细胞内起催化作用,也有些酶合成后进入血液或消化道,并在那里发挥催化作用,人工提取的酶在合适的条件下也可在试管中对其特殊底物起催化作用。在酶作用下,参加化学反应的物质称为底物,有酶催化的化学反应称为酶催化反应。

酶与无机催化剂相比较,具有以下共性和特殊性:

1. 共性。只改变化学反应速率，本身几乎不被消耗；只能改变热力学上能发生的化学反应的速率，即不能改变反应的始、终态；能加快化学反应速率，缩短达到平衡的时间，但不能改变平衡状态；降低活化能，使化学反应速率加快；都会出现中毒现象。

2. 特殊性。因为酶绝大多数是蛋白质，所以酶催化反应又有其自身的特点。

(1)高效性。酶的催化效率比无机催化剂更高，使得反应速率更快。

(2)专一性。一种酶只作用于一类化合物或一定的化学键，以促进一定的化学变化，并生成一定的产物，这种现象称为酶的特异性或专一性(specificity)，如蛋白酶只能催化蛋白质水解成多肽。

(3)多样性。酶的种类很多，目前已知的大约有 4 000 种。

(4)温和性。酶催化反应在常温常压下即可进行。

(5)酶活性的可调节性。酶是生物体的组成成分，和体内其他物质一样，不断在体内新陈代谢，酶的催化活性也受多方面的调控。例如，酶的生物合成的诱导和阻遏、酶的化学修饰、抑制物的调节作用、代谢物对酶的反馈调节、酶的别构调节以及神经体液因素的调节等，这些调控保证酶在体内新陈代谢中发挥其恰如其分的催化作用，使生命活动中的种种化学反应都能够有条不紊、协调一致地进行。

(6)立体异构特异性(stereopecificity)。酶对底物的立体构型的特异要求称为立体异构专一性或特异性。例如，$\alpha$-淀粉酶($\alpha$-amylase)只能水解淀粉中 $\alpha$-1,4-糖苷键，不能水解纤维素中的 $\beta$-1,4-糖苷键；L-乳酸脱氢酶(L-lacticacid dehydrogenase)的底物只能是 L 型乳酸，而不能是 D 型乳酸。酶的立体异构特异性表明，酶与底物的结合，至少存在三个结合点。

(7)酶活性的不稳定性。酶是蛋白质，酶催化反应要求一定的 pH、温度等温和的条件，强酸、强碱、有机溶剂、重金属盐、高温、紫外线、剧烈振荡等任何使蛋白质变性的理化因素都可能使酶变性而失去其催化活性。一般来说，动物体内的酶最适温度在 35～40 ℃之间，植物体内的酶最适温度在 40～50 ℃之间；细菌和真菌体内的酶最适温度差别较大，有的酶最适温度可高达 70 ℃。动物体内的酶最适 pH 大多在 6.5～8.0，但也有例外，如胃蛋白酶的最适 pH 为 1.5，植物体内的酶最适 pH 大多在 4.5～6.5。

酶的上述性质使细胞内错综复杂的物质代谢过程能够有条不紊地进行，使物质代谢与正常的生理机能互相适应。不仅如此，在生产中利用酶的催化作用作为生产的手段，其应用也日趋广泛。例如，食品工业、毛纺工业、农业、医药卫生行业，乃至石油工业利用石油产品为原料的酵母菌合成饲料用蛋白质等，都是酶催化的应用。

总之，酶催化剂及其催化作用的机理是当代科学研究的活跃领域之一，具有广阔的发展前景。

1. 何为基元反应？何为反应级数？如何确定化学反应的反应级数？

2. 何为反应速率方程式？能否根据化学反应方程式直接书写反应速率方程式？

3. 比较温度与反应速率常数的关系式和温度与反应标准平衡常数的关系式，二者有哪些异同点的？试举例说明。

4. 何为反应的活化能？活化能对反应速率有何影响？

**一、选择题**

1. 某反应在 720 K 时的反应速率常数为 $3.1\times10^{-3}\ L\cdot mol^{-1}\cdot s^{-1}$；750 K 时的反应速率常数为 $6.8\times10^{-3}\ L\cdot mol^{-1}\cdot s^{-1}$，该反应的反应级数和反应的活化能分别为（　　）。

   A. 1　$-117.6\ kJ\cdot mol^{-1}$　　B. 1　$117.6\ kJ\cdot mol^{-1}$

   C. 2　$-117.6\ kJ\cdot mol^{-1}$　　D. 2　$117.6\ kJ\cdot mol^{-1}$

2. 已知定温下，反应 $2NO_2^- + 2I^- + 4H^+ = 2NO\uparrow + I_2 + 2H_2O$ 的速率方程是 $\upsilon = kc(NO_2^-)c(I^-)c^2(H^+)$，在其他条件不变时，将所有反应物浓度增大一倍，反应速率将变为原来的（　　）倍。

   A. 2　　B. 8　　C. 16　　D. 125

3. 某反应的化学计量方程式中，若各反应物的系数恰好等于速率方程中各反应物浓度的指数，则该反应（　　）。

   A. 一定是基元反应　B. 一定是简单反应　C. 不一定是基元反应　D. 一定是复杂反应

4. 已知反应 $A(g) + 2B(g) = C(g)$ 的速率方程式 $\upsilon = kc(A)c^2(B)$，下列情况下反应速率最大的是（　　）。

   A. A 的浓度减半　B. B 的浓度减半　C. A、B 的浓度各减半　D. 无法确定

5. 在温度低于 530 K 时，$NO_2 + CO = NO + CO_2$ 的反应机理：

   (1) $NO_2 + NO_2 = NO_3 + NO$　（慢）　　(2) $NO_3 + CO = NO_2 + CO_2$　（快）

   则该反应的速率方程是（　　）。

   A. $\upsilon = kc(NO_2)c(CO)$　B. $\upsilon = kc^2(NO_2)$　C. $\upsilon = kc^2(CO)$　D. $\upsilon = kc^2(NO_2)c(CO)$

6. 若某反应在 37 ℃时的反应速率是 27 ℃时的 2.5 倍，则该反应的活化能约为（　　）。

   A. $15\ kJ\cdot mol^{-1}$　B. $26\ kJ\cdot mol^{-1}$　C. $54\ kJ\cdot mol^{-1}$　D. $71\ kJ\cdot mol^{-1}$

7. 在一定条件下，某可逆反应中反应物的转化率为 36.8%，加入催化剂后，该反应物的转化率（　　）。

   A. 大于 36.8%　B. 小于 36.8%　C. 等于 36.8%　D. 不能确定

8. 溴水与丙酮的水溶液按下列方程式起反应：

   $CH_3COCH_3(aq) + Br_2(aq) = CH_3COCH_2Br(aq) + HBr(aq)$

   此反应对于溴来说是零级反应，下述推断正确的是（　　）。

   A. 反应速率是恒定的　　B. 最慢的反应步骤包括溴

   C. 速率的决定步骤不包括溴　　D. 溴是催化剂

**二、判断题**

1. 质量作用定律只适用于按化学计量方程式一步完成的基元反应。
2. 质量作用定律适用于任何实际上能够发生的反应。
3. 对于任意化学反应，其反应速率的大小都与反应物的浓度有关。
4. 若某反应的 $E_{a,正} > E_{a,逆}$ 时，则该反应为吸热反应。
5. 浓度对反应速率的影响主要是影响活化分子的百分数。
6. 可逆反应达到平衡时，升高温度正、逆反应的速率都增大，但增大的倍数不同。
7. 一定温度下，化学反应速率方程可以根据化学计量方程式直接写出。
8. 同一种催化剂，既可降低正反应的活化能，也可降逆反应的活化能。
9. 催化剂的选择性是指它能改变反应的始终态。
10. 如果不同的反应有不同的反应级数，则其速率常数的单位也不同。

11. 反应级数越大，则反应速率越大。

12. 放热反应的速率比吸热反应的大。

**三、填空题**

1. 对于放热的可逆反应，升高温度时反应速率常数________，标准平衡常数________；对于吸热的可逆反应，升高温度时反应速率常数________，标准平衡常数________。

2. 一定温度范围内，基元反应 $A(s)+2B(g) \rightleftharpoons 2C(g)$　$\Delta_r H_m^\ominus<0$，该反应的标准平衡常数表达式是___________，该反应的速率方程式___________，总反应级数为________，反应速率常数的单位是___________；根据阿仑尼乌斯公式知，升温时，反应速率常数变________。

3. 反应速率常数在数值上等于____________________________，反应速率常数与________有关，而与_________无关。

4. 已知反应 $A(s)+B(g) \rightleftharpoons C(g)$，$\Delta_r H_m^\ominus>0$，当温度升高时其正反应速率常数________，逆反应速率常数________；反应的标准平衡常数_________。

5. 反应 $\frac{1}{2}N_2(g)+\frac{3}{2}H_2(g) = NH_3(g)$　$\Delta_f H_m^\ominus(NH_3,g)=-46\ kJ\cdot mol^{-1}$，其逆反应的活化能为 $300\ kJ\cdot mol^{-1}$，则合成氨反应的活化能等于________ $kJ\cdot mol^{-1}$。

6. 已知反应 $N_2(g)+2O_2(g) \rightleftharpoons N_2O_4(g)$ 的 $\Delta_r H_m^\ominus=9.16\ kJ\cdot mol^{-1}$。若降低温度反应速率将_________，化学平衡将向________方向移动。

7. 某一温度下反应 $A(g)+2B(g) = C(g)$ 的速率方程是 $v=kc(A)c^2(B)$，则该反应的反应级数为___________，该反应___________为基元反应。

**四、计算题**

1. 实验证明在一定温度范围内，下列反应是基元反应 $2NO(g)+Cl_2(g) = 2NOCl(g)$。

(1) 写出该反应的速率方程式；(2) 确定该反应的反应级数；(3) 其他条件不变，将容器的体积增大为原来的二倍，反应速率变为原来的多少倍？(4) 其他条件不变，将 NO 的浓度增大为原来的三倍，反应速率变为原来的多少倍？【$v=kc^2(NO)c(Cl_2)$；三级；1/8 倍；9 倍】

2. 反应 $H_2(g)+Cl_2(g) = 2HCl(g)$ 的活化能为 $155\ kJ\cdot mol^{-1}$，利用各物质的标准摩尔生成焓数值计算逆反应的活化能。【$339.62\ kJ\cdot mol^{-1}$】

3. 在 660K 时，反应 $2NO(g)+O_2(g) = 2NO_2(g)$ 各反应物的初始浓度和反应的初始速率如下：

| $c(NO)/(mol\cdot L^{-1})$ | $c(O_2)/(mol\cdot L^{-1})$ | $v/(mol\cdot L^{-1}\cdot s^{-1})$ |
|---|---|---|
| 0.010 | 0.010 | $2.5\times10^{-3}$ |
| 0.010 | 0.020 | $5.0\times10^{-3}$ |
| 0.030 | 0.020 | $4.5\times10^{-2}$ |

(1) 确定反应的速率方程和反应级数；

(2) 求反应速率常数；

(3) $c(NO)=0.035\ mol\cdot L^{-1}$，$c(O_2)=0.025\ mol\cdot L^{-1}$ 时的反应速率。

【$v=kc^2(NO)c(O_2)$，3；$2.5\times10^3\ mol^{-2}\cdot L^2\cdot s^{-1}$；$7.6\times10^{-2}\ mol\cdot L^{-1}\cdot s^{-1}$】

4. 某反应在 650 K 和 670 K 时的速率常数分别是 $2.0\times10^{-5}\ s^{-1}$ 和 $7.0\times10^{-5}\ s^{-1}$，求该反应的活化能。【$226.8\ kJ\cdot mol^{-1}$】

5. 实验证明，在高温时焦炭中的碳与 $CO_2$ 反应为 $C+CO_2 = 2CO$，活化能为 $160.2\ kJ\cdot mol^{-1}$，计算自 900 K 升高到 1 000 K 时反应速率常数的变化的倍数。【8.5】

6. $H_2O_2$ 的分解反应 $2H_2O_2 = 2H_2O+O_2$，在没有催化剂时，反应的活化能为 $75\ kJ\cdot mol^{-1}$；有铁催化剂时，该反应的活化能为 $54\ kJ\cdot mol^{-1}$，求 25 ℃时，有催化剂和没有催化剂情况下反应速率之比（设指前因子不因催化剂的加入而改变）。【$4.8\times10^3$】

# 第四章

# 定量分析法

**本章教学要求**

1. 了解定量分析化学的基本内容和分析方法的分类；了解定量分析的一般步骤。

2. 理解定量分析中误差的概念，能够正确判断误差的类别，并能进行合理的减免。

3. 理解误差与准确度、偏差与精密度以及准确度与精密度的关系；掌握各类误差和偏差的计算。

4. 掌握可疑值的概念，能够对分析数据进行合理的处理。

5. 掌握有效数字的定义、有效数字位数的确定及有效数字的运算规则，在分析测试工作中能够规范地记录实验数据。

6. 理解滴定分析的一些基本术语、各类滴定分析法的基本原理和适用范围；掌握基准物质的概念、常用基准物质的干燥条件和标定对象；掌握标准溶液的配制方法、操作技术，能够正确地计算标准溶液的浓度。

7. 掌握滴定分析结果的计算依据，初步掌握滴定分析结果的计算方法。

## 第一节　定量分析法概述

### 一、分析化学的任务和作用

分析化学是研究物质的化学组成、结构和测定方法及有关理论的科学，它是化学学科的一个重要分支。分析化学的任务是鉴定物质的化学组成（包括元素、离子、基团、化合物等）；推测物质的化学结构；测定物质中有关组分的含量等。分析化学根据分析的目的和任务可分为定性分析（qualitative analysis）、定量分析（quantitative analysis）和结构分析（structural analysis）。定性分析的任务是检出和鉴定物质是由哪些组分组成的。定量分析的任务是测定物质中各组分的含量。结构分析的任务是研究物质的分子结构或晶体结构。在一般的分析工作中，定性分析先于定量分析，因为只有知道了物质的化学组成后才能选择适当的分析方法进行定量分析。本课程主要介绍定量分析的相关内容。

分析化学已经渗透到国民经济的各个部门，在生产、生活和科学研究中具有重要的作用。在工业生产中，通过对原材料、中间产品和成品的质量分析，可以控制生产流程，改进工艺技术，提高产品质量；在农林牧业生产中，土壤肥力的测定，水质的分析，农药残留量的分析，污染状况的监测，肥料、农药、饲料和农产品品质的评定，家畜的科学饲养和临床诊断等等，都离不开分析化学的理论和测定技术。在专门的科学研究中，分析化学更是不可或缺的工具。新能源的开发、新材料的研发也离不开分析化学。

## 二、定量分析法的分类

前面说过，定量分析的任务是测定组分的含量，定量分析因分类的依据不同而分成各种方法。主要有：

1. 根据分析对象的化学属性分类

根据分析对象的化学属性可分为无机分析(inorganic analysis)和有机分析(organic analysis)。前者主要指测定金属和无机化合物的成分和组成的分析方法。一般测定其中所含的元素，有时也测定其中所含的根或基团。后者以有机物为分析对象。例如，同样是测定物质中氯元素的含量，若是测定天然水中氯的含量，就是无机分析。若是测定有机氯农药中氯的含量就是有机分析。

2. 根据试样的用量分类

根据分析时所需试样的量可分为常量分析(macro analysis)、半微量分析(semimicro analysis)和微量分析(micro analysis)。各种分析法所需试样量见表 4-1。

表 4-1 各种分析法所需试样量

| 方法名称 | 所需固体试样质量/mg | 所需液体试样体积/mL |
|---|---|---|
| 常量分析 | 100～1 000 | 10～100 |
| 半微量分析 | 10～100 | 1～10 |
| 微量分析 | 0.1～10 | 0.01～1 |
| 痕量分析 | <0.1 | <0.01 |

3. 根据被测组分在试样中的相对含量分类

根据被测组分在试样中的相对含量分为常量组分分析(macro component analysis，被测组分含量大于 1%)、微量组分分析(micro component analysis，被测组分含量在 0.01%～1% 范围内)和痕量组分分析(trace component analysis，被测组分含量小于 0.01%)。

4. 根据分析时所依据物质的性质分类

根据分析时所依据物质的性质可分为化学分析(chemical analysis)和仪器分析(instrumental analysis)。

化学分析法是以物质所发生的化学反应为基础的分析方法，主要有重量分析法和滴定分析法。重量分析法是根据生成物的重量，确定被测组分含量的一种方法。具体步骤是：使被测组分从试样中分离出来，转化为一定的称量形式，然后用称量的方法测定被测组分的含量。使被测组分从试样中分离出来常用的方法有:沉淀法、气化法、电解重量法和提取法等。滴定分析法是将一种已知准确浓度的试剂溶液(称为标准溶液)滴加到被测物质的溶液中,直到化学反应完全时为止,然后根据所消耗标准溶液的浓度和体积可以求得被测组分的含量,这种方法称为滴定分析法(titration analysis,也称为容量分析法)。滴定分析法的具体内容将在本章稍后介绍。化学分析法具有快速、准确、所用仪器设备简单、费用较低等特点,适用于常量组分的测定。

仪器分析法是以物质的物理性质或物理化学性质为基础的分析方法,因这类分析法需要专用的仪器,故称为仪器分析法。根据测定原理的不同,仪器分析法又可分为光学分析法(如吸收光谱分析法、发射光谱分析法、荧光分析法等),电化学分析法(如电势分析法、电导分析法、电解和库仑分析法、伏安和极谱分析法等),色谱分析法(如气相色谱分析法、液相色谱法等)及其他仪器分析法。仪器分析法具有快速、灵敏、操作简便等特点,适用于微量和痕量组分的测定。

随着现代科学技术的快速发展,仪器分析法不断得到更新和完善,在各种新的分析仪器不断问世的同时又发展了多种仪器联合使用的联机分析法。特别是电子技术和计算机的发展和应用,使仪器分析法向自动化、数字化、计算机化、人工智能化和遥测等方向发展。化学分析法历史悠久,是分析化学的基础,尤其是滴定分析法,操作简便、快速,所需设备简单,且具有高的准确度。因此,滴定分析法仍然具有很大的实用价值。另外,无论现代分析仪器如何先进,试样的前处理和分析数据的处理仍需要化学分析法的基本原理和基础知识。

## 三、定量分析的一般步骤

定量分析的步骤,一般包括采样、制备、预处理、测定、分析结果的计算和评价等。

1. 采样

从大量的分析对象中抽取一小部分作为分析材料的过程,称为采样或取样,所采取的分析材料称试样或样品。采集的试样必须具有代表性和均匀性。

采样的具体方法依据分析对象的种类、性质、均匀程度、数量的多少以及分析项目等而异,但基本原则是一样的,即按照不同地区、不同部位、不同大小的试样,先进行多点采样,原试样取好后,再逐步缩分为实验室所需的量。

(1) 固体试样的采集

固体样品的均匀性通常较差,混合均匀难度大。因此,首先要确定合理的采样点。根据样品的性质、数量、组分的均匀程度、易破碎程度及分析项目的不同等,从不同区域、不同部位,选取多个采样点,选取一定数量、大小不同的颗粒作为平均试样。对于采得的样品要及时装袋、贴签、封存,标签上需注明采样的时间、地点、样品名称及其他必要的说明;如需分别测定,保存期间应避免互相沾污,切不可混合存放。

(2) 液体试样的采集

液体试样的组成一般较均匀,可根据具体情况选用合适的方法采样,如采集有泵水井或自来水管中的水样时,应先将泵或水龙头打开,放水 10~15 min,使积存在水管中的杂质和陈水流出，用新水反复淋洗采样器几次后再采样；若采集江、河、池塘中的水样，需考虑水深和流量，从不同深度、流量处采集多份样品，混合均匀后作为分析试样；若是采集盛在大容器中的液体，则需在容器的不同深度取样混合均匀后作为分析试样。

(3) 气体试样的采集

大气的组成是连续变化的，受诸多因素的影响，如工业布局、人类活动、气候条件等。因此，需分析短时间内多点采集的多个样品，要根据具体情况选择适宜的采样方法。例如，在农业生态区进行污染监测时，应根据影响污染物在空间分布的因素，合理分配采样点的位置和数量，确定采样点后，再在各采样点采用直接法或浓缩法采样。气体样品采集以后难以储存和运输，应立即进行分析测定。

2. 试样的制备

对于按上述要求采集的液体或气体试样，混合均匀即可进行预处理或直接进行测定，而对于数量过多、均匀性较差、粒度大小不一的固体样品，要进一步加工制备成分析试样。制备过程大致如下：

(1) 破碎和过筛

将采集的试样用人工或机械的方法进行不同程度的破碎。为加速破碎，可在每次破碎后，以所需颗粒的大小过筛。对未通过筛孔的大颗粒再进行破碎，直至试样全部过筛为止。

(2) 混匀和缩分

缩分，是将已破碎过筛后的原始试样混合均匀后再进一步破碎、过筛，并逐渐减小质量，以保证缩分后的试样组分含量与原始试样的一致。常用的缩分法是“四分法”，即将已破碎过筛的原始试样，经充分混匀后，堆成圆锥体状，将顶部稍微压平后，通过中心分成四等份，把任意对角的两份弃去，将剩余的两份收集在一起混合均匀，这样试样就减缩了一半。根据需要可将缩分后的试样再度破碎、过筛、混匀，再次缩分。如此反复处理直至所需的量，再将所得的分析试样置于具有磨口塞的广口瓶中贮存，贴好标签，标明试样名称、来源、采样日期等。试样一般应尽快分析，否则需妥善保存，避免受潮、挥发、风干、变质等。

3. 试样的预处理

在分析工作中，除少数分析方法(如差热分析、发射光谱、红外光谱等)为干法外，大多为湿法分析，即先将试样分解后制成溶液再进行分析。因此，需要先称取一定质量的试样进行预处理。试样的预处理是定量分析的重要步骤之一，需满足以下两个条件：

(1) 试样必须分解完全，待测组分不应损失且其状态应有利于测定。

(2) 分解过程中不应引入干扰物质和待测组分。

预处理的方法因试样的性质而异。无机试样的预处理方法通常有水溶、酸溶、碱溶、熔融法。生物样品中有机物的测定，通常可通过溶剂萃取、挥发和蒸馏法分离后再进行测定。

经过预处理的样品，有的将全部用作分析；有的需先定量稀释到一定的体积，然后再取其中的一部分进行分析。在分析测定前，有的还要分离或掩蔽干扰成分、调节酸碱度、进行氧化还原处理等。总之，预处理是为了保证能够方便准确地进行测定。

# 第二节 定量分析的误差和实验数据的处理

在实际的分析工作中，由于分析方法、测量仪器、试剂、测量条件和分析人员的主观条件等因素的限制，分析结果与真实值不可能完全一致。即使是技术很熟练的分析人员，采用最先进的方法和最精密的仪器，测定结果也不可能绝对准确。同一分析人员对同一试样进行多次分析所得结果也不会完全相同。这是因为误差是客观存在的。因此，在定量分析时必须对分析结果进行评价，同时采取有效措施，尽量减小误差，以提高分析结果的准确度。

## 一、误差

*1. 误差的来源和分类*

根据误差的性质和产生的原因，可将误差分为系统误差和偶然误差两大类。

(1) 系统误差(systematic error)。系统误差是由某种固定的因素所造成的误差。在同一条件下重复测定时，它会重复出现，具有固定的方向(正或负)和大小，故可用加校正值的方法予以消除，所以又称为可测误差。系统误差根据其来源，可分为方法误差、仪器和试剂误差及操作误差等。

① 方法误差(methodic error) 方法误差是由于分析方法选择不当或分析方法本身不够完善所引起的误差。例如，在滴定分析中，化学反应不完全或有副反应，滴定终点与化学计量点不一致，以及干扰离子的影响等；又如，在重量分析中，由于沉淀剂选择不当，致使沉淀的溶解度较大或有共沉淀现象发生等，都会产生方法误差。方法误差的存在使分析结果系统地偏高或偏低。

② 仪器和试剂误差(instrument and reagent error) 仪器和试剂误差是由于测定仪器不够准确、未经校正或试剂不合格等所引起的误差。例如，光学读数分析天平两臂不等长、砝码锈蚀或磨损，容量仪器刻度不准确以及试剂不纯等，都可产生这类误差。

③ 操作误差(personality error) 操作误差是操作人员的主观因素所引起的误差。例如，分析人员对滴定终点颜色的判断，有的偏深，有的偏浅。有时操作误差是分析人员操作不当所引起的。例如，称样时未注意防止试样吸湿，洗涤沉淀不充分或过分，称量沉淀时未完全冷却等，便会产生这种误差。

(2) 偶然误差(accidental error)。偶然误差亦称随机误差(accidental error)，是一些随机的因素造成的误差。例如，测定时环境温度、湿度及气压的微小波动等使测定值发生波动。偶然误差的大小和正负都不固定，也不能用加校正值的方法消除。表面上看偶然误差似乎没有什么规律，但在多次测定中便可发现，它们的出现服从统计规律：① 小误差出现的概率大，而大误差出现的概率小；② 绝对值相等的正、负偶然误差出现的概率相等。因此它们之间常能相互完全或部分抵消，通过增加平行测定次数，可以减小测定结果中的偶然误差。

需要注意的是，在测定中，由于分析人员不遵循操作规程或粗心大意所造成的失误，例如读或记错数据，转移溶液时溅失，加错试剂，以及计算错误等，属于过失。对于分析人员来说，必须严格避免“过失”。

2. 分析结果的评价方法

注意

过失与误差有区别！

分析结果的优劣，通常用准确度和精密度表示。

(1) 准确度与误差

准确度(accuracy)表示分析结果与真实值相接近的程度。准确度的大小用误差表示。测定值与真实值越接近，误差越小，测定的准确度越高；反之，则准确度越低。因此，误差是衡量分析结果准确度高低的尺度，准确度表示分析结果的可靠性。误差的大小，又可用绝对误差和相对误差表示。

① 绝对误差(absolute error，$E$)　绝对误差是测定值与真实值之差：

$$E=x-u \tag{4-1}$$

式中：$x$、$u$ 分别为测得值和真实值。绝对误差可以是正值，也可以是负值。

② 相对误差(relative error，简写作 $RE$ )　相对误差是绝对误差与真实值的比值：

$$RE=\frac{E}{u}\times 100\% \tag{4-2}$$

相对误差反映测定误差在测定结果中所占的比例，通常以百分数表示。相对误差常用于表示分析结果的准确度。

例如，用万分之一分析天平称得两物体质量分别为 2.376 2 g 和 0.276 2 g，而它们的真实质量分别为 2.376 3 g 和 0.276 3 g，则称量的绝对误差分别为：

$$E_1=2.3762-2.3763=-0.0001, E_2=0.2762-0.2763=-0.0001$$

相对误差分别为：

$$RE_1=\frac{-0.0001}{2.3763}=-0.0042\%, RE_2=\frac{-0.0001}{0.2763}=-0.036\%$$

计算结果标明，相对误差能更好地反映出误差在真值中所占的比例，因而它能更确切地衡量分析结果的准确度。所以，在实际工作中，相对误差较绝对误差的应用更为广泛。

(2) 精密度与偏差

在实际分析工作中，为了得到可靠的分析结果，必须对试样进行多次平行测定，求得分析结果的算术平均值($\overline{x}$)平行测定的各测定值之间的相互接近程度称为精密度(precision)。各测定值越接近，精密度就越高；各测定值越分散，精密度越低。所以，精密度体现了分析结果的重现性。

精密度有几种不同的表示方法：偏差、平均偏差、相对平均偏差、标准偏差和相对标准偏差。

① 偏差(deviation，$d$)　偏差是测定值与各次测定的平均值之差。若令($\overline{x}$)代表一组平行测定的平均值，则单次测定值的偏差为：

$$d_i=x_i-\overline{x} \tag{4-3}$$

偏差越大，精密度越低。偏差有正、负之分。

② 平均偏差(average deviation，$\overline{d}$)　各偏差的绝对值的平均值称为平均偏差，即

$$\bar{d}=\frac{\sum_{i=1}|x_i-\bar{x}|}{n} \tag{4-4}$$

式中：$n$ 表示测定次数。平均偏差均为正值。

③ 相对平均偏差(relative average deviation，$\bar{d}_r$)　相对平均偏差是平均偏差在平均值中所占的比例，常用百分数表示。其定义式为：

$$\bar{d}_r=\frac{\bar{d}}{\bar{x}}\times 100\% \tag{4-5}$$

平均偏差和相对平均偏差均可用来表示一组测定值的离散程度。平均偏差或相对平均偏差越大，所测得的平行数据越分散，分析结果的精密度越低；相反，则平行数据越集中，分析结果的精密度越高。

④ 标准偏差(standard deviation，$S$)和相对标准偏差(relative standard deviation，简写作 $RSD$)　在用统计方法处理数据时，常用标准偏差和相对标准偏差表示一组测定值的精密度。有限次测定值的标准偏差的计算式为：

$$S=\sqrt{\frac{\sum_{i=1}^{n}(x_i-\bar{x})^2}{n-1}} \tag{4-6}$$

式中：$(n-1)$称为自由度，表示独立变化的偏差个数。

相对标准偏差是标准偏差在平均值中所占的比例，常用百分数表示。相对标准偏差的定义式为：

$$RSD=\frac{S}{\bar{x}}\times 100\% \tag{4-7}$$

**例 4-1**　测定某样品中铜的含量得到下列数据：10.48%，10.37%，10.47%，10.43%，10.40%。计算测定结果的平均值、平均偏差、相对平均偏差、标准偏差和相对标准偏差。

**解**：平均值$\bar{x}=\frac{10.48\%+10.37\%+10.47\%+10.43\%+10.40\%}{5}=10.43\%$

平均偏差$\bar{d}=\frac{(0.05+0.06+0.04+0.00+0.03)\%}{5}=0.036\%$

相对平均偏差$\bar{d}_r=\frac{0.036\%}{10.43\%}\times 100\%=0.35\%$

标准偏差 $S=\sqrt{\frac{(0.05\%)^2+(0.06\%)^2+(-0.04\%)^2+(0.03\%)^2}{5-1}}=0.046\%$

相对标准偏差 $RSD=\frac{0.046\%}{10.43\%}\times 100\%=0.4\%$

可见，用标准偏差和相对标准偏差表示精密度能更好地说明数据的分散程度，因为单次测定值的偏差平方以后，较大的偏差能更显著地反映出来。

必须指出，精密度高，准确度不一定高。因为精密度高只标明偶然误差小，但还可能存在系统误差，而准确度高，精密度一定高，精密度是保证准确度的先决条件。可见，只有精密度和准确度都高的测定结果才是可靠的。

在定量分析中，如果所用分析方法直接、操作比较简单，一般要求相对偏差在

0.1%～0.2%范围内。若是混合试样或者是试样均匀性较差，则分析组分含量的不同，对精密度的要求也不同。但必须说明的是，为了保证分析结果的可靠性，测定数据必须具备一定的准确度和精密度。

3. 提高分析结果准确度的方法

为了得到准确可靠的分析结果，必须设法减小分析过程中的误差。下面简要介绍几种减小分析误差的主要方法。

(1) 选择合适的分析方法

前面说过，不同的分析方法具有不同的准确度和灵敏度，因此要根据实际需要、组分的含量和实验室条件等选择合适的分析方法。对于常量组分的测定，一般采用化学分析法即可获得比较准确的分析结果，相对误差一般在0.1%～0.2%范围内；对微量组分或痕量组分的测定，一般采用仪器分析法。仪器分析法灵敏度高，绝对误差小，虽然其相对误差较大，但一般能满足准确度的要求。例如，要测定铁矿石中铁的含量，由于其含量高，可选用滴定分析方法；而测定天然水中微量铁的含量，因其含量低，用化学分析法便无法测定，应选用分光光度法等灵敏度较高的仪器分析法。此外，还要考虑与被测组分共存的其他组分的影响等因素，尽可能选择干扰少的分析方法。

(2) 减小测量误差

在定量分析中，由于各测量步骤相互影响而导致误差传递，必须尽量减小各步的测量误差，才能保证分析结果的可靠性。

例如，在滴定分析法中测量的量主要是质量和体积。通常，分析天平的称量误差为±0.000 1 g，用差减法(亦称作减量法，是定量分析中常用的称量方法之一，具体操作步骤是：先称量装有待称取物品的称量瓶的质量，再根据实验所需物品的量将物品倒入适当的容器中，待倒出物品符合实验要求之后，最后称称量瓶和剩余物品的质量，前后两次质量之差即是称取物品的质量)称量两次的最大误差是±0.000 2 g。为了使称量的相对误差不大于0.1%，每次称取的试样量就得不少于0.2 g。滴定管的读数误差为±0.01 mL，完成一次滴定，需要读两次数据，因此产生的最大误差是±0.02 mL。为了使测定标准溶液体积的相对误差不大于0.1%，则要求每次滴定消耗的滴定剂的体积应不少于20 mL。在实际设计分析方案时，常将每次消耗滴定剂的体积控制在20～30 mL之间。

对准确度的要求不同，则对称量和体积测定的误差要求也不同。例如，在仪器分析中，由于被测组分含量较低，相对误差允许达到2%，若称取0.5 g试样，称量的绝对误差小于0.5×2%=0.01 g，即可满足需要，毋需用万分之一分析天平称量。

(3) 增加平行测定次数，减小偶然误差

根据偶然误差的分布规律，适当增加平行测定次数，可以减小偶然误差。一般学生实验中，对于同一试样，通常要求平行测定3～5次，以获得较准确的分析结果。

> **知识链接**
>
> 平行测定是取几份同一试样，在相同的操作条件下对它们进行测定。

(4) 消除测定过程中的系统误差

系统误差是由固定的因素引起的，因此消除这些误差的来源就可以消除系统误差。

① 对照试验

用已知含量的标准试样或纯物质按照与试样相同的方法和条件进行分析，称为对照试验。将测得值与已知含量值相比较，即可判断是否存在系统误差。根据求得的系统误差，校正分析结果，便可减小系统误差。

② 回收试验

如果对试样的组成不完全清楚，可以向试样中加入准确量的被测纯物质，用与试样相同的方法进行测定，根据加入的被测组分是否被定量回收，判断分析过程中是否存在系统误差。

③ 空白试验

对分析中所用的其他试剂，在不加试样的情况下，采用与试样相同的方法、步骤进行分析，称为空白试验。所得的结果为空白值，从试样的分析结果中扣除空白值，就可消除或减小由试剂、蒸馏水和器皿中杂质所引起的系统误差。空白值不应很大，否则应提纯试剂或更换器皿。

④ 校准仪器

砝码、滴定管、移液管及其他分析仪器不准确引起的系统误差，可以通过校准仪器来消除或减小。具体的操作步骤可查阅《分析化学手册》。

> 提问
>
> 有效数字可以有几位不精确？

## 二、有效数字及其运算规则

在分析工作中，为了得到准确的分析结果，不仅要准确地进行各步测定，而且还要正确地记录和计算。分析测定的数据不仅表示试样中被测组分的含量，而且还反映了测定的准确度。因此，在实验数据的记录和结果计算中，保留几位有效数字，要根据所用仪器的测量精度、分析方法的准确度来确定。

*1. 有效数字位数的确定*

有效数字(significant figure)指在分析工作中实际上能测得到的数字，包括所有准确数字和最后一位可疑数字，即数据的末位数并不精准，可能有±1 个单位的误差。例如，用万分之一分析天平，测得某试样的质量为 1.235 0 g，其有效数字为 5 位，前 4 位是准确的，最后一位是可疑的，它可能有±0.000 1 g 的误差。

记录实验数据的位数，必须与所使用的分析方法和仪器的准确度相对应，即有效数字应能反映出测定的精确度。例如，用 50 mL 量筒量取 25 mL 溶液，由于量筒的读数误差为±1 mL，因此只能记作 25.0 mL。常量分析用滴定管的读数误差为±0.01 mL，读取和记录数据应准确到小数点后第 2 位，如滴定时用去标准溶液 23.40 mL，取 4 位有效数字，既不能记作 23.4 mL，也不能记作 23.400 mL。

对于刻度仪器的读数有一个规定：刻度线间的读数应估算到十分位上，如读取摄氏温度计上的数值时，可估算到 0.1 ℃；滴定管的读数可估算到 0.01 mL(若液面恰好落到长刻线“28”上，则读作 28.00 mL 而不是 28 mL 或 28.0 mL)；100 mL 量筒的读数可估计到 0.1 mL，等等。这些规定应严格执行，否则在测量中引入的不确定度比仪器本身的还要大。

在 0～9 这 10 个数字中，数字“0”所起的作用是不同的，它可以是有效数字，也可以是用于定位的数字。例如，在数据 0.068 0 中，数字“6”前面的 2 个“0”是用于定位的数字，它的存在表明有效数字的首位“6”是百分之六；末位的“0”是有效数字，它说明可准确到万分之一。因此，该数据为 3 位有效数字。另外，还应注意，像 4 600 这样的数字，有效数字位数比较含糊，它可能是 2 位、3 位或 4 位有效数字。对于这样的数据，应采用科学计数法，记作 $4.6\times10^3$、$4.60\times10^3$ 或 $4.600\times10^3$。

常见的 pH、p$K$、lg$c$、lg$K$ 等对数，其有效数字的位数仅取决于小数部分数字的位数，因为整数部分只说明该数的方次。例如，pH＝11.20 有 2 位有效数字。在计算中常遇到倍数、分数关系，这些数据不是由测定所得，它们的有效数字的位数不受限制。首位数为 8 或 9 的数字，有效数字可多计一位。例如，9.57 可认为有 4 位有效数字。

2. 数字的修约规则

在进行分析数据运算时，经常遇到一些有效数字位数不同的数据，在运算前需要按照一定的规则，将各数据后面多余的数字舍弃。舍弃多余数字的过程称为数字的修约。将数字先修约后运算，不但简化了计算，节约了时间，而且可以避免误差累计。数字修约的规则是“四舍六入五成双”，即测定数据中被修约的数字等于或小于 4 时，应舍弃；等于或大于 6 时，应进位；等于 5 时，若进位后末位数为偶数，则进位，若进位后末位数为奇数，则舍弃，若 5 后还有非零数字，说明被修约数大于 5，宜进位。根据这一规则，将 1.523 4、1.856、1.135、1.745、1.645 01，修约至 3 位有效数字时，分别为：1.52、1.86、1.14、1.74、1.65。

请注意，对数字进行修约时只允许对原测定值一次修约到所需的位数，不能分次修约。例如，将 1.234 6 修约成 3 位有效数字，应一次修约成 1.23，而不能先修约成 1.235，再修约成 1.24。

3. 有效数字的运算规则

在计算分析结果时，每个测定值的误差都会传递到分析结果中去，必须根据误差传递的规律，按照有效数字的运算规则合理取舍，才不致影响分析结果的准确度。

(1) 加减法　几个数据相加或相减时，误差按绝对误差传递，因此计算结果（和或差）有效数字的保留，应以参加运算的数据中绝对误差最大的为准，即以小数点后位数最少的数据为依据。例如，下列三数相加：

$$0.012\,1+25.64+1.057\,82$$

其中 25.64 的绝对误差最大，为 0.01，计算结果的有效数字的位数应以它为准，只能保留到小数点后第 2 位。运算时应先将各数据修约到小数点后第 2 位，再相加。结果：

$$0.01+25.64+1.06\approx26.71$$

(2) 乘除法　几个数据相乘或相除时，误差按相对误差传递，因此计算结果（积或商）有效数字的保留，应以相对误差最大的数据为准，即以有效数字位数最少的数为依据。例如，下列三数相乘：

$$0.012\,1\times25.64\times1.057\,82$$

其中 0.012 1 的相对误差最大，计算结果的有效数字的位数应以它为准，只能保留三位有效数字。运算时应先将各数修约到三位有效数字，再相乘。结果：

$$0.0121 \times 25.6 \times 1.06 \approx 0.328$$

在运算过程中，为了提高结果的可靠性，可以多保留一位数字，在得到最后结果时，再弃去多余的数字。使用计算器运算时，不必对每一步的运算结果进行修约，但应注意正确保留最后计算结果的有效数字位数。

## 三、异常值的取舍

在进行平行测定时，有时会出现过高或过低的测定值，这种数据称为异常值，又称可疑值或极端值。对异常值不能随意取舍，特别是在数据较少的情况下，异常值的取舍对结果影响较大，必须慎重对待。在舍弃某测定值之前，首先应该分析和检查在实验中有无过失，如果无充分根据，就不能轻易舍弃该异常值，而应该用统计的方法进行检验。通常多用 $Q$ 检验法和 Grubbs 检验法检验异常值。

1. *$Q$ 检验法* $Q$ 检验法适用于 3～10 次的测定，检验步骤如下：

(1) 将数据按从小到大的顺序排列起来：$x_1, x_2, x_3, \cdots, x_n$。

(2) 计算最大值与最小值之差（$x_n - x_1$，即极差）。

(3) 计算异常值与相邻值之差（$x_2 - x_1$，$x_1$ 为异常值）或（$x_n - x_{n-1}$，$x_n$ 为异常值）。

(4) 计算比值 $Q$（舍弃商）

$$Q = \frac{x_2 - x_1}{x_n - x_1} \text{或} Q = \frac{x_n - x_{n-1}}{x_n - x_1} \tag{4-8}$$

(5) 将计算所得的 $Q$ 值与表 4-2 中的 $Q_{表}$ 值比较，若 $Q > Q_{表}$，则异常值应舍弃；否则，异常值应保留。

**例 4-2** 对某标准溶液进行 5 次标定，结果如下：0.104 1 mol·L$^{-1}$、0.104 8 mol·L$^{-1}$、0.104 2 mol·L$^{-1}$、0.104 0 mol·L$^{-1}$、0.104 3 mol·L$^{-1}$。问其中的 0.104 8 mol·L$^{-1}$是否应舍弃（置信概率 $G_{0.90}$ 为 90%）？

**解**：将数据按由小到大的顺序依次排列：0.104 0、0.104 1、0.104 2、0.104 3、0.104 8

求舍弃商

$$Q = \frac{0.1048 - 0.1043}{0.1048 - 0.1040} = 0.63$$

查表 4-2，当 $n=5$ 时，$Q_{0.90} = 0.64 > 0.63$，所以，0.104 8 应保留。

**表 4-2 $Q$ 值表**

| $n$ | $Q_{0.90}$ | $Q_{0.95}$ | $Q_{0.99}$ | $n$ | $Q_{0.90}$ | $Q_{0.95}$ | $Q_{0.99}$ |
|---|---|---|---|---|---|---|---|
| 3 | 0.94 | 0.97 | 0.99 | 7 | 0.51 | 0.59 | 0.68 |
| 4 | 0.76 | 0.84 | 0.93 | 8 | 0.47 | 0.54 | 0.63 |
| 5 | 0.64 | 0.73 | 0.82 | 9 | 0.44 | 0.51 | 0.60 |
| 6 | 0.56 | 0.64 | 0.74 | 10 | 0.41 | 0.49 | 0.57 |

注意，为了提高判断的准确度，当 $Q_{计算}$ 与 $Q_{表}$ 比较接近时，最好再测一次。

2. 格鲁布斯(Grubbs)检验法($G$检验法)

$G$检验法步骤如下：

(1) 将数据按从大到小顺序排列，并计算包括可疑值在内的所有数据的平均值和标准偏差。

(2) 计算可疑值与平均值之差，计算统计量$G$值：

$$G=\frac{|x-\overline{x}|}{S} \tag{4-9}$$

(3) 根据测定次数和指定的置信概率查统计计量表(见表4-3，表中$G_{0.95}$和$G_{0.90}$分别表示置信概率为95%和90%下的$G$值)。若计算所得$G$值大于$G_{表}$值，则可疑值应舍弃；否则，可疑值应予保留。

因为$G$检验法引入了平均值和标准偏差，计算量大，因此与$Q$检验法相比较，判断结果的准确性更高一些。

**表4-3 $G$值表**

| 测定次数 | 3 | 4 | 5 | 6 | 7 | 8 | 9 | 10 | 11 | 12 |
|---|---|---|---|---|---|---|---|---|---|---|
| $G_{0.95}$ | 1.15 | 1.48 | 1.71 | 1.89 | 2.02 | 2.13 | 2.21 | 2.23 | 2.36 | 2.41 |
| $G_{0.99}$ | 1.15 | 1.50 | 1.76 | 1.87 | 2.14 | 2.27 | 2.39 | 2.48 | 2.56 | 2.54 |

**例4-3** 标定某一标准溶液，4次结果如下：0.101 4 mol·L$^{-1}$、0.101 2 mol·L$^{-1}$、0.101 9 mol·L$^{-1}$、0.101 6 mol·L$^{-1}$。试用$G$检验法判断0.101 9 mol·L$^{-1}$是否应舍弃(置信概率$G_{0.95}$为95%)?

**解**：将实验数据按由大到小的顺序排列：0.101 9、0.101 6、0.101 4、0.101 2

$$\overline{x}=\frac{0.101\,2+0.101\,4+0.101\,6+0.101\,9}{4}=0.101\,5$$

$$S=\sqrt{\frac{(-0.000\,3)^2+(-0.000\,1)^2+0.000\,1^2+0.000\,4^2}{4-1}}=0.000\,3$$

$$G=\frac{|0.101\,9-0.101\,5|}{0.000\,3}=1.33$$

查表4-3，知$G_{0.95,4}=1.48>1.33$，所以0.101 9应保留。

# 第三节 滴定分析法

滴定分析法又称容量分析法，是用滴定的方式测定物质含量的一种分析方法，适用于多种化学反应类型的滴定，主要用于常量组分(即被测组分的含量一般在1%以上)的分析。与仪器分析法相比较，滴定分析法因具有所用仪器设备简单，操作简便、快捷，分析结果准确度高(相对误差一般不大于0.1%)等特点而被广泛应用。

## 一、滴定分析的基本概念

滴定分析法(titration analysis)是将一种已知准确组成标度的试剂溶液滴加到被测

物质的溶液中去，直到其与被测物质刚好完全反应为止，然后根据试剂溶液的组成标度和体积，计算被测物质含量的定量分析方法。

在滴定分析中，将已知准确组成标度的试剂溶液称为标准溶液(standard solution)，又称滴定剂。滴定分析是通过滴定操作来实现的，滴定就是将标准溶液由滴定管逐滴加入到待测物质溶液中去。当加入的标准溶液与被测物质恰好反应完全时，称为反应的化学计量点(stoichiometric point)。化学计量点，通常借助指示剂的颜色变化来确定。所谓指示剂(indicator)，就是在化学计量点附近发生颜色变化的试剂。在滴定过程中，指示剂发生颜色变化的转变点称为滴定终点(end point of the titration)。滴定终点与化学计量点不一定恰好吻合，因而造成分析上的误差，这类误差称为终点误差。

## 二、滴定分析对化学反应的基本要求

化学反应很多，但不是所有的化学反应都满足滴定分析的基本要求。适合滴定分析的化学反应必须具备以下条件：

1. 反应必须定量完成且无副反应发生

反应物按一定的化学反应式进行，或者说反应物间必须有确定的计量关系。这是定量计算的依据。若被测样品中有共存组分，不应让标准溶液与共存的杂质起作用；若共存组分干扰测定，要应预先消除干扰。

2. 反应必须迅速、完全

滴定反应最好能瞬间完成，对于较慢的化学反应，可通过加热或加催化剂等方法来增大反应速率，以满足滴定分析的要求。另外，反应要完全，通常要求反应的完全程度达到 99.9%以上。

3. 必须有合适的方法确定滴定终点

例如，加入合适的指示剂，利用其颜色突变来指示滴定终点。

## 三、滴定分析法的分类

1. 按滴定反应类型分

按滴定所依据的化学反应的类型，可将滴定分析法分为酸碱滴定法、氧化还原滴定法、配位滴定法和沉淀滴定法四类。

(1) 酸碱滴定法：以酸碱反应为基础的滴定分析方法。利用物质的酸碱性，用酸(或碱)标准溶液测定碱(或酸)待测组分含量的方法。最常用的是以 NaOH 或 HCl 溶液做滴定剂的分析方法。

(2) 氧化还原滴定法：以氧化还原反应为基础的滴定分析方法。最常用的氧化还原滴定法有高锰酸钾法、重铬酸钾法和碘量法。

(3) 配位滴定法：以配位反应为基础的滴定分析方法。最常用的是用乙二胺四乙酸(简称 EDTA)做滴定剂的 EDTA 滴定法。

(4) 沉淀滴定法：以沉淀反应为基础的滴定分析方法，这类反应在滴定过程中有沉淀生成。最常用的是生成银盐沉淀的银量法。

2. 按滴定方式分

按滴定方式，可将滴定分析法分为直接滴定、返滴定、间接滴定和置换滴定等。

(1) 直接滴定:用标准溶液直接滴定被测物质溶液的方法。凡是能满足滴定分析要求的反应均可使用这种方式。它是滴定分析中最基本、最常用的滴定方式。例如,用NaOH标准溶液测定食醋的总酸度,就是采用直接滴定方式。

(2) 返滴定:当滴定反应较慢或没有合适的指示剂确定滴定终点时,常采用返滴定法。先往待测液中加入一定量过量的标准溶液,待反应完成后,再用另外一种标准溶液滴定剩余的前一种标准溶液,根据两种标准溶液的体积和组成标度计算出待测组分含量的分析方法。例如,固体$CaCO_3$难溶于水,不能用HCl标准溶液直接滴定。在滴定时,先加入一定量、过量的HCl标准溶液,待反应完成后,再用NaOH标准溶液滴定剩余的HCl标准溶液。根据所消耗的HCl和NaOH的物质的量即可求得$CaCO_3$的含量。

(3) 间接滴定:当被测物质与滴定剂不能直接发生化学反应,或虽能反应但反应不完全时,可采用间接滴定法,即先加入适当的试剂与被测物质发生反应,使其定量地转化为另外一种能被直接滴定的物质,从而达到测定的目的。例如,用$KMnO_4$法测定大理石中Ca的含量时,因为$Ca^{2+}$离子不能与$KMnO_4$发生反应,因此采用间接滴定法。再如,铵盐中N含量的测定,虽然铵盐溶液呈酸性,但因为其与NaOH的反应不完全,所以测定时先往铵盐溶液中加入甲醛,定量地生成六亚甲基四胺和$H^+$后,再用NaOH标准溶液滴定反应生成的$H^+$。

(4) 置换滴定:当滴定剂与被测物质的反应不能按确定的反应式进行时,可以先加入适当试剂与被测物质反应,使其定量地置换出另一种物质,再用标准溶液滴定生成物从而求出待测成分含量的分析方法。

## 四、标准溶液的配制

在滴定分析中,待测组分的含量是根据标准溶液的体积和组成标度计算出来的。因此,在滴定分析中必须准确地配制标准溶液。标准溶液的配制方法有直接法和间接法两种。

1. 直接法

按照实际需要,准确称取一定质量的基准物质并加入适当的溶剂使其溶解,待完全溶解后,在室温下定量地转移到容量瓶中,加蒸馏水稀释到刻度,摇匀。根据所称物质的质量和容量瓶的容积,即可计算出标准溶液的准确浓度。这种用基准物质直接配制准确浓度溶液的方法称为直接法。

所谓基准物质,是指能够用于直接配制标准溶液的物质,如$K_2Cr_2O_7$(s)、$KHC_8H_4O_4$(s,邻苯二甲酸氢钾)、$Na_2B_4O_7\cdot 10H_2O$(s,硼砂)等。作为基准物质必须具备以下条件:

(1) 稳定性高。在通常情况下其物理和化学性质均非常稳定,如不挥发、不吸潮、不与空气中的$CO_2$等反应。

(2) 纯度高。一般要求纯度在99.9%以上,杂质的含量应少到不影响分析结果的准确性。

(3) 物质的组成应与化学式完全相符(包括结晶水),如$Na_2B_4O_7\cdot 10H_2O$。

(4) 具有较大的摩尔质量。这是因为摩尔质量大,要称取的物质的质量也增大,可以减小称量误差。

2. 间接法

间接法又称标定法。有很多物质因为不易提纯和保存，或组成不固定，只能采用间接法配制，即先配制成一近似于所需浓度的溶液，然后用一种基准物或另一种已知准确浓度的标准溶液与之比较来确定其准确浓度。这种确定标准溶液浓度的过程称为标定。用标定法配制标准溶液的具体操作步骤将在化学实验课教学中详细介绍。

(1) 用基准物质标定：准确称取一定量的基准物质，溶解完全后，用待标定的溶液滴定，根据所消耗的待标定溶液的体积和基准物质的质量，可计算出待标定溶液的准确浓度。

(2) 与标准溶液比较：准确吸取一定体积的待标定溶液，然后用另外一种已知准确浓度的标准溶液滴定，依据所消耗的两种溶液的体积和标准溶液的组成标度，即可计算出待标定溶液的浓度。

## 五、滴定分析的有关计算

在滴定分析中，无论采用哪种滴定方式，都涉及两方面的计算：一是计算配制一定浓度和体积的溶液时所需固体的质量或浓溶液的体积；二是计算分析结果。前者计算的依据是：

$$c(\mathrm{B})=\frac{n}{V}=\frac{m}{MV}\text{或 } c_1V_1=c_2V_2$$

后者计算的依据是：对于任一滴定反应　　$a\mathrm{A}+b\mathrm{B}=\!=\!=d\mathrm{D}+e\mathrm{E}$

若选取 $a$A、$b$B、$d$D 和 $e$E 作为基本单元，则

$$n(a\mathrm{A})=n(b\mathrm{B})=n(d\mathrm{D})=n(e\mathrm{E})$$

$$c(a\mathrm{A})\cdot V(\mathrm{A})=c(b\mathrm{B})\cdot V(\mathrm{B})=n(d\mathrm{D})\cdot V(\mathrm{D})=c(e\mathrm{E})\cdot V(\mathrm{E}) \tag{4-10}$$

即当滴定反应进行完全时，$a$A、$b$B、$d$D 和 $e$E 的物质的量相等。

因为 $c(a\mathrm{A})=\frac{1}{a}c(\mathrm{A})$，$c(b\mathrm{B})=\frac{1}{b}c(\mathrm{B})$，$c(d\mathrm{D})=\frac{1}{d}c(\mathrm{D})$，$c(e\mathrm{E})=\frac{1}{e}c(\mathrm{E})$，所以若选取 A、B、D 和 E 为基本单元时，则有：

$$\frac{1}{a}c(\mathrm{A})\cdot V(\mathrm{A})=\frac{1}{b}c(\mathrm{B})\cdot V(\mathrm{B})=\frac{1}{d}c(\mathrm{D})\cdot V(\mathrm{D})=\frac{1}{e}c(\mathrm{E})\cdot V(\mathrm{E}) \tag{4-11}$$

式(4-11)是计算滴定分析结果的基本公式，它表示当两种物质进行反应时，如果能准确测得它们完全作用时的体积，并预先知道其中一种物质溶液的准确浓度，即可计算出另一物质溶液的浓度，并可进一步计算出一定体积的溶液中所含溶质的质量。

例如，测定 HCl 溶液的浓度时，必须有已知准确浓度的碱溶液，如 NaOH 溶液。测定时，用移液管准确吸取需要测定的 HCl 溶液置于锥形瓶中，将 NaOH 标准溶液装入碱式滴定管，然后从滴定管中一滴一滴地将 NaOH 标准溶液滴加到锥形瓶中，使其与 HCl 作用。当滴入的 NaOH 标准溶液的物质的量恰与 HCl 的物质的量相等时，反应恰好完成，溶液中既无剩余的 HCl，又无过量的 NaOH，这时溶液的 pH 就是这个滴定反应的化学计量点。在靠近化学计量点时，便停止滴加 NaOH 溶液，这时溶液的 pH 就是滴定终点。

那么，究竟什么时候应该停止滴定呢？这就需要通过化学计量点附近所发生的明显变化（如溶液颜色的变化、沉淀的产生或消失等）来确定。但是，许多反应在化学计量点附近都没有明显的变化，常需加入指示剂，根据指示剂在化学计量点附近的色变，来确定滴定终点。

例如，用 NaOH 溶液滴定 HCl 溶液时，先在 HCl 溶液中加入 2～3 滴酚酞溶液做指示剂。酚酞在 HCl 溶液中无色，当用 NaOH 溶液滴定至稍过化学计量点时，溶液立即由无色变为红色，说明反应已达到终点，便可停止滴定。然后由滴定管读取消耗掉的 NaOH 溶液的准确体积。重复测定 2～3 次。HCl 溶液的准确浓度可按下式计算：

$$c(\mathrm{HCl})=\frac{c(\mathrm{NaOH})\cdot V(\mathrm{NaOH})}{V(\mathrm{HCl})}$$

**例 4-4**　称取 0.200 2 g $H_2C_2O_4\cdot 2H_2O$，溶于水后用 NaOH 溶液滴定至生成 $Na_2C_2O_4$，消耗 NaOH 溶液 28.52 mL，试计算 NaOH 溶液的浓度。已知 $M(H_2C_2O_4\cdot 2H_2O)=126.1\ g\cdot mol^{-1}$

**解**：滴定反应为 $H_2C_2O_4+2NaOH = Na_2C_2O_4+2H_2O$

分别以($\frac{1}{2}H_2C_2O_4$)和 NaOH 为基本单元，根据等物质的量的原则，有

$$n(\frac{1}{2}H_2C_2O_4)=n(\mathrm{NaOH})$$

则

$$c(\mathrm{NaOH})=\frac{m(H_2C_2O_4\cdot 2H_2O)}{M(\frac{1}{2}H_2C_2O_4\cdot 2H_2O)\cdot V(\mathrm{NaOH})}=\frac{0.200\ 2}{\frac{1}{2}\times 126.1\times 28.52\times 10^{-3}}$$

$$=0.111\ 3\ \mathrm{mol\cdot L^{-1}}$$

**例 4-5**　以 $K_2Cr_2O_7$ 为基准物质，采用滴定 $I_2$ 的方式标定 $c(Na_2S_2O_3)=0.020\ mol\cdot L^{-1}$ 的 $Na_2S_2O_3$ 溶液。怎样才能使称量误差控制在±0.1%之内？

**解**：以 $K_2Cr_2O_7$ 标定 $Na_2S_2O_3$ 常采用置换滴定方式，滴定时涉及以下两个反应：

$$Cr_2O_7^{2-}+6I^-+14H^+ = 3I_2+2Cr^{3+}+7H_2O$$

$$2S_2O_3^{2-}+I_2 = S_4O_6^{2-}+2I^-$$

从上述两个反应方程式看，$I^-$ 在前一反应中被氧化为 $I_2$，而在后一反应中 $I_2$ 却又被还原为 $I^-$，反应的实质是 $K_2Cr_2O_7$ 氧化了 $Na_2S_2O_3$。根据等物质的量原则，有

$$n(\frac{1}{6}K_2Cr_2O_7)=n(Na_2S_2O_3)$$

在滴定分析中，为使消耗滴定剂体积的相对误差控制在±0.1%之内，在设计分析方案时一般控制滴定剂的体积在 20～30 mL 范围内，若按 $V(Na_2S_2O_3)=25$ mL 计算，则

$$m(K_2Cr_2O_7)=n(\frac{1}{6}K_2Cr_2O_7)\cdot M(\frac{1}{6}K_2Cr_2O_7)=c(Na_2S_2O_3)\cdot V(Na_2S_2O_3)\cdot M(K_2Cr_2O_7)$$

$$=0.020\times 25\times 10^{-3}\times\frac{1}{6}\times 294.18=0.025\ \mathrm{g}$$

若用差减法称量，则一般分析天平称量的绝对误差为±0.2 mg，称取 0.025 g 试剂的相对误差为±0.8%。为使称量的相对误差在±0.1%之内，可以称取 10 倍量的 $K_2Cr_2O_7$ 即 0.25 g 左右，溶解并定容在 250 mL 容量瓶中，然后用移液管移取 25.00 mL 三份进行标定，这种方法俗称“称大样”，可以减小称量误差。如果基准物质的摩尔质量较大或被标定溶液的浓度较大，称取试样量大于 0.2 g，则可分别称取三份基准物质作平行滴定，俗称“称小样”。若称量误差允许，称小样的测定结果更为可靠。这两种方法在实验中都会遇到，使用时应灵活选择。

**例 4-6** 称取 $CaCO_3$ 试样 0.300 0 g，加入 $c(HCl)=0.250\ 0\ mol\cdot L^{-1}$ 的 HCl 标准溶液 25.00 mL，煮沸除去 $CO_2$。然后，用 $c(NaOH)=0.201\ 2\ mol\cdot L^{-1}$ NaOH 标准溶液 5.84 mL 返滴定剩余的 HCl。计算试样中 $CaCO_3$ 的质量分数。

**解**：滴定反应为

$$CaCO_3+2HCl \xlongequal{} CaCl_2+CO_2\uparrow+H_2O$$

$$NaOH+HCl \xlongequal{} NaCl+H_2O$$

分别以 $(\frac{1}{2}CaCO_3)$、HCl、NaOH 为基本单元，则 $n(\frac{1}{2}CaCO_3)=n(HCl)-n(NaOH)$

$CaCO_3$ 的质量分数为：

$$w(CaCO_3)=\frac{[c(HCl)\cdot V(HCl)-c(NaOH)\cdot V(NaOH)]\cdot M(\frac{1}{2}CaCO_3)}{m_s}\times 100\%$$

$$=\frac{(0.250\ 0\times 25.00-0.201\ 2\times 5.84)\times 10^{-3}\times 100.00}{2\times 0.300\ 0}\times 100\%=84.5\%$$

通过上述讨论不难看出，要正确地计算分析结果，必须先写出正确的滴定反应方程式。因此，掌握常见的各类反应方程式的写法是本课程后续内容学习的重点。

**化学与社会**

## 各行各业都需要分析化学

现代分析技术，比孙悟空的火眼金睛本领还高。你要是不信，请往下看。

在德国，如果你需要验血，只需在医院的挂号室里抽一滴血，随后，当你走到医生眼前时，全部化验结果已经放在医生的桌子上了；在美国，某中毒研究中心在接到中毒者的呕吐物或粪便后，能在 2～3 min 内判断出毒物的名称，迅速采取抢救措施；日本岛津生产的一种高频等离子分析仪，在 30 s 内能同时检测含量在百分之几到百万分之几的 30 种元素……

在古代，人类为了冶炼金属，需要鉴别有关的矿石；为了制陶，需区别高岭土和一般黏土；为了治病，需要雄黄、朱砂、石膏和砒霜等等；为了得到货真价实的黄金，需要有准确可靠的试金方法……可是，在那时还没有化学分析方法，人类只能从物质的外形、颜色和一些明显的外观特征去鉴别。例如，水银"其状如水似银"；石棉"形如烂木，久烧无变，烧而无灰，色青似木"；成色识金法则有"七青八黄九紫十赤""金入猛火，色不精光""黄金入火，若生五色气者，乃有铜也"，等等。

进入 17 世纪以后，欧洲经过文艺复兴运动，生产水平大大提高，人们对水质、药物和饮料等问题极为关切，于是，人们在研究了水溶液中许多化学反应的基础上，逐步建立起了湿法分析和酸碱滴定分析法。

19 世纪上半叶，欧洲工业革命正处在上升时期，冶金、采矿、造船以及玻璃、肥皂、酸碱工业等加速发展。地质部门为了向工业部门提供更多的矿物原料，需要进行广泛的地质勘探和矿物分析；生产部门购买各种原材料时，也需要进行化学检验。另外，当时化学科学领域正进行一场大争论。在这种情况下，分析化学一方面要为工业部门提供更可靠、更迅速的分析方法；另一方面要为各种新的理论提供极精确的分析数据。这样，需要分析的东西越来越多。当时，许多著名的化学家纷纷转向专门从事分析化学的研究，各大工厂也纷纷建立化验室。

20 世纪 40 年代以来，核科学、计算机、人造卫星、洲际导弹、激光通信、宇宙飞船、环境监测、精细化工等许多高难度、高技术工程，给分析化学提出越来越多的要求。例如，大型炼钢厂要求对钢水碳含量进行快速分析；核工业要求分析仪器在强辐射条件下连续工作；激光晶体、大规模集成电路、光导纤维等不仅要求对含量仅有亿分之一、万亿分之一的杂质进行分析，还要求对主体元素的原子价态、位态、体相态和表面态进行分析。

可见，分析化学与人类的生产、生活和科研工作息息相关，换言之，人类的衣、食、行和农(业)、重(工业)、轻(工业)都离不开分析化学。

1. 什么叫滴定分析法？在滴定分析中，每次称取的试样、消耗的滴定剂越多越好吗？
2. 滴定分析过程中指示剂变色时的一点叫化学计量点还是滴定终点？两者有何区别？
3. 用于滴定分析的滴定反应必须具备哪些条件？
4. 基准物质应具备哪些条件？
5. 化学分析法和仪器分析法有何不同？它们之间有什么联系？

**一、选择题**

1. 实验室里经常因保存不当而发生试剂标签脱落现象，对它们进行确定时，有些需要知道是什么，有些则需要知道其规格，它们分别属于________和________分析。

2. 测定某试样中 $Mg^{2+}$ 离子的含量时，称取试样约 0.5 g，应采用________分析法；测定硝酸盐中硝酸根离子的含量时，应采用________分析法，称取试样量不少于________g，而测定火腿中发色剂硝酸钠的含量时，应采用________分析法。

3. 测定铁矿石中铁的含量时应采用________分析法，而测定硅酸盐水泥中铁的含量时应采用________分析法；称取试样量约 0.05 g，属于________分析法。

4. 用 0.100 0 $mol \cdot L^{-1}$ NaOH 溶液测定未知浓度的盐酸，NaOH 溶液称为________，应盛放在________中，盐酸称为________，应盛放在__________中，将 NaOH 溶液通过________加入到________中的过程，称为________。当 NaOH 与 HCl 恰好完全反应时，溶液的 pH 为________，这一点称为________。在滴定过程中，可用酚酞做指示剂，当溶液由无色变为浅红色时，说明已达到__________。前面提到的两个“点”所对应得溶液的 pH 不同，由此产生的误差称为__________，这种测定方法称为________分析法。

5. 用直接法配制标准溶液最后用的量器是__________，而用间接法配制标准溶液量取水时，可用____________(填量器名称)。

6. 用无水 $Na_2CO_3$ 标定盐酸的反应中，若 HCl 前面的系数是 1，则 $Na_2CO_3$ 的基本单元是________。

7. 分析化学中常用的、与基本单元有关的量有________、________和__________。

8. 实验室常用的化学试剂按其纯度高低一般分为三级：一级试剂是________，简写符号是______；二级试剂是________，简写符号是________；三级试剂是________，简写符号是________。

9. 若 NaOH 溶液的浓度是 0.102 5 $mol \cdot L^{-1}$，则它对 HAc 的滴定度是__________$g \cdot mL^{-1}$。已知

$M(HAc)=60.05\ g\cdot mol^{-1}$。

10. 甲、乙两人测定同一份试样，测定结果总是不一致，这说明存在________误差。

11. 准确度与精密度的关系是________高，________一定高；但是________高，________却不一定高，因为可能存在_________误差。

12. 下列数值各有几位有效数字？

0.102 6　0.020 8　0.003　23.40　$1.0\times10^{-3}$　pH=2.81　3 600

13. 下列情况引起何种误差？如果是系统误差，应如何减免？

(1) 砝码腐蚀

(2) 天平两臂不等长

(3) 试剂中含有少量待测组分

(4) 读取滴定管读数时，最后一位估计不准

(5) 称取试样时，因为倾倒试样次数太多，致使称量瓶中吸收了少量水分

(6) 容量瓶和移液管不配套

(7) 测定溶液的 pH 时，所用基准物不纯

14. 判断下列情况对分析结果的影响：

(1) 标定盐酸所用的硼砂，长期存放在有硅胶干燥剂的干燥器内，用该基准物标定盐酸分析结果会________(偏高或低)。

(2) 用差减法称取样品时，若样品在称量瓶内吸潮，则称量结果会_________；若样品在承接样品的烧杯中吸潮，则称量结果________(填偏高、偏低或准确)。

15. 将 0.505 0 g 的 MgO 试样溶于 25.00 mL 0.092 57 $mol\cdot L^{-1}$ $H_2SO_4$ 溶液中，然后用 24.30 mL 0.111 2 $mol\cdot L^{-1}$ 的 NaOH 溶液完成滴定。试样中 MgO 的质量分数为________，这种滴定方式称为________法。

【7.96%；返滴定】

**二、选择题**

1. 称取某试样 0.205 2 g，正确地表示样品中组分的含量为(　　)。

A. 26.24%　B. 26.239%　C. 26.2%　D. 26.240%

2. 差减法最适于称取(　　)。

A. 剧毒物质　B. 多份易吸水的样品　C. 易挥发的物质　D. 腐蚀性物质

3. 下列操作中，有误的是(　　)。

A. 配制 NaOH 标准溶液时，用量筒量取水

B. 将 $KMnO_4$ 溶液装入碱式棕色滴定管中

C. 将 $Na_2S_2O_3$ 溶液盛于棕色试剂瓶中

4. 测得某有机酸的 $pK_a^{\ominus}=4.35$，则其 $K_a^{\ominus}$ 等于(　　)。

A. $4.467\times10^{-5}$　B. $4.47\times10^{-5}$　C. $4.5\times10^{-5}$　D. $5\times10^{-5}$

**三、计算题**

1. 准确称取 $K_2Cr_2O_7$ 基准物质 2.452 g，将其配制成 500.0 mL 的溶液，试计算此标准溶液的物质的量浓度 $c(K_2Cr_2O_7)$ 及其对 $Fe^{2+}$ 和 $Fe_2O_3$ 的滴定度。

【0.016 67 $mol\cdot L^{-1}$；$5.586\times10^{-3}\ g\cdot mL^{-1}$；$7.987\times10^{-3}\ g\cdot mL^{-1}$】

2. 在标定 HCl 溶液时，准确称取 $Na_2B_4O_7\cdot10H_2O$(硼砂)0.513 0 g，溶解后，用 HCl 溶液滴定到甲基红终点时，用去 HCl 溶液 25.70 mL，计算 HCl 溶液的物质的量浓度。若此 HCl 溶液与 $Na_2CO_3$ 作用生成 $CO_2$，计算它对 $Na_2CO_3$ 的滴定度 $T(HCl/Na_2CO_3)$。

【0.104 7 $mol\cdot L^{-1}$；$5.549\times10^{-3}\ g\cdot mL^{-1}$】

3. 以邻苯二甲酸氢钾($KHC_8H_4O_4$)做基准物质标定浓度为 0.2 $mol \cdot L^{-1}$ NaOH 溶液时，欲使消耗的 NaOH 溶液控制在 25 mL 左右，应称取基准物质多少克？如果改用草酸($H_2C_2O_4 \cdot 2H_2O$)做基准物质，应称取草酸多少克？【1 g;0.3 g】

4. 测定工业用纯碱中 $Na_2CO_3$ 的含量时，称取试样 0.268 4 g，用 $c(HCl)=0.197\ 0\ mol \cdot L^{-1}$ 的 HCl 标准溶液滴定，以甲基橙指示滴定终点产物是 $CO_2$，用去 HCl 标准溶液 24.45 mL，求纯碱中 $Na_2CO_3$ 的质量分数。【95.11%】

5. 测定试样中的含铝量时，称取试样 0.200 0 g，溶解后，加入 0.050 10 $mol \cdot L^{-1}$ EDTA(乙二胺四乙酸二钠)标准溶液 25.00 mL，控制条件使 $Al^{3+}$ 与 EDTA 配位完全，然后以 0.050 05 $mol \cdot L^{-1}$ $Zn^{2+}$ 标准溶液滴定剩余的 EDTA，消耗 5.50 mL，求试样中 $Al_2O_3$ 的质量分数。提示：EDTA 与上述金属离子的配位比都是 1∶1。【24.7%】

6. 称取某含铬试样 0.500 0 g，溶解后将铬氧化为 $Cr_2O_7^{2-}$，再将溶液调为酸性，并加入适量的 KI 溶液，析出的 $I_2$ 需用 0.100 3 $mol \cdot L^{-1}$ 的 $Na_2S_2O_3$ 标准溶液 29.91 mL 滴定至终点。试计算样品中以 Cr 和 $Cr_2O_3$ 表示的质量分数。【10.40%;15.20%】

# 第五章

# 酸碱平衡和酸碱滴定法

本章教学要求

1. 理解质子酸碱和两性物质的概念，能够正确理解酸碱电离理论中的中和反应、盐的水解反应和弱酸弱碱的电离过程与质子酸碱反应之间的关系。

2. 理解溶液的酸碱性与溶液的 pH 的关系；掌握一元弱酸弱碱溶液、多元酸碱溶液、两性物质溶液和缓冲溶液 pH 的计算方法，特别是各类计算公式的使用条件。

3. 理解缓冲溶液的概念，能够根据实际需要选择合适的缓冲溶液。

4. 掌握酸碱指示剂的作用原理，能够根据滴定系统的特点选择合适的指示剂。

5. 掌握一元酸或碱能够被直接准确滴定的条件和指示剂的选择原则，理解一元酸、碱滴定突跃范围的计算方法和影响突跃范围的因素；掌握多元酸碱分步滴定和滴定总量的含义，能够根据化学计量点产物的性质熟练地计算化学计量点时溶液的 pH，能够准确地判断多元酸碱滴定中产生滴定突跃的个数。

6. 掌握常见酸碱标准溶液的名称、配制方法、溶液准确浓度的计算及相关的实验操作技能，如量器的选择和洗涤操作等；初步具备科学地记录和处理实验数据的能力。

7. 初步具备根据酸碱滴定法的基本原理，设计分析方案的能力。

无机化学反应大多是在水溶液中进行的，酸、碱及两性物质是参与这些反应的重要化学物质，酸碱平衡是水溶液中最重要的平衡系统之一。本章将应用化学平衡及其移动的原理讨论水溶液中的酸碱平衡及其影响因素、酸碱溶液 pH 的计算、缓冲溶液的组成和应用、酸碱滴定法的基本原理和应用等。

## 第一节　酸碱质子理论

把某些物质称为酸的做法，最初是根据它们在味觉上具有酸味提出来的。在阿拉伯语中，“醋”是 acetom，而酸性是 acedue，这就是英文“酸”字 acid 的来源。后来又发现某些物质能消除酸味，如草木灰就能消除酸味。于是人们又把能消耗酸的物质称作碱。阿拉伯语就将草木灰一词作为碱的代名词(alkali)，这正是英文“碱”的源头。而“消耗”这一过程，则用“中和”来表述。

后来人们不满足于定性地区分物质的酸碱性，而是试图研究物质酸碱性的来源以及物质酸碱性强弱的度量方法。理论研究首先是从溶液发展而来的，1887 年阿仑尼乌斯(Arrhenius)首先提出了电离学说。他注意到，某些物质在水溶液中会发生解离，形成了带有正负电荷的两种离子，而离子在电场作用下会发生迁移，从而提出了大家熟悉的酸碱概念。

实验证明，水是一种极弱的电解质，这是因为只有极少部分的水发生了电离：

$$H_2O \rightleftharpoons H^+ + OH^-$$

精确的实验测得，在 298 K 时纯水中离子的浓度为：

$$[H^+]=[OH^-]=1.004\times10^{-7}\ mol\cdot L^{-1}$$

式中：$[H^+]$和$[OH^-]$分别表示溶液中 $H^+$ 和 $OH^-$ 离子的平衡浓度。

在 298 K 下的水溶液中，$[H^+]=[OH^-]$，由此决定了水溶液中两种离子的依存关系，以及它们间的数量关系。在 298 K 下可定义：酸性$[H^+]>1.0\times10^{-7}mol\cdot L^{-1}$；中性$[H^+]=1.0\times10^{-7}mol\cdot L^{-1}$；碱性$[H^+]<1.0\times10^{-7}mol\cdot L^{-1}$。因此，水溶液的酸性、中性、碱性可以统一用$[H^+]$表示。但当$[H^+]$的数值太小时，比较和计算起来不方便。于是瑟伦·索伦森提出了一个改善办法，即用 pH 表示，定义为 $pH=-lg[H^+]$。例如，当$[H^+]=0.005\ 5\ mol\cdot L^{-1}$时，$pH=-lg[H^+]=2.26$。

根据 Arrhenius 的电离学说可以说明许多物质的酸碱性，对于处理水溶液中酸碱反应至今仍具有重要作用，但也有例外的情况。例如，$NH_3$ 不是氢氧化物，溶于水后只能写作 $NH_3\cdot H_2O$ 而不能写作 $NH_4OH$，但是 $NH_3$ 却具有碱性(可用湿润的红色石蕊试纸验证)；再如，HCl(g)和 $NH_3$(g)在苯中反应可生成 $NH_4Cl$，表现出了酸碱中和反应的性质，但是 HCl(g)和 $NH_3$(g)在苯中并不能电离出 $H^+$ 和 $OH^-$，显然电离理论无法解释。电离理论的这些缺陷，促使人们去进一步探究酸碱的概念以及酸碱反应的本质。随着科学的发展，人们对酸碱的认识逐渐加深，并提出了酸碱质子理论、酸碱电子理论和软硬酸碱理论等新的酸碱理论体系。本章只介绍酸碱质子理论。

> **提问**
>
> 中性溶液的pH恒等于7吗？

## 一、质子酸碱的定义

1923 年，布朗斯特(BrÖnsted)和劳莱(Lowry)各自独立地给酸碱提出了下面的新定义：酸是能给出质子的物质；碱是能接受质子的物质。简言之，质子给予体(proton donor)为酸；质子接受体(proton acceptor)为碱。能给出多个质子的物质是多元酸，能接受多个质子的物质是多元碱。酸给出一个质子后变成它的共轭碱，碱接受一个质子后变成它的共轭酸。

例如，HCl、$NH_4^+$、$H_3PO_4$、HAc、$HCO_3^-$ 等物质都是能给出质子的物质，因此都可以作为共轭酸；这些物质给出质子后所剩下的部分分别是 $Cl^-$、$NH_3$、$H_2PO_4^-$、$Ac^-$、$CO_3^{2-}$ 等，它们都能获得质子而重新变为相应的共轭酸，即都是质子接受体，因此都是相对应的共轭碱，所以一切质子酸给出一个质子后的剩余部分都是相对应的质子碱；所有质子碱得到一个质子后的产物都是相对应的质子酸。按照质子理论，酸和碱不是彼此孤立的，

而是通过质子相联系的对立统一体,即

$$\underset{\text{酸}}{HB} \rightleftharpoons \underset{\text{质子}}{H^+} + \underset{\text{碱}}{B^-} \tag{5-1}$$

可见,酸是由质子和它对应的共轭碱组成的,酸与碱具有共轭关系,它们所组成的系统称为共轭酸碱对(conjugated pair of acid-base)。在式(5-1)中,HB 是 $B^-$ 的共轭酸,$B^-$ 是 HB 的共轭碱。通常将共轭酸碱对表示为:酸/碱。例如,$HAc/Ac^-$。酸碱共轭是质子理论中的一个重要关系。表 5-1 列出了一些常见的共轭酸碱对。

表 5-1 中列出的酸和碱,有的是分子,有的是离子;有的物质在某一共轭酸碱对中是酸,可在另一共轭酸碱对中却又变成了碱。这类物质称为两性物质,如 $H_2PO_4^-$、$HPO_4^{2-}$ 等都是两性物质。常见的两性物质就是最初的 Arrhenius 电离理论中的弱酸弱碱盐和酸式盐。

**表 5-1 一些常见的共轭酸碱对**

| 酸 | $\rightleftharpoons$ | $H^+$ | + | 碱 |
|---|---|---|---|---|
| HCl | $\rightleftharpoons$ | $H^+$ | + | $Cl^-$ |
| HAc | $\rightleftharpoons$ | $H^+$ | + | $Ac^-$ |
| $NH_4^+$ | $\rightleftharpoons$ | $H^+$ | + | $NH_3$ |
| $[Fe(H_2O)_6]^{3+}$ | $\rightleftharpoons$ | $H^+$ | + | $[Fe(H_2O)_5(OH)]^{2+}$ |
| $H_3PO_4$ | $\rightleftharpoons$ | $H^+$ | + | $H_2PO_4^-$ |
| $H_2PO_4^-$ | $\rightleftharpoons$ | $H^+$ | + | $HPO_4^{2-}$ |
| $HPO_4^{2-}$ | $\rightleftharpoons$ | $H^+$ | + | $PO_4^{3-}$ |
| $H_2O$ | $\rightleftharpoons$ | $H^+$ | + | $OH^-$ |

酸及其共轭碱之间的相互转化是可逆反应,反应向右进行的趋势越大,说明酸给出质子的能力越大,相应物质的酸性越强,而其共轭碱越弱。

## 二、酸碱反应的实质

表 5-1 中表示酸碱共轭关系的半反应是不能独立发生的。换言之,酸碱反应必须在两个共轭酸碱对之间进行。因此,酸碱质子理论认为,酸碱反应是两个共轭酸碱对之间进行的质子传递反应(protolysis reaction)。所以,一个酸碱反应中包含两个酸碱半反应。

设 $A_1$ 和 $B_1$ 组成一个共轭酸碱对,$A_2$ 和 $B_2$ 组成另一个共轭酸碱对,则所对应的两个酸碱半反应为: $A_1 \rightleftharpoons B_1 + H^+$ $\quad\quad$ $A_2 \rightleftharpoons B_2 + H^+$

当 $A_1$ 与 $B_2$ 发生反应时,酸碱反应的通式为:

$$A_1 + B_2 \rightleftharpoons A_2 + B_1 \tag{5-2}$$

上式表明,$B_2$ 从 $A_1$ 处获得质子变为 $A_2$,而 $A_1$ 将质子给予 $B_2$ 变为 $B_1$。酸碱反应的实质是 $A_1$ 与 $B_2$ 之间通过质子传递而生成 $B_1$ 与 $A_2$ 的过程。例如:

$$HAc + H_2O \rightleftharpoons Ac^- + H_3O^+$$

在上式中，HAc 把质子传递给 $H_2O$ 变为其共轭碱 $Ac^-$；$H_2O$ 从 HAc 中获取质子后变为其共轭酸 $H_3O^+$，即该反应是在两个共轭酸碱对 $HAc/Ac^-$ 和 $H_3O^+/H_2O$ 之间进行的质子传递反应。电离理论中所说的盐的水解反应从本质上看，也是两个共轭酸碱对间传递质子的过程。

## 三、质子酸碱的强度

### 1. 水的质子自递反应

水是两性物质，水分子本身既能给出质子，又能接受质子。对纯水而言，质子可以从一个水分子转移给另一个水分子，即

$$H_2O + H_2O \rightleftharpoons H_3O^+ + OH^-$$

这类在同种物质的分子间传递质子的反应称为质子自递反应（proton self-transfer reaction），也就是电离理论中水的解离反应。为方便起见，水合质子 $H_3O^+$ 常简写作 $H^+$，所以水的质子自递反应式常简化为：

$$H_2O \rightleftharpoons H^+ + OH^-$$

请注意，该反应式和水作为酸给出质子的半反应式有着本质的区别，它代表的是一个完整的酸碱反应。该反应的平衡常数 $K_w^\ominus$ 称为水的质子自递常数，也称为水的离子积（ionproduct of water）。与其他平衡常数一样，$K_w^\ominus$ 只是温度的函数。纯水在 273.15 K 时，$K_w^\ominus = 1.10 \times 10^{-15}$；在 298.15 K 时，$K_w^\ominus = 1.0 \times 10^{-14}$。可见，水的质子自递反应是吸热反应。

> **提问**
> 其他常见溶剂是否也起到类似水分子的作用？该作用与溶剂的性质有怎样的关系？

### 2. 酸碱的强度与酸碱的解离

在水溶液中，酸的解离过程就是酸与水之间传递质子的反应，即酸给出质子变为其共轭碱，而水则接受质子变为其共轭酸（$H_3O^+$）；碱的解离过程就是碱与水之间传递质子的反应，即水给出质子变为其共轭碱（$OH^-$），而碱则接受质子变为其共轭酸。酸或碱的强度则决定于酸将质子给予水分子或碱从水分子中夺取质子能力的大小，这种能力越大，则酸或碱也越强。酸碱的强度可由其解离反应的标准平衡常数，即酸的解离常数 $K_a^\ominus$ 或碱的解离常数 $K_b^\ominus$ 来定量的标度。在一定温度下 $K_a^\ominus$ 或 $K_b^\ominus$ 越大，说明物质的酸性或碱性越强。例如，一元弱酸的解离：

$$HAc + H_2O \rightleftharpoons Ac^- + H_3O^+$$

上式可简化为：　$HAc \rightleftharpoons Ac^- + H^+$　　$K_a^\ominus = \dfrac{[Ac^-]\cdot[H^+]}{[HAc]}$

一元弱碱的解离：　$Ac^- + H_2O \rightleftharpoons HAc + OH^-$　　$K_b^\ominus = \dfrac{[HAc]\cdot[OH^-]}{[Ac^-]}$

多元酸、碱的解离是分步进行的，每一步都有相应的平衡常数。例如，$H_2S$ 在水中：

$$H_2S + H_2O \rightleftharpoons H_3O^+ + HS^-$$

$$HS^- + H_2O \rightleftharpoons H_3O^+ + S^{2-}$$

上述两反应式可简化为：$H_2S \rightleftharpoons H^+ + HS^-$

$$HS^- \rightleftharpoons H^+ + S^{2-}$$

$$K_{a1}^{\ominus} = \frac{[H^+]\cdot[HS^-]}{[H_2S]} \qquad K_{a2}^{\ominus} = \frac{[H^+]\cdot[S^{2-}]}{[HS^-]}$$

既然共轭酸碱有相互依存关系，则其 $K_a^{\ominus}$ 与 $K_b^{\ominus}$ 之间必定有一定的联系。某弱酸的酸性越强，其共轭碱的碱性越弱。反之，亦然。下面先以一元酸及其共轭碱为例，推导共轭酸碱对的 $K_a^{\ominus}$ 与 $K_b^{\ominus}$ 之间的关系。设某一弱酸 HA 的解离常数为 $K_a^{\ominus}$，其共轭碱 $A^-$ 的解离常数为 $K_b^{\ominus}$，则：

$$HA + H_2O \rightleftharpoons A^- + H_3O^+ \qquad K_a^{\ominus} = \frac{[A^-]\cdot[H^+]}{[HA]} \qquad ①$$

$$A^- + H_2O \rightleftharpoons HA + OH^- \qquad K_b^{\ominus} = \frac{[HA]\cdot[OH^-]}{[A^-]} \qquad ②$$

将①×②，得 $$K_b^{\ominus} \cdot K_a^{\ominus} = [H^+]\cdot[OH^-] = K_w^{\ominus} \qquad (5\text{-}3a)$$

或写作 $$pK_b^{\ominus} + pK_a^{\ominus} = pK_w^{\ominus} \qquad (5\text{-}3b)$$

式中："p"为"$-\lg$"，即 $pK_a^{\ominus}$ 就是 $-\lg K_a^{\ominus}$。例如，$K_a^{\ominus}(HAc) = 1.8 \times 10^{-5}$，则 $pK_a^{\ominus}(HAc) = 4.74$。

若已知某一弱酸的 $K_a^{\ominus}$ 或 $pK_a^{\ominus}$，则根据式(5-3a)或(5-3b)很容易求得其共轭碱在同一温度下的 $K_b^{\ominus}$ 或 $pK_b^{\ominus}$。不难看出，下列关系式成立：

$$K_a^{\ominus}(HAc)\cdot K_b^{\ominus}(Ac^-) = K_w^{\ominus} \qquad pK_b^{\ominus}(NH_3) + pK_a^{\ominus}(NH_4^+) = pK_w^{\ominus}$$

对于多元弱酸、弱碱，也可以按照上述方法推导出其各共轭酸碱对中弱酸与其共轭碱的解离常数之间的关系式。下面以 $H_3PO_4$ 为例加以说明。$H_3PO_4$ 在溶液中分三步解离：

$$H_3PO_4 + H_2O \rightleftharpoons H_3O^+ + H_2PO_4^- \qquad K_{a1}^{\ominus} = \frac{[H_2PO_4^-]\cdot[H_3O^+]}{[H_3PO_4]}$$

$$H_2PO_4^- + H_2O \rightleftharpoons H_3O^+ + HPO_4^{2-} \qquad K_{a2}^{\ominus} = \frac{[HPO_4^{2-}]\cdot[H_3O^+]}{[H_2PO_4^-]}$$

$$HPO_4^{2-} + H_2O \rightleftharpoons H_3O^+ + PO_4^{3-} \qquad K_{a3}^{\ominus} = \frac{[PO_4^{3-}]\cdot[H_3O^+]}{[HPO_4^{2-}]}$$

可见，$H_3PO_4$ 解离后能形成三个共轭酸碱对：$H_3PO_4/H_2PO_4^-$、$H_2PO_4^-/HPO_4^{2-}$ 和 $HPO_4^{2-}/PO_4^{3-}$。$PO_4^{3-}$ 是三元碱，其解离过程如下：

$$PO_4^{3-} + H_2O \rightleftharpoons HPO_4^{2-} + OH^- \qquad K_{b1}^{\ominus} = \frac{[HPO_4^{2-}]\cdot[OH^-]}{[PO_4^{3-}]}$$

$$HPO_4^{2-} + H_2O \rightleftharpoons H_2PO_4^- + OH^- \qquad K_{b2}^{\ominus} = \frac{[H_2PO_4^-]\cdot[OH^-]}{[HPO_4^{2-}]}$$

$$H_2PO_4^- + H_2O \rightleftharpoons H_3PO_4 + OH^- \qquad K_{b3}^{\ominus} = \frac{[H_3PO_4]\cdot[OH^-]}{[H_2PO_4^-]}$$

通过上述推导可以看出：$K_{a1}^{\ominus}\cdot K_{b3}^{\ominus} = K_w^{\ominus}$，$K_{a2}^{\ominus}\cdot K_{b2}^{\ominus} = K_w^{\ominus}$，$K_{a3}^{\ominus}\cdot K_{b1}^{\ominus} = K_w^{\ominus}$。常见弱酸、弱碱在水溶液中的解离常数可从附表 4 中查得。

**例 5-1**　已知 25 ℃时，$H_2CO_3$ 的 $K_{a1}^{\ominus}=4.2\times10^{-7}$，$K_{a2}^{\ominus}=5.6\times10^{-11}$，计算相同温度下，$CO_3^{2-}$ 的 $K_{b1}^{\ominus}$和 $K_{b2}^{\ominus}$。

**解：**因为 $K_{a1}^{\ominus}(H_2CO_3)\cdot K_{b2}^{\ominus}(CO_3^{2-})=K_w^{\ominus}$，$K_{a2}^{\ominus}(H_2CO_3)\cdot K_{b1}^{\ominus}(CO_3^{2-})=K_w^{\ominus}$

所以 $CO_3^{2-}$：

$$K_{b1}^{\ominus}=\frac{K_w^{\ominus}}{K_{a2}^{\ominus}}=\frac{1.0\times10^{-14}}{5.6\times10^{-11}}=1.8\times10^{-4}$$

$$K_{b2}^{\ominus}=\frac{K_w^{\ominus}}{K_{a1}^{\ominus}}=\frac{1.0\times10^{-14}}{4.2\times10^{-7}}=2.4\times10^{-8}$$

可见，酸碱质子理论不过是酸碱电离理论的延伸，而酸碱电离理论不折不扣地是将酸碱质子理论应用于水溶液中的一个特例。水溶液中酸碱的通性就是水合氢离子和氢氧根离子特性的表现，那些能使蓝色石蕊变红的化合物、能中和碱的化合物、能同活泼金属反应产生 $H_2$ 的化合物，以及具有酸味的化合物，确实都是质子给予体。这样的化合物必定具有足够的能力把质子给予水分子，使水溶液中存在较多的水合氢离子，能使 pH 明显降低。所有这样的化合物都是比水强的酸。

## 四、影响酸碱平衡的因素

弱酸、弱碱的解离平衡与其他化学平衡一样，是动态的平衡，当外界条件发生变化时，化学平衡会随之发生移动。影响酸碱平衡的主要因素包括酸碱本身的浓度、同离子效应和盐效应等。

1. 稀释定律

弱电解质溶于水时只能发生部分解离，为了定量地标度弱电解质的解离程度，引入了电离度的概念。电离度（又称解离度）就是弱电解质在水溶液中达到解离平衡时解离的百分率，用 $\alpha$ 表示。请注意，电离度与弱酸或弱碱的 $K_a^{\ominus}$ 或 $K_b^{\ominus}$ 有着本质的区别。前者除与温度有关外，还与弱酸或弱碱的浓度有关。

设一元弱酸 HA 的浓度为 $c$，在室温下解离常数为 $K_a^{\ominus}$，溶液中存在下列平衡：

$$HA+H_2O \rightleftharpoons A^-+H_3O^+ \qquad K_a^{\ominus}=\frac{[A^-]\cdot[H_3O^+]}{[HA]}$$

若保持温度不变，向系统中加水使其体积变为原来的 $n$ 倍，此时反应商：

$$Q=\frac{c(A^-)\cdot c(H_3O^+)}{c(HA)}=\frac{K_a^{\ominus}}{n}<K_a^{\ominus}$$

显然，溶液稀释后平衡正向移动，即稀释将增大弱酸的解离度，对于弱碱亦是如此。

根据酸碱电离理论，电离度 $\alpha$ 与弱酸（弱碱）溶液浓度的关系推导如下：

| | $HA \rightleftharpoons$ | $A^-$ | $+H^+$ |
|---|---|---|---|
| 起始浓度/($mol\cdot L^{-1}$) | $c$ | 0 | 0 |
| 平衡浓度/($mol\cdot L^{-1}$) | $c(1-\alpha)$ | $c\alpha$ | $c\alpha$ |

根据化学平衡定律，得

$$K_a^{\ominus}=\frac{(c\alpha)\cdot(c\alpha)}{c(1-\alpha)}=\frac{c\alpha^2}{1-\alpha}$$

当 $\alpha\leqslant5\%$（在无机及分析化学中涉及的弱酸、弱碱，若没有特别说明均属于这一类）

时，$1-\alpha\approx1$，上式变成 $K_a^\ominus\approx c\alpha^2$ 或写作：$\alpha\approx\sqrt{\frac{K_a^\ominus}{c}}$ (5-4)

式(5-4)称为稀释定律的数学表达式。它标明：在一定温度下，弱电解质的电离度与其浓度的平方根成反比，溶液越稀，电离度越大。因为电离度随浓度的变化而改变，所以在表示酸碱的强度时，通常都用 $K_a^\ominus$ 或 $K_b^\ominus$，而不用 $\alpha$。

2. 同离子效应

有下列实验事实：稀 $NH_3\cdot H_2O \xrightarrow{\text{滴加 2 滴酚酞指示剂}}$ 溶液呈红色 $\xrightarrow{\text{加入少量 }NH_4Cl(s)}$ 溶液的红色变浅。如何解释这一事实呢？在稀氨水中存在下列平衡：

$$NH_3\cdot H_2O \rightleftharpoons NH_4^+ + OH^-$$

酚酞在碱性溶液中呈红色，在中性或酸性溶液中为无色；向氨水中加入少量 $NH_4Cl(s)$ 时，由于产物 $NH_4^+$ 离子的浓度增大，平衡必定向左移动，使溶液中 $OH^-$ 离子的浓度减小，从而降低了 $NH_3\cdot H_2O$ 的电离度。这种在已建立起平衡的弱酸或弱碱溶液中加入与其含有相同离子的强电解质而使弱酸或弱碱的电离度减小的现象，称为同离子效应(common ion effect)。同理，向稀 $NH_3\cdot H_2O$ 中加入少量 NaOH(s)或向 HAc 溶液中加入少量 NaAc(s)，也会使 $NH_3\cdot H_2O$ 或 HAc 的电离度减小。

同离子效应在实际中具有重要的意义。例如，配制一些溶液时，往往需要先将固体溶质溶于一定浓度的强酸或强碱中，再加水稀释至所需要的规格。另外，同离子效应对其他类型的平衡也有影响，容后讨论。

**例 5-2** 计算下列两种溶液的 pH 和 $NH_3\cdot H_2O$ 的电离度(忽略水的解离)。

(1) 0.10 $mol\cdot L^{-1}$ $NH_3\cdot H_2O$；(2) 向 $NH_3\cdot H_2O$ 中加入少量固体 $NH_4Cl$，使其浓度均为 0.10 $mol\cdot L^{-1}$。

已知 $K_b^\ominus(NH_3\cdot H_2O)=1.8\times10^{-5}$。

**解**：(1) $NH_3\cdot H_2O \rightleftharpoons NH_4^+ + OH^-$

起始浓度/($mol\cdot L^{-1}$) 0.10 0 0

平衡浓度/($mol\cdot L^{-1}$) $0.10-[OH^-]$ $[NH_4^+]$ $[OH^-]$

$[NH_4^+]=[OH^-]$，根据化学平衡定律，得

$$K_b^\ominus=\frac{[OH^-]^2}{0.10-[OH^-]} \qquad [OH^-]=1.3\times10^{-3}\ mol\cdot L^{-1}$$

溶液的 pH 为 $pH=14.00-[-\lg(1.3\times10^{-3})]=11.11$

$NH_3\cdot H_2O$ 的电离度为 $\alpha=\frac{1.3\times10^{-3}}{0.10}\times100\%=1.3\%$

(2) 与(1)不同的是，这时 $NH_3\cdot H_2O$ 作为反应物，$[NH_3]=0.10-[OH^-]$，$NH_4^+$ 作为产物，$[NH_4^+]=0.10+[OH^-]$。

由于存在同离子效应，$[NH_3]\approx[NH_4^+]=0.10\ mol\cdot L^{-1}$，则

$$K_b^\ominus=\frac{[OH^-]\times0.10}{0.10} \qquad [OH^-]=1.8\times10^{-5}mol\cdot L^{-1}$$

溶液的 pH 为 $pH=14.00-[-\lg(1.8\times10^{-5})]=9.26$

$NH_3\cdot H_2O$ 的电离度为 $\alpha=\frac{1.8\times10^{-5}}{0.10}\times100\%=0.018\%$

计算结果表明，加入 $NH_4Cl(s)$ 后，$NH_3 \cdot H_2O$ 的电离度大大降低了。实验结果证明，向 $0.10\ mol \cdot L^{-1}\ NH_3 \cdot H_2O$ 中加入少量 NaCl 会使 $NH_3 \cdot H_2O$ 的电离度由 1.3% 增大到 1.7%，这种现象称为盐效应(salt effect)。可见，同离子效应比盐效应大得多，在通常情况下，可将后者忽略不计。

# 第二节　酸碱溶液 pH 的计算

溶液中的许多化学反应都需要在一定的酸度(常用 pH 表示)下进行，而采用酸碱滴定法对物质进行定量分析时，也需要知道滴定过程中溶液酸碱度的变化情况，以便选择合适的指示剂。下面就从酸碱质子理论出发，讨论一种处理酸碱平衡体系的简单方法。

## 一、质子条件式

按照酸碱质子理论，酸碱反应的实质是两个共轭酸碱对中较强的酸与较强的碱之间传递质子生成较弱的酸与较弱的碱的过程。因此，当反应达到平衡时，酸给出的质子与碱接受的质子在数目上必然相等。表示这种关系的数学表达式称为质子条件式或质子等衡式(proton balance equation，简写作 PBE)。质子条件式的写法通常有两种：一是直接法；二是间接法，即由物料平衡式(MBE)和电荷平衡式(CBE)导出。本课程只介绍前者。下面以 $Na_2S$ 水溶液为例，说明用直接法书写质子等衡式的一般步骤。

1. 选取零水准

前面说过，在水溶液中质子的授受关系是相对的，这就需要选取一些物质做参考，以此作为水准来考虑质子的授受，这个参考水准就称为零水准。通常是选取溶液中大量存在的原始的酸碱组分作零水准。换言之，即使溶质溶于水后会发生酸碱反应，也不需要考虑。例如，$Na_2S(s)$ 溶于水后，由于电离生成的二元弱碱 $S^{2-}$，极易与溶剂水发生下列质子转移反应：

$$S^{2-} + H_2O \rightleftharpoons HS^- + OH^- \qquad HS^- + H_2O \rightleftharpoons H_2S + OH^-$$

但在选取 $Na_2S$ 溶液的零水准时，不用考虑上述反应，仍选 $H_2O$ 和 $S^{2-}$ 离子为零水准。

2. 写出所有与质子转移有关的反应式，并找出零水准得失质子后的产物

本例中，与质子转移有关的反应除了上面两个外，还有水的质子自递反应，即

$$H_2O + H_2O \rightleftharpoons H_3O^+ + OH^-$$

从反应式看，得质子的产物有 $HS^-$、$H_2S$ 和 $H_3O^+$；失质子的产物只有 $OH^-$。

3. 书写质子条件式

将得质子的产物写在左边、失质子的产物写在右边，中间用等号连接起来，即得质子等衡式：

$$[HS^-] + 2[H_2S] + [H_3O^+] = [OH^-]$$

式中：[B]代表物质 B 的平衡浓度。由于得失质子的产物是在同一系统中，它们的物质的量可以用相应物质的浓度来替代；“[B]”前面的系数是由零水准生成相应的产物时所转移的质子数目，如果系数是 1，可省略不写。应该注意的是，若得失质子的产物和零水准比较，所转移质子的数目不止一个，则应在相应产物平衡浓度的前面乘以相应的系数。

例如,按以上步骤可写出 $NaH_2PO_4$ 溶液的质子等衡式:

$$[H_3PO_4]+[H_3O^+]=[OH^-]+2[PO_4^{3-}]+[HPO_4^{2-}]$$

其中,$[PO_4^{3-}]$前面的系数是“2”,这是因为由1个 $H_2PO_4^-$ 离子生成1个 $PO_4^{3-}$ 离子时转移的质子数为2;另外,因为在溶液中所有的微粒都是溶剂化的,因此可将 $H_3O^+$ 简写作 $H^+$。在本教材类似问题的讨论中,都采用这种简化写法。

## 二、溶液 pH 的计算

*1. 一元弱酸、弱碱溶液*

以一元弱酸 HA(室温下解离常数为 $K_a^\ominus$)溶液为例,讨论如下。

HA 溶液的 PBE 为:$[H^+]=[OH^-]+[A^-]$

$$\because\ K_w^\ominus=[H^+]\cdot[OH^-] \qquad [OH^-]=\frac{K_w^\ominus}{[H^+]}$$

$$K_a^\ominus=\frac{[H^+]\cdot[A^-]}{[HA]} \qquad [A^-]=\frac{K_a^\ominus\cdot[HA]}{[H^+]}$$

$$\therefore\ [H^+]=\frac{K_w^\ominus}{[H^+]}+\frac{[HA]\cdot K_a^\ominus}{[H^+]} \qquad 即[H^+]=\sqrt{K_w^\ominus+[HA]\cdot K_a^\ominus} \tag{5-5}$$

式(5-5)是计算一元弱酸溶液中 $H^+$ 离子浓度的精确计算式,式中[HA]是 HA 的平衡浓度,它与 HA 的总浓度(也称分析浓度)$c$ 之间的关系是:

$$[HA]=\frac{c\cdot[H^+]}{[H^+]+K_a^\ominus}(此式可由物料平衡式导出)$$

将上式代入(5-5)并整理,得 $[H^+]^3+K_a^\ominus\cdot[H^+]^2-(K_w^\ominus+c\cdot K_a^\ominus)\cdot[H^+]-K_a^\ominus\cdot K_w^\ominus=0$

求解该方程较麻烦。在实际工作中,一般按允许计算结果的相对误差不大于5%进行近似处理。

(1) 若 $c\cdot K_a^\ominus\geqslant25K_w^\ominus$,且 $c/K_a^\ominus\geqslant500$,即弱酸的酸性不是太弱、浓度不是很小,则水的解离可以忽略,即可以认为 $[H^+]\approx[A^-]$;并且弱酸的解离也可以忽略,即可以认为 $[HA]\approx c$。此时,式(5-5)变为:

$$[H^+]=\sqrt{c\cdot K_a^\ominus} \tag{5-6}$$

式(5-6)是计算一元弱酸溶液中 $H^+$ 离子浓度的最简式。

(2) 若 $c\cdot K_a^\ominus\geqslant25K_w^\ominus$,且 $c/K_a^\ominus<500$,即弱酸的酸性不是太弱、浓度不是很大,则水的解离可以忽略,即可以认为 $[H^+]\approx[A^-]$;而弱酸的解离不可以忽略,即可以认为 $[HA]=c-[A^-]\approx c-[H^+]$。此时,式(5-5)变为:

$$[H^+]^2=K_a^\ominus\{c-[H^+]\}或\ [H^+]^2+K_a^\ominus\cdot[H^+]-K_a^\ominus\cdot c=0 \tag{5-7}$$

式(5-7)是计算溶液中 $H^+$ 浓度的近似计算式,在基础化学课程中所涉及的一元弱酸大多属于这类情况。因此,这是最常用的计算式。

(3) 若 $c\cdot K_a^\ominus<25K_w^\ominus$,且 $c/K_a^\ominus\geqslant500$,则水的解离不能忽略,即 $[H^+]>[A^-]$,而弱酸的解离可以忽略,即可以认为 $[HA]\approx c$。此时,式(5-5)变为:

$$[H^+]=\sqrt{c\cdot K_a^\ominus+K_w^\ominus} \tag{5-8}$$

一元弱碱溶液中[$OH^-$]的计算，处理方法与此完全相同，只需将各计算式中的[$H^+$]、$K_a^\ominus$依次用[$OH^-$]、$K_b^\ominus$代替即可。推导过程不再赘述。

**例 5-3** 计算室温下 0.050 mol·L⁻¹HAc 溶液的 pH。已知 $K_a^\ominus(HAc)=1.8\times10^{-5}$。

**解：**∵ $0.050\times1.8\times10^{-5}=9.0\times10^{-7}>25K_w^\ominus$

$0.050/(1.8\times10^{-5})=2.8\times10^{3}>500$

∴ $[H^+]=\sqrt{c\cdot K_a^\ominus}=\sqrt{0.050\times1.8\times10^{-5}}=9.5\times10^{-4}\ mol\cdot L^{-1}$

$pH=-\lg(9.5\times10^{-4})=3.02$

请注意，各类溶液 pH 的计算通常要求保留 2 位有效数字。因此，各类溶液中 $H^+$、$OH^-$ 离子浓度的计算结果，只保留 2 位有效数字即可，以后不再重述。

**例 5-4** 计算室温下 0.10 mol·L⁻¹$ClCH_2COONa$ 溶液的 pH。已知 $K_a^\ominus(ClCH_2COOH)=1.4\times10^{-3}$。

**解：**先求一元弱碱 $ClCH_2COO^-$ 离子的解离常数 $K_b^\ominus=\dfrac{1.0\times10^{-14}}{1.4\times10^{-3}}=7.1\times10^{-12}$

∵ $0.10\times7.1\times10^{-12}=7.1\times10^{-13}>25K_w^\ominus$，$\dfrac{0.10}{7.1\times10^{-12}}=1.4\times10^{10}>500$

∴ $[OH^-]=\sqrt{0.10\times7.1\times10^{-12}}=8.4\times10^{-7}mol\cdot L^{-1}$

$pH=14.00-[-\lg(8.4\times10^{-7})]=7.92$

2. *多元弱酸、弱碱溶液*

以浓度为 $c$ 的二元弱酸 $H_2A$（设室温下，$H_2A$ 两级解离常数依次是 $K_{a1}^\ominus$ 和 $K_{a2}^\ominus$，且 $K_{a1}^\ominus\gg K_{a2}^\ominus$，即弱酸的第二级解离可忽略）溶液为例，讨论如下。

$H_2A$ 质子等衡式可简化为：$[H^+]=[HA^-]+[OH^-]$

∵ $K_w^\ominus=[H^+]\cdot[OH^-]$　　　　$[OH^-]=\dfrac{K_w^\ominus}{[H^+]}$

$K_{a1}^\ominus=\dfrac{[HA^-]\cdot[H^+]}{[H_2A]}$　　　　$[HA^-]=\dfrac{K_{a1}^\ominus\cdot[H_2A]}{[H^+]}$

∴ $[H^+]=\dfrac{K_w^\ominus}{[H^+]}+\dfrac{K_{a1}^\ominus\cdot[H_2A]}{[H^+]}$　即　$[H^+]=\sqrt{K_w^\ominus+K_{a1}^\ominus\cdot[H_2A]}$　(5-9)

此式与式(5-5)相似，因此可按一元弱酸溶液的方法进行处理。若是二元弱碱，则将式中的[$H^+$]、$K_{a1}^\ominus$、[$H_2A$]依次用[$OH^-$]、$K_{b1}^\ominus$和二元弱碱的平衡浓度代替即可。

**例 5-5** 计算室温下 0.10 mol·L⁻¹ $H_2S$ 溶液的 pH。已知 $K_{a1}^\ominus(H_2S)=1.3\times10^{-7}$，$K_{a2}^\ominus(H_2S)=7.1\times10^{-15}$。

**解：**∵ $0.10\times1.3\times10^{-7}=1.3\times10^{-8}>25K_w^\ominus$，　$\dfrac{0.10}{1.3\times10^{-7}}=7.7\times10^{5}>500$

∴ $[H^+]=\sqrt{0.10\times1.3\times10^{-7}}=1.1\times10^{-4}mol\cdot L^{-1}$

$pH=-\lg(1.1\times10^{-4})=3.94$

3. 两性物质溶液

前面说过，质子理论中所谓的两性物质是电离理论中的弱酸弱碱盐和多元酸的酸式盐，如 $NaHCO_3$、$NaH_2PO_4$、$NH_4Ac$ 等都是两性物质。

以两性物质 NaHA 的水溶液为例，讨论如下。

NaHA 的质子等衡式：$[H^+]+[H_2A]=[A^{2-}]+[OH^-]$

$$[H^+]+\frac{[H^+]\cdot[HA^-]}{K_{a1}^{\ominus}}=\frac{K_{a2}^{\ominus}\cdot[HA^-]}{[H^+]}+\frac{K_w^{\ominus}}{[H^+]} \quad (5\text{-}10)$$

在通常情况下，两性物质的酸式和碱式解离程度都较小，即可认为 $[HA^-]\approx c$，上式可简化为：

$$[H^+]=\sqrt{\frac{K_{a1}^{\ominus}(K_{a2}^{\ominus}\cdot c+K_w^{\ominus})}{c+K_{a1}^{\ominus}}} \quad (5\text{-}11)$$

式(5-11)还可做进一步简化：

(1) 若 $c\cdot K_{a2}^{\ominus}\geqslant 25K_w^{\ominus}$，$c\geqslant 25K_{a1}^{\ominus}$，即 $K_{a2}^{\ominus}\cdot c+K_w^{\ominus}\approx K_{a2}^{\ominus}\cdot c$，$c+K_{a1}^{\ominus}\approx c$，则上式简化为：

$$[H^+]=\sqrt{K_{a1}^{\ominus}\cdot K_{a2}^{\ominus}} \quad (5\text{-}12)$$

(2) 若 $c\cdot K_{a2}^{\ominus}\geqslant 25K_w^{\ominus}$，$c<25K_{a1}^{\ominus}$，即 $K_{a2}^{\ominus}\cdot c+K_w^{\ominus}\approx K_{a2}^{\ominus}\cdot c$，则式(5-11)简化为：

$$[H^+]=\sqrt{\frac{K_{a1}^{\ominus}\cdot K_{a2}^{\ominus}\cdot c}{c+K_{a1}^{\ominus}}} \quad (5\text{-}13)$$

(3) 若 $c\cdot K_{a2}^{\ominus}<25K_w^{\ominus}$，$c\geqslant 25K_{a1}^{\ominus}$，即 $c+K_{a1}^{\ominus}\approx c$，则式(5-11)简化为：

$$[H^+]=\sqrt{\frac{K_{a1}^{\ominus}(K_{a2}^{\ominus}\cdot c+K_w^{\ominus})}{c}} \quad (5\text{-}14)$$

对于 $Na_2HA$ 类两性物质的水溶液，可按上述方法同样处理，得到与(5-11)至(5-14)相似的计算式，只需将式中的 $K_{a1}^{\ominus}$、$K_{a2}^{\ominus}$ 依次用 $K_{a2}^{\ominus}$、$K_{a3}^{\ominus}$ 代替即可。

**例 5-6** 计算室温下 0.10 mol·L⁻¹ 邻苯二甲酸氢钾(简写作 KHP)溶液的 pH。已知邻苯二甲酸的 $K_{a1}^{\ominus}=1.1\times10^{-3}$，$K_{a2}^{\ominus}=3.9\times10^{-6}$。

**解：** ∵ $c\cdot K_{a2}^{\ominus}=0.10\times3.9\times10^{-6}=3.9\times10^{-7}>25K_w^{\ominus}$，

$25K_{a1}^{\ominus}=2.8\times10^{-2}<0.10$

∴ $[H^+]=\sqrt{K_{a1}^{\ominus}\cdot K_{a2}^{\ominus}}=\sqrt{1.1\times10^{-3}\times3.9\times10^{-6}}=6.5\times10^{-5}\,\text{mol}\cdot\text{L}^{-1}$

$\text{pH}=-\lg(6.5\times10^{-5})=4.19$

4. 缓冲溶液

许多化学和生物化学反应都需要在一定的酸度条件下进行。例如，健康人血液的酸度为 pH7.36～7.44；不同植物的生长需要土壤溶液的 pH 各不相同。在很多物质的定性或定量分析过程中，常需要控制一定的酸度条件才能保证分析结果的可靠性。例如，用配位滴定法测定水的硬度时，需要控制溶液的 pH 为 10 左右；用现代仪器分析中的直接电位法测定微量的氟时，常需要控制溶液的 pH 为 5.0～5.5 等等，而缓冲溶液能够满足上述要求。

(1) 缓冲溶液的定义和组成

一般溶液和纯水的 pH，易被少量外加强酸或强碱改变。实验表明，分别在 298.15 K

的 1 L NaCl 溶液或纯水中加入 0.010 mol HCl 或 NaOH，溶液的 pH 会发生显著的变化(改变 5 个 pH 单位)。但有一类电解质的混合溶液，加入少量的强酸或强碱，其 pH 改变的幅度却很小。例如，在 298.15 K 的 1 L 含有 0.10 mol HAc 和 0.10 mol NaAc 的溶液中通入 0.010 mol HCl 气体时，其 pH 仅由 4.75 变为 4.66；加入 0.010 mol 固体 NaOH 时，其 pH 仅由 4.75 变为 4.84；如用水稍加稀释时，其 pH 变化量也很小。这说明由 HAc 和 NaAc 组成的这类混合溶液有抵抗外来少量强酸、强碱或稍加稀释而保持 pH 基本不变的能力。这种能在外来少量强酸、强碱或稍加稀释等作用下 pH 基本保持不变的溶液被称为缓冲溶液(buffer solution)。缓冲溶液对强酸、强碱或稀释等外来影响的抵抗作用被称为缓冲作用(buffer action)。

缓冲溶液通常是由一定浓度的共轭酸碱对的两种物质组成。例如，HAc—NaAc、$NH_3$—$NH_4Cl$、$KH_2PO_4$—$Na_2HPO_4$ 等。在实际中，往往还可以用酸碱反应的产物与剩余的反应物组成缓冲溶液，如强酸与弱碱(过量)混合；强碱与弱酸(过量)混合。

较浓的强酸(如 HCl 溶液)或较浓的强碱(如 NaOH 溶液)，当加入少量强酸、强碱时，其 pH 也基本保持不变。它们虽具有抗酸或抗碱作用，但无抗稀释能力，但有些教材上将它们也称缓冲溶液。由于这类溶液的酸性或碱性太强，实际上很少被当作缓冲溶液使用。

(2) 缓冲作用的原理

较浓的强酸或强碱溶液之所以具有抗酸、碱作用，是因为在其溶液中 $H_3O^+$ 或 $OH^-$ 离子的浓度较大，即使加入少量的强酸或强碱，$H_3O^+$ 或 $OH^-$ 离子浓度的改变相对较小，即 pH 不会发生明显的变化，但这类溶液的抗稀释作用很差。下面只讨论由弱酸及其共轭碱组成的缓冲溶液的缓冲作用原理，并以 HAc—NaAc 缓冲体系为例加以说明。

NaAc 是强电解质，在溶液中完全以 $Na^+$ 和 $Ac^-$ 离子状态存在；HAc 是弱电解质，在溶液中只部分解离，并且因来自 NaAc 解离的 $Ac^-$ 的同离子效应，HAc 几乎完全以分子状态存在于溶液中。所以，在 HAc-NaAc 缓冲溶液中存在有大量的 HAc 和 $Ac^-$。HAc 和 $Ac^-$ 是共轭酸碱对，它们间的质子转移平衡式为：

$$① \ HAc + H_2O \rightleftharpoons H_3O^+ + Ac^-$$

其中，$Ac^-$ 离子有两个来源：NaAc 完全解离产生和 HAc 部分解离产生。

当向该溶液中加入少量强酸(如 HCl)时，由于 HCl 解离产生少量水合氢离子，溶液的 pH 会略有降低，但是溶液中原有的 $Ac^-$ 离子会接受质子发生下列质子转移反应：

$$② \ H_3O^+ + Ac^- \rightleftharpoons HAc + H_2O$$

此反应的发生会消耗外来的 $H_3O^+$，从而保持溶液的 pH 基本不变。此时，共轭碱 $Ac^-$ 起抵抗少量外来强酸的作用，故称为缓冲体系的抗酸组分。

当向溶液中加入少量强碱(如 NaOH)时，由于 NaOH 解离 $OH^-$ 离子，溶液的 pH 会略有升高，但是溶液中原有的 HAc 会与外来的 $OH^-$ 离子发生下列反应：

$$HAc + OH^- \rightleftharpoons H_2O + Ac^-$$

从而保持溶液的 pH 基本不变。这时，共轭酸 HAc 起抵抗少量外来强碱的作用，故称为缓冲体系的抗碱组分。

可见，缓冲作用是在有足量的抗酸组分和抗碱组分共存的缓冲体系中，通过共轭酸碱对之间质子转移平衡的移动来实现的。

在组成缓冲溶液的共轭酸碱对中，弱酸（如 HAc）起着抗碱作用，称为抗碱组分；弱酸的共轭碱（如 $Ac^-$）起着抗酸作用，称为抗酸组分。缓冲溶液的抗酸组分和抗碱组分合称为缓冲系或缓冲对。

(3) 缓冲溶液 pH 的计算

每一种缓冲溶液都有一定的 pH，其大小取决于组成它的共轭酸碱对的性质和浓度，其计算公式可做如下推导。

以 HB 代表弱酸，并与 NaB 组成缓冲溶液，溶液中 HB 和 $B^-$ 的质子传递平衡可用通式表示为：

$$H_2O + HB \rightleftharpoons B^- + H_3O^+$$

弱酸的解离常数为： $K_a^\ominus = \dfrac{[H^+]\cdot[B^-]}{[HB]}$ $\quad [H^+] = \dfrac{K_a^\ominus \cdot [HB]}{[B^-]}$

等式两边取负对数，得

$$pH = pK_a^\ominus + \lg \frac{[B^-]}{[HB]} \tag{5-15}$$

式(5-15)就是缓冲溶液 pH 的计算式，有时称为缓冲公式。式中：$pK_a^\ominus$ 为弱酸解离常数的负对数，[HB]和[$B^-$]分别为弱酸 HB 及其共轭碱 $B^-$ 的平衡浓度。[HB]和[$B^-$]的比值称为缓冲比，[HB]与[$B^-$]之和称为缓冲溶液的总浓度。

因为存在同离子效应，因此 HB 解离的部分可以忽略不计，即可以认为 $[HB] \approx c(HB)$，$[B^-] \approx c(B^-)$，$c(HB)$、$c(B^-)$分别为弱酸 HB 及其共轭碱[$B^-$]的总浓度。于是，式(5-15)又可写作：

$$pH = pK_a^\ominus + \lg \frac{c(B^-)}{c(HB)} \tag{5-16}$$

因为浓度等于溶质的物质的量除以溶液的体积，若以 $n(HB)$、$n(B^-)$分别表示体积为 $V$ 的缓冲溶液中所含弱酸及其共轭碱的物质的量，则式(5-16)又可写作：

$$pH = pK_a^\ominus + \lg \frac{n(B^-)/V}{n(HB)/V} = pK_a^\ominus + \lg \frac{n(B^-)}{n(HB)} \tag{5-17}$$

通过上述讨论，可以得出以下结论：

① 缓冲溶液的 pH，首先取决于弱酸的解离常数($K_a^\ominus$)，即在缓冲体系中，弱酸的 $K_a^\ominus$ 是决定缓冲溶液 pH 的主要因素。

② 同一缓冲体系的缓冲溶液，$pK_a^\ominus$ 一定，其 pH 随着缓冲比的变化而改变。当缓冲比等于 1 时，缓冲溶液的 pH 等于 $pK_a^\ominus$。但 $pK_a^\ominus$ 对缓冲溶液 pH 的影响比缓冲比的影响更显著，这是因为缓冲比处于对数项内。

③ 温度发生变化时，缓冲溶液的 pH 也会随之改变，所以温度对缓冲溶液的 pH 有影响。一方面温度通过影响弱酸的 $K_a^\ominus$，影响缓冲溶液的 pH；另一方面，温度还会影响水的离子积以及溶液中离子的活度系数。所以，温度对缓冲溶液的影响是比较复杂的。

④ 缓冲溶液加水稀释时，$c(HB)$与 $c(B^-)$的比值不变，则由式(5-16)计算出的 pH 也不变。但因稀释而引起溶液离子强度改变，使 HB 和 $B^-$ 的活度系数受到不同程度的影响，因此缓冲溶液的 pH 也随之有微小的改变。

**例 5-7**　pH 接近于 7.0 的磷酸盐缓冲溶液常用来配制酶液。实验证明，某种酶仅能在 pH 为 6.90～7.15 的溶液中保持活性。求含有 0.22 mol·$L^{-1}$ $Na_2HPO_4$ 和 0.33 mol·$L^{-1}$ $KH_2PO_4$ 溶液的 pH。若在 250 mL 该溶液中分别加入 0.20 g 和0.40 g固体 NaOH，酶会失去活性吗？

**解**：由题意知，该缓冲溶液含有 $H_2PO_4^-$—$HPO_4^{2-}$ 缓冲对，查附表 4 得，$H_3PO_4$ 的 $pK_{a2}^{\ominus}=7.21$。根据式(5-16)，得

$$pH=pK_{a2}^{\ominus}+\lg\frac{c(B^-)}{c(HB)}=7.21+\lg\frac{0.22}{0.33}=7.03$$

0.20 g NaOH 的物质的量：$\frac{0.20}{40}=0.0050\ mol$，$c(OH^-)=\frac{0.0050}{0.25}=0.020\ mol\cdot L^{-1}$

加入 NaOH 后，各缓冲组分的浓度分别变为：

$c(H_2PO_4^-)=0.33-0.020=0.31\ mol\cdot L^{-1}$，$c(HPO_4^{2-})=0.22+0.020=0.24\ mol\cdot L^{-1}$

$pH=pK_{a2}^{\ominus}+\lg\frac{c(B^-)}{c(HB)}=7.21+\lg\frac{0.24}{0.31}=7.10$

0.40 g NaOH 的物质的量：$\frac{0.40}{40}=0.010\ mol$，$c(OH^-)=\frac{0.010}{0.25}=0.040\ mol\cdot L^{-1}$

加入 NaOH 后，各缓冲组分的浓度分别变为：

$c(H_2PO_4^-)=0.33-0.040=0.29\ mol\cdot L^{-1}$，$c(HPO_4^{2-})=0.22+0.040=0.26\ mol\cdot L^{-1}$

$pH=pK_{a}^{\ominus}+\lg\frac{c(B^-)}{c(HB)}=7.21+\lg\frac{0.26}{0.29}=7.16$

计算结果表明，将 0.20 g 固体 NaOH 加入 250 mL 该缓冲溶液中，酶基本能够保持活性；而将 0.40 g 固体 NaOH 加入 250 mL 该缓冲溶液中，酶就会失去活性。

**例 5-8**　将 10.00 mL 0.30 mol·$L^{-1}$ $NH_3\cdot H_2O$ 与 10.00 mL 0.10 mol·$L^{-1}$ HCl 溶液混合后，溶液的 pH 为多少？

**解**：$NH_3\cdot H_2O$ 与 HCl 溶液混合后，发生下列质子转移反应：

$$HCl+NH_3 = NH_4^+ + Cl^-$$

上述反应完成后，溶液中有生成的 $NH_4^+$ 和剩余的 $NH_3$，二者构成缓冲体系 $NH_4^+$—$NH_3$。

$$n(NH_3)=10.00\times0.30-10.00\times0.10=2.0\ mmol$$

$$n(NH_4^+)=10.00\times0.10=1.0\ mmol$$

查附表 4 知，$pK_b^{\ominus}(NH_3\cdot H_2O)=4.74$，则 $pK_a^{\ominus}(NH_4^+)=9.26$

将数据代入式(5-17)，得　$pH=pK_a^{\ominus}+\lg\frac{n(NH_3)}{n(NH_4^+)}=9.26+\lg\frac{2.0}{1.0}=9.56$

(4) 缓冲溶液的配制

任何缓冲溶液的缓冲能力都是限的。对于某一种缓冲溶液而言，当加入少量的强酸或强碱时，能起到抗酸或抗碱的作用，使其 pH 基本不变。如果外加强酸或强碱的量过大，接近缓冲溶液中抗酸组分或抗碱组分的量时，溶液对酸或碱的抵抗能力就基本消失，从而失去缓冲能力。不同的缓冲溶液的缓冲能力是不同的。实验证明，缓冲溶液的缓冲

能力决定于缓冲组分的总浓度以及缓冲组分浓度的比值。缓冲组分的总浓度较大时，缓冲能力较大；当缓冲组分的总浓度一定时，缓冲组分的浓度比为 1∶1 时，缓冲能力最大。因此，在配制缓冲溶液时，既要使缓冲组分具有较大的浓度，又不能使其浓度过大，否则，易对化学或生物化学反应造成不良影响。在化学反应中，通常控制共轭酸碱的浓度为 0.1～1 $mol \cdot L^{-1}$之间。另外，还应使共轭酸碱对的浓度比尽量接近 1∶1，通常控制在 10∶1～1∶10 范围内，即利用一确定的缓冲体系配制缓冲溶液时，pH 应控制在($pK_a^\ominus \pm 1$)范围内。否则，缓冲溶液的缓冲能力太小以至于失去缓冲作用。

一般认为，$pH = pK_a^\ominus \pm 1$ 为缓冲作用的有效区间，称为缓冲溶液的缓冲范围(buffer effective range)。不同的缓冲体系 $pK_a^\ominus$ 不同，所以缓冲范围也各不相同。例如，HAc-NaAc 缓冲体系，$pK_a^\ominus = 4.75$，所以缓冲范围为 pH3.75～5.75。

缓冲溶液的配制可按下列步骤进行：

① 根据要配制的缓冲溶液的 pH，选择合适的缓冲体系。选择缓冲体系时，一是应使其 $pK_a^\ominus$ 尽量接近所配制溶液的 pH，最大差值不得超过 1，即 $pH = pK_a^\ominus \pm 1$。例如，配制 pH 为 4.9 的缓冲溶液，可选择 HAc-NaAc 缓冲体系。因为 HAc 的 $pK_a^\ominus$ 等于 4.75，二者比较接近。二是所选择的缓冲体系性质应稳定，不能与溶液中的反应物或产物发生作用。选择药用缓冲体系时，还需考虑缓冲组分是否有毒。例如，硼酸-硼酸盐缓冲体系有毒，显然不能用作注射液、口服液或细菌培养等的缓冲溶液；又如 $H_2CO_3$—$NaHCO_3$ 缓冲体系，因碳酸容易分解而通常不用。

② 计算配制溶液所需要的弱酸及其共轭碱的量。选择好缓冲体系之后就可根据缓冲公式(5-16)或(5-17)计算所需弱酸及其共轭碱的量或体积。为方便配制，常使用相同浓度的弱酸及其共轭碱。如用 $c(HB) = c(B^-)$ 的两种溶液配制体积 $V$(L 或 mL)和一定 pH 的缓冲溶液，由式(5-17)可得：

$$pH = pK_a^\ominus + \lg \frac{c(B^-) \cdot V(B^-)}{c(HB) \cdot V(HB)} = pK_a^\ominus + \lg \frac{V(B^-)}{V(HB)} \tag{5-18}$$

将 pH、$pK_a^\ominus$、$V$ 以及 $V(HB) = V - V(B^-)$ 代入式(5-18)便可计算出所需弱酸及其共轭碱的体积。

③ 配制。根据计算结果，分别量取体积为 $V(HB)$ 的 HB 溶液和 $V(B^-)$ 的 $B^-$ 溶液，并加适量的水稀释，混合均匀后，即得所要配制的缓冲溶液。

④ 校正。根据计算结果所配制的缓冲溶液，由于未考虑离子强度等因素的影响，计算结果与实测值会有差别。因此某些对 pH 要求严格的实验，还需在 pH 计监控下，用加入强酸或强碱的方法，对所配缓冲溶液的 pH 加以校正；也可用加入共轭酸或共轭碱的方法进行校正。

**例 5-9** 现有以下缓冲体系：HCOOH—HCOONa、HAc—NaAc、$KH_2PO_4$—$Na_2HPO_4$、$NH_3$—$NH_4Cl$，问如何配制 500 mL pH 约为 7.0 的缓冲溶液？设溶液的浓度均为 1.0 $mol \cdot L^{-1}$。

**解**：查附表 4 知，$pK_a^\ominus(HCOOH) = 3.74$，$pK_a^\ominus(CH_3COOH) = 4.74$，$pK_{a2}^\ominus(H_3PO_4) = 7.20$，$pK_b^\ominus(NH_3) = 4.74$。

因为 $pK_{a2}^{\ominus}(H_3PO_4)$ 最接近于 7.00，所以应选择 $KH_2PO_4-Na_2HPO_4$ 缓冲体系。

设配制 500 mL 缓冲溶液需要 $Na_2HPO_4$ $V$L，则需要 $KH_2PO_4$ $(0.50-V)$L。将 pH、$pK_{a2}^{\ominus}$、$V$、$(0.50-V)$ 代入式(5-18)，得：

$$7.00=7.21+\lg\frac{V}{0.50-V}$$

解得 $V=0.19$ L，$0.50-0.19=0.31$ L

分别量取 190 mL 1.0 $mol\cdot L^{-1}$ $Na_2HPO_4$ 和 310 mL 1.0 $mol\cdot L^{-1}$ $KH_2PO_4$ 溶液，并将其混合均匀就可配成 500 mL pH 约为 7.0 的缓冲溶液。

(5) 缓冲溶液的应用简介

缓冲溶液在工农业生产、生物学、化学、医学等领域中都有广泛的应用。许多化学和生物化学反应都必须在一定的 pH 范围内才能正常进行。生物体在代谢过程中不断产生酸和碱，但各种体液仍能维持在一定的 pH 范围内，就是因为生物体内存在着多种缓冲体系。例如，人体血液的 pH 之所以能够保持恒定($pH=7.40\pm0.05$)，就是得益于血液中多种缓冲体系的缓冲作用及肺、肾等的调节作用。

血液是由多种缓冲体系组成的缓冲溶液，其中存在的缓冲体系主要有：$H_2CO_3-HCO_3^-$、$H_2PO_4^--HPO_4^{2-}$、蛋白质－蛋白质盐、血红蛋白－血红蛋白盐、氧合血红蛋白－氧合血红蛋白盐等。若人体血液的 pH 变化超过 0.4 个单位，人就有生命危险。

在农业生产上，由于土壤中存在 $H_2CO_3-HCO_3^-$、$H_2PO_4^--HPO_4^{2-}$ 以及其他有机酸及其盐组成的复杂的缓冲体系，所以土壤能保持一定的 pH，从而保证了农作物的正常生长。在医学上，如临床上用维生素 C 水溶液($5\ mg\cdot mL^{-1}$)的 pH 为 3.0，若直接用于局部注射会导致患者难受的刺痛。为此，常用 $NaHCO_3$ 调节其 pH 在 5.5～6.0 之间，这样既可减轻注射时患者的疼痛，又能增加药物的稳定性；又如在配制抗生素的注射剂时，常加入适量的维生素 C 与甘氨酸钠作为缓冲体系，以减小对机体的刺激，并且有利于机体对药物的吸收。

## 第三节　酸碱滴定法

酸碱滴定法是以酸碱反应为基础的滴定分析方法，该方法一般都是用强酸或强碱做标准溶液测定碱性或酸性物质的含量。一般地说，酸、碱以及能与酸、碱直接或间接作用的物质，几乎都能用酸碱滴定法来测定。所以，酸碱滴定法在实际中的应用非常广泛，是一种最基本的滴定分析方法。

### 一、酸碱指示剂

由于酸碱反应一般没有明显的外观变化，因此常用的方法是在被测物质溶液中加入适当的指示剂，根据指示剂的颜色变化来确定滴定终点。酸碱滴定法中所用的指示剂称为酸碱指示剂。

1. 酸碱指示剂的变色原理

酸碱指示剂一般是有机的弱酸、弱碱或两性物质。下面以有机弱酸型指示剂为例来说明酸碱指示剂的变色原理。

若用 HIn 表示有机弱酸型酸碱指示剂，它在水溶液中存在下列解离平衡：

$$\underset{\text{(酸式色)}}{\mathrm{HIn}} \rightleftharpoons \underset{\text{(碱式色)}}{\mathrm{H^+ + In^-}}$$

其中未解离的中性分子和解离后产生的共轭碱具有不同的颜色，分别称酸式色和碱式色。当溶液的 pH 发生变化时，上述平衡发生移动，从而使指示剂的颜色发生变化。

例如，酚酞是一种有机弱酸（$K_a^\ominus=6.0\times10^{-10}$），在溶液中存在下列解离平衡：

HO … OH … OH … $COO^-$ $\underset{H^+}{\overset{OH^-}{\rightleftharpoons}}$ $pK_a^\ominus=9.1$ $O^-$ … O … $COO^-$

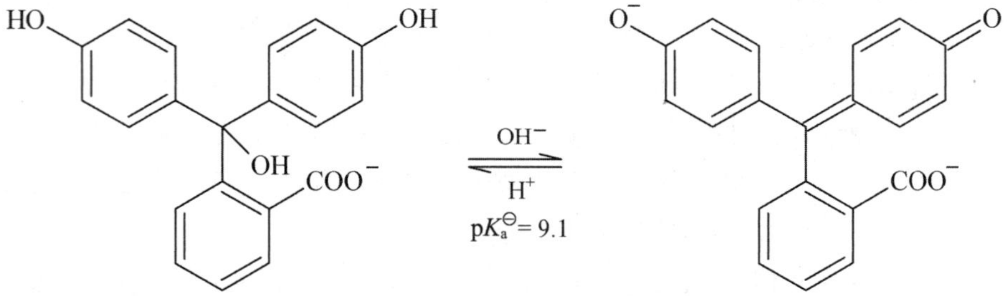

在酸性溶液中，平衡向左移动，主要以未解离的中性分子存在，呈无色；在碱性溶液中，平衡向右移动，主要以醌基结构的阴离子存在，呈红色。可见，指示剂结构的变化是颜色变化的根本，而 pH 的改变是颜色变化的条件。

2. 酸碱指示剂的变色范围

弱酸型酸碱指示剂 HIn 在溶液中达到解离平衡时，其解离常数的表达式可简写作：

$$K_a^\ominus=\frac{[\mathrm{H^+}]\cdot[\mathrm{In^-}]}{[\mathrm{HIn}]}$$

$$[\mathrm{H^+}]=\frac{K_a^\ominus\cdot[\mathrm{HIn}]}{[\mathrm{In^-}]}$$

两边取负对数，得
$$\mathrm{pH}=\mathrm{p}K_a^\ominus+\lg\frac{[\mathrm{In^-}]}{[\mathrm{HIn}]}$$

在一定温度下，$K_a^\ominus$ 是一常数，所以，指示剂弱酸与其共轭碱浓度的比值取决于溶液的酸度。应该说明的是，并非[$In^-$]/[HIn]任意的微小变化都能使人观察到溶液颜色的变化，这是因为人眼的辨别能力是有限的。一般地说，一种颜色的物质的浓度是另一种颜色的物质的浓度的十倍或以上时，人眼就可以辨别出浓度大的物质的颜色；而当两种有色物质的浓度相差不是很大(10 倍以内)时，则人眼看到的是这两种颜色的混合色。因此，指示剂的颜色变化与溶液的 pH 有如下关系：当 $\mathrm{pH}>\mathrm{p}K_a^\ominus+1$，即[$In^-$]与[HIn]之比大于 10 时，呈碱式色；$\mathrm{pH}<\mathrm{p}K_a^\ominus-1$，即[$In^-$]与[HIn]之比小于$\frac{1}{10}$时，呈酸式色；$\mathrm{pH}=\mathrm{p}K_a^\ominus\pm1$，即[$In^-$]与[HIn]之比在 10～0.1 之间时，呈混合色。

因为在 $\mathrm{pH}=\mathrm{p}K_a^\ominus\pm1$ 范围内，人眼看到的是指示剂的混合色即酸式色与碱式色之间的过渡色，所以称 $\mathrm{pH}=\mathrm{p}K_a^\ominus\pm1$ 为指示剂的理论变色范围，当 $\mathrm{pH}=\mathrm{p}K_a^\ominus$ 时，[$In^-$]=

[HIn]，即酸式与碱式的浓度相等，因此，称 $pH=pK_a^\ominus$ 为指示剂的理论变色点。

表 5-2　常用的酸碱指示剂

| 指示剂名称 | 变色范围 | $pK_{HIn}^\ominus$ | 酸式色 | 碱式色 | 配制方法 | 用量（滴/10 mL） |
|---|---|---|---|---|---|---|
| 百里酚蓝（第一次变色） | 1.2～2.8 | 1.6 | 红 | 黄 | 0.1%的 20%酒精溶液 | 1～2 |
| 甲基橙 | 3.1～4.4 | 3.4 | 红 | 黄 | 0.1%或 0.05%水溶液 | 1 |
| 溴甲酚绿 | 3.8～5.4 | 4.9 | 黄 | 蓝 | 0.1%水溶液 | 1～2 |
| 甲基红 | 4.2～6.2 | 5.0 | 红 | 黄 | 0.1%的 60%酒精溶液 | 1 |
| 溴百里酚蓝 | 6.0～7.6 | 7.3 | 黄 | 蓝 | 0.1%的 20%酒精溶液 | 1～2 |
| 中性红 | 6.8～8.0 | 7.4 | 红 | 黄橙 | 0.1%的 60%酒精溶液 | 1～2 |
| 百里酚蓝（第二次变色） | 8.0～9.6 | 8.9 | 黄 | 蓝 | 0.1%的 60%酒精溶液 | 1～2 |
| 酚酞 | 8.0～9.8 | 9.1 | 无色 | 红 | 0.1%的 90%酒精溶液 | 1 |
| 百里酚酞 | 9.4～10.6 | 10 | 无色 | 蓝 | 0.1%的 90%酒精溶液 | 1～2 |

实际上，指示剂的变色范围主要是依靠人眼观察得来的。由于人眼对各种颜色的敏感程度不同，加上指示剂的两种颜色互相掩盖，所以实际上观察到的指示剂的变色范围与理论变色范围是有差异的。例如，甲基橙的 $pK_a^\ominus=3.4$，理论变色范围为 pH 2.4～4.4，而实测结果为 pH 3.1～4.4。pH<3.1 时，溶液呈红色；pH>4.4 时，溶液呈黄色；pH=3.1～4.4 时，溶液呈过渡色——橙色。表 5-2 列出了几种常用的酸碱指示剂。

3. 混合指示剂

指示剂的变色范围越窄越好，这样有利于提高分析结果的准确度。但单一指示剂的变色范围都比较宽，变色不够敏锐，且变色过程还有过渡色。混合指示剂克服了单一指示剂的缺点，具有变色范围窄、变色敏锐等优点。其配制方法有两种：一种是在指示剂中加入一种不随 pH 变化而改变颜色的染料。例如，在甲基橙中加入靛蓝二磺酸钠（蓝色染料），靛蓝在溶液中不因 pH 变化而变色，在 pH=4.1 时，甲基橙显过渡色（橙色），它与靛蓝混合后，使溶液呈浅灰色（接近无色）；在 pH<3.1 时，甲基橙的酸式色（红色）与蓝色混合后，使溶液呈紫色；在 pH>4.4 时，甲基橙的碱式色（黄色）与蓝色混合后，使溶液呈绿色。因此，在滴定终点时，溶液由紫色变为灰色或由绿色变为灰色，颜色变化非常明显。另一种是由两种或两种以上的指示剂混合而成。例如，溴甲酚绿和甲基红混合指示剂，其变色点 pH=5.1，恰好在两种指示剂的变色范围内，都显中间色，溴甲酚绿的绿色与甲基红的橙红色混合，溶液呈灰色。在 pH<5.1 时，其酸式为酒红色；在 pH>5.1 时，其碱式为绿色，变色很明显，可在灯光下滴定时用。

4. 使用酸碱指示剂时应注意的问题

（1）指示剂的用量。指示剂的加入量既不能太多也不宜太少。用量太少，颜色太浅，不易观察溶液的颜色变化情况；用量太多，由于指示剂本身就是弱酸或弱碱，则指示剂会或多或少地消耗一些标准溶液，并且对于双色指示剂，加入量过多颜色太深还会使滴定终点颜色变化不明显。另外，对于单色指示剂，指示剂的用量不当，还会改变其变色范围。例如，酚酞是单色指示剂，在 50～100 mL 溶液中加入 2～3 滴 0.1%的酚酞，在 pH≈9 时出现红色；而在同样条件下，若加入 10～15 滴酚酞指示剂，则在 pH≈8 时变红色。

(2) 温度。温度的变化会影响酸碱指示剂的解离平衡常数，因此而影响到指示剂的变色范围。例如，甲基橙在室温下的变色范围为 pH 3.1～4.4；而在 100 ℃时变色范围为 pH 2.5～3.7。因此，在滴定时应注意控制适宜的温度。

(3) 指示剂的颜色变化情况。在具体选择指示剂时，还应注意滴定过程中指示剂颜色的变化最好是由浅到深，因为这样可使溶液颜色变化明显，易于观察。例如，用酚酞做指示剂时，酚酞由酸式色变为碱式色，即由无色变为红色，颜色的变化较由红色变为无色更明显。所以，用碱标准溶液滴定酸性体系时最常用的是酚酞指示剂，而用酸标准溶液滴定碱性体系时通常都不用酚酞指示剂。

## 二、酸碱滴定曲线和指示剂的选择

在酸碱滴定过程中，随着标准溶液的加入被测溶液的 pH 不断发生变化。若用酸标准溶液滴定碱性体系，溶液的 pH 会不断降低；反之，若用碱标准溶液滴定酸性体系，溶液的 pH 会不断升高。溶液 pH 的变化规律可以用酸度计测定，也可以通过理论计算求得。如果将酸碱滴定过程中，被测溶液 pH 的变化规律用图像表示出来，就可得到一条曲线，这条曲线就称为酸碱滴定曲线。绘制出酸碱滴定曲线可以帮助人们选择合适的指示剂。下面就具体地讨论几类酸碱滴定曲线的做法及指示剂的选择等问题。

### 1. 强酸与强碱的滴定

这类滴定包括用强酸滴定强碱和用强碱滴定强酸，滴定反应为：

$$H^+ + OH^- \rightleftharpoons H_2O$$

下面以 $0.10\ mol \cdot L^{-1}$ NaOH 标准溶液滴定 20.00 mL $0.10\ mol \cdot L^{-1}$ HCl 溶液为例，讨论强酸强碱滴定过程中溶液 pH 的变化及滴定曲线的形状。为了便于计算，将滴定过程分为四个阶段：

(1) 滴定前　此时溶液中，$[H^+] \approx c(HCl) = 0.10\ mol \cdot L^{-1}$，pH=1.00。

(2) 滴定开始到化学计量点前　此时溶液的 pH 取决于剩余的 HCl 的浓度。即

$$[H^+] = \frac{c(HCl) \cdot V(HCl) - c(NaOH) \cdot V(NaOH)}{V(HCl) + V(NaOH)}$$

例如，当加入 NaOH 18.00 mL 时，

$$[H^+] = \frac{0.10 \times 20.00 - 0.10 \times 18.00}{20.00 + 18.00} = 5.0 \times 10^{-3}\ mol \cdot L^{-1} \quad pH = 2.30$$

同理，当加入 NaOH 19.98 mL 时，可求得 $[H^+] = 5.0 \times 10^{-5}\ mol \cdot L^{-1}$　pH=4.30

(3) 化学计量点时　此时 NaOH 与 HCl 恰好反应完全，溶液呈中性，pH=7.00。

(4) 化学计量点后　此时 NaOH 过量，溶液的 pH 取决于过量的 NaOH 的浓度：

$$[OH^-] = \frac{c(NaOH) \cdot V(NaOH) - c(HCl) \cdot V(HCl)}{V(HCl) + V(NaOH)}$$

例如，加入 NaOH 溶液 20.02 mL 时，将有关数据代入上式，得

$$[OH^-]=\frac{0.10\times20.02-0.10\times20.00}{20.02+20.00}=5.0\times10^{-5}\ mol\cdot L^{-1}$$

$$pOH=4.30\qquad pH=9.70$$

当加入 NaOH 溶液 20.20 mL 时，同理可得

$$[OH^-]=\frac{0.10\times20.20-0.10\times20.00}{20.20+20.00}=5.0\times10^{-4}\ mol\cdot L^{-1}$$

$$pOH=3.30\qquad pH=10.70$$

同理，可求得加入其他量的 NaOH 溶液时所对应被滴定溶液的 pH，结果见表 5-3。

**表 5-3　0.10 $mol\cdot L^{-1}$ NaOH 溶液滴定 0.10 $mol\cdot L^{-1}$ HCl 溶液 pH 的变化情况**

| $V$(NaOH)/mL | HCl 被滴定百分数 | $[H^+]/(mol\cdot L^{-1})$ | pH | |
|---|---|---|---|---|
| 0.00 | 0.00 | $1.0\times10^{-1}$ | 1.00 | |
| 18.00 | 90.00 | $5.0\times10^{-3}$ | 2.30 | |
| 19.80 | 99.00 | $5.0\times10^{-4}$ | 3.30 | |
| 19.98 | 99.90 | $5.0\times10^{-5}$ | 4.30 | 突跃范围 |
| 20.00 | 100.00 | $1.0\times10^{-7}$ | 7.00 | |
| 20.02 | 100.10 | $2.0\times10^{-10}$ | 9.70 | |
| 20.20 | 101.00 | $2.0\times10^{-11}$ | 10.70 | |
| 22.00 | 110.00 | $2.0\times10^{-12}$ | 11.70 | |
| 40.00 | 200.00 | $3.0\times10^{-13}$ | 12.50 | |

如果以加入的 NaOH 溶液的体积为横坐标、所对应的溶液的 pH 为纵坐标作图，就可以得到一条曲线，这就是强碱滴定强酸的滴定曲线。如图 5-1 所示。

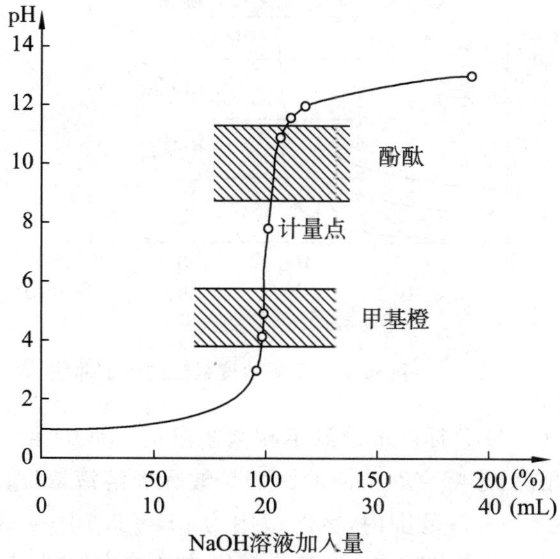


图 5-1　0.10 $mol\cdot L^{-1}$ NaOH 溶液滴定 0.10 $mol\cdot L^{-1}$ HCl 溶液的滴定曲线

由图 5-1 可知，从滴定开始到 99.9% 的 HCl 被滴定，溶液的 pH 由 1.00 增大到 4.30，只改变了 3.30 个 pH 单位，pH 的变化比较缓慢，所对应曲线也比较平坦；但在化学计量点附近，加入 NaOH 溶液由 19.98 mL 到 20.02 mL，溶液的 pH 由 4.30 增大到 9.70，改变了 5.40 个 pH 单位，pH 发生了突变，所对应的曲线几乎与 pH 轴平行；化学计量点后，溶液的 pH 随加入 NaOH 溶液体积的变化值以及曲线的变化趋势与化学计量点前相似。这种在化学计量点附近加入一滴标准溶液引起被测液 pH 的突变，称为滴定突跃。滴定突跃所对应的 pH 范围，称为滴定突跃范围。

研究滴定突跃范围的目的是帮助人们选择合适的指示剂，只要能在滴定突跃范围内变色的指示剂(变色范围全部或部分落在滴定突跃范围内的指示剂)均可用来指示滴定终点，如上例中，甲基红和酚酞均是合适的指示剂。

强酸强碱滴定，突跃范围的大小与滴定剂和被测物质浓度有关，浓度越大，突跃范围越大，见图 5-2。若用 0.10 $mol \cdot L^{-1}$ NaOH 溶液滴定 0.10 $mol \cdot L^{-1}$ HCl 溶液，突跃范围为 4.30～9.70，而用 0.010 $mol \cdot L^{-1}$ NaOH 溶液滴定 0.010 $mol \cdot L^{-1}$ HCl 溶液，突跃范围为 5.30～8.70。可见，当滴定剂和被测物质浓度降到原来的 1/10 倍时，突跃范围就减小 2 个 pH 单位。溶液浓度太小时，突跃不明显，不易找到合适的指示剂，溶液浓度越大，突跃范围越大，可供选择的指示剂越多。但是，溶液浓度太大时，样品和试剂的消耗量都会增加，这势必造成试剂的浪费；同时，溶液浓度太大、颜色太深，终点颜色变化不明显，终点误差也会增大。所以，在酸碱滴定中，通常控制溶液的浓度在 0.01～0.1 $mol \cdot L^{-1}$ 范围内。

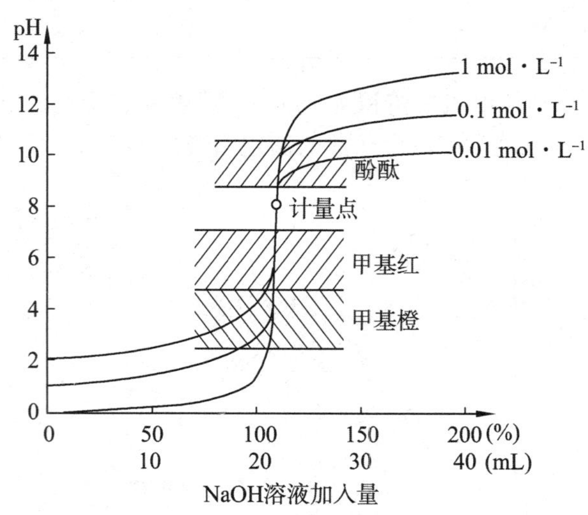


图 5-2 强碱滴定不同浓度强酸的滴定曲线

若用 0.10 $mol \cdot L^{-1}$ HCl 标准溶液滴定相同浓度的 NaOH 溶液，情况类似于强碱滴定强酸，但 pH 变化相反；影响突跃范围的因素是酸标准溶液浓度及被测碱液的浓度；计量点附近终点误差为±0.1%范围内，突跃范围为 pH=9.70～4.30，化学计量点 pH 为 7.00。此时，甲基红是合适的指示剂，溶液由黄色变为橙色即为滴定终点。若用甲基橙指示剂，从黄色滴定到橙色(pH≈4.0)时，将产生+0.2%的终点误差；若用酚酞指示剂，则终点颜色由红色变为无色，人眼不易观察，故最好不用酚酞。

2. 一元弱酸(弱碱)的滴定

强碱滴定一元弱酸的滴定反应 $HB+OH^- \rightleftharpoons B^- + H_2O$

$$K^{\ominus}=\frac{[B^-]}{[HB]\cdot[OH^-]}=\frac{K_a^{\ominus}}{K_w^{\ominus}}$$

强酸滴定一元弱碱的滴定反应 $B+H^+ \rightleftharpoons HB^+$

$$K^{\ominus}=\frac{[HB^+]}{[B]\cdot[H^+]}=\frac{K_b^{\ominus}}{K_w^{\ominus}}$$

可见，用强碱(酸)滴定弱酸(碱)反应的完全程度比强酸强碱滴定的小得多。可以预见，这类滴定的突跃范围也会相应地减小，且 $K_a^{\ominus}$ 或 $K_b^{\ominus}$ 越小，滴定突跃范围越小。

下面以 0.10 $mol\cdot L^{-1}$ NaOH 溶液滴定 20.00 mL 0.10 $mol\cdot L^{-1}$ HAc 溶液为例，讨论这类滴定过程中溶液 pH 的变化、滴定曲线的形状及指示剂的选择等问题。为了便于计算，仍将滴定过程分为四个阶段：

(1) 滴定前：此时溶液是 0.10 $mol\cdot L^{-1}$ HAc 溶液，$H^+$ 浓度按最简式计算：

$$[H^+]=\sqrt{0.10\times1.8\times10^{-5}}=1.3\times10^{-3}\ mol\cdot L^{-1}\qquad pH=2.89$$

(2) 滴定开始至化学计量点前：此时溶液中有剩余的 HAc 及反应产物 NaAc，二者组成了缓冲溶液，其 pH 可用缓冲公式计算：

$$pH=pK_a^{\ominus}+\lg\frac{c(Ac^-)}{c(HAc)}=pK_a^{\ominus}+\lg\frac{c(NaOH)\cdot V(NaOH)}{c(HAc)\cdot V(HAc)-c(NaOH)\cdot V(NaOH)}$$

例如，加入 NaOH 溶液 19.98 mL 时

$$pH=4.74+\lg\frac{0.10\times19.98}{0.10\times20.00-0.10\times19.98}=7.74$$

(3) 化学计量点时：此时 HAc 被完全中和，溶液的 pH 决定于反应产物 NaAc 的浓度。因为两反应物浓度相同，化学计量点时溶液体积加倍，$c(Ac^-)=0.050\ mol\cdot L^{-1}$。

$$K_b^{\ominus}(Ac^-)=\frac{1.0\times10^{-14}}{1.8\times10^{-5}}=5.6\times10^{-10}$$

$$[OH^-]=\sqrt{0.050\times5.6\times10^{-10}}=5.3\times10^{-6}\ mol\cdot L^{-1}$$

$$pH=8.72$$

(4) 化学计量点后：此时溶液中有过量的 NaOH 和反应产物 NaAc。因为 NaAc 是弱碱，且存在同离子效应，所以溶液的 pH 主要决定于过量的 NaOH 的量，即

$$[OH^-]\approx c(NaOH)=\frac{c(NaOH)\cdot V(NaOH)-0.10\times20.00}{V(NaOH)+20.00}$$

例如，加入 NaOH 溶液 20.02 mL 时：

$$[OH^-]=\frac{20.02\times0.10-20.00\times0.10}{20.02+20.00}=5.0\times10^{-5}\ mol\cdot L^{-1}$$

$$pH=9.70$$

同理，可计算出滴定过程中其他各点的 pH，计算结果见表 5-4。

表 5-4 0.10 mol·L$^{-1}$NaOH 溶液滴定 0.10 mol·L$^{-1}$HAc 溶液 pH 的变化情况

| 加入 NaOH 体积/mL | HAc 被滴定百分数 | 过量 NaOH 体积/mL | pH |
|---|---|---|---|
| 0.00 | 0.00 | | 2.89 |
| 18.00 | 90.00 | | 5.70 |
| 19.80 | 99.00 | | 6.70 |
| 19.98 | 99.90 | | 7.74 } 突跃范围 |
| 20.00 | 100.00 | | 8.72 } 突跃范围 |
| 20.02 | 100.10 | 0.02 | 9.70 } 突跃范围 |
| 20.20 | 101.00 | 0.20 | 10.70 |
| 22.00 | 110.00 | 2.00 | 11.70 |
| 40.00 | 200.00 | 20.00 | 12.50 |

根据表 5-4 作滴定曲线，如图 5-3 所示。

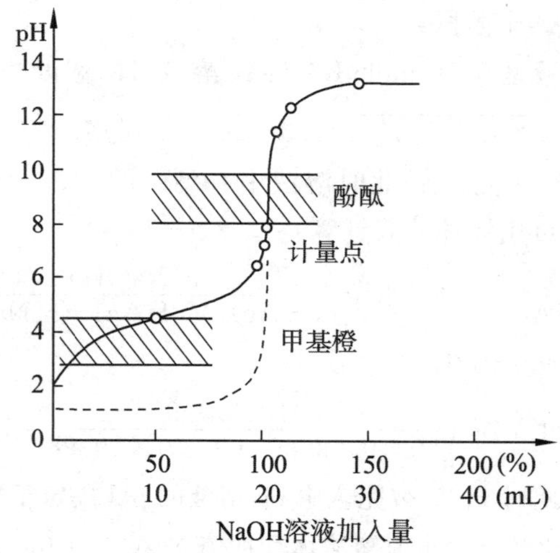


图 5-3 0.10 mol·L$^{-1}$NaOH 溶液滴定 0.10 mol·L$^{-1}$HAc 溶液的滴定曲线

由图可以看出，与强碱滴定强酸相比较，强碱滴定一元弱酸的滴定曲线具有以下特点：

(1) 滴定突跃范围明显变窄，化学计量点和突跃范围落在碱性范围内(pH 为 7.7～9.7)，所以，只能选择在碱性范围内变色的指示剂如酚酞、百里酚蓝(第二次变色点)等指示滴定终点。

(2) 滴定前，HAc 溶液的酸性较强酸的弱，所以滴定曲线的起点较高；滴定开始到化学计量点前，由于溶液中存在缓冲体系，缓冲容量由小变大，然后又变小，所以这段曲线的坡度由大变小再变大。由于 $Ac^-$ 离子的碱式解离作用，使得计量点时溶液的 pH 落在碱性范围内；化学计量点后，溶液 pH 由过量的 NaOH 决定，pH 的变化与强碱滴定强酸的情况相似。

强碱滴定一元弱酸，突跃范围的大小除与溶液的浓度有关外，还与弱酸的强度，即

$K_a^\ominus$ 的大小有关：$K_a^\ominus$ 一定时，溶液的浓度越大，突跃范围越大；溶液的浓度一定时，酸越强，即 $K_a^\ominus$ 越大，突跃范围越大。图 5-4 是用 0.10 mol·L$^{-1}$ NaOH 溶液滴定 0.10 mol·L$^{-1}$不同强度的弱酸的滴定曲线，该图清楚地表明了 $K_a^\ominus$ 值对突跃范围的影响。

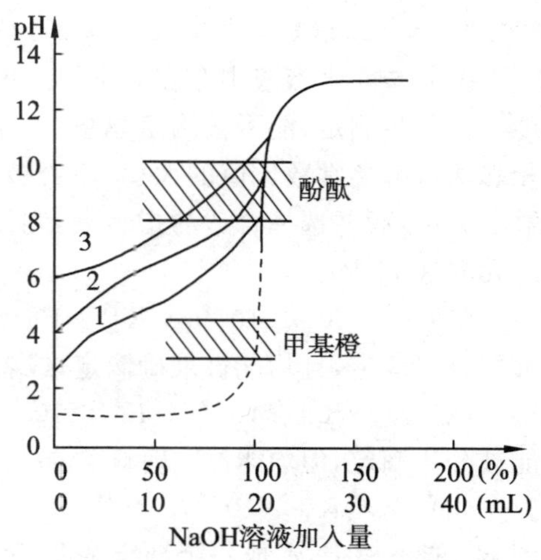


1. p$K_a^\ominus$=5.0　2. p$K_a^\ominus$=7.0　3. p$K_a^\ominus$=9.0

图 5-4　强碱滴定不同强度一元弱酸的滴定曲线

既然滴定突跃范围的大小决定于弱酸的强度和溶液浓度，因此，如果弱酸的 $K_a^\ominus$ 很小或浓度很低，突跃范围一定也很小，而突跃范围太小就无法选择合适的指示剂进行准确滴定了。一般地说，当溶液浓度为 0.10 mol·L$^{-1}$时，$K_a^\ominus<10^{-7}$，即 $c\cdot K_a^\ominus<10^{-8}$，便无明显的突跃。所以，通常把 $c\cdot K_a^\ominus\geqslant10^{-8}$作为一元弱酸能被强碱直接准确滴定的条件。因酸碱滴定常用溶液浓度是 0.10 mol·L$^{-1}$，故又常用 $K_a^\ominus\geqslant10^{-7}$判断。例如，$NH_4^+$ 的 $K_a^\ominus=5.6\times10^{-10}$，所以，即使其浓度达到 1 mol·L$^{-1}$，也不能用相同浓度的强碱溶液直接准确滴定。

强酸滴定一元弱碱的情况与强碱滴定一元弱酸的相似，它们的区别在于：曲线变化相反；因为滴定突跃落在酸性范围内，因此，应选择在酸性范围内变色的指示剂指示滴定终点。例如，用 0.10 mol·L$^{-1}$ HCl 标准溶液滴定 0.10 mol·L$^{-1}$$NH_3$ 溶液时，突跃范围是 pH=6.34～4.30，溴甲酚绿、甲基红等是合适的指示剂。该滴定所对应的滴定曲线如图 5-5 所示。

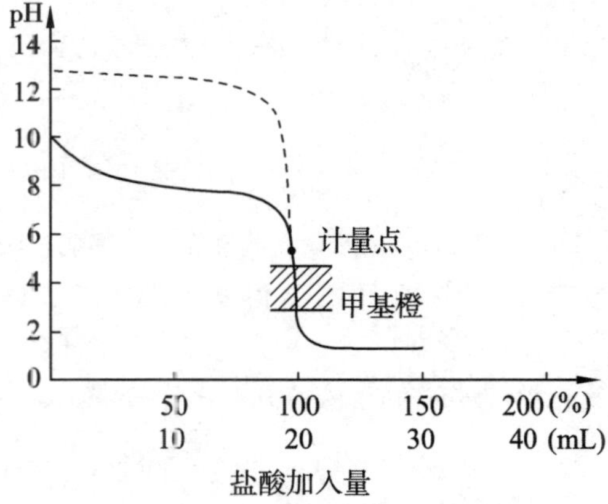


图 5-5　0.10 mol·L$^{-1}$ HCl 标准溶液滴定 0.10 mol·L$^{-1}$ $NH_3$ 溶液的滴定曲线

与强碱滴定一元弱酸相似，对于一元弱碱的滴定，只有当 $c\cdot K_b^\ominus\geqslant10^{-8}$时，才会有明显的滴定突跃。所以，$c\cdot K_b^\ominus\geqslant10^{-8}$就是一元弱碱能够被强酸直接准确滴定的条件。同样，若 $c\approx0.10$ mol·L$^{-1}$，也可用 $K_b^\ominus\geqslant10^{-7}$判断。例如，$NH_3\cdot H_2O$、$CH_3NH_2$、$Ac^-$ 的 $K_b^\ominus$ 依次为 $1.8\times10^{-5}$、$4.2\times10^{-4}$、$5.6\times10^{-10}$，所以，$NH_3\cdot H_2O$、$CH_3NH_2$ 溶液可以被 HCl 溶液直接准确滴定，而 $Ac^-$ 离子溶液则不能。

从以上各类滴定的滴定曲线变化情况不难推测，若用弱酸滴定弱碱，或用弱碱滴定弱酸，在化学计量点附近都没有明显的滴定突跃，也就无法用指示剂准确地指示终点。因此，在酸碱滴定中，都是用强酸或强碱做标准溶液进行滴定。

3．多元酸(碱)的滴定

多元酸在水溶液中存在分步解离现象，对于多元酸的滴定，需要讨论以下几个问题：能否被分步滴定；能否被滴定总量；指示剂应如何选择。多元酸能否被分步滴定取决于相邻两级解离常数比值的大小；能否被滴定总量，取决于多元酸的浓度及其各级解离常数的大小，而要选择合适的指示剂，则需要计算各化学计量点时溶液的 pH。例如，对于二元弱酸 $H_2B$：

(1) 若 $c \cdot K_{a1}^{\ominus} \geqslant 10^{-8}$，$c \cdot K_{a2}^{\ominus} \geqslant 10^{-8}$，且 $K_{a1}^{\ominus}/K_{a2}^{\ominus} \geqslant 10^4$，则 $H_2B$ 两步解离产生的 $H^+$ 能够被分步滴定，且均能被准确滴定，或者说能够被滴定总量，即能形成两个滴定突跃。

(2) 若 $c \cdot K_{a1}^{\ominus} \geqslant 10^{-8}$，$c \cdot K_{a2}^{\ominus} \geqslant 10^{-8}$，且 $K_{a1}^{\ominus}/K_{a2}^{\ominus} < 10^4$，则 $H_2B$ 两步解离产生的 $H^+$ 不能被分步滴定，但均能被准确滴定，或者说能够被滴定总量，即只能形成一个滴定突跃。

(3) 若 $c \cdot K_{a1}^{\ominus} \geqslant 10^{-8}$，$c \cdot K_{a2}^{\ominus} < 10^{-8}$，且 $K_{a1}^{\ominus}/K_{a2}^{\ominus} \geqslant 10^4$，则 $H_2B$ 只有第一步解离产生的 $H^+$ 能被滴定，形成一个滴定突跃，而第二步解离产生的 $H^+$ 不能被滴定，或者说 $H_2B$ 不能被滴定总量。

其他多元酸的滴定可以依次类推。多元弱碱的滴定情况，与多元弱酸的滴定相似，只需将 $K_{a1}^{\ominus}$、$K_{a2}^{\ominus}$ 依次换作 $K_{b1}^{\ominus}$、$K_{b2}^{\ominus}$ 即可。

**例 5-10** 通过计算回答：能否用 0.10 mol·L$^{-1}$NaOH 溶液直接准确滴定相同浓度的 $H_2C_2O_4$ 溶液？能否分步滴定？若能滴定，应选择何种指示剂？已知 $H_2C_2O_4$ 的 $K_{a1}^{\ominus}$、$K_{a2}^{\ominus}$ 依次为 $5.9\times10^{-2}$、$6.4\times10^{-5}$。

**解**：$c \cdot K_{a1}^{\ominus} = 0.10\times5.9\times10^{-2} = 5.9\times10^{-3} > 10^{-8}$

$c \cdot K_{a2}^{\ominus} = 0.10\times6.4\times10^{-5} = 6.4\times10^{-6} > 10^{-8}$

$$\frac{K_{a1}^{\ominus}}{K_{a2}^{\ominus}} = \frac{5.9\times10^{-2}}{6.4\times10^{-5}} = 9.2\times10^2 < 10^4$$

可见，$H_2C_2O_4$ 两步解离产生的 $H^+$ 都能被滴定，即能用 0.10 mol·L$^{-1}$NaOH 溶液直接准确滴定相同浓度的 $H_2C_2O_4$ 溶液，但是不能分步滴定。滴定反应为：

$$2NaOH + H_2C_2O_4 = Na_2C_2O_4 + 2H_2O$$

化学计量点时，溶液的 pH 由产物 $Na_2C_2O_4$ 决定。

已知 $c(Na_2C_2O_4) = 0.033\ \text{mol}\cdot\text{L}^{-1}$　$K_{b1}^{\ominus}(Na_2C_2O_4) = \dfrac{1.0\times10^{-14}}{6.4\times10^{-5}} = 1.6\times10^{-10}$

$\because\ c \cdot K_{b1}^{\ominus} = 0.033\times1.6\times10^{-10} = 5.3\times10^{-12} > 25K_w^{\ominus}$

$$\frac{c}{K_{b1}^{\ominus}} = \frac{0.033}{1.6\times10^{-10}} = 2.1\times10^8 > 500$$

$\therefore\ [OH^-] = \sqrt{0.033\times1.6\times10^{-10}} = 2.3\times10^{-6}\ \text{mol}\cdot\text{L}^{-1}$

pOH＝5.64　　pH＝8.36

化学计量点落在碱性范围内，可选酚酞做指示剂。

**例 5-11** 通过计算回答：能否用 0.10 mol·L$^{-1}$NaOH 溶液直接准确滴定相同浓度的 $H_3PO_4$ 溶液？能否分步滴定？若能滴定，应选择何种指示剂？已知 $H_3PO_4$ 的 $K_{a1}^{\ominus}$、$K_{a2}^{\ominus}$、$K_{a3}^{\ominus}$ 依次为 $7.6\times10^{-3}$、$6.3\times10^{-8}$、$4.4\times10^{-13}$。

**解**：∵ $c \cdot K_{a1}^{\ominus}=0.10\times 7.6\times 10^{-3}=7.6\times 10^{-4}>10^{-8}$，

$c \cdot K_{a2}^{\ominus}=0.10\times 6.3\times 10^{-8}=6.3\times 10^{-9}\approx 10^{-8}$，

$c \cdot K_{a3}^{\ominus}=0.10\times 4.4\times 10^{-13}=4.4\times 10^{-14}<10^{-8}$，

$$\frac{K_{a1}^{\ominus}}{K_{a2}^{\ominus}}=\frac{7.6\times 10^{-3}}{6.3\times 10^{-8}}=1.2\times 10^{5}>10^{4}$$

$$\frac{K_{a2}^{\ominus}}{K_{a3}^{\ominus}}=\frac{6.3\times 10^{-8}}{4.4\times 10^{-13}}=1.4\times 10^{5}>10^{4}$$

∴ $H_3PO_4$ 前两步解离产生的 $H^+$ 能被准确滴定，且能分步滴定。

滴定至第一化学计量点时，产物是 $NaH_2PO_4$：

∵ $c \cdot K_{a2}^{\ominus}=0.050\times 6.3\times 10^{-8}=3.2\times 10^{-9}>25K_{w}^{\ominus}$

$c=0.050<25K_{a1}^{\ominus}$

$$\therefore [H^+]=\sqrt{\frac{7.6\times 10^{-3}\times 6.3\times 10^{-8}\times 0.050}{7.6\times 10^{-3}+0.050}}=2.0\times 10^{-5}\ mol\cdot L^{-1}$$

pH=4.69

化学计量点落在酸性范围内，可选甲基红做指示剂。

滴定至第二化学计量点时，产物是 $Na_2HPO_4$：

∵ $c \cdot K_{a3}^{\ominus}=0.033\times 4.4\times 10^{-13}=1.5\times 10^{-14}<c\cdot 25K_{w}^{\ominus}$ $c=0.033>25K_{a2}^{\ominus}$

$$\therefore [H^+]=\sqrt{\frac{6.3\times 10^{-8}\times(0.033\times 4.4\times 10^{-13}+1.0\times 10^{-14})}{0.033}}=2.2\times 10^{-10}\ mol\cdot L^{-1}$$

pH=9.66，可选酚酞或百里酚酞做指示剂。该滴定对应的滴定曲线如图 5-6 所示。

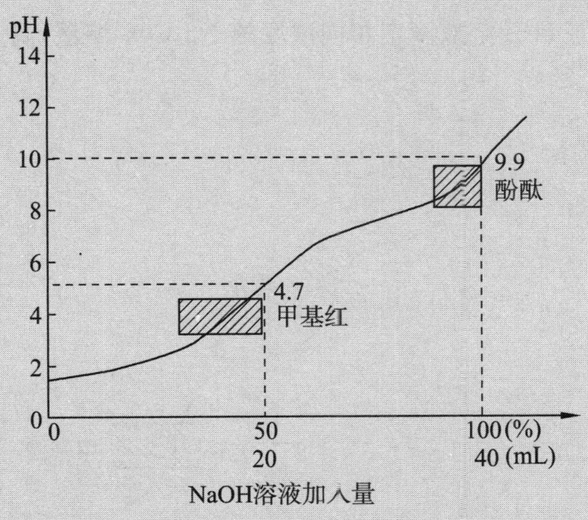


图 5-6 用 NaOH 溶液滴定 $H_3PO_4$ 溶液的滴定曲线

强酸滴定多元弱碱，与强碱滴定多元酸的情况相似，只需将 $K_{ai}^{\ominus}$ 换作 $K_{bi}^{\ominus}$ 即可。例如，用 0.10 $mol\cdot L^{-1}$ HCl 溶液滴定相同浓度的 $Na_2CO_3$ 溶液，同样需要考虑以下几个问题：能否分步滴定；能否滴定总量；如果能滴定，指示剂如何选择等。

$CO_3^{2-}$ 是二元弱碱，其两步解离的平衡常数分别是：

$$K_{b1}^{\ominus}=\frac{1.0\times10^{-14}}{5.6\times10^{-11}}=1.8\times10^{-4}$$

$$K_{b2}^{\ominus}=\frac{1.0\times10^{-14}}{4.2\times10^{-7}}=2.4\times10^{-8}$$

∵ $c\cdot K_{b1}^{\ominus}=0.10\times1.8\times10^{-4}=1.8\times10^{-5}>10^{-8}$，

$c\cdot K_{b2}^{\ominus}=0.10\times2.4\times10^{-8}=2.4\times10^{-9}$，略小于$10^{-8}$

$$\frac{K_{b1}^{\ominus}}{K_{b2}^{\ominus}}=\frac{1.8\times10^{-4}}{2.4\times10^{-8}}=7.5\times10^{3}\approx10^{4}$$

∴ 在准确度要求不是很高的情况下，可以用 $0.10\ mol\cdot L^{-1}$ HCl 溶液滴定相同浓度的 $Na_2CO_3$ 两步解离所产生的 $OH^-$，并且可以分步滴定。

滴定至第一化学计量点时，产物是 $NaHCO_3$：

∵ $c\cdot K_{a2}^{\ominus}=0.050\times5.6\times10^{-11}=2.8\times10^{-12}>25K_w^{\ominus}$

$c=0.050>25K_{a1}^{\ominus}=1.1\times10^{-5}$

∴ $[H^+]=\sqrt{4.2\times10^{-7}\times5.6\times10^{-11}}=4.8\times10^{-9}\ mol\cdot L^{-1}$　　pH=8.31

可选酚酞做指示剂，但终点时溶液由红色变为无色，不易观察。如果改用甲基红和百里酚酞混合指示剂（变色点 pH=8.3），终点时溶液由紫色变为亮绿色，颜色变化非常敏锐。

滴定至第二化学计量点时产物是 $H_2CO_3$，溶液的酸度由 $CO_2$ 的饱和溶液（浓度约为 $0.040\ mol\cdot L^{-1}$）决定：

$$[H^+]=\sqrt{4.2\times10^{-7}\times0.040}=1.3\times10^{-4}\ mol\cdot L^{-1}\qquad pH=3.89$$

可选甲基橙做指示剂。

用 $0.10\ mol\cdot L^{-1}$ HCl 溶液滴定相同浓度的 $Na_2CO_3$ 溶液，滴定曲线如图 5-7 所示。

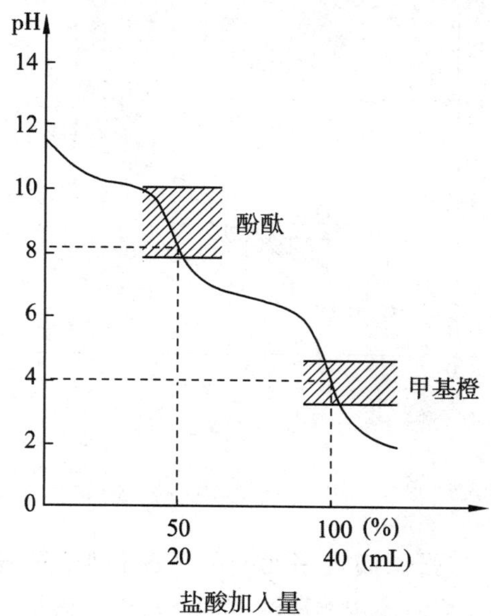


图 5-7　用 HCl 溶液滴定 $Na_2CO_3$ 溶液的滴定曲线

## 三、酸碱滴定法的应用

1. 常用酸碱标准溶液

酸碱滴定法最常用的酸标准溶液是 HCl 溶液，有时也用 $H_2SO_4$ 溶液(硝酸具有氧化性，一般不用)；最常用的碱标准溶液是 NaOH 溶液，有时也用 KOH 或 $Ba(OH)_2$ 溶液。常用酸碱标准溶液浓度为 0.1 $mol \cdot L^{-1}$左右。

由于浓盐酸易挥发，浓 $H_2SO_4$ 吸湿性强，固体 NaOH 易吸收空气中的 $CO_2$ 和水，所以酸碱标准溶液都需用间接法配制，即先配成近似浓度的溶液，然后通过比较滴定或标定来确定其准确浓度。

(1) 酸碱标准溶液的比较滴定

酸碱标准溶液的比较滴定，就是用酸标准溶液滴定碱标准溶液，或者用碱标准溶液滴定酸标准溶液的操作过程。以盐酸标准溶液滴定 NaOH 标准溶液为例，当反应达到化学计量点时：

$$c(\mathrm{HCl}) \cdot V(\mathrm{HCl}) = c(\mathrm{NaOH}) \cdot V(\mathrm{NaOH})$$

移项，得

$$\frac{c(\mathrm{HCl})}{c(\mathrm{NaOH})} = \frac{V(\mathrm{NaOH})}{V(\mathrm{HCl})}$$

进行酸碱比较滴定的目的是测定计量点时两者的体积比，即浓度比的倒数。因此，只要标定出其中任意一种溶液的准确浓度，就可求得另一种溶液的准确浓度。

(2) 酸碱标准溶液的标定

① 0.1 $mol \cdot L^{-1}$ HCl 标准溶液的标定

标定 HCl 标准溶液常用的基准物质有无水 $Na_2CO_3$ 和硼砂($Na_2B_4O_7 \cdot 10H_2O$)。若用无水 $Na_2CO_3$ 标定，则无水 $Na_2CO_3$ 使用前应在烘箱中于 180 ℃下烘干 2～3 h；然后放在干燥器中冷却备用。标定时，先用差减法(又称减量法，减量法是一种实验操作方法，基础化学实验课中详细介绍)称取一定质量的 $Na_2CO_3$，加适量纯水溶解后，用 HCl 标准溶液滴定。标定反应：

$$2\mathrm{HCl} + \mathrm{Na_2CO_3} = 2\mathrm{NaCl} + \mathrm{H_2O} + \mathrm{CO_2} \uparrow$$

计量点时，溶液的 pH≈3.89，可用甲基橙做指示剂。根据等物质的量的原则，得

$$c(\mathrm{HCl}) = \frac{m(\mathrm{Na_2CO_3})}{M(\frac{1}{2}\mathrm{Na_2CO_3}) \cdot V(\mathrm{HCl})} \times 1\,000$$

式中：$V(\mathrm{HCl})$为滴定时消耗 HCl 标准溶液的体积，单位是 mL。

若用硼砂标定 HCl 标准溶液，则因为硼砂易风化失水，因此使用前应于室温下(35 ℃以下)在装有 NaCl 和蔗糖饱和溶液的干燥器(湿度 70%)中干燥。标定时，先用差减法称取一定质量的 $Na_2B_4O_7 \cdot 10H_2O$，加适量纯水溶解后，用 HCl 标准溶液滴定。标定反应：

$$\mathrm{Na_2B_4O_7} \cdot 10\mathrm{H_2O} + 2\mathrm{HCl} = 4\mathrm{H_3BO_3} + 2\mathrm{NaCl} + 5\mathrm{H_2O}$$

计量点时，由于生成的 $H_3BO_3$ 是弱酸，溶液 pH≈5.1，可用甲基红做指示剂。根据等物质的量的原则，得

$$c(HCl)=\frac{m(Na_2B_4O_7\cdot 10H_2O)}{M(\frac{1}{2}Na_2B_4O_7\cdot 10H_2O)\cdot V(HCl)}\times 1\ 000$$

式中:$V(HCl)$为滴定时消耗 HCl 标准溶液的体积,单位是 mL。

② 0.1 $mol\cdot L^{-1}$NaOH 标准溶液的标定

标定 NaOH 标准溶液常用的基准物质有草酸和邻苯二甲酸氢钾等。

草酸是一种二元弱酸,标定反应:$NaOH+H_2C_2O_4 = Na_2C_2O_4+2H_2O$
化学计量点时,溶液 pH≈8.4,可用酚酞做指示剂。根据等物质的量的原则,得

$$c(NaOH)=\frac{m(H_2C_2O_4\cdot 2H_2O)}{M(\frac{1}{2}H_2C_2O_4\cdot 2H_2O)\cdot V(NaOH)}\times 1\ 000$$

式中:$V(NaOH)$为滴定时消耗 NaOH 标准溶液的体积,单位是 mL。

以邻苯二甲酸氢钾标定 NaOH 溶液的反应:$KHP+NaOH = KNaP+H_2O$
化学计量点时,溶液 pH≈9.1,可用酚酞做指示剂。根据等物质的量的原则,得:

$$c(NaOH)=\frac{m(KHC_8H_4O_4)}{M(KHC_8H_4O_4)\cdot V(NaOH)}\times 1\ 000$$

由于 NaOH 能强烈吸收空气中的 $CO_2$,因此溶液中常含有少量的 $Na_2CO_3$。用该 NaOH 溶液做标准溶液,若滴定时用甲基橙或甲基红做指示剂,则其中的 $Na_2CO_3$ 被中和成($CO_2+H_2O$);若用酚酞做指示剂,则其中的 $Na_2CO_3$ 仅被中和成 $NaHCO_3$,这样会引进误差。此外,在蒸馏水中也含有 $CO_2$,并且发生下列反应:

$$CO_2+H_2O \rightleftharpoons H_2CO_3$$

生成的 $H_2CO_3$ 会与加入的 NaOH 反应,但反应不够快,在用酚酞做指示剂时,常使滴定终点不稳定,稍放置,粉红色就会褪去,这是由于 $CO_2$ 不断转变为 $H_2CO_3$,直至溶液中 $CO_2$ 转化完毕为止。因此,当选用酚酞做指示剂时,需煮沸蒸馏水以便消除 $CO_2$ 的影响。

配制不含 $CO_3^{2-}$ 离子的 NaOH 溶液,最常用的方法是先配制 NaOH 的饱和溶液(约50%),此时 $Na_2CO_3$ 溶解度小,作为不溶物沉积在容器底部,再取上层清夜,用新煮沸除去 $CO_2$ 的蒸馏水稀释至所需浓度。所配制的 NaOH 溶液,在使用和保存时,应装在配有虹吸管和碱石灰管[含 $Ca(OH)_2$]的试剂瓶中,以防止 NaOH 标准溶液吸收空气中的 $CO_2$。久置后,NaOH 标准溶液的浓度会发生改变,使用前应重新标定。

2. 酸碱滴定法的应用示例

(1) 食醋总酸度的测定

食醋的主要成分是乙酸(HAc),此外,还含有少量其他有机酸(如乳酸)。用 0.1 $mol\cdot L^{-1}$ NaOH 标准溶液滴定时,凡是 $K_a^{\ominus}\geqslant 10^{-7}$的弱酸均可被滴定。因此,测得的是食醋的总酸量,习惯上,全部以含量最多的醋酸表示。由于用强碱滴定一元弱酸,突跃范围落在碱性区域,化学计量点时 pH≈8.7,可用酚酞做指示剂。

食醋中约含 HAc3%~5%,浓度较大,必须先稀释后测定。由于溶液中吸收的 $CO_2$ 可被滴定至 $NaHCO_3$,多消耗 NaOH,使测定结果偏高。因此,要获得准确的分析结果,必须用不含 $CO_2$ 的蒸馏水稀释食醋原液,用不含 $Na_2CO_3$ 的 NaOH 标准溶液滴定,并且

近滴定终点时，应剧烈摇动锥形瓶或将溶液加热以便除去 $CO_2$。有的食醋颜色较深，经稀释甚至用活性炭脱色后，颜色仍比较明显，则终点无法判断，可采用电势滴定法测定。

(2) 铵盐中氮含量的测定

测定土壤、肥料、饲料、食品、动物及植物等样品中的全氮时，需先将样品用适当的方法处理，使其中所有的氮都转化为 $NH_4^+$，然后再进行测定。测定铵盐中氮含量的方法有两种：

① 甲醛法

甲醛与铵盐作用时，可生成等物质量的强酸，反应如下：

$$4NH_4^+ + 6HCHO =\!=\!= (CH_2)_6N_4 - 4H^+ + 6H_2O$$

上述反应生成的酸，可用 NaOH 标准溶液滴定。由于生成的六亚甲基四胺，是一种弱碱，计量点时溶液的 pH≈8.7，可用酚酞做指示剂，滴定至溶液由无色变为微红色即为滴定终点。

甲醛中常含有少量因空气氧化而生成的甲酸，在使用前必须以酚酞做指示剂用 NaOH 中和。否则，将产生正误差。铵盐样品中若有游离酸存在，也要事先以甲基红做指示剂用 NaOH 中和并扣除。甲醛法操作简便、快速，但一般只适用于单纯含有 $NH_4^+$ 的样品（如氯化铵、硫酸铵、硝酸铵等）的测定，对于碳酸氢铵、碳酸铵等弱酸的铵盐则不能用直接滴定方法测定。

② 蒸馏法

在含有铵盐的样品溶液中加入浓 NaOH 溶液，经蒸馏装置把生成的氨蒸馏出来：

$$NH_4^+ + OH^- =\!=\!= NH_3\uparrow + H_2O$$

再用已知准确浓度的过量的 HCl 标准溶液吸收蒸馏出来的 $NH_3$，然后用 NaOH 标准溶液回滴剩余的 HCl。也可用 $H_3BO_3$ 吸收蒸馏出来的 $NH_3$，反应式：

$$NH_3 + H_3BO_3 =\!=\!= NH_4H_2BO_3$$

生成的 $NH_4H_2BO_3$ 可用 HCl 标准溶液滴定，反应式：

$$HCl + NH_4H_2BO_3 =\!=\!= NH_4Cl + H_3BO_3$$

化学计量点时，溶液中有 $NH_4Cl$ 和 $H_3BO_3$，pH≈5，可用甲基红或甲基红－溴甲酚绿混合指示剂指示终点。

用硼酸吸收 $NH_3$ 的优点是仅需要一种标准溶液，而且硼酸的浓度不必准确（常用 2%的硼酸溶液），只要用量足够过量即可。但要注意，硼酸吸收时，温度不能超过 40 ℃，否则，因 $NH_3$ 逸出，导致 $NH_3$ 的吸收不完全，会造成负误差。

蒸馏法不受样品中一般杂质的干扰，比较准确，但操作比较麻烦。

(3) 混合碱的测定——双指示剂法

混合碱通常是 NaOH 与 $Na_2CO_3$ 或 $Na_2CO_3$ 与 $NaHCO_3$ 的混合物。所谓双指示剂法指的是在同一溶液中先后用两种不同的指示剂来指示两个不同的滴定终点。

烧碱在生产和贮藏过程中，因吸收空气中的 $CO_2$ 而成为 NaOH 与 $Na_2CO_3$ 的混合物。测定时可用双指示剂法，即先用酚酞指示剂指示第一终点，再用甲基橙指示剂指示第二终点。当用 HCl 标准溶液滴定到第一化学计量点时，NaOH 已完全中和生成了

NaCl 和 $H_2O$，而 $Na_2CO_3$ 只被滴定到 $NaHCO_3$。设这一过程所消耗盐酸的总体积为 $V_1$ mL；继续用 HCl 标准溶液滴定时，第一化学计量点时所生成的 $NaHCO_3$ 与 HCl 反应，生成 $CO_2$ 和 $H_2O$。设此过程所消耗盐酸的体积为 $V_2$ mL，则滴定 NaOH 消耗盐酸的体积为 $(V_1-V_2)$ mL，滴定 $Na_2CO_3$ 消耗盐酸的体积为 $2V_2$ mL，如图 5-8 所示。

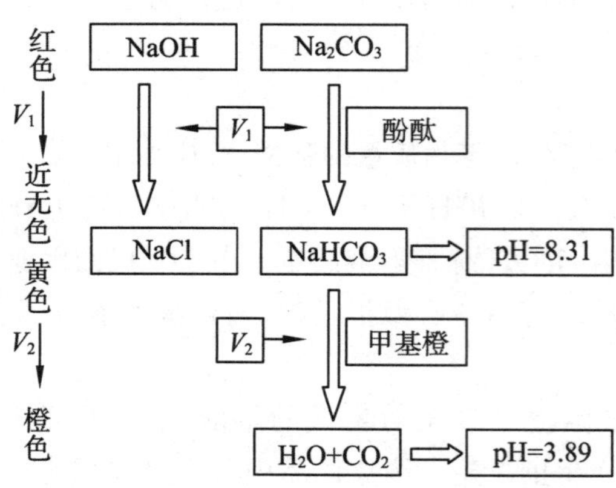


图 5-8 盐酸滴定 NaOH 和 $Na_2CO_3$ 混合物示意图

NaOH 和 $Na_2CO_3$ 的质量分数可按下式计算：

$$w(\mathrm{NaOH})=\frac{c(\mathrm{HCl})\cdot(V_1-V_2)\times10^{-3}\times M(\mathrm{NaOH})}{m}\times100\%$$

$$w(\mathrm{Na_2CO_3})=\frac{2c(\mathrm{HCl})\cdot V_2\times10^{-3}\times M(\frac{1}{2}\mathrm{Na_2CO_3})}{m}\times100\%$$

式中：$m$ 是 NaOH 与 $Na_2CO_3$ 混合物的质量，单位是 g。

纯碱中 $Na_2CO_3$ 和 $NaHCO_3$ 的测定，亦可用双指示剂法，即先用酚酞指示剂指示第一终点，再用甲基橙指示剂指示第二终点。当用 HCl 标准溶液滴定到第一化学计量点时，$Na_2CO_3$ 被中和生成了 $NaHCO_3$，而样品中原有的 $NaHCO_3$ 不被滴定，设这一过程所消耗盐酸的体积为 $V_1$ mL；继续用 HCl 标准溶液滴定时，第一化学计量点时所生成的 $NaHCO_3$ 和样品中原有的 $NaHCO_3$ 与 HCl 反应，生成 $CO_2$ 和 $H_2O$，设此过程所消耗盐酸的总体积为 $V_2$ mL，则滴定 $Na_2CO_3$ 消耗盐酸的体积为 $2V_1$ mL，滴定 $NaHCO_3$ 消耗盐酸的体积为 $(V_2-V_1)$ mL，如图 5-9 所示。

$Na_2CO_3$ 和 $NaHCO_3$ 的质量分数可按下式计算：

$$w(\mathrm{Na_2CO_3})=\frac{2c(\mathrm{HCl})\cdot V_1\times10^{-3}\times M(\mathrm{Na_2CO_3})}{m}\times100\%$$

$$w(\mathrm{NaHCO_3})=\frac{c(\mathrm{HCl})\cdot(V_2-V_1)\times10^{-3}\times M(\mathrm{NaHCO_3})}{m}\times100\%$$

式中：$m$ 是 $Na_2CO_3$ 和 $NaHCO_3$ 混合物的质量，单位是 g。

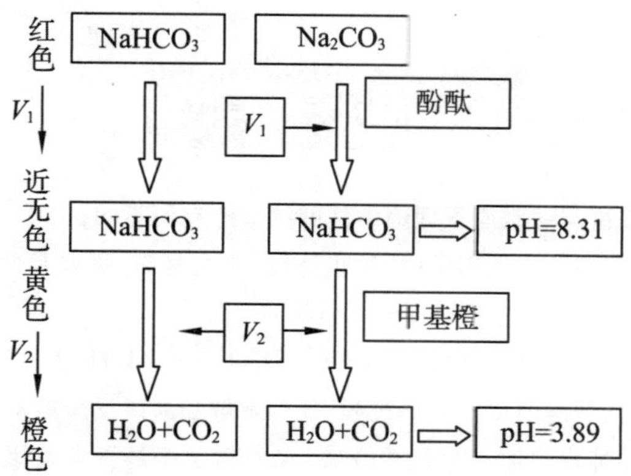


图5-9　HCl 滴定 $Na_2CO_3$ 和 $NaHCO_3$ 混合物示意图

用双指示剂法不仅可以测定混合碱中各组分的含量，还可以根据$V_1$和$V_2$的大小，判断样品的组成：

$$V_1 \neq 0, V_2 = 0, NaOH; V_1 = 0, V_2 \neq 0, NaHCO_3$$

$$V_1 = V_2 \neq 0, Na_2CO_3; \ V_1 > V_2 > 0, Na_2CO_3 + NaOH$$

$$V_2 > V_1 > 0, Na_2CO_3 + NaHCO_3$$

双指示剂法虽然操作简单，但分析结果的误差较大。

趣味化学

## 胃为什么不能消化掉自己

大家熟知，胃有很强的消化功能，靠的是胃内的盐酸、胃蛋白酶和黏液。盐酸是一种腐蚀性很强的酸。食物进入胃里，盐酸就会将食物中的细菌杀死。胃里盐酸的浓度较高，足以将金属锌溶解掉。胃蛋白酶能分解食物中的蛋白质。黏液能把食物包裹起来，既起到润滑作用，又能保护胃黏膜不受食物引起的机械损伤。胃里的盐酸、胃蛋白酶和黏液联合起来，几乎可以消化掉一切食物。

既然胃的消化能力这么强，为什么不能消化掉自己呢？这一问题在 100 多年前就被提出来了，可是一直没有找到圆满的答案。有的科学家认为，这是因为胃黏膜或胃液内存在一种特殊的物质，能够抵抗盐酸和胃蛋白酶的作用。

首先，胃壁在分泌盐酸以后，盐酸由于受到黏膜表面上皮细胞的阻挡不会倒流，也就不会腐蚀胃壁了。万一上皮细胞遭到破坏，黏膜会分泌黏液，对盐酸有一定的缓冲作用，也能防止黏附在胃黏膜表面的盐酸进入内部。胃黏膜还有“丢卒保车”的本领，它使上皮细胞不断地进行代谢更新，阻止胃蛋白酶吸附在黏膜上，达到保护胃壁的目的。另外，黏液中的糖蛋白质，有的含糖量很高、分子量很大，它们能抑制胃蛋白酶的活性。

其次，人的胃黏膜细胞，每分钟大约要脱落 50 万个，3 天内可以全部更新，这样强的再生能力，可以修复消化液对胃壁造成的暂时损伤。所以，在正常条件下，胃不能自己消化自己。如果胃内产生的胃酸过多，或者空腹吃药，损伤了胃壁，胃就开始消化自己，从而引发胃溃疡等疾病。

1. 举例说明酸碱电离理论与酸碱质子理论中酸碱的概念有何不同。

2. 根据酸碱质子理论，下列分子或离子中，哪些是酸、哪些是碱、哪些是两性物质，并写出弱酸的共轭碱和弱碱的共轭酸的化学式。

HAc　$H_2S$　$HS^-$　$OH^-$　$H_2O$　$NH_3$　$HPO_4^{2-}$　$CO_3^{2-}$　$[Al(H_2O)_5(OH)]^{2+}$

3. 用酸碱质子理论说明，弱酸弱碱的电离过程、盐的水解和酸碱反应的本质。

4. 何为水的离子积？往纯水中加入少量酸或碱，水的离子积是否会发生变化？水中 $H^+$ 离子的浓度会改变吗？为什么只用$[H^+]$就能表示出溶液的酸碱性？

5. 溶液的 pH 增大一个单位时，溶液中 $H^+$ 离子的浓度改变多少？pH 分别为 2 和 3 的两种溶液等体积混合后，溶液的 pH 变为多少？

6. 弱酸的解离常数与其电离度由哪些异同点？

7. 在醋酸稀溶液中分别加入下列物质后，醋酸电离度和溶液的 pH 各如何变化？

NaAc　　HCl 气体　　$H_2O$　　NaCl

8. 何谓多元酸的分级解离？为什么多元弱酸的分级解离常数会逐渐减小？

9. 在 $H_2S$ 的饱和溶液中，$H^+$ 离子和 $S^{2-}$ 离子的浓度是否存在 2∶1 的关系？为什么？

10. 缓冲溶液通常是由足够大浓度的弱酸及其共轭碱组成的，你认为下列物质两两按一定比例混合能否组成缓冲溶液？

(1) NaOH、HAc　　(2) HCl、$NH_3 \cdot H_2O$

(3) NaOH、$H_3PO_4$　　(4) 六次甲基四胺及其盐酸盐

11. 酸碱滴定又称中和滴定，滴定至化学计量点时溶液的 pH 一定等于 7 吗？

12. 现有 0.1 $mol \cdot L^{-1}$ 的 $NH_4Cl$ 溶液，可以用 NaOH 标准溶液直接准确滴定吗？

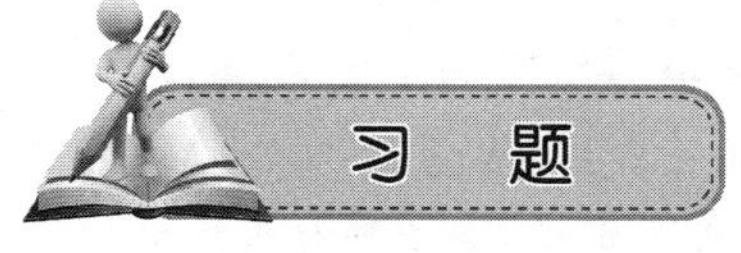


**一、选择题**

1. 下列溶液中，pH 相同的是(　　)。

A. 浓度相同的盐酸和醋酸溶液　　B. 酸度相同的盐酸和醋酸溶液

C. 解离度相同的盐酸和醋酸溶液

2. 下列哪种情况下，酸的强度最大(　　)。

A. 解离出来的 $H^+$ 多　B. 中和的碱多　C. $K_a^\ominus$ 大　D. 无法确定

3. 下列哪种情况碱的解离常数最大(　　)。

A. 中和酸的能力强　　B. 溶液中含有的 $OH^-$ 离子浓度大

C. 碱的强度大　　D. 配制的缓冲溶液所控制的 pH 低

4. 当弱酸 HB 溶液中[HB]=[$B^-$]时，(　　)。

A. $[H^+]=[OH^-]$　　B. $[H^+]=-\lg K_a^\ominus(HB)$

C. $\lg[H^+]=\lg K_a^\ominus(HB)$　　D. $pH=pK_w^\ominus-pK_a^\ominus(HB)$

5. 下列物质中，能够组成缓冲对的是(　　)。

A. $NH_3 \cdot H_2O-NaOH$　　B. $HCl-NaCl$

C. $Na_2CO_3-NaHCO_3$　　D. $NH_3 \cdot H_2O-HAc$

6. 欲配制 pH=5.5 的缓冲溶液，宜选用的缓冲对是（　　）。

A. 甲酸（$pK_a^{\ominus}=3.74$）及其盐　　B. 六次甲基四胺（$pK_b^{\ominus}=8.85$）及其盐

C. 氨水（$pK_b^{\ominus}=4.74$）及其盐　　D. 醋酸（$pK_a^{\ominus}=4.74$）及其盐

7. 在 $NH_3 \cdot H_2O \rightleftharpoons NH_4^+ + OH^-$ 平衡系统中，能使电离度和 pH 都减小的措施是（　　）。

A. 加盐酸　　B. 加氢氧化钠　　C. 升温　　D. 加氯化铵

8. 设 $NH_3 \cdot H_2O$ 的浓度为 $c$，加水稀释一倍，溶液中$[OH^-]$为（　　）。

A. $\frac{1}{2}c$　　B. $\frac{1}{2}\sqrt{c \cdot K_b^{\ominus}}$　　C. $\sqrt{\frac{1}{2}c \cdot K_b^{\ominus}}$　　D. $2c$

9. 下列物质（浓度均为 $0.1\ mol \cdot L^{-1}$）不能用相同浓度 HCl 溶液直接准确滴定的是（　　）。

A. $NH_3 \cdot H_2O$　　B. $NaNO_2$　　C. 硼砂　　D. $Na_2CO_3$

10. 欲提高 $H_2S$ 饱和溶液中 $S^{2-}$ 的浓度，应加入（　　）。

A. NaOH　　B. $CuCl_2$　　C. $H_2SO_4$　　D. $H_2O$

11. 相同温度下，下列溶液（浓度均为 $0.01\ mol \cdot L^{-1}$）的渗透压最小的是（　　）。

A. $C_6H_{12}O_6$　　B. $BaCl_2$　　C. HAc　　D. NaCl

12. 在水溶液中能大量存在的一组物质是（　　）。

A. $H_3PO_4$ 和 $PO_4^{3-}$　　B. $H_2PO_4^-$ 和 $PO_4^{3-}$　　C. $H_3PO_4$ 和 $HPO_4^{2-}$　　D. $HPO_4^{2-}$ 和 $PO_4^{3-}$

13. 向 HAc 溶液中，加入少量醋酸钠晶体，会使醋酸的（　　）。

A. $K_a^{\ominus}$ 减小　　B. 电离度减小　　C. $[H^+]$增大　　D. pH 减小

14. 正常人体血液的 pH 总是维持在 7.35～7.45 之间，这是因为（　　）。

A. 人体内有大量的水分

B. 人体排出的 $CO_2$ 气体部分溶解在血液中

C. 人体排出的酸性和碱性物质部分溶解在血液中

D. 血液中的 $HCO_3^-$ 和 $H_2CO_3$ 只允许在一定的比例范围内

15. 用硼砂标定 HCl 标准溶液时，下列量器需用操作液润洗的有（　　）。

A. 移液管和酸式滴定管　　B. 移液管和容量瓶

C. 移液管和锥形瓶　　D. 容量瓶和烧杯

16. 用 NaOH 标准溶液间接测定硫酸铵中氮的含量时，需要记录下列数据：

A. 称取硫酸铵的质量　　B. 滴定时消耗的 NaOH 标准溶液的体积

C. 溶解硫酸铵加入水的体积　　D. 加入 18%甲醛的体积

以上数据中需要准确记录的是（　　）。

17. 下列各缓冲溶液中，缓冲能力最大的是（　　）。

A. 10 mL $0.01\ mol \cdot L^{-1}$ HCl 与 10 mL $0.02\ mol \cdot L^{-1}$ NaAc 混合

B. 10 mL $0.1\ mol \cdot L^{-1}$ NaOH 与 10 mL $0.2\ mol \cdot L^{-1}$ HAc 混合

C. 10 mL $0.2\ mol \cdot L^{-1}$ HAc 与 10 mL $0.2\ mol \cdot L^{-1}$ NaAc 混合

D. 10 mL 浓度均为 $0.1\ mol \cdot L^{-1}$ HAc 和 NaAc 与 10 mL 水混合

18. 用失去部分结晶水的硼砂标定 HCl 的浓度，将使标定结果（　　）。

A. 偏低　　B. 偏高　　C. 无影响　　D. 不确定

19. 用 $0.10\ mol \cdot L^{-1}$ NaOH 溶液滴定 $0.10\ mol \cdot L^{-1}$ $H_2C_2O_4$ 溶液，选作指示终点的是（　　）。

A. 甲基红　　B. 溴甲酚绿　　C. 中性红　　D. 酚酞

**二、判断题**

1. 多元弱酸溶液中，酸根离子的浓度约等于其第一级解离常数。

2. 在一定温度下，弱酸的解离度越大，该溶液的 pH 越大。

3. $Na_2CO_3$ 与 $NaHCO_3$ 的混合溶液可作缓冲溶液。

4. 由于同离子效应的存在，电解质溶液的 pH 一定增大。

5. 弱酸稀释后其电离度会增大，溶液的 pH 也会增大。

6. 分别中和 pH 相同的 HCl 和 HAc 溶液时，所需 NaOH 的物质的量相同。

7. 酸溶液中不含 $OH^-$ 离子，碱溶液中没有 $H^+$ 离子。

**三、填空题**

1. 电离度的大小与________有关，而解离常数与________无关，因此解离常数比电离度更简便地表明了弱酸(碱)解离的本质。

2. 多元弱酸的第一级解离常数一般比第二级解离常数________，在计算其溶液中氢离子浓度时可以忽略第二级以后的各级解离。

3. $HPO_4^{2-}$ 的共轭碱是________；$HPO_4^{2-}$ 的与 $H_3PO_4$ 的解离常数的关系是________。

4. 用 0.10 mol·L$^{-1}$ NaOH 标准溶液滴定 0.10 mol·L$^{-1}$ HCl 和 0.10 mol·L$^{-1}$ $H_3PO_4$ 的混合溶液时，可能出现________个滴定突跃。

5. 在水溶液中，$NH_4HCO_3$ 的质子等衡式是________________________。

6. 某混合碱试样以酚酞做指示剂，用 HCl 标准溶液滴定到终点时，消耗 HCl 标准溶液 $V_1$ mL；再以甲基橙做指示剂滴定到终点时，又消耗 HCl 标准溶液 $V_2$ mL。若 $V_1<V_2$，则混合碱是由________和________组成的。

**四、简答题**

1. 按照酸碱质子理论，$NaH_2PO_4$ 和 $Na_2HPO_4$ 都是两性物质，但是 $NaH_2PO_4$ 溶液呈酸性，而 $Na_2HPO_4$ 溶液却呈碱性。为什么？

2. 测定大型锅炉所用水的硬度时，要在 pH 约为 10 的条件下进行，但是测定反应中会产生少量的 $H^+$。请你想办法使溶液的 pH 保持不变。

3. 实验室里配制 $SnCl_2$、$FeCl_3$、$BiCl_3$ 等溶液时，常将其固体先溶于浓盐酸中，待其完全溶解后再加纯净水稀释到所需的浓度。为什么不直接将固体溶于水？

4. 用邻苯二甲酸氢钾基准物质标定 0.1 mol·L$^{-1}$的 NaOH 溶液时，操作步骤如下：准确称取固体邻苯二甲酸氢钾 0.6～0.8 g 于 250 mL 锥形瓶中，加入 30 mL 新煮沸并冷却的蒸馏水，待固体完全溶解后，加入 0.1%的酚酞指示剂 1～2 滴，用待标定的 NaOH 溶液滴定至溶液呈现浅粉红色，并在 30 s 内不褪色即为滴定终点。记录滴定时消耗的 NaOH 溶液的体积。请回答下列问题：

(1) 本操作中，哪些数据需要准确记录？

(2) 称取邻苯二甲酸氢钾和加入 30 mL 蒸馏水各需要哪种量器？

(3) 滴定至终点时，溶液的粉红色不能持久。为什么？

(4) 溶解邻苯二甲酸氢钾固体时，需用新煮沸并冷却的蒸馏水。为什么？

5. 下列情况下，溶液呈酸性、中性还是碱性？为什么？

A. 相同浓度的 NaOH 溶液和硫酸等体积混合

B. 相同浓度的 NaOH 溶液和 HAc 溶液等体积混合

C. 相同浓度的氨水和盐酸等体积混合

D. 相同浓度的氨水和 HCN 溶液等体积混合

E. 20 mL 0.1 mol·L$^{-1}$的 HAc 溶液和 10 mL 0.1 mol·L$^{-1}$ NaOH 溶液

**五、计算题**

1. 计算常温下，0.10 mol·L$^{-1}$ $H_3PO_4$ 溶液中 $H^+$、$HPO_4^{2-}$ 离子的浓度和溶液的 pH。

【0.024 mol·L$^{-1}$；1.62×10$^{-8}$ mol·L$^{-1}$】

2. 计算室温下，pH 等于 3 的 $H_2S$ 饱和溶液中 $S^{2-}$ 离子的浓度。　【1.0×10$^{-6}$ mol·L$^{-1}$】

3. 25 ℃时，取 50 mL 0.10 mol·L$^{-1}$一元弱酸溶液。与 20 mL 0.10 mol·L$^{-1}$KOH 溶液混合，将混合液加水稀释到 100 mL，测得溶液的 pH 为 5.25。求一元弱酸溶液的解离常数。

【3.7×10$^{-6}$】

4. 25 ℃时，在 90 mL 0.10 mol·L$^{-1}$ HAc 和 0.10 mol·L$^{-1}$ NaAc 混合溶液中，加入 10 mL 0.10 mol·L$^{-1}$ HCl，溶液的 pH 为多少？　【4.64】

5. 下列滴定能否进行？若能进行，计算化学计量点时溶液的 pH，并指出选择何种指示剂。

(1) 0.10 mol·L$^{-1}$ HCl 滴定 0.10 mol·L$^{-1}$ NaAc　【不能滴定】

(2) 0.10 mol·L$^{-1}$ HCl 滴定 0.10 mol·L$^{-1}$ NaCN　【能，pH＝5.30，甲基红】

(3) 0.10 mol·L$^{-1}$ NaOH 滴定 0.10 mol·L$^{-1}$ HCOOH　【能，pH＝8.23，酚酞】

6. 下列多元酸(碱)能否用 NaOH(HCl)直接滴定？如能滴定，有几个滴定突跃？

(1) $H_3AsO_4$　【能滴定，有两个滴定突跃】

(2) $Na_2C_2O_4$　【不能滴定】

7. 在含有 0.280 0 g $CaCO_3$ 和中性杂质的石灰石样品中，加入 20.00 mL 0.107 5 mol·L$^{-1}$ HCl 溶液，然后用 5.60 mL NaOH 溶液回滴剩余的 HCl。已知 1.00 mL NaOH 相当于 0.975 0 mL HCl。计算石灰石中钙的质量分数。

【11.19%】

8. 取 0.2318 g 蛋白质样品，消解后加碱蒸馏，用 4% $H_3BO_3$ 溶液吸收蒸馏出的 $NH_3$，然后用 0.120 0 mol·L$^{-1}$ HCl 溶液 21.60 mL 滴定至终点。计算氮的质量分数。　【15.67%】

10. 现有 0.620 0 g 碱性试样，可能含有 NaOH 和 $Na_2CO_3$ 或 $Na_2CO_3$ 与 $NaHCO_3$ 及其他中性物质，用 $c$(HCl)＝0.106 2 mol·L$^{-1}$ 的盐酸滴定到酚酞终点，用去 40.36 mL；加入甲基橙后，滴入上述盐酸 16.38 mL 才变橙色。试判断样品的组成，并计算各组分的质量分数。

【NaOH 和 $Na_2CO_3$；$Na_2CO_3$：29.74%，NaOH：16.43%】

11. 有浓 $H_3PO_4$ 试样 2.000 g，用水稀释后定容至 250.00 mL。取 25.00 mL 以 0.100 0 mol·L$^{-1}$ NaOH 溶液 19.80 mL 滴定到甲基红变为橙色，计算试样中 $H_3PO_4$ 的质量分数。

【97.02%】

12. 某试样可能含有 $Na_3PO_4$、$Na_2HPO_4$、$NaH_2PO_4$ 或它们的混合物及其他不与酸作用的杂质。称取试样 2.000 g，溶解后加入甲基红指示剂，以 0.500 0 mol·L$^{-1}$ HCl 标准溶液滴定时消耗 32.00 mL；称取同样质量的试样，用酚酞做指示剂，消耗上述 HCl 标准溶液 12.00 mL。判断试样的组成，并计算各组分的质量分数。

【$Na_3PO_4$ 和 $Na_2HPO_4$；$Na_3PO_4$：49.17%，$Na_2HPO_4$：28.4%】

# 第六章

# 沉淀溶解平衡和沉淀滴定法

**本章教学要求**

1. 掌握溶度积的概念、溶度积与溶解度的相互换算关系。

2. 了解影响沉淀溶解平衡的因素，能够利用溶度积规则判断沉淀反应自发进行的方向。

3. 掌握沉淀溶解平衡的有关计算。

4. 了解银量法中莫尔法和佛尔哈德法的基本原理、滴定条件及应用。

通常，将室温下，在 100 g 水中溶解量少于 0.01 g 的物质，称为难溶性物质。在含有固体难溶电解质的饱和溶液中，存在着固体与其溶解后所产生的水合离子之间的平衡，这是一种多相离子平衡(polyphase ionic equilibrium)，也称为沉淀溶解平衡。利用沉淀溶解平衡，可对一些物质进行分离、提纯，并可控制条件使沉淀发生转化。沉淀溶解平衡也是定量分析法中沉淀滴定法和沉淀重量法的基础。

## 第一节 沉淀溶解平衡

### 一、难溶电解质的溶度积

难溶电解质在水中会发生一定程度的溶解，当形成饱和溶液时，未溶解的固体电解质与已溶解的电解质所产生的水合离子建立起动态平衡，这种状态称为沉淀溶解平衡状态，简称沉淀溶解平衡(precipitation dissolution equilibrium)。例如，将固体 AgCl 加入水中，在水分子的作用下，固体表面的 $Ag^+$ 和 $Cl^-$ 不断地由固体表面进入溶液，形成水合离子，此即难溶电解质的溶解(dissolution)过程。同时，当水合离子由于热运动碰到固体的表面时又会沉积为固体，此即离子的沉淀(precipitation)过程。当溶解和沉淀的速率相等时，就建立起了 AgCl 固体与溶液中的 $Ag^+$ 和 $Cl^-$ 之间的动态平衡，此时形成 AgCl 的饱和溶液(saturated solution)。这是一种多相平衡，可表示如下：

$$AgCl(s) \xrightleftharpoons[\text{沉淀}]{\text{溶解}} Ag^+(aq) + Cl^-(aq)$$

根据化学平衡原理，得

$$K_{sp}^{\ominus}(AgCl)=\left\{\frac{[Ag^{+}]}{c^{\ominus}}\right\}\cdot\left\{\frac{[Cl^{-}]}{c^{\ominus}}\right\}\xrightarrow{\text{简写作}}[Ag^{+}]\cdot[Cl^{-}]$$

$K_{sp}^{\ominus}(AgCl)$称为 AgCl 的溶度积常数，简称溶度积(solubility product)。

若将难溶电解质写作通式 $A_mB_n$，在一定温度下其饱和溶液中存在下列平衡：

$$A_mB_n(s)\underset{\text{沉淀}}{\overset{\text{溶解}}{\rightleftharpoons}}mA^{n+}(aq)+nB^{m-}(aq)$$

其溶度积的表达式为：

$$K_{sp}^{\ominus}(A_mB_n)=[A^{n+}]^m\cdot[B^{m-}]^n$$

式中，$m$ 和 $n$ 分别代表离子 $A^{n+}$ 和 $B^{m-}$ 在沉淀溶解平衡式中的化学计量数。因此，溶度积可定义为：在一定温度下，难溶电解质的饱和溶液中，各离子浓度(以化学计量数为乘幂)的乘积，用 $K_{sp}^{\ominus}$ 表示，其大小决定于难溶电解质的本性和温度，而与难溶电解质的量和溶液中离子浓度的变化无关。在一定温度下，用 $K_{sp}^{\ominus}$ 可以定性地比较同一类型难溶电解质溶解的相对难易。常见难溶电解质的溶度积，可从本书附表 5 中查得。注意，在书写某一具体物质的溶度积时，常在 $K_{sp}^{\ominus}$ 后面标出其化学式，如 $K_{sp}^{\ominus}(AgCl)$。

## 二、溶度积和溶解度的相互换算

在一定温度下，溶解度和溶度积都可以表示某一难溶电解质溶解的难易，因此，它们之间可以相互换算。请注意，这里所说的“溶解度”指的是，在一定温度下，1 L 某难溶电解质的饱和溶液中，所溶解该难溶电解质的物质的量，用 $s$ 表示，单位为 $mol\cdot L^{-1}$。

**例 6-1**　已知 25 ℃时，1 L 水中可溶解 AgBr $1.4\times10^{-4}$ g。求该温度下，AgBr 的溶度积。已知 AgBr 的相对分子质量为 187.77。

**解**：AgBr 的溶解度为：

$$s=\frac{1.4\times10^{-4}}{1\times187.77}=7.4\times10^{-7}mol\cdot L^{-1}$$

$$AgBr(s)\rightleftharpoons Ag^{+}(aq)+Br^{-}(aq)$$

平衡浓度/$(mol\cdot L^{-1})$　　　　$s$　　　　$s$

故　$K_{sp}^{\ominus}(AgBr)=[Ag^{+}]\cdot[Br^{-}]=s^2=(7.4\times10^{-7})^2=5.5\times10^{-13}$

**例 6-2**　已知 25 ℃时，$K_{sp}^{\ominus}(AgCl)=1.8\times10^{-10}$，$K_{sp}^{\ominus}(Ag_2CO_3)=8.1\times10^{-12}$，计算此温度下 AgCl 和 $Ag_2CO_3$ 的溶解度。

**解**：设 AgCl 的溶解度为 $x$ $mol\cdot L^{-1}$，$Ag_2CO_3$ 的溶解度为 $y$ $mol\cdot L^{-1}$，则

$$x=\sqrt{K_{sp}^{\ominus}(AgCl)}=\sqrt{1.8\times10^{-10}}=1.3\times10^{-5}$$

$$y=\sqrt[3]{\frac{K_{sp}^{\ominus}(Ag_2CO_3)}{4}}=\sqrt[3]{\frac{8.1\times10^{-12}}{4}}=1.3\times10^{-4}$$

25 ℃时，AgCl 的溶解度为 $1.3\times10^{-5}$ $mol\cdot L^{-1}$，$Ag_2CO_3$ 的溶解度为 $1.3\times10^{-4}$ $mol\cdot L^{-1}$。

各种类型的难溶电解质，在水中的溶解度 $s$ 与 $K_{sp}^{\ominus}$ 的关系如下：

AB 型(如 $AgCl$, $CaCO_3$ 等) $\quad s=\sqrt{K_{sp}^{\ominus}}$

$A_2B$ 或 $AB_2$ 型(如 $Ag_2S$, $CaF_2$ 等) $\quad s=\sqrt[3]{\frac{K_{sp}^{\ominus}}{4}}$

$A_3B$ 或 $AB_3$ 型[如 $Fe(OH)_3$] $\quad s=\sqrt[4]{\frac{K_{sp}^{\ominus}}{27}}$

必须指出，上述 $s$ 与 $K_{sp}^{\ominus}$ 的换算关系式是有条件的。首先，难溶电解质的溶解部分应一步完全解离，否则溶度积与溶解度的关系将比较复杂；其次，难溶电解质的离子在溶液中应不发生水解、聚合、络合等副反应。

**思考**

"相同温度下，两种难溶电解质相比较，溶度积大的，在水中较易溶解。"此说法对吗？

**提问**

25 ℃, $Mg(OH)_2$饱和溶液的pH为多少？

## 三、影响难溶电解质溶解度的因素

1. 本性

难溶电解质的本性是决定其溶解度大小的主要因素。

2. 温度

大多数难溶电解质的溶解过程是吸热过程，故升高温度将使其溶解度增大；反之亦然。

3. 同离子效应

根据化学平衡原理，若向 $BaSO_4$ 饱和溶液中加入 $BaCl_2$ 溶液，由于 $Ba^{2+}$ 浓度增大，平衡向左移动，固体物质的量将会增加。所以，$BaSO_4$ 的溶解度减小；同理，若加入 $Na_2SO_4$，也会产生同样效果。这种由于加入含有相同离子的可溶性电解质，而引起难溶电解质溶解度减小的现象称为同离子效应。

**例 6-3** 求室温下 $BaSO_4$ 在 0.10 mol·L$^{-1}$ $Na_2SO_4$ 溶液中的溶解度。已知 $K_{sp}^{\ominus}(BaSO_4)=1.1\times10^{-10}$。

**解：** $\quad BaSO_4(s)\rightleftharpoons Ba^{2+}(aq)+SO_4^{2-}(aq)$

平衡浓度/mol·L$^{-1}$ $\quad x \quad x+0.1$

$$K_{sp}^{\ominus}(BaSO_4)=[Ba^{2+}]\cdot[SO_4^{2-}]=x\cdot(x+0.1)=1.1\times10^{-10}$$

由于 $BaSO_4$ 的溶解度很小，故 $x+0.1\approx0.1$，则

$$x=1.1\times10^{-9}\ \text{mol}\cdot\text{L}^{-1}$$

在 0.10 mol·L$^{-1}$ $Na_2SO_4$ 溶液中，$BaSO_4$ 的溶解度比在纯水中的溶解度($1.0\times10^{-5}$ mol·L$^{-1}$)减小近万倍。可见，同离子效应可使难溶电解质的溶解度显著减小。利用这一原理，在分析化学中使用沉淀剂分离溶液中的某种离子时，可用含有相同离子的强电解质溶液洗涤所得的沉淀，以防因溶解而引起沉淀损失。例如，洗涤 $BaSO_4$ 沉淀可选用一定浓度的 $Na_2SO_4$ 溶液。

在难溶电解质的饱和溶液中，加入不含相同离子的强电解质溶液，将使难溶电解质的溶解度略有增大，这种现象称为盐效应。产生同离子效应的同时也伴随有盐效应，但盐效应比同离子效应小得多，所以在一般计算中将盐效应忽略。

# 第二节　溶度积规则及其应用

## 一、溶度积规则的内容

在难溶电解质溶液中，各离子浓度（以化学计量数为乘幂）的乘积称为离子积，用符号 $Q_i$ 表示。例如，$Mg(OH)_2$ 溶液的离子积 $Q_i=[c(Mg^{2+})/c^{\ominus}]\cdot[c(OH^-)/c^{\ominus}]^2$，常简化为

$$Q_i=c(Mg^{2+})\cdot c^2(OH^-)$$

$Q_i$ 和 $K_{sp}^{\ominus}$ 的表达式相似，但两者的概念是有区别的。$K_{sp}^{\ominus}$ 等于某一温度下，难溶电解质饱和溶液中各离子浓度的乘积。在一定温度下，任意一种难溶电解质都有确定的 $K_{sp}^{\ominus}$ 值；而 $Q_i$ 则等于一定温度下，难溶电解质非饱和溶液中各离子浓度的乘积。即对于指定的难溶电解质来说，溶度积只是温度的函数，而离子积不仅与温度有关，也与系统中离子的浓度有关。若在饱和溶液中，则 $Q_i=K_{sp}^{\ominus}$。

在任一多相离子系统中，离子积 $Q_i$ 与溶度积 $K_{sp}^{\ominus}$ 之间的关系可能有以下三种情况：

(1) $Q_i=K_{sp}^{\ominus}$，此时形成了难溶电解质的饱和溶液，既无沉淀生成，也无沉淀溶解，未溶的固体难溶电解质与已溶解部分产生的离子处于平衡状态。

(2) $Q_i<K_{sp}^{\ominus}$，此时形成了难溶电解质的不饱和溶液，若系统中有固体难溶电解质存在，固体将会溶解，直至形成饱和溶液。

(3) $Q_i>K_{sp}^{\ominus}$，此时形成了难溶电解质的过饱和溶液，系统中有沉淀析出，直至形成饱和溶液。

以上内容称为溶度积规则（the rule of solubility product）。在实际生产中，可以通过控制离子的浓度，促使反应系统中沉淀生成或溶解。

## 二、沉淀的生成

根据溶度积规则，如果 $Q_i>K_{sp}^{\ominus}$，就会生成沉淀，这是生成沉淀的必要条件。

### 1. 单一离子系统

单一离子系统即系统中只有一种离子能够与加入的沉淀剂反应。许多离子能与某种试剂反应，生成具有明显外观特征的沉淀，据此可鉴定某些离子是否存在。

**例 6-4**　将 $c(Ag^+)=4.0\times10^{-3}\ mol\cdot L^{-1}$ 的硝酸银溶液 20 mL 与相同浓度的铬酸钾溶液等体积混合，有无 $Ag_2CrO_4$ 沉淀生成？沉淀完全后溶液中 $Ag^+$ 的浓度是多大？已知 $K_{sp}^{\ominus}(Ag_2CrO_4)=1.1\times10^{-12}$。

**解：**两种溶液等体积混合后

$$c(Ag^+)=2.0\times10^{-3}\ mol\cdot L^{-1},c(CrO_4^{2-})=2.0\times10^{-3}\ mol\cdot L^{-1}$$

$Q_i=c^2(Ag^+)\cdot c(CrO_4^{2-})=(2.0\times10^{-3})^2\times2.0\times10^{-3}=8\times10^{-9}>K_{sp}^{\ominus}(Ag_2CrO_4)$，所以有 $Ag_2CrO_4$ 沉淀析出。

设反应完全后，系统中 $Ag^+$ 的浓度为 $2x\ mol\cdot L^{-1}$，则 $Ag_2CrO_4$ 溶解生成的 $CrO_4^{2-}$ 的浓度为 $x\ mol\cdot L^{-1}$，溶液达到平衡时 $CrO_4^{2-}$ 的浓度等于反应完全后剩余的 $CrO_4^{2-}$ 的浓度与 $Ag_2CrO_4$

溶解生成的 $CrO_4^{2-}$ 浓度之和，所以 $[CrO_4^{2-}]=2.0\times10^{-3}-\frac{2.0\times10^{-3}}{2}+x=(0.0010+x)\text{mol}\cdot\text{L}^{-1}$

$$Ag_2CrO_4(s) \rightleftharpoons 2Ag^+(aq)+CrO_4^{2-}(aq)$$

平衡时的浓度/$(\text{mol}\cdot\text{L}^{-1})$　　　$2x$　　　$0.0010+x$

则　$K_{sp}^{\ominus}(Ag_2CrO_4)=[Ag^+]^2\cdot[CrO_4^{2-}]=4x^2\times(0.0010+x)=1.1\times10^{-12}$

由于 $K_{sp}^{\ominus}$ 很小，$x$ 比 0.0010 小得多，所以 $0.0010+x\approx0.0010$，则

$$x=\sqrt{\frac{1.1\times10^{-12}}{4\times0.0010}}=1.7\times10^{-5}\qquad [Ag^+]=3.4\times10^{-5}\text{mol}\cdot\text{L}^{-1}$$

由于没有绝对不溶于水的物质，所以任何一种沉淀的析出，实际上都不可能绝对完全，即溶液中总会残留少量被沉淀的离子。一般地说，当残留在溶液中的被沉淀离子浓度不大于 $10^{-5}\text{mol}\cdot\text{L}^{-1}$ 时，就可认为这种离子已经被沉淀完全了。

通过加入沉淀剂来分离溶液中的某种离子时，要使其沉淀完全，通常采取以下几种措施：

(1) 选择合适的沉淀剂，使沉淀的溶解度尽可能小。例如，$Ca^{2+}$ 可以沉淀为 $CaSO_4$ 和 $CaC_2O_4$，它们的 $K_{sp}^{\ominus}$ 分别为 $2.0\times10^{-4}$ 和 $2.6\times10^{-9}$。因此，常常选用 $Na_2C_2O_4$ 作为 $Ca^{2+}$ 的沉淀剂，以便使 $Ca^{2+}$ 沉淀得更完全。

(2) 加入适当过量的沉淀剂。这实际上是根据同离子效应，加入过量的沉淀剂使沉淀更加完全。但沉淀剂的加入量并非越多越好，因为有时过多地加入沉淀剂，反而会因为发生盐效应、络合效应等使沉淀的溶解量增加。在分析化学中，一般使沉淀剂过量 20%～50% 为宜。例如，用 NaCl 溶液沉淀 $Ag^+$ 时，若加入 NaCl 太多反而会因形成 $[AgCl_2]^-$ 配离子，使 $Ag^+$ 沉淀不完全。

(3) 若反应后被沉淀的离子生成难溶的氢氧化物或弱酸盐，还需控制适宜的 pH，以确保沉淀完全。

**例 6-5**　在 $c(Co^{2+})=1.0\ \text{mol}\cdot\text{L}^{-1}$ 的溶液中，含有少量杂质 $Fe^{3+}$，如何控制溶液的 pH 才能达到去除杂质的目的？已知 $K_{sp}^{\ominus}[Co(OH)_2]=1.6\times10^{-15}$，$K_{sp}^{\ominus}[Fe(OH)_3]=2.6\times10^{-39}$。

**解**：要达到除杂的目的必须满足杂质离子($Fe^{3+}$)被沉淀完全，$Co^{2+}$ 不被沉淀。

先计算使 $Fe^{3+}$ 沉淀完全时所需溶液的最低 pH：

$$Fe(OH)_3(s) \rightleftharpoons Fe^{3+}(aq)+3OH^-(aq)$$

$$K_{sp}^{\ominus}[Fe(OH)_3]=[Fe^{3+}]\cdot[OH^-]^3$$

$$[OH^-]=\sqrt[3]{\frac{K_{sp}^{\ominus}[Fe(OH)_3]}{[Fe^{3+}]}}=\sqrt[3]{\frac{2.6\times10^{-39}}{10^{-5}}}=6.4\times10^{-12}\ \text{mol}\cdot\text{L}^{-1}\qquad pH=2.81$$

计算 $Co^{2+}$ 不生成 $Co(OH)_2$ 沉淀时溶液的最高 pH：

$$Co(OH)_2(s) \rightleftharpoons Co^{2+}(aq)+2OH^-(aq)$$

$$K_{sp}^{\ominus}[Co(OH)_2]=[Co^{2+}]\cdot[OH^-]^2$$

$$[OH^-]=\sqrt{\frac{K_{sp}^{\ominus}[Co(OH)_2]}{[Co^{2+}]}}=\sqrt{\frac{1.6\times10^{-15}}{1.0}}=4.0\times10^{-8}\ \text{mol}\cdot\text{L}^{-1}\qquad pH=6.60$$

所以，控制溶液的 pH 在 2.81～6.60 之间就可保证 $Fe^{3+}$ 沉淀完全，而 $Co^{2+}$ 不生成沉淀，从而达到去除 $Fe^{3+}$ 的目的。另外，许多金属硫化物都是难溶电解质，不同难溶金属硫化物的 $K_{sp}^{\ominus}$ 不同，在 $H_2S$ 的饱和溶液中，$S^{2-}$ 离子的浓度可以通过控制溶液的 pH 来调节，从而使溶液中的某些金属离子达到分离或提纯的目的。这是阳离子定性分析中，硫化氢系统法的依据。

2. 混合离子系统

在实际生产和科研中，常常会遇到溶液中同时存在几种离子，当加入某种沉淀剂时，往往这几种离子都可以和沉淀剂作用生成难溶化合物。那么，如何控制条件使这几种离子分别沉淀出来，从而达到分离的目的呢？根据溶度积规则可知，所需沉淀剂的量越少的离子越容易沉淀析出。因此，可以通过逐滴加入沉淀剂，使混合离子按顺序先后沉淀出来，这种现象称为分步沉淀(fractional precipitation)，别称分级沉淀或选择性沉淀(selective precipitation)。在分析工作中，常用于离子分离。

**例 6-6**　将浓度均为 0.002 0 mol·L⁻¹的 KCl 溶液和 KI 溶液等体积混合，逐滴加入 $AgNO_3$ 溶液(设溶液总体积不变)，通过计算说明，先生成哪种沉淀？用这种方法能否将两种离子分离？已知 $K_{sp}^{\ominus}(AgCl)=1.8\times10^{-10}$，$K_{sp}^{\ominus}(AgI)=8.5\times10^{-17}$。

**解：**根据溶度积规则，离子积达到溶度积时所需 $Ag^+$ 浓度小的先析出沉淀。生成 AgCl、AgI 沉淀时所需 $Ag^+$ 的最低浓度分别为

$$[Ag^+]=\frac{K_{sp}^{\ominus}(AgCl)}{[Cl^-]}=\frac{1.8\times10^{-10}}{0.001\,0}=1.8\times10^{-7}\ \mathrm{mol\cdot L^{-1}}$$

$$[Ag^+]=\frac{K_{sp}^{\ominus}(AgI)}{[I^-]}=\frac{8.5\times10^{-17}}{0.001\,0}=8.5\times10^{-14}\ \mathrm{mol\cdot L^{-1}}$$

由于生成 AgI 沉淀所需 $Ag^+$ 浓度较生成 AgCl 沉淀所需 $Ag^+$ 浓度小，所以逐滴加入 $AgNO_3$ 溶液时，先析出黄色的 AgI 沉淀。当溶液中 $Ag^+$ 离子的浓度大于 $1.8\times10^{-7}$ mol·L⁻¹时，才有 AgCl 白色沉淀生成，此时溶液中剩余的 $I^-$ 离子浓度为：

$$c(I^-)=\frac{K_{sp}^{\ominus}(AgI)}{c(Ag^+)}=\frac{8.5\times10^{-17}}{1.8\times10^{-7}}=4.7\times10^{-10}\ \mathrm{mol\cdot L^{-1}}<1.0\times10^{-5}\ \mathrm{mol\cdot L^{-1}}$$

可见，当 $Cl^-$ 开始沉淀时，$I^-$ 早已沉淀完全，所以，利用分步沉淀原理可以将这两种离子分离。

必须注意，只有对同一类型的难溶电解质，且被沉淀离子浓度相同或相近时，逐滴加入沉淀剂，才可断定溶度积小的先沉淀，溶度积大的后沉淀。不同类型的难溶电解质或虽然类型相同但被沉淀离子浓度不同，生成沉淀的先后顺序就不能根据溶度积的大小直接判断，而必须通过具体计算才能确定。

周期表中，除 ⅠA、ⅡA 元素外，大多数金属氢氧化物的溶解度都比较小且差异很大，可利用控制溶液酸度的方法，选择性地使某些金属离子以氢氧化物的形式沉淀，以达到分离混合离子的目的。

## 三、沉淀的溶解

根据溶度积规则，要使沉淀溶解，就必须使 $Q_i<K_{sp}^{\ominus}$。因此，只要创造一定的条件，使

难溶电解质饱和溶液的离子积小于难溶电解质的溶度积，就可促使沉淀溶解。

1. 通过酸碱反应，促使沉淀溶解

在难溶电解质饱和溶液中加入酸后，酸与溶液中的阴离子反应生成弱电解质或气体，从而降低了溶液中阴离子的浓度，使 $Q_i < K_{sp}^{\ominus}$，达到沉淀溶解的目的。例如，$Mg(OH)_2$ 可溶于 HCl 溶液，反应过程如下：

$$Mg(OH)_2(s) \rightleftharpoons Mg^{2+}(aq) + 2OH^-(aq)$$
$$2HCl(aq) = 2Cl^-(aq) + 2H^+(aq)$$

由于 $Mg(OH)_2$ 电离出来的 $OH^-$ 与酸电离出来的 $H^+$ 结合生成弱电解质 $H_2O$，体系中 $OH^-$ 浓度降低，使得 $Q_i < K_{sp}^{\ominus}[Mg(OH)_2]$，平衡向 $Mg(OH)_2$ 溶解的方向移动。整个过程涉及以下两个平衡：

$$Mg(OH)_2(s) \rightleftharpoons Mg^{2+}(aq) + 2OH^-(aq) \qquad [Mg^{2+}]\cdot[OH^-]^2 = K_{sp}^{\ominus}[Mg(OH)_2]$$

$$2H^+(aq) + 2OH^-(aq) \rightleftharpoons 2H_2O(l) \qquad \frac{1}{[H^+]^2\cdot[OH^-]^2} = \frac{1}{K_w^{\ominus 2}}$$

两个反应中都有 $OH^-$ 离子，两式相加得总反应：

$$Mg(OH)_2(s) + 2H^+(aq) \rightleftharpoons Mg^{2+}(aq) + 2H_2O(l)$$

总反应的平衡常数为：$K^{\ominus} = \frac{[Mg^{2+}]}{[H^+]^2} = \frac{[Mg^{2+}]\cdot[OH^-]^2}{[H^+]^2\cdot[OH^-]^2} = \frac{K_{sp}^{\ominus}[Mg(OH)_2]}{K_w^{\ominus 2}}$

根据上式，可以进行一些有关的运算。

**例 6-7** 欲使 0.10 mol ZnS 完全溶解于 1 L 盐酸中，需要盐酸的最低浓度是多大？已知 $K_{a1}^{\ominus}(H_2S) = 9.1\times10^{-8}$，$K_{a2}^{\ominus}(H_2S) = 1.1\times10^{-12}$，$K_{sp}^{\ominus}(ZnS) = 2.5\times10^{-22}$。

**解：**设 ZnS 完全溶解需要盐酸的最低浓度为 $x$ mol·L$^{-1}$。

因为 0.10 mol ZnS 完全溶解时，需要消耗 0.20 mol $H^+$，所以平衡时 $H^+$ 的浓度为 $(x-0.20)$ mol·L$^{-1}$。ZnS 溶于盐酸的总反应为：

$$ZnS(s) + 2H^+(aq) \rightleftharpoons Zn^{2+}(aq) + H_2S(aq)$$

平衡浓度/(mol·L$^{-1}$)　　$x-0.20$　　0.10　　0.10

根据多重平衡规则可知，上述反应的平衡常数 $K^{\ominus}$ 为：

$$K^{\ominus} = \frac{[Zn^{2+}]\cdot[H_2S]}{[H^+]^2} = \frac{[Zn^{2+}]\cdot[H_2S]\cdot[S^{2-}]}{[H^+]^2\cdot[S^{2-}]} = \frac{K_{sp}^{\ominus}(ZnS)}{K_{a1}^{\ominus}\cdot K_{a2}^{\ominus}} = \frac{2.5\times10^{-22}}{9.1\times10^{-8}\times1.1\times10^{-12}}$$
$$= 2.5\times10^{-3}$$

$$\frac{0.10^2}{(x-0.20)^2} = 2.5\times10^{-3} \qquad x = 2.2$$

即使 0.10 mol ZnS 完全溶解于 1 L 盐酸中，需要盐酸的最低浓度是 2.2 mol·L$^{-1}$。

2. 通过氧化还原反应，促使沉淀溶解

加入氧化剂或还原剂，使系统中某种离子发生氧化或还原反应，也可以促使沉淀溶解。例如，在 CuS 的饱和溶液中加入稀硝酸，可将其中的 $S^{2-}$ 氧化成 S，从而降低 $S^{2-}$ 离子的浓度，使溶液中 $Cu^{2+}$ 和 $S^{2-}$ 离子浓度的乘积小于 CuS 的溶度积，CuS 沉淀就会溶解。反应方程式：

$$3CuS(s) + 8HNO_3 \rightleftharpoons 3Cu(NO_3)_2 + 3S\downarrow + 2NO\uparrow + 4H_2O$$

3. 通过配位反应，促使沉淀溶解

在难溶电解质的饱和溶液中，加入适当的配位剂，发生配位反应（又称络合反应），使溶液中某种离子形成稳定的配合物（又称络合物），可促使沉淀溶解。例如，AgCl 沉淀能溶于氨水中，其原因是：

$$AgCl(s) \rightleftharpoons Ag^+(aq) + Cl^-(aq)$$

$$+$$

$$2NH_3(aq) \rightleftharpoons [Ag(NH_3)_2]^+(aq)$$

反应生成稳定的$[Ag(NH_3)_2]^+$，大大降低了 $Ag^+$ 浓度，使得 AgCl 沉淀溶解。有关的计算实例，将在后续内容中讨论。

## 四、沉淀的转化

在难溶电解质的饱和溶液中，加入适当试剂，使其转化为另一种更为难溶的电解质的过程，称为沉淀的转化。例如，向盛有白色 $PbSO_4$ 沉淀的试管中，加入适量的 $Na_2S$ 溶液，搅拌后，可以观察到沉淀由白色变为黑色，反应如下：

$$PbSO_4(s)(\text{白色}) \rightleftharpoons Pb^{2+}(aq) + SO_4^{2-}(aq)$$

$$+$$

$$S^{2-}(aq) \rightleftharpoons PbS(s)(\text{黑色})$$

这是由于生成了比 $PbSO_4$($K_{sp}^{\ominus}=1.1\times10^{-8}$)更难溶解的 PbS($K_{sp}^{\ominus}=3.4\times10^{-28}$)沉淀，破坏了 $PbSO_4$ 的沉淀溶解平衡。上述转化的总反应方程式为：

$$PbSO_4(s) + S^{2-}(aq) \rightleftharpoons PbS(s) + SO_4^{2-}(aq)$$

$$K^{\ominus} = \frac{[SO_4^{2-}]}{[S^{2-}]} = \frac{[SO_4^{2-}]\cdot[Pb^{2+}]}{[S^{2-}]\cdot[Pb^{2+}]} = \frac{K_{sp}^{\ominus}(PbSO_4)}{K_{sp}^{\ominus}(PbS)} = \frac{1.6\times10^{-8}}{8.0\times10^{-28}} = 2.0\times10^{19}$$

平衡常数 $K^{\ominus}$ 值很大，说明上述转化反应进行得很完全。一般来讲，溶解度较大的沉淀易转化为溶解度较小的沉淀，两种沉淀的溶解度相差愈大，转化反应进行得愈完全。

> **提问**
>
> 可否认为“沉淀的转化方向是由溶度积大的转化为溶度积小的”？

在生产实践中，有些沉淀既难溶于水，又难溶于酸，对于这样的沉淀就可采用沉淀转化法来处理。例如，锅炉中锅垢的主要成分是 $CaSO_4$，它很难用直接溶解的方法除去。如果先用 $Na_2CO_3$ 溶液来处理，使 $CaSO_4$ 转化成溶解度更小的 $CaCO_3$，再用酸溶解 $CaCO_3$ 就能将锅垢除净。

# 第三节 沉淀滴定法

沉淀滴定法（precipitation titration）是以沉淀反应为基础的一种滴定分析方法。能产生沉淀的反应虽多，但大多数沉淀反应因不能满足定量分析的要求，而不能用作滴定反应。目前，具有实用价值的是生成难溶的银盐的反应：

$$Ag^+ + X^- \rightleftharpoons AgX\downarrow (X^-:Cl^-、Br^-、I^-、CN^-、SCN^-等)$$

这种以生成难溶的银盐反应为基础的沉淀滴定法称为银量法。根据所用指示剂的不同，银量法又可分为莫尔法、佛尔哈德法和法扬司法等。

## 一、银量法滴定终点的确定

1. 莫尔(Mohr)法

(1) 基本原理

莫尔法是以铬酸钾做指示剂，在中性或弱碱性溶液中，用硝酸银标准溶液直接滴定 $Cl^-$ 或 $Br^-$ 离子的银量法。由于 AgCl 的溶解度小于 $Ag_2CrO_4$ 的溶解度，所以在滴定的过程中 AgCl 首先沉淀出来，随着 $AgNO_3$ 溶液的不断加入，溶液中的 $Cl^-$ 浓度越来越小，$Ag^+$ 的浓度则相应的增大，直到 $Ag^+$ 离子的浓度的二次方与 $CrO_4^{2-}$ 离子的浓度的乘积超过 $Ag_2CrO_4$ 的溶度积时，出现砖红色的 $Ag_2CrO_4$ 沉淀，指示滴定终点的到达。滴定反应如下：

计量点前 $Ag^+ + Cl^- \rightleftharpoons AgCl\downarrow$(白色) $K_{sp}^{\ominus}(AgCl) = 1.8\times10^{-10}$

计量点后 $2Ag^+ + CrO_4^{2-} \rightleftharpoons Ag_2CrO_4\downarrow$(砖红色) $K_{sp}^{\ominus}(Ag_2CrO_4) = 1.1\times10^{-12}$

(2) 滴定条件

① 指示剂的用量 莫尔法是以 $Ag_2CrO_4$ 红色沉淀的出现来指示滴定终点的，如果 $K_2CrO_4$ 溶液的浓度过大，终点会提前出现；浓度过小，终点将会滞后。这两种情况，均影响滴定的准确度。实验证明，$K_2CrO_4$ 的浓度以 0.005 $mol\cdot L^{-1}$ 为宜。通常，当被测溶液中出现微红色时，即可终止滴定。

② 溶液的酸度 莫尔法只能在中性或弱碱性(pH=6.5～10.5)条件下进行，因为在酸性溶液中 $Ag_2CrO_4$ 沉淀会溶解：

$$Ag_2CrO_4 + H^+ \rightleftharpoons 2Ag^+ + HCrO_4^-$$

$$2HCrO_4^- \rightleftharpoons Cr_2O_7^{2-} + H_2O$$

而在强碱性溶液中，$Ag^+$ 会生成 $Ag_2O$ 沉淀：

$$Ag^+ + OH^- \rightleftharpoons AgOH\downarrow \qquad 2AgOH = Ag_2O + H_2O$$

如果被测液的碱性太强，可加入 $HNO_3$ 中和；若酸性太强，可加入硼砂或碳酸氢钠中和。

(3) 应用范围

莫尔法只适用于测定 $Cl^-$ 和 $Br^-$，并且在滴定过程中要剧烈摇动锥形瓶，以减少沉淀表面对被测离子的吸附作用。不能测定 $I^-$、$SCN^-$，因为 AgI、AgSCN 沉淀表面能强烈地吸附 $I^-$、$SCN^-$。

测定 $Cl^-$ 或 $Br^-$ 时，溶液中不能有 $Pb^{2+}$、$Ba^{2+}$、$Hg^{2+}$ 等阳离子和 $PO_4^{3-}$、$AsO_4^{3-}$ 等阴离子存在，否则干扰测定。还需要注意的是，不能用 NaCl 标准溶液去滴定 $AgNO_3$，因为加入 $K_2CrO_4$ 指示剂后会析出 $Ag_2CrO_4$ 沉淀，在滴定过程中，$Ag_2CrO_4$ 转化为 AgCl 较困难，滴定误差较大。如要用莫尔法测 $Ag^+$ 可利用返滴定法，即先在被测 $Ag^+$ 溶液中加入一定量过量的 NaCl 标准溶液溶液，待 AgCl 沉淀完全后，再用 $AgNO_3$ 标准溶液滴定溶液中剩余的 $Cl^-$。

2. 佛尔哈德(Volhard)法

(1) 基本原理

佛尔哈德法是以铁铵矾【$NH_4Fe(SO_4)_2 \cdot 12H_2O$】做指示剂，在酸性溶液中，用硫氰酸钾(KSCN)或硫氰酸铵($NH_4SCN$)标准溶液滴定 $Ag^+$ 及卤素离子，它可分为直接滴定法和返滴定法。

① 直接滴定法测定 $Ag^+$　在硝酸介质中，以铁铵矾做指示剂，用 $NH_4SCN$(或 KSCN)标准溶液滴定 $Ag^+$。随着标准溶液的加入，溶液中不断生成白色的 AgSCN 沉淀，当 $Ag^+$ 定量沉淀后，稍过量的 $SCN^-$ 与 $Fe^{3+}$ 生成红色的 $[Fe(SCN)]^{2+}$，从而指示终点的到达。反应式如下：

$$Ag^+ + SCN^- \rightleftharpoons AgSCN\downarrow\text{(白色)} \qquad K_{sp}^{\ominus}(AgSCN) = 1.2\times10^{-12}$$

$$Fe^{3+} + SCN^- \rightleftharpoons [Fe(SCN)]^{2+}\text{(红色)} \qquad K_s^{\ominus}\{[Fe(SCN)]^{2+}\} = 138$$

由于 AgSCN 沉淀易吸附溶液中的 $Ag^+$，使终点提前出现，所以在滴定时必须剧烈摇动锥形瓶，使被吸附的 $Ag^+$ 释放出来。

② 返滴定法测定卤素离子　在含有卤素离子或 $SCN^-$ 的溶液中，加入一定量过量的 $AgNO_3$ 标准溶液，使卤素离子或 $SCN^-$ 完全生成银盐沉淀，然后以铁铵矾为指示剂，用 $NH_4SCN$ 标准溶液滴定过量的 $AgNO_3$。由于滴定是在硝酸介质中进行，许多阴离子如 $PO_4^{3-}$、$AsO_4^{3-}$、$S^{2-}$ 等不干扰测定，因此这种滴定方法的选择性较高。例如测定 $Cl^-$ 时，反应如下：

$$Cl^- + Ag^+\text{(过量)} \rightleftharpoons AgCl\downarrow\text{(白色)}$$

$$Ag^+\text{(剩余)} + SCN^- \rightleftharpoons AgSCN\downarrow\text{(白色)}$$

$$Fe^{3+} + SCN^- \rightleftharpoons [Fe(SCN)]^{2+}\text{(红色)}$$

用返滴定法测定 $I^-$ 离子时，必须先加入过量的 $AgNO_3$ 溶液，使 $I^-$ 沉淀完全，再加入指示剂，否则 $Fe^{3-}$ 与 $I^-$ 发生氧化还原反应，影响测定结果：

$$2Fe^{3+} + 2I^- = 2Fe^{2+} + I_2$$

测定 $Cl^-$ 离子时，加入过量的 $AgNO_3$ 标准溶液后，应先将生成的 AgCl 沉淀过滤出去，然后再滴定滤液，或者加入硝基苯将 AgCl 沉淀保护起来，否则得不到准确结果。这是因为 AgCl 的溶解度比 AgSCN 的大，将会发生下列反应：

$$AgCl(s) + SCN^-(aq) \rightleftharpoons AgSCN(s) + Cl^-(aq)$$

使 AgCl 沉淀转化为 AgSCN 沉淀，引入很大的滴定误差。

(2) 滴定条件

① 指示剂用量　实验证明，要观察到红色 $[Fe(SCN)]^{2+}$ 的最低浓度应为 $6.0\times10^{-6}\,mol\cdot L^{-1}$。根据计算，此时 $Fe^{3+}$ 的浓度约为 $0.03\ mol\cdot L^{-1}$。实际上，$Fe^{3+}$ 的浓度太大，溶液呈较深的黄色，影响终点的观察，通常 $Fe^{3+}$ 的浓度为 $0.015\ mol\cdot L^{-1}$。

② 溶液酸度　滴定反应需在酸性条件下进行，$H^+$ 离子浓度控制在 $0.1\sim1\ mol\cdot L^{-1}$ 之间。否则，$Fe^{3+}$ 会发生水解，影响测定。

(3) 应用范围

佛尔哈德法在酸性溶液中进行，可减少共存离子的干扰，所以应用范围很广。不仅

可以用来测定 $Ag^+$、$Cl^-$、$Br^-$、$I^-$、$SCN^-$，还可以用来测定 $PO_4^{3-}$ 和 $AsO_4^{3-}$。在农业生产中，也常用此法测定有机氯农药，如六六六和滴滴涕等。凡是能与 $SCN^-$ 作用的 $Cu^+$、$Hg^+$ 以及能与 $Cl^-$、$Br^-$、$I^-$ 等作用的离子，都需预先除去；能与 $Fe^{3+}$ 发生氧化还原反应的还原剂也应预先除去。

3. 法扬司(Fajans)法

法扬司法是以吸附指示剂指示终点的银量法。吸附指示剂(absorption indicators)是一类有机染料，它的阴离子在溶液中易被带正电荷的胶状沉淀所吸附，吸附后结构发生变化而引起颜色变化，从而指示滴定终点。几种常用吸附指示剂见表 6-1 中。

下面以 $AgNO_3$ 标准溶液滴定 $Cl^-$，荧光黄做指示剂为例，说明吸附指示剂的作用原理。荧光黄是一种有机弱酸，通常用 HFIn 表示。它在溶液中解离产生的阴离子 $FIn^-$ 呈黄绿色：

$$HFIn \rightleftharpoons H^+ + FIn^-\text{(黄绿色)}$$

计量点前，溶液中 $Cl^-$ 过量，AgCl 沉淀表面吸附 $Cl^-$，使之带负电荷，因此不能吸附荧光黄阴离子。计量点后，溶液中 $Ag^+$ 过量，AgCl 沉淀胶粒吸附 $Ag^+$，使胶粒带正电荷，这时荧光黄阴离子被吸附，可能形成荧光黄银化合物，使沉淀表面呈粉红色，从而指示滴定终点。

计量点前：　$AgCl \cdot Cl^- + FIn^-$(黄绿色)

计量点后：　$AgCl \cdot Ag^+ + FIn^- \xrightarrow{\text{吸附}} AgCl \cdot Ag \cdot FIn$(粉红色)

如果用 NaCl 溶液滴定 $Ag^+$，则指示剂的颜色变化正好相反。吸附指示剂颜色的变化发生在沉淀表面，为使终点时颜色变化明显，应尽量使沉淀的比表面大一些，因此常加入一些保护胶体(如糊精)，以阻止卤化银凝聚，使其保持胶体状态。此外，溶液的酸度要适当，以保证指示剂呈阴离子状态。

**表 6-1　常用的吸附指示剂**

| 指示剂名称 | 被测离子 | 滴定剂 | 滴定条件(pH) |
|---|---|---|---|
| 荧光黄 | $Cl^-$,$Br^-$,$I^-$ | $AgNO_3$ | 7～10 |
| 二氯荧光黄 | $Cl^-$,$Br^-$,$I^-$ | $AgNO_3$ | 4～10 |
| 曙红 | $SCN^-$,$Br^-$,$I^-$,$Br^-$,$I^-$ | $AgNO_3$ | 2～10 |
| 溴甲酚绿 | $SCN^-$ | $AgNO_3$ | 4～5 |

## 二、沉淀滴定法的应用

1. 沉淀滴定法常用的标准溶液

(1) $AgNO_3$ 溶液

分析纯(AR)$AgNO_3$ 可以直接配制标准溶液，即将 AR 级的 $AgNO_3$ 置于烘箱内于 110 ℃烘干 2 h 除去吸湿水，在干燥器内冷却至室温，准确称取一定量，溶解后定容，即得标准溶液。

由于 $AgNO_3$ 见光易分解，因此 $AgNO_3$ 溶液应保存于棕色瓶中。同时由于 $AgNO_3$ 具有氧化性，所以滴定时应将 $AgNO_3$ 溶液装入酸式滴定管中。

若 $AgNO_3$ 固体纯度不够(可能含有少量金属银、有机物、不溶性物等杂质)，则应采用间接法配制 $AgNO_3$ 标准溶液。即先配制近似浓度的 $AgNO_3$ 标准溶液，再用 AR 级的 NaCl 配制成标准溶液，滴定后，通过 $AgNO_3$ 和 NaCl 之间的计量关系，即可求出 $AgNO_3$ 溶液的准确浓度。

$$c(AgNO_3)=\frac{V(NaCl)}{V(AgNO_3)}\cdot c(NaCl)$$

因为固体 NaCl 易潮解，所以应预先处理：将其放入洁净坩埚中，在 400～500 ℃之间灼烧至不发出爆裂声为止。再将干燥的 NaCl 放入干燥器中冷却备用。标定时所选用的条件应与测定时的一致，以减小误差。

(2) $NH_4SCN$ 标准溶液

$NH_4SCN$ 中一般含有杂质，且易潮解，故其标准溶液应用间接法配制。先配成近似浓度的溶液，再用已知准确浓度的 $AgNO_3$ 标准溶液用佛尔哈德法进行标定。

2. 沉淀滴定法应用示例

(1) 岩盐中可溶性氯化物的测定—莫尔法

岩盐中可溶性氯化物的测定常采用莫尔法。滴定最适宜的 pH 为 6.5～10.5 之间，如有铵盐存在，溶液的 pH 必须控制在 6.5～7.2 之间。以 $K_2CrO_4$ 为指示剂，用 $AgNO_3$ 标准溶液对其进行滴定，当滴定至出现红色沉淀，摇动后不褪色，即为滴定终点。根据试样的质量和所消耗 $AgNO_3$ 标准溶液的体积，即可求得试样中 $Cl^-$ 的含量：

$$w(Cl)=\frac{c(AgNO_3)\cdot V(AgNO_3)\cdot M(Cl)}{m_s}\times 100\%$$

测定条件及注意事项，同莫尔法。

(2) 蔬菜中氯化物含量的测定

蔬菜在生长过程中常会喷施含氯农药和化肥，对于其中氯化物含量的测定可采用佛尔哈德法。将样品切成小片后在均质器或研钵中磨碎。准确称取适量样品于烧杯中，加入 100 mL 热水混匀后加热至沸并保持 1 min，冷却后，定量转入 250 mL 容量瓶中。静置 15 min 后，滤去残渣，收集滤液或直接加酸后定容。用移液管量取溶液，加入 5 mL $HNO_3$ 和 5 mL 硫酸，加入铁铵矾指示剂和过量 $AgNO_3$ 标准溶液，再加入 3 mL 硝基苯并用力摇动，促使沉淀凝聚，再用 $NH_4SCN$ 标准溶液滴定至出现红色保持 5 min 不褪色为终点。根据数据计算氯化钠的质量分数：

$$w(NaCl)=\frac{[c(AgNO_3)\cdot V(AgNO_3)-c(NH_4SCN)\cdot V(NH_4SCN)]\times M(NaCl)}{m_{样品}}\times\frac{定容体积}{取样体积}$$

**化学与健康**

## 尿结石的形成

尿结石是一种极为常见的疾病，简单地说就是肾脏、输尿管或膀胱里长了“石子”。它不但会引起疼痛、血尿，还会引起尿路感染。如果“石子”长期阻塞尿道，造成肾积水，则会损害肾功能。那尿结石是如何形成的呢？据分析，尿液中含有$Ca^{2+}$、$Mg^{2+}$、$NH_4^+$、$C_2O_4^{2-}$、$PO_4^{3-}$、$H^+$和$OH^-$等离子，这些离子都可能形成尿结石。

在人体内，尿的形成第一步是进入肾脏的血液在肾小球的组织内过滤，把大分子蛋白质和细胞中的“有形物质”(如红细胞)滤掉，出来的滤液就是原始的尿，尿再经过肾小管进入膀胱。来自肾小管的滤液通常对草酸钙是过饱和的，即$c(Ca^{2+})\cdot c(C_2O_4^{2-})>K_{sp}^{\ominus}(CaC_2O_4)$。但在血液中有蛋白质这样的结晶抑制剂，黏度也比较大，所以难以形成草酸钙沉淀。经过肾小球过滤之后，蛋白质等大分子被过滤掉，黏度也大大降低，因此在进入肾小管之前或进入肾小管内均可能有$CaC_2O_4$结晶形成。这种现象在许多没有尿结石病的人的尿中也会发生，不过一般不会形成大的结石堵塞通道。因为这种$CaC_2O_4$小结石在肾小管中停留时间短，容易随尿排出，所以不会形成尿结石。有些人之所以会形成结石病，主要是由于尿中成石抑制物浓度太低，或肾功能不好，滤液流动速度太慢，在肾小管停留时间较长等。因此，医学上用加快排尿速度(降低滤液停留时间)、增加尿液排出量(降低体内$Ca^{2+}$和$C_2O_4^{2-}$的浓度)等方法防治尿结石。日常多饮水是防治尿结石的一种简便方法。

1. 在难溶电解质未饱和溶液中和过饱和溶液中，是否存在沉淀溶解平衡？离子浓度之间是否存在定量关系？

2. 溶解度和溶度积都能表示难溶电解质在水中的溶解趋势，二者有何同异之处？

3. 将$CaC_2O_4$在下列溶液中的溶解度按由大到小的顺序排列：

(1) 0.1 $mol\cdot L^{-1}$ $CaCl_2$溶液　　(2) 0.01 $mol\cdot L^{-1}$ $(NH_4)_2C_2O_4$溶液

(3) $NH_4Cl$溶液　　(4) HCl溶液

4. 往$ZnSO_4$溶液中通入$H_2S$，$Zn^{2+}$沉淀往往很不完全，甚至不沉淀；若往$ZnSO_4$溶液中先加入适当NaAc后，再通入$H_2S$，则$Zn^{2+}$几乎可沉淀完全。为什么？

5. 根据溶度积规则，解释下列事实：

(1) $CaCO_3$沉淀能溶于HCl溶液　　(2) AgCl不溶于强酸，但可溶于氨水

(3) 淡黄色AgBr沉淀在$Na_2S$溶液中可转化为黑色$Ag_2S$沉淀

6. 说明下列情况对分析结果的影响(偏高或偏低)：

(1) pH≈4时，莫尔法滴定$Cl^-$　　(2) 佛尔哈德法测定$Cl^-$时，溶液中未加硝基苯

**一、选择题**

1. 难溶电解质$AB_2$的溶解度$s=1.0\times10^{-3}\,mol\cdot L^{-1}$，其$K_{sp}^{\ominus}$等于(　　)。

A. $1.0\times10^{-6}$　　B. $1.0\times10^{-9}$　　C. $4.0\times10^{-6}$　　D. $4.0\times10^{-9}$

2. 在$BaSO_4$的饱和溶液中，加入适量的NaCl，则$BaSO_4$的溶解度(　　)。

A. 增大　　B. 不变　　C. 减小　　D. 无法确定

3. 已知 $K_{sp}^{\ominus}[Mg(OH)_2]=1.2\times10^{-11}$，$Mg(OH)_2$ 在 0.01 $mol\cdot L^{-1}$ NaOH 溶液里 $Mg^{2+}$ 的浓度是（　　）$mol\cdot L^{-1}$。

A. $1.2\times10^{-9}$　B. $4.2\times10^{-6}$　C. $1.2\times10^{-7}$　D. $1.0\times10^{-4}$

4. 为了防止热带鱼池中水藻的生长，需使水中保持 0.75 $mg\cdot L^{-1}$ 的 $Cu^{2+}$，为避免每次换池水时溶液浓度的改变，可把一块适当的铜盐放在池底，它的饱和溶液提供了适当的 $Cu^{2+}$ 浓度，假如使用的是蒸馏水，则提供的饱和溶液最接近所需要的 $Cu^{2+}$ 浓度的是（　　）。

A. $CuSO_4$　B. CuS　C. $Cu(OH)_2$

D. $CuCO_3$　E. $Cu(NO_3)_2$

5. 现计划栽种某种常青树，但这种常青树不适宜含过量溶解性 $Fe^{3+}$ 的土壤，则下列土壤添加剂能很好地降低土壤地下水中 $Fe^{3+}$ 的浓度的是（　　）。

A. $Ca(OH)_2(aq)$　B. $KNO_3(s)$　C. $FeCl_3(s)$　D. $NH_4NO_3(s)$

6. 莫尔法测定 $Cl^-$ 和 $Ag^+$ 时，所用的标准溶液分别为（　　）。

A. $AgNO_3$，NaCl 和 $AgNO_3$　B. $AgNO_3$，$AgNO_3$

C. $AgNO_3$，KSCN　D. $AgNO_3$，$NH_4SCN$

7. 下面试样中，可以用莫尔法测定其中氯离子含量的是（　　）。

A. $BaCl_2$　B. $FeCl_3$　C. $NaCl+Na_2S$　D. NaCl

8. 下列情况下分析结果准确的是（　　）。

A. 在 pH=4 时，用 Mohr 法测定 $Cl^-$

B. 在中性溶液中，用 Mohr 法测定 $Br^-$

C. 用 Volhard 法测定 $Cl^-$ 时，未保护 AgCl 沉淀

D. 在中性溶液中，用 Mohr 法测定 $I^-$

9. 用沉淀法测定银的含量，最合适的方法是（　　）。

A. 莫尔法直接滴定　B. 莫尔法间接滴定

C. 佛尔哈德法直接滴定　D. 佛尔哈德法间接滴定

10. $SrCO_3$ 在（　　）中溶解度最大。

A. 纯水　B. 1 $mol\cdot L^{-1}$ $SrSO_4$ 溶液

C. 1 $mol\cdot L^{-1}$ HAc 溶液　D. 1 $mol\cdot L^{-1}$ $Na_2CO_3$ 溶液

**二、判断题**

1. CuS 不溶于 HCl，但可溶于浓 $HNO_3$。

2. 莫尔法测定 $Cl^-$ 时，溶液酸度过大，测定结果偏低。

3. 佛尔哈德法的最大优点是可以在酸性介质中进行，因此，选择性较高。

4. 难溶电解质的溶度积常数较小者，它的溶解度就一定小。

5. 对于同一类型的难溶电解质，溶度积相差越大，用分步沉淀分离的效果越好。

6. 沉淀剂用量越大，沉淀越完全。

7. 溶液中若同时存在两种离子，且都能与沉淀剂发生反应，则加入沉淀剂总会同时产生两种沉淀。

**三、填空题**

1. $Ca_3(PO_4)_2$ 的溶度积常数表达式为__________________，$MgNH_4AsO_4$ 的溶度积常数表达式为____________________________。

2. 在 AgCl，$CaCO_3$，$Fe(OH)_3$，$MgF_2$，ZnS 这些物质中，溶解度不随 pH 变化的是________。

3. 在沉淀滴定中，莫尔法测定 $Cl^-$ 是以________为指示剂，佛尔哈德法测定 $Ag^+$ 是以________为指示剂。

4. 相同温度下，HAc 在 NaAc 溶液中的解离度小于其在纯水中的解离度，$CaCO_3$ 在 $Na_2CO_3$ 溶液中的溶解度小于其在纯水中的溶解度，这种现象可用________来解释。

5. 分步沉淀的次序不仅与溶度积常数及沉淀的________有关，而且还与溶液中相应离子________有关。

6. 佛尔哈德法测定 $I^-$ 时采用________(直接法或返滴定法)，滴定时应注意____________。

**四、计算题**

1. 已知 $Zn(OH)_2$ 的溶度积为 $1.2\times10^{-17}$(25 ℃)，求其溶解度($mol\cdot L^{-1}$)。【$1.4\times10^{-6}\ mol\cdot L^{-1}$】

2. 在 20 mL 0.50 $mol\cdot L^{-1}$ $MgCl_2$ 溶液中加入相同体积 0.10 $mol\cdot L^{-1}$ 的 $NH_3\cdot H_2O$，有无 $Mg(OH)_2$ 沉淀生成？为了不使 $Mg(OH)_2$ 沉淀析出，至少应加入多少 g 固体 $NH_4Cl$(设加入 $NH_4Cl$ 后，溶液的体积不变)？

【能生成沉淀；$m(NH_4Cl)=0.28$ g】

3. 工业废水的排放标准规定 $Cd^{2+}$ 降到 0.10 $mg\cdot L^{-1}$ 以下即可排放。若用加消石灰中和沉淀法除 $Cd^{2+}$，按理论计算，废水的 pH 至少应为多少？已知 $K_{sp}^{\ominus}[Cd(OH)_2]=2.5\times10^{-14}$。【pH=10.23】

4. 在浓度均为 0.1 $mol\cdot L^{-1}$ 的 $Zn^{2+}$、$Mn^{2+}$ 混合溶液中，通入 $H_2S$ 气体至饱和。溶液的 pH 应控制在什么范围可使这两种离子完全分离？

【1.04～3.08】

5. 在 1 L $Na_2CO_3$ 溶液中使 0.01 mol $CaSO_4$ 完全转化为 $CaCO_3$，$Na_2CO_3$ 的最初浓度应为多大？已知 $K_{sp}^{\ominus}(CaSO_4)=2.0\times10^{-4}$，$K_{sp}^{\ominus}(CaCO_3)=8.7\times10^{-9}$。【0.01 $mol\cdot L^{-1}$】

6. 称取可溶性氯化物 0.226 6 g，加水溶解后，加入 0.112 1 $mol\cdot L^{-1}$ $AgNO_3$ 标准溶液 30.00 mL，过量的 $Ag^+$ 用 0.118 3 $mol\cdot L^{-1}$ $NH_4SCN$ 标准溶液滴定，用去 6.50 mL，计算试样中氯的质量分数 $\omega$。

【$\omega=40.58\%$】

7. 某厂用盐酸加热处理粗的 CuO(s) 制备 $CuCl_2$，在所得溶液中杂质 $Fe^{2+}$ 含量为 0.558 g/1 000 mL。为了除去杂质铁，常用 $H_2O_2$ 将 $Fe^{2+}$ 氧化为 $Fe^{3+}$，再调节 pH 使 $Fe(OH)_3$ 沉淀析出。请回答：

(1) 为什么不直接沉淀出 $Fe(OH)_2$ 以达到提纯 $CuCl_2$ 的目的？

(2) 沉淀 $Fe(OH)_3$ 时，可以用 $NH_3\cdot H_2O$、$Na_2CO_3$、ZnO、CuO 等物质调节 pH，最好选用哪种物质？说明理由。

(3) 分别计算 $Fe(OH)_3$ 开始沉淀和沉淀完全时，溶液的 pH。

【开始生成沉淀 pH=1.81；沉淀完全 pH=2.81】

# 第七章

# 氧化还原反应和氧化还原滴定法

本章教学要求

1. 掌握氧化还原反应的基本概念，能熟练地配平氧化还原反应方程式。
2. 理解电极电势的概念，能用能斯特方程进行有关计算。
3. 掌握电极电势的重要应用。
4. 理解原电池电动势与反应的摩尔吉布斯自由能变的关系。
5. 掌握元素的标准电极电势图的含义及其应用。
6. 掌握常见氧化还原滴定法的基本原理、滴定条件和结果计算等。

氧化还原反应(redox reaction)是一类普遍存在的化学反应，动植物体内的代谢过程、土壤中某些元素存在状态的转化、金属冶炼、基本化工原料和成品的生产都涉及氧化还原反应。将氧化还原反应设计成原电池，建立了衡量物质得失电子能力强弱的定量标准—电极电势。本章将以电极电势为依据，说明氧化剂和还原剂的相对强弱、氧化还原反应的方向和限度以及常用的氧化还原滴定法。

## 第一节　氧化还原反应的基本概念

### 一、氧化数

根据反应过程中有无电子得失或共用电子对是否发生了偏移，来确定一个反应是否属于氧化还原反应，有时会遇到困难。因为对于一些结构比较复杂的化合物，有时很难写出其电子结构式，因此，也就难以确定其组成元素在反应中的电子得失或共用电子对的偏移情况。为此，人们引入了元素氧化数的概念，以表示元素的原子在化合物中所处的化合状态。

1970 年，IUPAC 对元素的氧化数(oxidation number)做了如下规定：氧化数(又称氧化值)是某元素一个原子的荷电数，这个荷电数，可由假设把每个键中的电子指定给电负性较大的原子而求得。根据此定义，确定氧化数的规则如下：

知识链接

元素的电负性表示元素的原子在分子中吸引成键电子能力的标度。

(1)单质中元素的氧化数为零,如 $N_2$、$S_8$、Fe 等物质中,N、S、Fe 的氧化数都为零。

(2)氢在一般化合物中的氧化数为+1,如 HCl、$H_2O$ 等物质中氢的氧化数为+1。在二元金属氢化物中氢的氧化数为-1,如 NaH 中。

(3)除了过氧化物(如 $H_2O_2$、$Na_2O_2$)、超氧化物(如 $KO_2$)和含氟氧键的化合物(如 $OF_2$)外,在化合物中,氧的氧化数为-2。

(4)简单离子的氧化数等于离子的电荷数,如 $Mg^{2+}$、$Cl^-$ 离子中镁元素、氯元素的氧化数分别为+2、-1。(注意离子电荷与氧化数表示方法的不同)

(5)复杂离子的总电荷数等于各元素氧化数的代数和;中性分子中,各元素氧化数的代数和等于零。

**例 7-1** 求 $Fe_3O_4$ 中 Fe 的氧化数。

**解**:已知 O 的氧化数为-2,设 Fe 的氧化数为 $x$,则

$$3x+4\times(-2)=0 \qquad x=+\frac{8}{3}$$

即 Fe 的氧化数为$+\frac{8}{3}$。

## 二、氧化还原反应

1. 氧化和还原

凡是元素的氧化数发生变化的化学反应都称为氧化还原反应。元素氧化数升高的过程称为氧化,氧化数降低的过程称为还原。在氧化还原反应中,氧化与还原是同时发生的,且元素氧化数升高的总数必等于氧化数降低的总数。

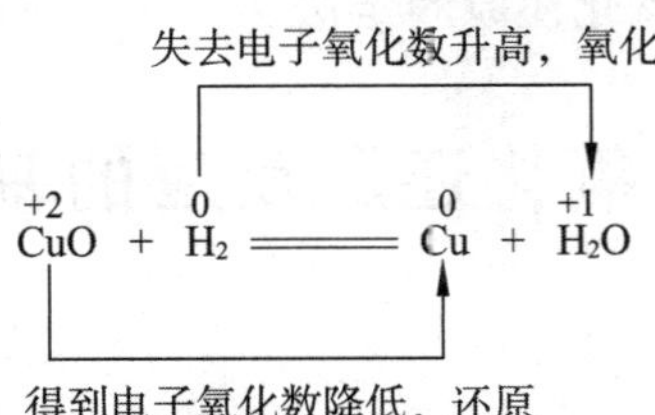


2. 氧化剂和还原剂

在氧化还原反应中,如果某反应物的组成元素氧化数升高,称此物质为还原剂(reducing agent),还原剂在反应中被氧化的产物叫作氧化产物;反之,称为氧化剂(oxidizing agent),氧化剂在反应中被还原的产物叫作还原产物。例如,

$$2K\overset{+7}{Mn}O_4+5H_2\overset{-1}{O_2}+3H_2SO_4 = 2\overset{+2}{Mn}SO_4+K_2SO_4+5\overset{0}{O_2}\uparrow+8H_2O$$

氧化剂　还原剂　还原产物　氧化产物

在上述反应中,$KMnO_4$ 是氧化剂,Mn 的氧化数从+7 降到+2,它本身被还原,使得 $H_2O_2$ 被氧化。$H_2O_2$ 是还原剂,O 的氧化数从-1 升到 0,它本身被氧化,使 $KMnO_4$ 被还原。虽然 $H_2SO_4$ 也参加了反应,但没有元素氧化数的变化,通常把这类物质称为介质。

氧化剂和还原剂是同一物质的氧化还原反应，称为自身氧化还原反应。例如，

$$2KClO_3 \xrightarrow[\Delta]{MnO_2} 2KCl + 3O_2\uparrow$$

某物质中同一种元素同一氧化态的原子部分被氧化、部分被还原的反应称为歧化反应(disproportionation reaction)。歧化反应是自身氧化还原反应的一种特殊类型。例如，

歧化反应　　$Cl_2 + H_2O = HClO + HCl$

非歧化反应　　$4HNO_3 = 4NO_2\uparrow + O_2\uparrow + 2H_2O$

3. 半反应和氧化还原电对

在氧化还原反应中，表示氧化和还原过程的方程式，分别叫作氧化反应和还原反应，统称为半反应。例如，

氧化半反应　　$Zn - 2e^- \rightleftharpoons Zn^{2+}$

还原半反应　　$Cu^{2+} + 2e^- \rightleftharpoons Cu$

在半反应中，氧化数较高的那种物质叫氧化态物质(如 $Zn^{2+}$、$Cu^{2+}$)；氧化数较低的那种物质叫还原态物质(如 Zn、Cu)。半反应中的氧化态物质和还原态物质是彼此依存并且可以相互转化的，这种共轭的氧化还原系统称为氧化还原电对，用“氧化态/还原态”表示，如 $Cu^{2+}/Cu$。每一个电对，对应一个半反应。半反应可用下列通式表示：

$$a\text{Ox} + ne^- \rightleftharpoons b\text{Red}$$

而每个氧化还原反应都是由两个半反应组成的。

**例 7-2**　写出下列电对所对应的半反应：

$S/S^{2-}$　　$H_2O_2/OH^-$　　$MnO_4^-/Mn^{2+}$

**解：**$S/S^{2-}$　　$S + 2e^- \rightleftharpoons S^{2-}$

$H_2O_2/OH^-$　　$H_2O_2 + 2e^- \rightleftharpoons 2OH^-$

$MnO_4^-/Mn^{2+}$　　$MnO_4^- + 8H^+ + 5e^- \rightleftharpoons Mn^{2+} + 4H_2O$

从例 7-2 的半反应中可以看出，电对中的氧化态物质得电子，在反应中做氧化剂；还原态物质失电子，在反应中做还原剂。氧化态物质的氧化能力与还原态物质的还原能力存在着与共轭酸碱强弱相似的关系，即氧化态物质的氧化能力越强，对应还原态物质的还原能力越弱；氧化态物质的氧化能力越弱，对应还原态物质的还原能力越强，如在 $MnO_4^-/Mn^{2+}$ 中，$MnO_4^-$ 是强氧化剂，而 $Mn^{2+}$ 是弱还原剂。

## 三、氧化还原反应方程式的配平

氧化还原反应的特征是，反应前后元素的氧化数发生了变化，对于简单的氧化还原反应方程式可以用观察法配平，而对于复杂的氧化还原反应方程式可以用氧化数法或离子—电子法配平。

1. 氧化数法

这种方法依据反应中氧化剂的氧化数降低的总数与还原剂的氧化数升高的总数相

等的原则来进行氧化还原反应方程式的配平，其步骤与化合价升降法基本相同，恕不赘述。

2. 离子—电子法

此法的依据仍是电量守恒和质量守恒，特别适用于水溶液中复杂氧化还原反应方程式的配平。

**例 7-3** 完成硫酸介质中，高锰酸钾与草酸反应的方程式。

**解：**(1)写出由参加反应的主要物质组成的离子反应方程式：

$$MnO_4^- + H_2C_2O_4 \longrightarrow Mn^{2+} + CO_2\uparrow$$

(2)将离子反应方程式拆成两个半反应，并分别配平：

氧化半反应 $H_2C_2O_4 - 2e^- \rightleftharpoons 2CO_2\uparrow + 2H^+$

还原半反应 $MnO_4^- + 8H^+ + 5e^- \rightleftharpoons Mn^{2+} + 4H_2O$

(3)根据电量守恒原则，分别将两个半反应式乘以适当的系数后相加，即得配平的离子反应方程式：

$$2MnO_4^- + 5H_2C_2O_4 + 6H^+ = 2Mn^{2+} + 10CO_2\uparrow + 8H_2O$$

将各离子的化学式改写成相应物质的化学式，即得高锰酸钾与草酸反应的方程式：

$$2KMnO_4 + 5H_2C_2O_4 + 3H_2SO_4 = 2MnSO_4 + 10CO_2\uparrow + 8H_2O + K_2SO_4$$

配平半反应式时，如果氧化剂或还原剂与其产物所含的氧原子数目不同，可以根据介质的酸碱性，分别在半反应式两边加 $H^+$、$OH^-$ 或 $H_2O$，并根据质量守恒原则使两边的氢、氧原子数相等。表 7-1 为一种经验规则，表中[O]表示氧原子。

**表 7-1 配平氧原子的经验规则**

| 介质种类 | 反应物中 | |
|---|---|---|
| | 多一个氧原子[O] | 少一个氧原子[O] |
| 酸性介质 | $+2H^+ \xrightarrow{结合[O]} +H_2O$ | $+H_2O \xrightarrow{提供[O]} +2H^+$ |
| 碱性介质 | $+H_2O \xrightarrow{结合[O]} +2OH^-$ | $+OH^- \xrightarrow{提供[O]} +2H_2O$ |
| 中性介质 | $+H_2O \xrightarrow{结合[O]} +2OH^-$ | $+H_2O \xrightarrow{提供[O]} +2H^+$ |

# 第二节 原电池和电极电势

## 一、原电池

所有氧化还原反应都是电子从还原剂转移给氧化剂的过程。例如，将锌粒加入 $CuSO_4$ 溶液中，即发生下列氧化还原反应：

$$Zn + Cu^{2+} = Zn^{2+} + Cu$$

上述反应虽然发生了电子从 Zn 转移到 $Cu^{2+}$ 的过程，但反应的化学能没有转变为电能，而变成了热能释放出来，导致溶液的温度升高。若把 Zn 片和 $ZnSO_4$ 溶液、Cu 片和 $CuSO_4$ 溶液分别放在两个容器内，两溶液以盐桥沟通，金属片之间用导线连接，并串联一个检流计（如图 7-1 所示）。当线路接通后，会看到检流计的指针立即发生偏转，说明导线上有电流通过；从指针的偏转方向判断，电流是由 Cu 极流向 Zn 极，即电子由 Zn 极流向 Cu 极。同时，Zn 片慢慢溶解，Cu 片上则有金属铜析出。说明发生了和上述相同的氧化还原反应。这种把化学能转变为电能的装置称为原电池（primary cell）。原电池由两个半电池组成，每个半电池称为一个电极（electrcde）。习惯上原电池中根据电子流动的方向来确定正、负极，向外电路输出电子的电极为原电池的负极（cathode），如上述的 Zn 极，负极发生氧化反应；从外电路接受电子的电极为原电池的正极（anode），如上述的 Cu 极，正极发生还原反应。将两电极反应合并，即得电池反应。例如，在Cu－Zn 原电池中发生了如下反应：

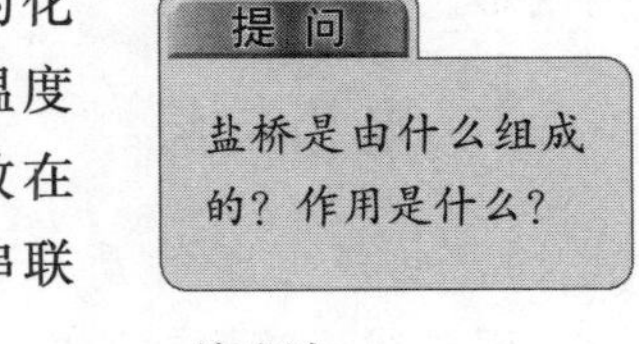


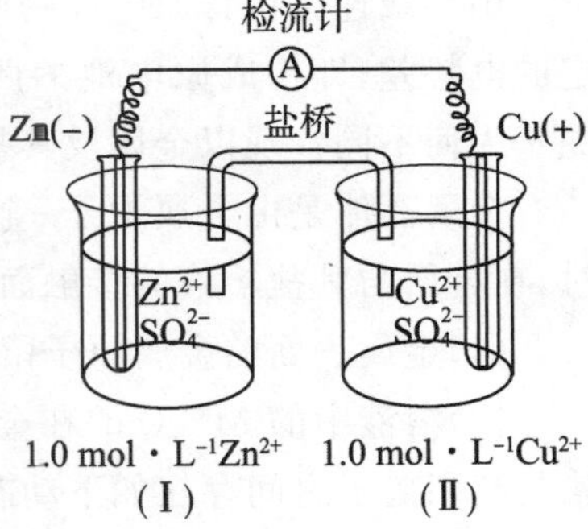


图 7-1 铜锌原电池装置示意图

负极（氧化反应） $Zn-2e^- \rightleftharpoons Zn^{2+}$

正极（还原反应） $Cu^{2+}+2e^- \rightleftharpoons Cu$

电池反应（氧化还原反应） $Zn+Cu^{2+} \rightleftharpoons Zn^{2+}+Cu$

为了方便起见，通常用符号来表示原电池的组成。如铜锌原电池可表示如下：

$$(-)Zn(s)\,|\,ZnSO_4(c_1)\,\|\,CuSO_4(c_2)\,|\,Cu(s)(+)$$

书写原电池符号，有如下规定：

(1)通常把负极写在左边，正极写在右边。

(2)用“|”表示相界面。习惯上，气体和惰性电极之间用“,”分开；不存在相界面的两种离子之间，也用“,”分开；用“‖”表示盐桥。

(3)要注明物质的状态，气体要注明其分压，溶液中的溶质应注明其浓度。若反应处在标准状态下，则可省略。

(4)对于本身没有导体的电对（如 $Fe^{3+}/Fe^{2+}$），则需外加一个能导电而又不参与电极反应的惰性电极，通常用铂或碳棒做惰性电极。惰性电极也要在电池符号中表示出来。

**例 7-4** 写出下列反应所对应的原电池符号：

(1) $2Fe^{3+}(1.0\ mol\cdot L^{-1})+2I^-(0.1\ mol\cdot L^{-1}) \rightleftharpoons 2Fe^{2+}(1.0\ mol\cdot L^{-1})+I_2$

(2) $Zn+2H^+(1.0\ mol\cdot L^{-1}) \rightleftharpoons Zn^{2+}(1.0\ mol\cdot L^{-1})+H_2(100\ kPa)\uparrow$

**解**：按原电池符号书写规定，可得：

(1) $(-)Pt\,|\,I_2(s)\,|\,I^-(0.1\ mol\cdot L^{-1})\,\|\,Fe^{2+}(1.0\ mol\cdot L^{-1}),Fe^{3+}(1.0\ mol\cdot L^{-1})\,|\,Pt(+)$

(2) $(-)Zn(s)\,|\,Zn^{2+}(1.0\ mol\cdot L^{-1})\,\|\,H^+(1.0\ mol\cdot L^{-1})\ H_2(100\ kPa),Pt(+)$

理论上，任何一个氧化还原反应都可设计成原电池，但实际操作有时会遇到技术上的困难。

## 二、电极电势

### 1. 电极电势的产生

用导线连接铜锌原电池的两个电极有电流产生的事实表明，在两电极之间存在着一定的电势差，即构成原电池的两个电极的电势是不同的。那么电极电势是怎样产生的呢？为何不同？现以金属及其盐溶液组成的电极为例加以说明。

金属晶体是由金属原子、金属离子和自由电子组成的。当把金属浸入其盐溶液中时，在金属与其盐溶液的接触面上有两种反应倾向存在：

(1)金属表面的金属原子留下自由电子进入溶液形成 $M^{n+}(aq)$ 而溶解；

(2)溶液中的 $M^{n+}(aq)$ 在金属表面获得电子而沉积。当两种倾向达到平衡时，即金属与其阳离子之间存在如下动态平衡：

$$M(s) \underset{\text{沉淀}}{\overset{\text{溶解}}{\rightleftharpoons}} M^{n+}(aq) + ne^-$$

如果金属溶解的趋势大于离子沉积的趋势，则达到平衡时，金属和其盐溶液的界面上形成了金属带负电荷、金属附近的溶液带正电荷的双电层结构，如图 7-2(a)所示。相反，如果离子沉积的趋势大于金属溶解的趋势，则达到平衡时，金属和其附近溶液的界面上形成了金属带正电荷、附近溶液带负电荷的双电层结构，如图 7-2(b)所示。由于双电层的存在，使金属与溶液之间产生了电势差，这个电势差叫作金属的电极电势。电极电势用符号 $\varphi$ 表示，单位为伏特(V)。电极电势的大小主要取决于电极材料的本性，同时还与溶液浓度、温度、介质等因素有关。

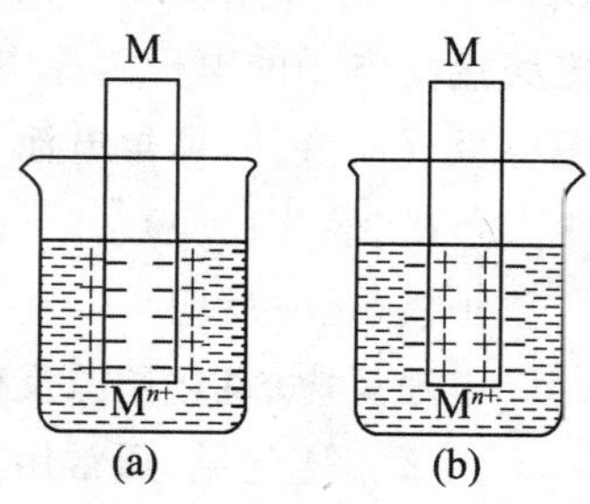


图 7-2 双电层结构示意图

### 2. 标准氢电极和标准电极电势

组成电极的物质都处于热力学的标准状态时，所对应的电极电势称为标准电极电势(standard electrode potential)，用符号 $\varphi^\ominus$ 表示。同热力学中的规定一样，电极的标准态是组成电极的物质的浓度为 1 mol·L$^{-1}$，气体的分压为 100 kPa，液体或固体为标准压力下的纯液体或固体，温度通常取 298.15 K。可见，在一定温度下，标准电极电势值仅取决于电极的本性。由于电极电势的绝对值至今无法测定，为此，电化学上选择了一个比较电极电势大小的标准，即标准氢电极。

(1) 标准氢电极

标准氢电极(standard hydrogen electrode，简写作 SHE)装置如图 7-3 所示。将镀有铂黑的铂片插入氢离子浓度为 1 mol·L$^{-1}$ 的硫酸溶液中，并在 298.15 K 时不断通入压力为 100 kPa 的纯氢气流，使铂黑吸附氢气达到饱和，这时溶液中的氢离子与铂黑所吸附的氢气建立了如下的动态平衡：

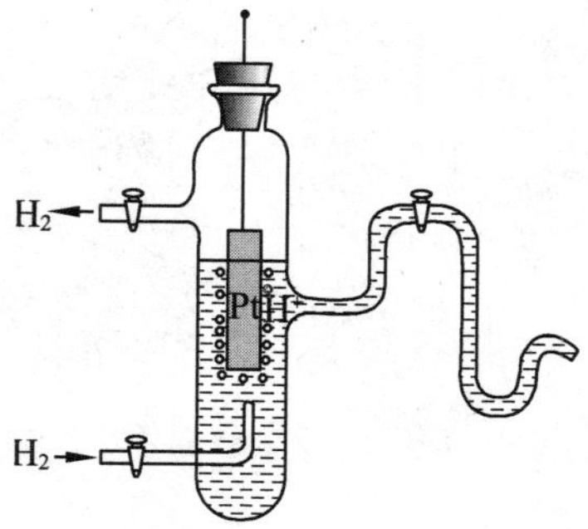

图 7-3 标准氢电极示意图

$$2H^+ + 2e^- \rightleftharpoons H_2 \uparrow$$

标准压力的氢气饱和了的铂片和 $H^+$ 浓度为 $1\ mol \cdot L^{-1}$ 的酸溶液间的电势差就是标准氢电极的电极电势。电化学上规定，标准氢电极的电极电势为零，即：$\varphi^\ominus(H^+/H_2) = 0.000\ V$。

当无电流通过原电池时，两电极之间的电势差称为原电池的电动势，用 $E$ 表示；当两电极均处于标准状态时，原电池的电动势称为标准电池电动势，用 $E^\ominus$ 表示，即

$$E = \varphi_{(+)} - \varphi_{(-)} \qquad E^\ominus = \varphi^\ominus_{(+)} - \varphi^\ominus_{(-)}$$

(2) 标准电极电势的测定

电极的标准电极电势可通过实验方法测得。测定步骤如下：

① 将待测电极与标准氢电极组成原电池。

② 用电势差计测定原电池的电动势。

③ 用检流计确定原电池的正负极。

例如，将标准锌电极与标准氢电极组成原电池，测得其 $E^\ominus = 0.761\ 8\ V$。由电流的方向可知，标准锌电极为负极，标准氢电极为正极，由

$$E^\ominus = \varphi^\ominus(H^+/H_2) - \varphi^\ominus(Zn^{2+}/Zn) = 0.761\ 8\ V$$

得

$$\varphi^\ominus(Zn^{2+}/Zn) = 0.000 - 0.761\ 8 = -0.761\ 8\ V$$

用类似的方法可以测得其他电极的标准电极电势值。附表 5 列出了 298.15 K 时一些常见元素的标准电极电势值。使用元素的标准电极电势表时应注意以下几点：

① 习惯上，电极反应的通式是：氧化态 $+ ne^- \rightleftharpoons$ 还原态

② $\varphi^\ominus$ 值越小，还原态物质的还原能力越强，氧化态物质的氧化能力越弱；$\varphi^\ominus$ 越大，还原态物质的还原能力越弱，氧化态物质的氧化能力越强。因此，电极电势是表示物质氧化还原能力相对大小的一个物理量。

③ $\varphi^\ominus$ 值与电极反应的书写形式及物质的计量系数无关，仅取决于电极的本性。例如：

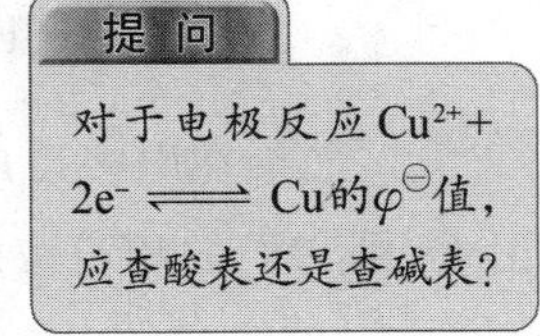


$$Br_2(l) + 2e^- \rightleftharpoons 2Br^- \qquad \varphi^\ominus = +1.065V$$

$$2Br^- - 2e^- \rightleftharpoons Br_2(l) \qquad \varphi^\ominus = +1.065V$$

$$2Br_2(l) + 4e^- \rightleftharpoons 4Br^- \qquad \varphi^\ominus = +1.065V$$

④ $\varphi^\ominus$ 是在标准状态下、水溶液中测得的，对于非标准态、非水溶液中的反应，不能用 $\varphi^\ominus$ 比较物质氧化或还原能力的相对大小。

⑤ 标准电极电势表，常分为酸表和碱表两种。在电极反应中出现 $H^+$ 时，查酸表；出现 $OH^-$ 时，查碱表；无 $H^+$ 或 $OH^-$ 出现时，可以由物质的存在形式来判断。例如，$Fe^{3+}/Fe^{2+}$ 的标准电极电势值列在酸表中。

3. 非标准状态下电极电势的计算

(1) 能斯特方程式

能斯特(Nernst)方程式描述了电极在非标准状态下电极电势与电极本性、组成电极的物质的浓度或分压、介质酸度以及温度之间的定量关系。

对于任意一个电极反应 $a\text{Ox}+n\text{e}^- \rightleftharpoons b\text{Red}$

对应的能斯特方程为

$$\varphi=\varphi^{\ominus}+\frac{RT}{nF}\ln\frac{\{[\text{Ox}]/c^{\ominus}\}^a}{\{[\text{Red}]/c^{\ominus}\}^b} \tag{7-1}$$

可简写作

$$\varphi=\varphi^{\ominus}+\frac{RT}{nF}\ln\frac{[\text{Ox}]^a}{[\text{Red}]^b}$$

式中：$\varphi$ 和 $\varphi^{\ominus}$ 分别是电极在非标准状态下和标准状态下的电极电势（单位是伏特，用符号 V 表示）；$R$ 为摩尔气体常数，取值是 8.314 $\text{J}\cdot\text{mol}^{-1}\cdot\text{K}^{-1}$；$T$ 为热力学温度（单位符号是 K）；$n$ 是电极反应进度为 1 mol 时转移的电子数；$F$ 为法拉第常数，取值是 96 500 $\text{J}\cdot\text{mol}^{-1}\cdot\text{V}^{-1}$；$a$ 和 $b$ 分别为电极反应中，氧化态和还原态物质前面的系数；[Ox]和[Red]分别为氧化态和还原态物质的相对浓度（单位为 1）。若将 298 K 和 $R$、$F$ 的数值代入式(7-1)，则式(7-1)可写作：

$$\varphi=\varphi^{\ominus}+\frac{0.059\,2}{n}\lg\frac{[\text{Ox}]^a}{[\text{Red}]^b}$$

书写能斯特方程式，应注意以下几个问题：

① 固体、纯液体物质不出现在浓度项中。例如，

$$Zn^{2+}(aq)+2e^- \rightleftharpoons Zn(s)$$

$$\varphi(Zn^{2+}/Zn)=\varphi^{\ominus}(Zn^{2+}/Zn)+\frac{0.059\,2}{2}\lg[Zn^{2+}]$$

$$Br_2(l)+2e^- \rightleftharpoons 2Br^-(aq)$$

$$\varphi(Br_2/Br^-)=\varphi^{\ominus}(Br_2/Br^-)+\frac{0.059\,2}{2}\lg\frac{1}{[Br^-]^2}$$

② 气体物质以其相对压力写入浓度项。例如，$2H^+(aq)+2e^- \rightleftharpoons H_2(g)$

$$\varphi(H^+/H_2)=\varphi^{\ominus}(H^+/H_2)+\frac{0.059\,2}{2}\lg\frac{[H^+]^2}{p(H_2)/p^{\ominus}}$$

③ 如果在电极反应式中，除氧化态、还原态物质外，还有其他物质（如 $H^+$、$OH^-$ 等）出现，则它们的相对浓度亦要写入浓度项。例如，

$$Cr_2O_7^{2-}(aq)+14H^+(aq)+6e^- \rightleftharpoons 2Cr^{3+}(aq)+7H_2O(l)$$

$$\varphi(Cr_2O_7^{2-}/Cr^{3+})=\varphi^{\ominus}(Cr_2O_7^{2-}/Cr^{3+})+\frac{0.059\,2}{6}\lg\frac{[Cr_2O_7^{2-}]\cdot[H^+]^{14}}{[Cr^{3+}]^2}$$

④ 公式中 Ox 和 Red 是广义的氧化态物质和还原态物质，它包括参与电极反应的所有物质。例如，

$$AgCl(s)+e^- \rightleftharpoons Ag(s)+Cl^-(aq)$$

$$\varphi(AgCl/Ag)=\varphi^{\ominus}(AgCl/Ag)-0.059\,2\lg[Cl^-]$$

(2) 浓度对电极电势的影响

由能斯特方程式可知，在一定温度下，对于给定的电极来说，其电极电势 $\varphi$ 除了与电极的本性有关外，还与反应条件，如溶液的浓度或气体的分压以及介质的酸碱度等有关。如果改变反应条件，则电极电势也会发生相应的变化。

**例 7-5**　非金属碘与 0.010 mol·L$^{-1}$的 KI 溶液构成电对，计算 298 K 时 $I_2/I^-$ 的电极电势。已知 $\varphi^{\ominus}(I_2/I^-)=0.5355$ V。

**解**：电对 $I_2/I^-$ 所对应的电极反应式为

$$I_2(s)+2e^- \rightleftharpoons 2I^-$$

$$\varphi(I_2/I^-)=\varphi^{\ominus}(I_2/I^-)+\frac{0.0592}{2}\lg\frac{1}{[I^-]^2}=0.5355+\frac{0.0592}{2}\lg\frac{1}{[0.010]^2}=0.65\text{ V}$$

计算结果表明，还原态物质的浓度减小（相对于标准状态而言，以下同），电极电势会增大，氧化态的氧化能力增强，还原态的还原能力减弱；反之，氧化态物质的浓度减小，电极电势会减小，氧化态的氧化能力减弱，还原态的还原能力增强。

(3) 介质酸度对电极电势的影响

若电极反应中有 $H^+$ 或 $OH^-$ 出现，则介质酸度的变化将对电极电势产生显著的影响。

**例 7-6**　若 $c(MnO_4^-)=c(Mn^{2+})=1.0$ mol·L$^{-1}$，试计算下列情况下，$MnO_4^-/Mn^{2+}$ 的电极电势：

(1) $[H^+]=0.010$ mol·L$^{-1}$；(2) $[H^+]=10$ mol·L$^{-1}$。已知 $\varphi^{\ominus}(MnO_4^-/Mn^{2+})=1.507$ V。

**解**：电极反应　$MnO_4^-+8H^++5e^- \rightleftharpoons Mn^{2+}+4H_2O$

$$\varphi(MnO_4^-/Mn^{2+})=\varphi^{\ominus}(MnO_4^-/Mn^{2+})+\frac{0.0592}{5}\lg\frac{[MnO_4^-]\cdot[H^+]^8}{[Mn^{2+}]}$$

(1) 当$[H^+]=0.010$ mol·L$^{-1}$时

$$\varphi(MnO_4^-/Mn^{2+})=1.507+\frac{0.0592}{5}\lg\frac{1.0\times0.010^8}{1.0}=1.318\text{ V}$$

(2) 当$[H^+]=10$ mol·L$^{-1}$时

$$\varphi(MnO_4^-/Mn^{2+})=1.507+\frac{0.0592}{5}\lg\frac{1.0\times10^8}{1.0}=1.602\text{ V}$$

计算结果表明，$MnO_4^-$ 的氧化性随 $H^+$ 浓度的增大而增强。同理，其他含氧酸根的氧化能力也随溶液酸度的增大而增强。故 $K_2Cr_2O_7$、$KMnO_4$ 等常在强酸性介质中做氧化剂使用。

(4) 沉淀反应对电极电势的影响

在电极中加入沉淀剂后，产生某种沉淀，使电极的氧化态或还原态物质浓度降低，也会使电极电势发生变化。

**例 7-7**　已知 $Ag^++e^- \rightleftharpoons Ag(s)$　$\varphi^{\ominus}(Ag^+/Ag)=0.7996$ V，在此半电池中加入 KCl 溶液，若沉淀反应达到平衡后，溶液中 $Cl^-$ 的浓度为 1.0 mol·L$^{-1}$，求此时 $Ag^+/Ag$ 的电极电势。已知 $K_{sp}^{\ominus}(AgCl)=1.8\times10^{-10}$。

**解**：根据 AgCl 的沉淀溶解平衡，当 $c(Cl^-)=1.0$ mol·L$^{-1}$时，

$$[Ag^+]=\frac{K_{sp}^{\ominus}(AgCl)}{[Cl^-]}=\frac{1.8\times10^{-10}}{1.0}=1.8\times10^{-10}\text{ mol·L}^{-1}$$

$$\varphi(Ag^+/Ag)=\varphi^{\ominus}(Ag^+/Ag)+0.0592\lg[Ag^+]=0.22\text{ V}$$

以上计算所得电极电势实际是电极 Ag(s) | AgCl(s) | $Cl^-$ (1.0 mol·$L^{-1}$)的标准电极电势 $\varphi^\ominus$(AgCl/Ag)，即

$$\varphi^\ominus(\mathrm{AgCl/Ag})=\varphi^\ominus(\mathrm{Ag^+/Ag})+0.059\ 2\lg K_{sp}^\ominus(\mathrm{AgCl})$$

与 $\varphi^\ominus$($Ag^+$/Ag)相比，由于 AgCl 沉淀的生成，使电极电势减小了 0.579 6 V。用同样的方法可计算出 $\varphi^\ominus$(AgBr/Ag)和 $\varphi^\ominus$(AgI/Ag)：

| | | 电极反应 | | | $\varphi^\ominus$/V | | |
|---|---|---|---|---|---|---|---|
| | | $Ag^+ + e^- \rightleftharpoons Ag$ | | | 0.799 6 | | |
| ↓ | $K_{sp}^\ominus$ | $AgCl(s) + e^- \rightleftharpoons Ag + Cl^-$ | ↓ | $c(Ag^+)$ | 0.22 | ↓ | $\varphi^\ominus$ |
| | 减小 | $AgBr(s) + e^- \rightleftharpoons Ag + Br^-$ | | 减小 | 0.073 | | 降低 |
| | | $AgI(s) + e^- \rightleftharpoons Ag + I^-$ | | | −0.15 | | |

可见，随着卤化银溶度积 $K_{sp}^\ominus$ 减小，$\varphi^\ominus$(AgX/Ag)值逐渐减小，AgX 的氧化能力逐渐减弱，相应电极中单质 Ag 的还原能力逐渐增强。

若沉淀剂使氧化态物质沉淀，则电极电势减小；若沉淀剂使还原态物质沉淀，则电极电势增大。

(5) 配位反应对电极电势的影响

在电极中加入配位剂，生成某种稳定的配合物，使电极中游离的氧化态或还原态物质的浓度降低，从而使电极电势发生变化，如已知 $\varphi^\ominus$($Hg^{2+}$/Hg)=0.851 V，若往电极中加入 KCN 溶液，则 $CN^-$ 与 $Hg^{2+}$ 发生配位反应，形成$[Hg(CN^-)_4]^{2-}$，当达到配位平衡后，$c\{[Hg(CN^-)_4]^{2-}\}$、$c(CN^-)$均为 1.0 mol·$L^{-1}$时，计算得 $\varphi$($Hg^{2+}$/Hg)=−0.37 V，比 $\varphi^\ominus$($Hg^{2+}$/Hg)减小了 1.22 V，即

$$[\mathrm{Hg(CN^-)_4}]^{2-}+2e^-\rightleftharpoons \mathrm{Hg}+4\mathrm{CN^-}\qquad \varphi^\ominus=-0.37\ \mathrm{V}$$

这表明，当金属离子与配位剂生成配合物后，随着金属离子(氧化态物质)浓度的降低，电极电势也会减小。

## 三、电极电势的应用

1. 计算电池反应的平衡常数

电池反应进行的完全程度，可以用平衡常数来衡量。根据热力学和电化学原理，能够推导出电池反应的平衡常数 $K^\ominus$ 与标准电池电动势 $E^\ominus$ 之间的关系。

因为 $\Delta_r G_m^\ominus = -RT\ln K^\ominus \qquad \Delta_r G_m^\ominus = -nFE^\ominus$

$$-RT\ln K^\ominus = -nFE^\ominus$$

所以

$$\ln K^\ominus = \frac{nFE^\ominus}{RT}$$

在 298 K 时代入各常数并将自然对数换算为常用对数，则得

$$\lg K^\ominus = \frac{nE^\ominus}{0.059\ 2} = \frac{n[\varphi_+^\ominus - \varphi_-^\ominus]}{0.059\ 2}$$

显然，电池反应的完全程度取决于电池标准电动势 $E^\ominus$ 以及反应进度为1 mol时电池反应中转移的电子数 $n$。$E^\ominus$ 越大，转移的电子数越多，$K^\ominus$ 越大，电池反应越完全。需要特别

注意的是，该计算式中 $n$ 的数值与前面能斯特方程式中的数值含义不同，因此，其取值也可能不同；另外，根据原电池的标准电动势 $E^\ominus$ 和电池反应的平衡常数 $K^\ominus$，可以说明电池反应发生的可能性和反应的限度，而不涉及反应的现实性即反应速率问题。

**例 7-8**　计算下列反应在 298 K 时的标准平衡常数 $K^\ominus$：

$$2Fe^{3+} + Cu \rightleftharpoons Cu^{2+} + 2Fe^{2+}$$

已知 $\varphi^\ominus(Fe^{3+}/Fe^{2+})=0.771\ V$，$\varphi^\ominus(Cu^{2+}/Cu)=0.341\ 9\ V$。

**解**：将该氧化还原反应设计成原电池，则正极为 $Fe^{3+}/Fe^{2+}$，负极为 $Cu^{2+}/Cu$。

$$\lg K^\ominus=\frac{n[\varphi^\ominus(Fe^{3+}/Fe^{2+})-\varphi^\ominus(Cu^{2+}/Cu)]}{0.059\ 2}=\frac{2\times(0.771-0.341\ 9)}{0.059\ 2}=14.50$$

$K^\ominus=3.2\times10^{14}$

2. 判断氧化还原反应的自发方向

恒温恒压下，氧化还原反应进行的方向可由反应的吉布斯自由能变来判断。根据 $\Delta_r G_m=-nFE=-nF[\varphi_{(+)}-\varphi_{(-)}]$，得

| | | | |
|---|---|---|---|
| $\Delta_r G_m<0$ | $E>0$ | 即 $\varphi_{(+)}>\varphi_{(-)}$ | 反应正向自发 |
| $\Delta_r G_m>0$ | $E<0$ | 即 $\varphi_{(+)}<\varphi_{(-)}$ | 反应逆向自发 |
| $\Delta_r G_m=0$ | $E=0$ | 即 $\varphi_{(+)}=\varphi_{(-)}$ | 反应达到平衡状态 |

若反应处于标准状态下，则

| | | |
|---|---|---|
| $E^\ominus>0$ | 即 $\varphi^\ominus_{(+)}>\varphi^\ominus_{(-)}$ | 反应正向自发 |
| $E^\ominus<0$ | 即 $\varphi^\ominus_{(+)}<\varphi^\ominus_{(-)}$ | 反应逆向自发 |
| $E^\ominus=0$ | 即 $\varphi^\ominus_{(+)}=\varphi^\ominus_{(-)}$ | 反应达到平衡状态 |

**例 7-9**　已知 $\varphi^\ominus(Pb^{2+}/Pb)=-0.126\ 2\ V$，$\varphi^\ominus(Sn^{2+}/Sn)=-0.137\ 5\ V$，通过计算判断，反应 $Pb^{2+}+Sn \rightleftharpoons Pb+Sn^{2+}$ 在标准状态下和 $[Pb^{2+}]=0.10\ mol\cdot L^{-1}$，$[Sn^{2+}]=2.0\ mol\cdot L^{-1}$ 时的自发方向。

**解**：设反应 $Pb^{2+}+Sn \rightleftharpoons Pb+Sn^{2+}$ 在原电池中进行，则

正极　$Pb^{2+}+2e^- \rightleftharpoons Pb$　　$\varphi^\ominus(Pb^{2+}/Pb)=-0.126\ 2\ V$

负极　$Sn-2e^- \rightleftharpoons Sn^{2+}$　　$\varphi^\ominus(Sn^{2+}/Sn)=-0.137\ 5\ V$

在标准状态下：

$$E^\ominus=\varphi^\ominus(Pb^{2+}/Pb)-\varphi^\ominus(Sn^{2+}/Sn)=(-0.126\ 2)-(-0.137\ 5)=0.011\ 3\ V>0$$

所以在标准状态下，上述反应可自发地向右进行。

当 $[Pb^{2+}]=0.10\ mol\cdot L^{-1}$，$[Sn^{2+}]=2.0\ mol\cdot L^{-1}$ 时

$$\varphi(Pb^{2+}/Pb)=\varphi^\ominus(Pb^{2+}/Pb)+\frac{0.059\ 2}{2}\lg[Pb^{2+}]=-0.16\ V$$

$$\varphi(Sn^{2+}/Sn)=\varphi^\ominus(Sn^{2+}/Sn)+\frac{0.059\ 2}{2}\lg[Sn^{2+}]=-0.13\ V$$

$$E=\varphi(Pb^{2+}/Pb)-\varphi(Sn^{2+}/Sn)=(-0.16)-(-0.13)=-0.03\ V<0$$

即反应自发地向左进行。

3. 判断氧化剂和还原剂的相对强弱及氧化还原反应进行的次序

电极电势数值的大小能够反映物质得或失电子能力的大小，因此，可用电极电势判断氧化剂、还原剂氧化或还原能力的相对强弱。电极电势值高，对应电对中氧化态物质是强氧化剂，还原态物质是弱还原剂；电极电势值低，对应电对中还原态物质是强还原剂，氧化态物质是弱氧化剂。

**例 7-10** 比较标准状态下，下列电对中各物质氧化、还原能力的相对强弱：

$\varphi^{\ominus}(Cl_2/Cl^-)=1.358\ 3\ V$，$\varphi^{\ominus}(Br_2/Br^-)=1.065\ V$，$\varphi^{\ominus}(I_2/I^-)=0.535\ 5\ V$

**解**：比较各电对的 $\varphi^{\ominus}$ 值大小可知，各氧化态物质的氧化能力由强到弱的次序是：$Cl_2>Br_2>I_2$，各还原态物质的还原能力由强到弱的次序是：$I^->Br^->Cl^-$。

需要注意的是，由 $\varphi^{\ominus}$ 值大小只能判断标准态下氧化剂（还原剂）氧化（还原）能力的相对强弱。若电极处在非标准状态下，应先根据能斯特方程式计算出 $\varphi$ 值，再根据 $\varphi$ 值大小判断物质的氧化或还原能力的强弱。

判断出氧化剂和还原剂的相对强弱，还可以进一步判断氧化还原反应进行的次序。一般情况下，氧化剂首先氧化最强的还原剂（电极电势值最低者），还原剂首先还原最强的氧化剂（电极电势值最高者）。例如，在含有 $I^-$，$Br^-$ 的混合溶液中滴加氯水（$Cl_2$），哪一种离子先被氧化？根据例 7-10 得出还原能力 $I^->Br^-$，所以 $I^-$ 首先被氧化成 $I_2$，$Br^-$ 后被氧化成 $Br_2$。

4. 选择合适的氧化剂或还原剂

在实际生产和科研中，常需要对混合体系中某一组分进行选择性氧化或还原，这就需要选择适当的氧化剂或还原剂。

**例 7-11** 在含有 $Cl^-$、$Br^-$、$I^-$ 三种离子的混合溶液中，欲使 $I^-$ 氧化为 $I_2$，而 $Br^-$ 和 $Cl^-$ 不被氧化，在 $KMnO_4$ 和 $Fe_2(SO_4)_3$ 中，选哪一种较合适？已知 $\varphi^{\ominus}(Br_2/Br^-)=1.065\ V$，$\varphi^{\ominus}(I_2/I^-)=0.535\ 5\ V$，$\varphi^{\ominus}(Cl_2/Cl^-)=1.358\ 3\ V$，$\varphi^{\ominus}(Fe^{3+}/Fe^{2+})=0.771\ V$，$\varphi^{\ominus}(MnO_4^-/Mn^{2+})=1.507\ V$。

**解**：由已知条件的 $\varphi^{\ominus}$ 值可知，不能氧化 $Br^-$ 的氧化剂，必定不能氧化 $Cl^-$，而能氧化 $Cl^-$ 的氧化剂，必定能氧化 $Br^-$ 和 $I^-$，所以只要选择能氧化 $I^-$ 而不能氧化 $Br^-$ 的氧化剂即可。因为

$$\varphi^{\ominus}(Br_2/Br^-)>\varphi^{\ominus}(Fe^{3+}/Fe^{2+})>\varphi^{\ominus}(I_2/I^-)$$

所以 $Fe_2(SO_4)_3$ 只能氧化 $I^-$，而不能氧化 $Br^-$ 和 $Cl^-$，故可选用 $Fe_2(SO_4)_3$ 做氧化剂。

5. 元素的标准电势图及其应用

许多元素都有多种氧化数，讨论同一元素不同氧化数的各种物质在水溶液中的稳定性及氧化还原能力时常用图解的方式。

(1) 元素标准电势图的画法

为了表示同一元素不同氧化数物质的氧化或还原能力以及它们之间的关系，拉蒂莫尔（Latimer W M）建议把同一元素的不同氧化态物质，按照其氧化数从左到右降低的顺

序排列成以下图式，并在元素的两种氧化数的物质之间的连线上标出对应电对的标准电极电势的数值。例如：$Fe^{3+}\xrightarrow{0.771\ V}Fe^{2+}\xrightarrow{-0.447\ V}Fe$

$$ClO_4^-\xrightarrow{0.36\ V}\underbrace{ClO_3^-\xrightarrow{0.33\ V}ClO_2^-\xrightarrow{0.66\ V}ClO^-\xrightarrow{0.40\ V}Cl_2\xrightarrow{1.358\ 3\ V}Cl^-}_{0.623\ V}$$

这种表示元素各种氧化数物质之间电极电势变化的关系图，叫作元素的标准电极电势图。

(2) 元素标准电势图的应用

① 判断歧化反应能否发生

若A、B、C是某元素三种不同氧化数的物质，其电势图如下：$A\xrightarrow{\varphi_{左}^{\ominus}}B\xrightarrow{\varphi_{右}^{\ominus}}C$

如果B能发生歧化反应，则B→C为得电子反应，电对B/C做正极；B→A为失电子反应，电对A/B做负极，电池的电动势为：

$$E^{\ominus}=\varphi_{(+)}^{\ominus}-\varphi_{(-)}^{\ominus}=\varphi_{右}^{\ominus}-\varphi_{左}^{\ominus}>0\text{，即 }\varphi_{右}^{\ominus}>\varphi_{左}^{\ominus}$$

若B不能发生歧化反应，则

$$E^{\ominus}=\varphi_{右}^{\ominus}-\varphi_{左}^{\ominus}<0\qquad\text{即 }\varphi_{右}^{\ominus}<\varphi_{左}^{\ominus}$$

所以，在元素的标准电势图中，若$\varphi_{右}^{\ominus}>\varphi_{左}^{\ominus}$，则处于中间氧化态的物质能发生歧化反应；反之，则不能发生歧化反应。例如，铜元素的标准电势图为：$Cu^{2+}\xrightarrow{0.153\ V}Cu^{+}\xrightarrow{0.521\ V}Cu$，不难看出，$\varphi_{右}^{\ominus}>\varphi_{左}^{\ominus}$，所以$Cu^+$可以发生歧化反应，即$2Cu^+ = Cu^{2+}+Cu$。

② 计算电对的标准电极电势值

利用元素的标准电势图，可以求算一些电对的标准电极电势。假设某元素有下列电势图：

$$A\xrightarrow[n_1]{\varphi_1^{\ominus}}B\xrightarrow[n_2]{\varphi_2^{\ominus}}C\xrightarrow[n_3]{\varphi_3^{\ominus}}D$$

A、B、C、D分别表示某种元素四种不同氧化数的物质，$\varphi_1^{\ominus}$、$\varphi_2^{\ominus}$、$\varphi_3^{\ominus}$分别表示相邻物质所组成电对的标准电势值，$n_1$、$n_2$、$n_3$分别表示1 mol电极反应所转移的电子数。将这三个电极分别与标准氢电极组成原电池，根据电池反应的标准摩尔吉布斯自由能变，理论上可以导出如下公式：

$$\varphi^{\ominus}(A/D)=\frac{n_1\varphi_1^{\ominus}+n_2\varphi_2^{\ominus}+n_3\varphi_3^{\ominus}}{n_1+n_2+n_3}$$

**例7-12**　根据铁元素的电势图$Fe^{3+}\xrightarrow{0.771\ V}Fe^{2+}\xrightarrow{-0.447\ V}Fe$，求$\varphi^{\ominus}(Fe^{3+}/Fe)$

**解：**$\varphi^{\ominus}(Fe^{3+}/Fe)=\frac{n_1\varphi_1^{\ominus}+n_2\varphi_2^{\ominus}}{n_1+n_2}=\frac{1\times0.771+2\times(-0.447)}{1+2}=-0.041\ V$

# 第三节　氧化还原滴定法

## 一、概述

1. 氧化还原滴定法的特点

氧化还原滴定法是以氧化还原反应为基础的滴定分析方法。利用氧化还原滴定法可以直接或间接测定许多具有氧化性或还原性的物质，某些非变价元素（如$Ca^{2+}$、$Sr^{2+}$、

$Ba^{2+}$)也可以用氧化还原滴定法间接测定。

氧化还原反应基于电子的转移,机理比较复杂,反应速率比较慢,也可能因不同的反应条件而产生副反应或生成不同的产物。因此,在氧化还原滴定中,必须控制适当的反应条件,加快反应速率,防止副反应发生,以保证滴定反应定量地进行。

在氧化还原滴定中,要使分析反应定量地进行完全,常常用强氧化剂或较强的还原剂做标准溶液。根据所用标准溶液的不同,氧化还原滴定法可分为高锰酸钾法、重铬酸钾法、碘量法、铈量法、溴酸钾法等,本节只介绍最常用的前三种方法。

2. 氧化还原滴定曲线

前面讨论的酸碱滴定曲线是以被测溶液的 pH 变化为特征的曲线,在化学计量点附近滴定曲线发生突跃,而在氧化还原滴定中,随着滴定剂的加入,溶液的电极电势 $\varphi$ 也在不断发生变化。若以 $\varphi$ 为纵坐标,加入滴定剂的量为横坐标作图,所得曲线(称为氧化还原滴定曲线)在化学计量点附近也会发生突跃。$\varphi$ 可以通过实验方法测得,也可根据能斯特方程式计算得到。

**例 7-13** 在 1 $mol\cdot L^{-1}$ $H_2SO_4$ 溶液中,用 0.10 $mol\cdot L^{-1}$ $Ce(SO_4)_2$ 标准溶液滴定 20.00 mL 相同浓度 $FeSO_4$ 溶液。计算:(1) $V_{标准}=0.02$ mL (2) $V_{标准}=19.98$ mL (3) $V_{标准}=20.00$ mL (4) $V_{标准}=20.02$ mL 时待测溶液的电极电势 $\varphi(Fe^{3+}/Fe^{2+})$。已知 $\varphi^{\ominus}(Fe^{3+}/Fe^{2+})=0.771$ V,$\varphi^{\ominus}(Ce^{4+}/Ce^{3+})=1.72$ V。

**解**:滴定反应为 $Ce^{4+}+Fe^{2+}=\!=\!=Ce^{3+}+Fe^{3+}$

该反应为可逆的对称的氧化还原电对组成的滴定反应,滴定过程中,每滴入一定量的 $Ce(SO_4)_2$ 标准溶液,反应达到一个新的平衡,此时两个电对的电极电势相等,即

$$\varphi(Fe^{3+}/Fe^{2+})=\varphi(Ce^{4+}/Ce^{3+})。$$

(1) 当 $V_{标准}=0.02$ mL 时,化学计量点前,溶液中含有被 $Ce(SO_4)_2$ 氧化生成的 $Fe^{3+}$ 和未被氧化的 $Fe^{2+}$

$$\varphi(Fe^{3+}/Fe^{2+})=\varphi^{\ominus}(Fe^{3+}/Fe^{2+})+0.059\ 2\lg\frac{[Fe^{3+}]}{[Fe^{2+}]}=0.771+0.059\ 2\lg\frac{0.02}{19.98}=0.593\ 4\ \text{V}$$

(2) 当 $V_{标准}=19.98$ mL 时,化学计量点前滴定了 99.9%的 $Fe^{2+}$

$$\varphi(Fe^{3+}/Fe^{2+})=\varphi^{\ominus}(Fe^{3+}/Fe^{2+})+0.059\ 2\lg\frac{[Fe^{3+}]}{[Fe^{2+}]}=0.771+0.059\ 2\lg\frac{19.98}{0.02}=0.948\ 6\ \text{V}$$

(3) 当 $V_{标准}=20.00$ mL 时,达到化学计量点,反应定量完成,$[Ce^{4+}]=[Fe^{2+}]$,$[Ce^{3+}]=[Fe^{3+}]$,但溶液中的 $Fe^{2+}$ 及 $Ce^{4+}$ 浓度极小,不易准确求得,可用两个电对的能斯特方程联立求得。

$$\varphi(Fe^{3+}/Fe^{2+})=\varphi^{\ominus}(Fe^{3+}/Fe^{2+})+0.059\ 2\lg\frac{[Fe^{3+}]}{[Fe^{2+}]}$$

$$\varphi(Ce^{4+}/Ce^{3+})=\varphi^{\ominus}(Ce^{4+}/Ce^{3+})+0.059\ 2\lg\frac{[Ce^{4+}]}{[Ce^{3+}]}$$

两式相加得

$$2\varphi(Fe^{3+}/Fe^{2+})=\varphi^{\ominus}(Fe^{3+}/Fe^{2+})+\varphi^{\ominus}(Ce^{4+}/Ce^{3+})+0.059\ 2\lg\frac{[Ce^{4+}]}{[Ce^{3+}]}\times\frac{[Fe^{3+}]}{[Fe^{2+}]}$$

$$=0.771+1.72=2.491\ \text{V} \qquad \varphi(Fe^{3+}/Fe^{2+})=1.246\ \text{V}$$

(4) 当 $V_{标准}=20.02$ mL 时，化学计量点后，$Ce^{4+}$ 过量 0.1%

$$\varphi(Fe^{3+}/Fe^{2+})=\varphi(Ce^{4+}/Ce^{3+})=\varphi^{\ominus}(Ce^{4+}/Ce^{3+})+0.0592\lg\frac{[Ce^{4+}]}{[Ce^{3+}]}=1.72+0.0592\lg\frac{0.02}{20.00}=1.542\ V$$

用例 7-13 相同的方法，可计算出滴加其他不同体积的 $Ce(SO_4)_2$ 标准溶液时溶液的电极电势值，作出滴定曲线，如图 7-4 所示。从曲线可以看出，化学计量点前后有一个比较大的突跃范围，这对选择氧化还原指示剂很有利。滴定突跃范围的大小，与两电对的标准电极电势 $\varphi^{\ominus}$ 有关，两电对的标准电极电势差值 $\Delta\varphi^{\ominus}$ 越大，滴定突跃范围越大，一般当 $\Delta\varphi^{\ominus}\geqslant 0.40$V 时，曲线上才有明显的突跃，可以用指示剂法确定滴定终点。否则，不宜用氧化还原滴定法直接测定，以免引入较大的终点误差。

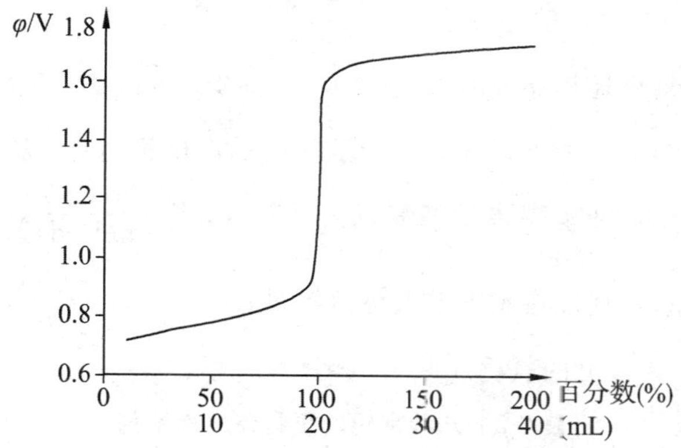


图 7-4　$Ce(SO_4)_2$ 标准溶液滴定 $FeSO_4$ 溶液的滴定曲线

氧化还原电对大致可分为可逆电对和不可逆电对两大类。可逆电对是反应在任一瞬间能迅速建立化学平衡的电对(如 $Ce^{4+}/Ce^{3+}$，$Fe^{3+}/Fe^{2+}$，$I_2/I^-$)，实际电极电势与能斯特公式计算得到的理论值相符。不可逆电对是指反应在瞬间不能建立起化学平衡的电对(如 $MnO_4^-/Mn^{2+}$，$Cr_2O_7^{2-}/Cr^{3+}$)，实际电势与按照能斯特公式计算得到的理论值有一定的差异，但用能斯特公式计算得到的结果作为初步判断，仍然有一定的实际意义。对称电对是氧化还原半反应中，氧化态物质和还原态物质系数相同的电对(如 $Ce^{4+}/Ce^{3+}$)，不对称电对是氧化还原半反应中，氧化态物质和还原态物质系数不相同的电对(如 $Cr_2O_7^{2-}/Cr^{3+}$，$I_2/I^-$)。

3. 氧化还原滴定终点的确定

在氧化还原滴定法中，可以利用电势滴定法确定终点，也可以用指示剂法确定终点。在常量分析中，用得较多的是后一种。氧化还原滴定中常用的指示剂有三类。

(1) 自身指示剂

有些滴定剂本身有很深的颜色，而滴定产物无色或颜色很浅，滴定时无须另加指示剂。例如，$KMnO_4$ 本身显紫红色，用它滴定 $H_2O_2$ 或 $Na_2C_2O_4$ 溶液时，反应产物 $O_2$、$Mn^{2+}$、$CO_2$ 等无色或浅色，滴定到计量点后，稍过量的 $KMnO_4$ 就能使溶液呈现明显的浅红色。这种以滴定剂本身的颜色就能指示滴定终点的物质称为自身指示剂。

(2) 专属指示剂

有些物质本身并不具有氧化还原性，但它能与滴定剂或被测物质或反应产物结合产生特殊的颜色，因而可指示滴定终点。例如，淀粉与碘结合生成深蓝色的配合物，此反应极为灵敏，因此碘量法中常用淀粉做指示剂，根据蓝色的出现或褪去来指示滴定终点的到达。

(3) 氧化还原指示剂

这类指示剂本身是氧化剂或还原剂，其氧化态和还原态具有不同的颜色。在滴定过程中，因被氧化或被还原而发生颜色变化从而指示终点。若以 In(Ox)和 In(Red)分别表示指示剂的氧化态和还原态，滴定中指示剂的电极反应可表示为：

$$\mathrm{In(Ox)} + ne^- \rightleftharpoons \mathrm{In(Red)}$$

由能斯特方程得

$$\varphi_{\mathrm{In}} = \varphi_{\mathrm{In}}^{\ominus} + \frac{0.059\ 2}{n}\lg\frac{[\mathrm{In(Ox)}]}{[\mathrm{In(Red)}]}$$

与酸碱指示剂相似，氧化还原指示剂也存在着一定的变色范围，当$\frac{[\mathrm{In(Ox)}]}{[\mathrm{In(Red)}]}=1$时，溶液中呈中间色，此时溶液的电极电势等于指示剂的标准电极电势，称为指示剂的变色点；当$\frac{[\mathrm{In(Ox)}]}{[\mathrm{In(Red)}]}\geqslant 10$时，溶液呈现指示剂氧化态的颜色；当$\frac{[\mathrm{In(Ox)}]}{[\mathrm{In(Red)}]}\leqslant\frac{1}{10}$时，溶液呈现指示剂还原态的颜色，氧化还原指示剂的变色范围是：$\varphi_{\mathrm{In}} = \varphi_{\mathrm{In}}^{\ominus} \pm \frac{0.059\ 2}{n}$。

表 7-2 列出了一些常见的氧化还原指示剂。

**表 7-2 几种常用的氧化还原指示剂**

| 指示剂名称 | $\varphi^{\ominus}$/V $c(H^+)=1.0\ \mathrm{mol\cdot L^{-1}}$ | 颜色变化 | |
|---|---|---|---|
| | | 氧化态颜色 | 还原态颜色 |
| 次甲基蓝 | 0.36 | 蓝 | 无色 |
| 二苯胺 | 0.76 | 紫 | 无色 |
| 二苯胺磺酸钠 | 0.85 | 紫红 | 无色 |
| 邻苯氨基苯甲酸 | 0.89 | 紫红 | 无色 |
| 邻二氮菲一亚铁 | 1.06 | 浅蓝 | 红 |

## 二、高锰酸钾法

1. 概述

高锰酸钾法是以高锰酸钾标准溶液为滴定剂的氧化还原滴定法。高锰酸钾是一种强氧化剂，它的氧化能力与溶液的酸度有关。在强酸性溶液中，$MnO_4^-$ 被还原为 $Mn^{2+}$：

$$MnO_4^- + 8H^+ + 5e^- \rightleftharpoons Mn^{2+} + 4H_2O \qquad \varphi^{\ominus}(MnO_4^-/Mn^{2+}) = 1.507\ \mathrm{V}$$

在中性、弱酸性或弱碱性溶液中，$MnO_4^-$ 与还原剂作用，生成褐色的 $MnO_2\cdot H_2O$ 沉淀：

$$MnO_4^- + 2H_2O + 3e^- \rightleftharpoons MnO_2 + 4OH^- \qquad \varphi^{\ominus}(MnO_4^-/MnO_2) = 0.60\ \mathrm{V}$$

由于 $KMnO_4$ 在强酸性溶液中的氧化能力强，且生成的 $Mn^{2+}$ 接近无色，便于终点的观察，所以高锰酸钾滴定多在强酸性溶液中进行，所用的强酸是 $H_2SO_4$，酸度不足时容易生成 $MnO_2$ 沉淀。若用 HCl 溶液，$Cl^-$ 会对滴定产生干扰，而 $HNO_3$ 溶液具有强氧化性，醋酸酸性又太弱，都不适合高锰酸钾滴定法。

高锰酸钾法的优点是 $KMnO_4$ 氧化能力强，应用范围广，用 $KMnO_4$ 法可直接测定许多还原性物质[如 $Fe^{2+}$、$C_2O_4^{2-}$、$H_2O_2$、$NO_2^-$、Sn(Ⅱ)等]；也可以间接测定非变价离子(如 $Ca^{2+}$、$Sr^{2+}$、$Ba^{2+}$ 等)；用返滴定法测定 $PbO_2$、$MnO_2$ 等。$KMnO_4$ 溶液本身有明显的颜色，滴定时通常无需另加指示剂。此外，市售 $KMnO_4$ 常含有少量杂质，不能用直接法配制标准溶液，且标准溶液不够稳定，久置后，每次使用前都应重新标定。

2. 高锰酸钾标准溶液的配制

纯的 $KMnO_4$ 溶液相当稳定，但一般 $KMnO_4$ 试剂中常含有少量 $MnO_2$ 和其他杂质，而且蒸馏水中也常含有微量还原性物质，它们可与 $MnO_4^-$ 反应析出 $MnO_2 \cdot H_2O$ 沉淀，并进一步促进 $KMnO_4$ 溶液的分解，故 $KMnO_4$ 标准溶液宜采用间接法配制。

(1) 粗配

① 称取稍多于理论计算量的 $KMnO_4$ 固体，溶于适量蒸馏水中。

② 把配好的溶液加热至沸，并保持微沸 1 小时，冷却后装入棕色试剂瓶中，在暗处静置 2～3 天，使还原性物质完全氧化。

③ 用砂芯过滤装置或普通漏斗加玻璃棉过滤，除去析出的沉淀。

④ 将过滤后的 $KMnO_4$ 溶液贮存于棕色瓶中，置于暗处，避光保存。

(2)标定

标定 $KMnO_4$ 溶液的基准物质有 $H_2C_2O_4 \cdot 2H_2O$、$Na_2C_2O_4$、$FeSO_4 \cdot 7H_2O$、$(NH_4)_2C_2O_4$、$As_2O_3$ 和纯铁丝等，其中 $Na_2C_2O_4$ 较常用。在 $H_2SO_4$ 溶液中，$MnO_4^-$ 与 $C_2O_4^{2-}$ 反应如下：

$$2MnO_4^- + 5C_2O_4^{2-} + 16H^+ = 2Mn^{2+} + 10CO_2\uparrow + 8H_2O$$

这一反应为自身催化反应(即反应中生成的 $Mn^{2+}$ 能够加快反应的进行)。为了使该反应能定量地进行，标定时应注意以下条件：

① 温度　在室温下此反应缓慢，常将溶液加热到 75～85 ℃趁热滴定。滴定完毕，溶液的温度也不应低于 60 ℃。但温度也不宜过高，若高于 90 ℃，在酸性溶液中会使部分 $H_2C_2O_4$ 发生分解，从而减少 $KMnO_4$ 的用量，导致标定结果偏高。

$$H_2C_2O_4 = CO_2\uparrow + CO\uparrow + H_2O$$

② 酸度　溶液应保持足够的酸度，一般在开始滴定时，溶液的酸度为 0.5～1 mol·L$^{-1}$，滴定终了时，酸度为 0.2～0.5 mol·L$^{-1}$。酸度不足时，容易生成 $MnO_2 \cdot H_2O$ 沉淀；酸度过高时，又会促使 $H_2C_2O_4$ 分解。

③ 滴定速度　开始滴定时，因反应较慢，滴定不宜太快.待滴入的第一滴 $KMnO_4$ 溶液褪色后，由于生成了催化剂 $Mn^{2+}$，反应会逐渐加快。随后的滴定可以稍快些，但仍需逐滴加入，否则滴入的 $MnO_4^-$ 来不及与 $C_2O_4^{2-}$ 发生反应，即在热的酸性溶液中发生分解，会导致结果偏低。

$$4MnO_4^- + 12H^+ = 4Mn^{2+} + 5O_2\uparrow + 6H_2O$$

④ 滴定终点　用 $KMnO_4$ 溶液滴定至终点时，溶液出现的浅红色不能持久，这是因为空气中的还原性气体和灰尘都能与 $MnO_4^-$ 缓慢作用，使溶液的浅红色逐渐消失。所以滴定时，只要溶液中出现浅红色并在半分钟内不褪色，便可认为已达到滴定终点。

3. 应用示例

(1) 直接滴定法测定双氧水 $H_2O_2$ 的含量。高锰酸钾在酸性溶液中能定量地氧化过氧化氢，反应式为：

$$2MnO_4^- + 5H_2O_2 + 6H^+ \xlongequal{} 2Mn^{2+} + 5O_2\uparrow + 8H_2O$$

滴定开始时反应比较慢，待有少量 $Mn^{2+}$ 生成后，由于 $Mn^{2+}$ 的催化作用，反应加快。

根据等物质的量的原则有 $n(\frac{1}{5}KMnO_4) = n(\frac{1}{2}H_2O_2)$，$H_2O_2$ 的含量（质量体积分数） 可按下式计算：

$$\rho(H_2O_2) = \frac{c(\frac{1}{5}KMnO_4)\times V(KMnO_4)\times M(\frac{1}{2}H_2O_2)}{V}$$

式中：$V$ 为吸取的双氧水的体积，单位为 mL；$V(KMnO_4)$ 为消耗的 $KMnO_4$ 溶液的体积，单位为 L。

(2) 间接滴定法测定 Ca 含量。试样中钙含量的测定步骤：先将试样中的 $Ca^{2+}$ 沉淀为$CaC_2O_4$，然后将沉淀过滤，洗净，并用稀硫酸溶解，最后用 $KMnO_4$ 标准溶液滴定。有关反应式如下：

$$Ca^{2+} + C_2O_4^{2-} \xlongequal{} CaC_2O_4\downarrow \quad CaC_2O_4 + 2H^+ \xlongequal{} H_2C_2O_4 + Ca^{2+}$$

$$2MnO_4^- + 5H_2C_2O_4 + 6H^+ \xlongequal{} 2Mn^{2+} + 10CO_2\uparrow + 8H_2O$$

根据等物质的量的原则，$n(\frac{1}{5}KMnO_4) = n(\frac{1}{2}Ca)$

则
$$w(Ca) = \frac{n(\frac{1}{5}KMnO_4)\times V(KMnO_4)\times M(\frac{1}{2}Ca)}{m_s}\times 100\%$$

式中：$V(KMnO_4)$ 为消耗的 $KMnO_4$ 溶液的体积，单位为 L；$m$ 为试样的质量，单位为 g。

## 三、重铬酸钾法

1. 概述

重铬酸钾法是以 $K_2Cr_2O_7$ 为标准溶液的氧化还原滴定法。在酸性条件下，$K_2Cr_2O_7$ 与还原剂作用，$Cr_2O_7^{2-}$ 被还原为 $Cr^{3+}$，其半反应为：

$$Cr_2O_7^{2-} + 14H^+ + 6e^- \rightleftharpoons 2Cr^{3+} + 7H_2O \quad \varphi^\ominus(Cr_2O_7^{2-}/Cr^{3+}) = 1.33\ V$$

$K_2Cr_2O_7$ 的氧化能力不如 $KMnO_4$ 的强，应用范围也不如 $KMnO_4$ 法广泛，但与$KMnO_4$ 法相比，有以下优点：

(1)$K_2Cr_2O_7$ 易提纯，且溶液非常稳定，可用直接法配制标准溶液，并可长期保存。

(2)滴定可在盐酸介质中进行。室温下 1 mol·L$^{-1}$ HCl 溶液中，$K_2Cr_2O_7$ 不受 $Cl^-$ 还原作用的影响，但当 HCl 浓度太大或将溶液煮沸时，$K_2Cr_2O_7$ 也能部分地被 $Cl^-$ 还原。

在重铬酸钾法中，虽然橙色的 $Cr_2O_7^{2-}$ 被还原后变为绿色的 $Cr^{3+}$，但由于 $Cr_2O_7^{2-}$ 的颜色较浅，故不能根据自身的颜色变化来确定终点，需另加氧化还原指示剂，通常用二苯胺磺酸钠做指示剂。重铬酸钾法常用于含铁试样中铁的测定，土壤有机质的测定及水中化学耗氧量(COD)的测定。

2. 应用示例——亚铁盐中亚铁含量的测定

亚铁盐中亚铁的含量可用 $K_2Cr_2O_7$ 法测定。准确称取一定量试样，在酸性条件下溶解后，加入适量的 $H_3PO_4$，并加入二苯胺磺酸钠指示剂，用 $K_2Cr_2O_7$ 标准溶液滴定。滴定反应为：

$$Cr_2O_7^{2-}+6Fe^{2+}+14H^+ = 2Cr^{3+}+6Fe^{3+}+7H_2O$$

根据等物质的量的原则：$n(\frac{1}{6}K_2Cr_2O_7)=n(Fe)$

则

$$w(Fe)=\frac{c(\frac{1}{6}K_2Cr_2O_7)\times V(K_2Cr_2O_7)\times M(Fe)}{m_s}\times 100\%$$

式中：$V(K_2Cr_2O_7)$ 为消耗的 $K_2Cr_2O_7$ 标准溶液的体积，单位为 L；$m_s$ 为试样的质量，单位为 g。测定时，加入适量的 $H_3PO_4$ 可生成无色的 $[Fe(HPO_4)_2]^-$，以消除 $Fe^{3+}$ 的颜色(黄色)对终点颜色的影响；同时降低溶液中 $Fe^{3+}$ 的浓度，从而降低 $Fe^{3+}/Fe^{2+}$ 的电极电势，增大滴定突跃范围，减小终点误差。

## 四、碘量法

1. 概述

碘量法是以 $I_2$ 的氧化性或 $I^-$ 的还原性为基础的氧化还原滴定法，电极反应为：

$$I_2+2e^- \rightleftharpoons 2I^- \qquad \varphi^{\ominus}(I_2/I^-)=0.5355\ V$$

由标准电极电势可知，$I_2$ 是较弱的氧化剂，它只能与较强的还原剂作用，而 $I^-$ 是一种中等强度的还原剂，能与许多氧化剂作用。因此，碘量法可分为直接碘量法和间接碘量法两种。

(1)直接碘量法，又称为碘滴定法，是用 $I_2$ 标准溶液直接滴定还原性物质，可用于测定 $S_2O_3^{2-}$、$SO_3^{2-}$、$Sn^{2+}$、维生素 C 等还原性较强的物质的含量。

(2)间接碘量法，又称为滴定碘法，是利用 $I^-$ 做还原剂，在一定的条件下，与氧化性物质作用，定量地析出 $I_2$，然后用 $Na_2S_2O_3$ 标准溶液滴定析出的 $I_2$，从而间接地测得氧化性物质的含量。该法可用于测定 $MnO_4^-$、$Cr_2O_7^{2-}$、$Cu^{2+}$、$IO_3^-$、$BrO_3^-$、$H_2O_2$ 等氧化性物质的含量。由于 $I^-$ 能与许多氧化剂作用，所以间接碘量法比直接碘量法应用更为广泛。

碘量法通常用淀粉做指示剂，淀粉与 $I_2$ 结合形成蓝色的物质，灵敏度很高，即使在 $10^{-5}\ mol\cdot L^{-1}$ 的 $I_2$ 溶液中也能反应。实践证明，直链淀粉遇 $I_2$ 变蓝必须有 $I^-$ 存在，且 $I^-$ 浓度越高，显色越灵敏。淀粉溶液必须现配现用，否则会腐败分解，影响显色。另外，在间接碘量法中，淀粉指示剂应在滴定临近终点时加入，否则大量的 $I_2$ 与淀粉结合，不易与 $Na_2S_2O_3$ 反应，将会给滴定带来误差。

2. 碘量法的滴定条件

为了获得准确的结果，应用碘量法滴定时应注意以下两点：

(1) 控制溶液的酸度。$Na_2S_2O_3$ 与 $I_2$ 的反应必须在中性或弱酸性介质中进行。在碱性介质中，$I_2$ 与 $S_2O_3^{2-}$ 会发生如下反应：

$$S_2O_3^{2-}+4I_2+10OH^-=\!=\!=2SO_4^{2-}+8I^-+5H_2O$$

在较强的碱性介质中，$I_2$ 会发生歧化反应：

$$3I_2+6OH^-=\!=\!=IO_3^-+5I^-+3H_2O$$

在强酸性溶液中，$Na_2S_2O_3$ 会分解，同时 $I^-$ 易被空气中的 $O_2$ 所氧化，而这些反应的发生均会引入误差。

(2) 防止碘挥发和碘离子被氧化。碘量法的误差主要有两个来源：$I_2$ 易挥发，$I^-$ 容易被空气中的 $O_2$ 氧化。为减少 $I_2$ 的挥发，应加入过量的 KI，增大 $I_2$ 在水中的溶解度；反应温度不宜过高，一般在室温下进行；间接碘量法最好在碘量瓶中进行，反应完全后立即进行滴定，切勿剧烈振动，以减少 $I_2$ 的挥发。为了防止 $I^-$ 被空气中的 $O_2$ 氧化，应将析出 $I_2$ 的反应瓶置于暗处，并预先掩蔽干扰离子以消除它们的影响。

3. 标准溶液的配制和标定

(1)$Na_2S_2O_3$ 溶液的配制和标定

① 配制　结晶的 $Na_2S_2O_3\cdot 5H_2O$ 一般含有少量 S、$Na_2CO_3$、NaCl 等杂质，因此不能用直接法配制标准溶液。$Na_2S_2O_3$ 溶液不稳定，容易与水中的 $CO_2$、空气中的氧气作用，以及被微生物分解而使浓度发生变化。因此，配制 $Na_2S_2O_3$ 标准溶液时应先煮沸蒸馏水，以除去水中的 $CO_2$ 并杀灭微生物，加入少量 $Na_2CO_3$ 使溶液呈微碱性，以防止 $Na_2S_2O_3$ 分解。日光能促使 $Na_2S_2O_3$ 分解，所以 $Na_2S_2O_3$ 溶液应贮存于棕色瓶中，放置暗处，1～2周后再标定。长期保存的溶液，在使用时应重新标定。

② 标定　标定 $Na_2S_2O_3$ 溶液常用 $K_2Cr_2O_7$、$KIO_3$、$KBrO_3$ 等基准物质，用间接碘量法进行标定，如在酸性溶液中，有过量 KI 存在下，一定量的 $K_2Cr_2O_7$ 与 KI 反应产生等物质的量的 $I_2$

$$Cr_2O_7^{2-}+14H^++6I^-=\!=\!=2Cr^{3+}+3I_2+7H_2O$$

再用 $Na_2S_2O_3$ 标准溶液滴定析出的 $I_2$

$$I_2+2S_2O_3^{2-}=\!=\!=2I^-+S_4O_6^{2-}$$

根据 $K_2Cr_2O_7$ 的质量及消耗的 $Na_2S_2O_3$ 溶液的体积即可计算得到 $Na_2S_2O_3$ 的浓度：

$$c(Na_2S_2O_3)=\frac{m(K_2Cr_2O_7)}{M(\frac{1}{6}K_2Cr_2O_7)\times V(Na_2S_2O_3)\times 10^{-3}}$$

式中：$V(Na_2S_2O_3)$为滴定时消耗 $Na_2S_2O_3$ 溶液的体积，单位为 mL。

(2)$I_2$ 溶液的配制和标定

① 配制　市售的 $I_2$ 含有杂质，因此常用间接法配制 $I_2$ 标准溶液。$I_2$ 在水中的溶解度很小，且易挥发，常将它溶解在较浓的 KI 溶液中，以提高其溶解度。碘见光或受热时浓度会发生变化，故 $I_2$ 溶液应装在棕色瓶中于暗处保存。贮存和使用 $I_2$ 溶液时，还应避免与橡胶等有机物质接触。

② 标定　标定 $I_2$ 溶液，可用升华法精制的 $As_2O_3$ 做基准物质，更多的是用已经标定好的 $Na_2S_2O_3$ 标准溶液比较滴定。根据等物质的量的原则：

$$n(\frac{1}{2}I_2)=n(Na_2S_2O_3)$$

所以

$$c(\frac{1}{2}I_2)=\frac{c(Na_2S_2O_3)\cdot V(Na_2S_2O_3)}{V(I_2)}$$

4．应用示例

(1) 直接碘量法测定维生素 C 含量。维生素 C(Vc)又名抗坏血酸(化学式 $C_6H_8O_6$)，其分子中的烯二醇具有还原性，能被定量地氧化为二酮基：

$$C_6H_8O_6+I_2 \rightleftharpoons C_6H_6O_6+2HI$$

$C_6H_8O_6$ 的还原能力很强，在空气中极易被氧化，在碱性条件下尤甚。滴定时，应加入一定量的醋酸使溶液呈弱酸性。维生素 C 的质量分数可按下式计算：

$$w(Vc)=\frac{c(I_2)\cdot\frac{V(I_2)}{1\,000}\cdot M(C_6H_8O_6)}{m_s}\times 100\%$$

式中：$V(I_2)$为滴定时消耗的标准溶液的体积，单位为 mL，$m_s$ 为试样的质量，单位为 g。

(2) 间接碘量法测定胆矾中的铜含量。胆矾($CuSO_4\cdot 5H_2O$)是农药波尔多液的主要成分。用间接碘量法测定时，必须加入过量的 KI，使 $Cu^{2+}$ 与 KI 作用生成 CuI，并析出 $I_2$，再用 $Na_2S_2O_3$ 标准溶液滴定析出的 $I_2$：

$$2Cu^{2+}+4I^- \rightleftharpoons 2CuI\downarrow+I_2$$

$$I_2+2S_2O_3^{2-} = 2I^-+S_4O_6^{2-}$$

由于 CuI 溶解度相对较大，且对 $I_2$ 的吸附较强，所以终点变色不明显。为此，可在临近终点时加入 KSCN，使 CuI 转化为更难溶的 CuSCN 沉淀：

$$CuI(s)+SCN^- = CuSCN\downarrow+I^-$$

CuSCN 不吸附碘，可使终点颜色变化比较明显。

为了防止 $Cu^{2+}$ 水解，反应必须在酸性溶液中(pH 为 3.5～4)进行，由于 $Cu^{2+}$ 容易与 $Cl^-$ 形成络合物，因此酸化时常用 $H_2SO_4$ 或 HAc 而不用 HCl。

由于 $Fe^{3+}$ 容易氧化 $I^-$ 生成 $I_2$，使结果偏高。若试样中含有 $Fe^{3+}$，应事先分离除去或加入饱和 NaF 溶液使 $Fe^{3+}$ 生成配离子$[FeF_6]^{3-}$而掩蔽，以消除干扰。

样品中铜的质量分数可按下式计算：

$$w(Cu)=\frac{c(Na_2S_2O_3)\times\frac{V(Na_2S_2O_3)}{1\,000}\times M(Cu)}{m_s}\times 100\%$$

式中：$V(Na_2S_2O_3)$为滴定时消耗的标准溶液的体积，单位为 mL；$m_s$ 为试样的质量，单位为 g。

**化学与新能源**

## 氢氧燃料电池

随着社会的发展和科技水平的提高，汽车已成为人们生活中不可缺少的交通工具，但汽车排放的尾气又成为环境污染的重要因素之一，给人类的生存和生活带来了严重的危害。同时，对于不可再生的石油资源可开采量的逐渐减少，寻找一种“绿色”的新燃料已提到了人类的议事日程。

1. 氢氧燃料电池的工作原理

当纯氢气送入负极通道，由于负极催化剂的作用，氢分子($H_2$)发生氧化反应，失去电子，生成带正电荷的氢离子($H^+$，即质子)，电子($e^-$)则通过外电路流向正极，产生电流。氢离子被允许穿过质子交换膜，与正极区的氧气，同时还有电子，发生还原反应而生成水。如图 7-5 所示：

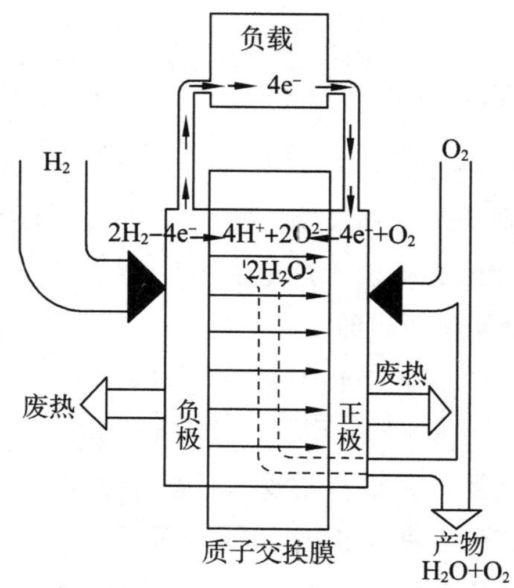


图 7-5　氢氧燃料电池原理示意图

负极(燃料电极)：$H_2-2e^- \rightleftharpoons 2H^+$

正极(氧化剂电极)：$2H^+ + \frac{1}{2}O_2 + 2e^- \rightleftharpoons H_2O$

总反应：$H_2(g) + \frac{1}{2}O_2(g) \rightleftharpoons H_2O(l)$

在此过程中，氢气和氧气源源不断地送入，反应连续不断地进行，于是在电池内就产生了持续的电流。反应的生成物是水，不会造成环境污染。

2. 氢氧燃料电池的优点

首先，氢氧燃料电池是绿色能源。氢氧燃料电池的产物是纯净的水，因此具有零污染排放的特点，对于保护、优化人类赖以生存的自然环境有着功在当代，利在千秋的作用。

其次，氢氧燃料电池的效率高。将燃料的化学能直接转化为电能，能量转化率可达 60%～80%。

此外，氢氧燃料电池所用的原料为氢气和氧气，氧气存在于自然界中，取之不尽，用之不竭，氢气是可再生的能源。此优点使氢氧燃料电池更有不可估量的应用价值和发展前景。

3. 氢氧燃料电池的应用

20 世纪 60 年代，氢氧燃料电池就已经成功地应用于航天领域。氢氧燃料电池成为载人航天器的首选电源，这是因为氢氧燃料电池每放出 1 kW·h 电的同时，还合成了 350 g 水，这正好解决了宇航员在太空中饮水的问题。要知道太空飞行中滴水贵于金，若要为宇航员多送上 1 kg 水，就得付出 26 万美元的代价。曾经美国 Appollo 11 号宇宙飞船在长达 8 天的登月旅行中，3 位宇航员的生活用水，均来自氢氧燃料电池提供的合成水。

据报道，在冰岛政府的支持下，戴姆勒—克莱斯勒公司和壳牌公司于 1999 年初公布了把这个岛国变为世界上第一个"氢经济"国家的计划——最终用无污染的氢能源取代所有小轿车、公共汽车上使用的柴油和汽油。通用汽车、戴—克集团、福田、丰田以及宝马集团等大公司都在做氢燃料电池的研发。目前，德国已经陆续推出了各种燃氢汽车。氢氧燃料电池被称为是继水力、火力、核能之后第四代发电装置和替代内燃机的动力装置。

随着制氢技术的发展，氢氧燃料电池离我们的生活越来越近。到那时，氢气将像煤气一样通过管道被送入千家万户，每个用户则采用金属氢化物的储罐将氢气储存起来，然后连接氢氧燃料电池，再接通各种用电设备，为人们创造舒适的生活环境，减轻繁重的生活事务。

1. 何谓电极电势？能否测定电极的绝对电势值？为什么？何谓标准电极电势？电极电势表中列出的各电极的 $\varphi^{\ominus}$ 值表示什么含义？

2. 举例说明何为自身氧化还原反应、何为歧化反应。

3. 利用 $\varphi^{\ominus}$ 值回答下列问题：

(1) 有金属铁存在，$Fe^{3+}$ 能否稳定存在？

(2) 含有 $Fe^{3+}$ 的酸性溶液中通入 $H_2S$ 可能发生什么反应？

(3) 为何 $KMnO_4$ 滴定法不能用盐酸来调节酸度？

4. 电极电势与电极反应式的书写形式有无关系？氧化还原反应的标准平衡常数与反应式的书写形式有关系吗？

5. 如何用重铬酸钾法测定土壤中有机质(主要指碳元素)的含量？

**一、选择题**

1. 在标准状态下，由下列反应构成原电池，其电池符号为(　　)。

$2Fe^{3+}(1\ mol\cdot L^{-1})+Cu(s)\rightleftharpoons 2Fe^{2+}(1\ mol\cdot L^{-1})+Cu^{2+}(1\ mol\cdot L^{-1})$

A. (－)$Fe^{3+}(1\ mol\cdot L^{-1})\mid Fe^{2+}(1\ mol\cdot L^{-1})\parallel Cu^{2+}(1\ mol\cdot L^{-1})\mid Cu(s)$(＋)

B. (－)$Pt(s)\mid Fe^{2+}(1\ mol\cdot L^{-1}),Fe^{3+}(1\ mol\cdot L^{-1})\parallel Cu^{2+}(1\ mol\cdot L^{-1})\mid Cu(s)$(＋)

C. (－)$Cu(s)\mid Cu^{2+}(1\ mol\cdot L^{-1})\parallel Fe^{3+}(1\ mol\cdot L^{-1}),Fe^{2+}(1\ mol\cdot L^{-1})\mid Pt(s)$(＋)

D. (－)$Pt(s)\mid Cu(s)\mid Cu^{2+}(1\ mol\cdot L^{-1})\parallel Fe^{3+}(1\ mol\cdot L^{-1}),Fe^{2+}(1\ mol\cdot L^{-1})\mid Pt(s)$(＋)

2. 下列叙述中正确的是(　　)。

A. 因为 $Cl_2+2e^- \rightleftharpoons 2Cl^-$　$\varphi^\ominus=1.358\ 3\ V$,则$\frac{1}{2}Cl_2+e^- \rightleftharpoons Cl^-$　$\varphi^\ominus=0.68\ V$

B. 含氧酸根的氧化能力通常随溶液的 pH 减小而增强

C. 铜锌原电池的 $E=1.25$ V,原因是 $Cu^{2+}$ 浓度小于 $Zn^{2+}$ 浓度

D. 有下列原电池:(−)Cd | $CdSO_4$(1.0 mol·$L^{-1}$) ‖ $CuSO_4$(1.0 mol·$L^{-1}$) | Cu(+),若向$CdSO_4$溶液中加入少量 $Na_2S$ 溶液,或向 $CuSO_4$ 溶液中加入少量 $CuSO_4\cdot 5H_2O$ 晶体,都会使原电池的电动势变小

3. 根据下列标准电极电势可以判定,在标准状态下不可能共存于同一溶液的是(　　)。

$Br_2+2e^- \rightleftharpoons 2Br^-$　$\varphi^\ominus=1.087\ 3$ V;　$2Hg^{2+}+2e^- \rightleftharpoons Hg_2^{2+}$　$\varphi^\ominus=0.92$ V;

$Fe^{3+}+e^- \rightleftharpoons Fe^{2+}$　$\varphi^\ominus=0.771$ V;　$Sn^{2+}+2e^- \rightleftharpoons Sn$　$\varphi^\ominus=-0.137\ 5$ V

A. $Br_2$ 和 $Hg^{2+}$　　B. $Br^-$ 和 $Fe^{3+}$　　C. $Hg_2^{2+}$ 和 $Fe^{3+}$　　D. Sn 和 $Fe^{3+}$

4. 已知 298.15 K 时,$\varphi^\ominus(Ag^+/Ag)=0.799\ 6$ V,$K_{sp}^\ominus(AgCl)=1.8\times10^{-10}$,若在 $c=1.0$ mol·$L^{-1}$ 的 $Ag^+$ 溶液中加入 KCl,使其变成 Ag(s) | AgCl(s) | KCl(1.0 mol·$L^{-1}$),则其电极电势将(　　)。

A. 增大 0.219 V　　B. 减小 0.219 V　　C. 增大 0.579 6 V　　D. 减小 0.579 6 V

5. 在一自发进行的电极反应式中,若使诸物质转移电子数同时增大 $n$ 倍($n>0$),则此电极反应的 $\Delta_r G_m^\ominus$ 和 $\varphi$ 各将(　　)。

A. 变小和不变　　B. 变小和变大　　C. 变大和不变　　D. 变大和变小

6. 有电池反应Ⅰ:$Cu(s)+Cl_2(100\ kPa)=Cu^{2+}(1.0\ mol\cdot L^{-1})+2Cl^-(1.0\ mol\cdot L^{-1})$

电池反应Ⅱ:$\frac{1}{2}Cu(s)+\frac{1}{2}Cl_2(100\ kPa)=\frac{1}{2}Cu^{2+}(1.0\ mol\cdot L^{-1})+Cl^-(1.0\ mol\cdot L^{-1})$

其 $E_{Ⅰ}^\ominus/E_{Ⅱ}^\ominus$,$\Delta_r G_{m\,Ⅰ}^\ominus/\Delta_r G_{m\,Ⅱ}^\ominus$ 和 $\lg K_{Ⅰ}^\ominus/\lg K_{Ⅱ}^\ominus$ 分别等于(　　)。

A. 2、2 和 2　　B. 2、1 和 2　　C. 1、2 和 2　　D. 2、1 和 1

7. 已知 298.15 K 时,$Pb^{2+}+2e^- \rightleftharpoons Pb$ 的 $\varphi^\ominus=-0.126$ V,$K_{sp}^\ominus(PbSO_4)=1.6\times10^{-8}$,则 $PbSO_4+2e^- \rightleftharpoons Pb+SO_4^{2-}$ 的 $\varphi^\ominus$ 等于(　　)。

A. −0.357 V　　B. −0.582 V　　C. 0.582 V　　D. 0.357 V

8. 在标准状态下,下列反应均向正方向进行:$Cr_2O_7^{2-}+6Fe^{2+}+14H^+ = 2Cr^{3+}+6Fe^{3+}+7H_2O$ $2Fe^{3+}+Sn^{2+} = 2Fe^{2+}+Sn^{4+}$,它们中最强的氧化剂和最强的还原剂分别是(　　)。

A. $Sn^{2+}$ 和 $Fe^{3+}$　　B. $Cr_2O_7^{2-}$ 和 $Sn^{2+}$　　C. $Cr^{3+}$ 和 $Sn^{4+}$　　D. $Cr_2O_7^{2-}$ 和 $Fe^{3+}$

9. 对于高锰酸钾溶液标准的配制和标定条件,下列说法中不正确的是(　　)。

A. 应称取比理论计算量稍多的固体高锰酸钾

B. 将溶液加热到 75～85 ℃进行趁热滴定

C. 滴定过程中溶液的酸度越高越好

D. 滴定速度控制为慢→快→慢

10. 下列电对的 $\varphi$ 值不受介质 pH 影响的是(　　)。

A. $MnO_4^-/Mn^{2+}$　　B. $Cr_2O_7^{2-}/Cr^{3+}$　　C. $O_2/H_2O$　　D. $Br_2/Br^-$

11. 在硫酸—磷酸介质中,用 $K_2Cr_2O_7$ 标准溶液滴定 $Fe^{2+}$ 试液时,其化学计量点电势为 0.86 V,则应选择的指示剂为(　　)。

A. 亚甲基蓝($\varphi^\ominus=0.36$ V)　　B. 二苯胺磺酸钠($\varphi^\ominus=0.84$ V)

C. 邻二氮菲亚铁($\varphi^\ominus=1.06$ V)　　D. 二苯胺($\varphi^\ominus=0.76$ V)

12. 间接碘量法中，加入淀粉指示剂的适宜时间是(　　)。

A. 滴定开始时　　B. 滴定至接近终点时

C. 在标准溶液滴入 50%时　　D. 滴定至红棕色褪尽，溶液呈无色时

13. 测定维生素 C 可采用的分析方法是(　　)。

A. EDTA 法　　B. 酸碱滴定法　　C. 重铬酸钾法　　D. 碘量法

**二、判断题**

1. $MnO_4^-$ 与 $C_2O_4^{2-}$ 反应时，由于反应自身产生 $Mn^{2+}$ 使反应速度加快，这种反应称为诱导反应。

2. 影响氧化还原滴定突跃范围的因素是电对的电极电势及氧化剂和还原剂浓度。

3. 在亚锡盐溶液中加入锡粒可以防止 $Sn^{2+}$ 被氧化。

4. 电对中氧化态物质生成沉淀或配离子，则沉淀物的 $K_{sp}^{\ominus}$ 越小或配离子的 $K_s^{\ominus}$ 越大，它们的标准电极电势就越小或越大。

5. 原电池的氧化还原反应达到平衡时，两电极的电极电势相等。

**三、填空题**

1. $CrO_4^{2-}$ 中的 Cr 的氧化数是________，$Na_2O_2$ 中的 O 的氧化数是________。

2. 用间接碘量法测定胆矾中 Cu 的质量分数时，通常加入________做掩蔽剂以消除 $Fe^{3+}$ 的干扰，加入 KSCN 的作用是____________________________。

3. 在常用指示剂中，$KMnO_4$ 属于________指示剂，可溶性淀粉属于________指示剂。

4. 用 $K_2Cr_2O_7$ 法测定亚铁盐中的铁含量时，选用__________做指示剂，加入硫—磷混合酸的作用是________________、________________、________________。

5. 称取 $Na_2C_2O_4$ 基准物质时，少量 $Na_2C_2O_4$ 撒在天平台上而未被发现，则用其标定的 $KMnO_4$ 溶液浓度比实际浓度________；用此 $KMnO_4$ 溶液测定 $H_2O_2$ 时，将引起________误差(填“正”或“负”)。

6. 配制 $Na_2S_2O_3$ 标准溶液时，用________称取比理论计算量稍多的固体 $Na_2S_2O_3$，用新煮沸并冷却的纯净水溶解固体是为了____________，加入少量固体 $Na_2CO_3$，使溶液呈弱碱性，防止____________。

7. 原电池中，发生还原反应的电极为________极，发生氧化反应的电极为________极，原电池可将________能转化为________能。

8. $H_2O_2$ 作为氧化剂，其产物是 $H_2O$，反应过程不会引入杂质。油画的白色颜料中含铅，年久会因 $H_2S$ 作用而变黑，故可用 $H_2O_2$ 来修复古油画，其反应方程式为____________________________。

**四、简答题**

1. 用离子—电子法配平下列的反应式(在碱性介质中)：

(1) $Br_2 + OH^- \longrightarrow BrO_3^- + Br^-$

(2) $Zn + ClO^- \longrightarrow Zn(OH)_4^{2-} + Cl^-$

(3) $MnO_4^- + SO_3^{2-} \longrightarrow MnO_4^{2-} + SO_4^{2-}$

(4) $H_2O_2 + Cr(OH)_4^{2-} \longrightarrow CrO_4^{2-} + H_2O$

2. 用离子—电子法配平下列的反应式(在酸性介质中)：

(1) $S_2O_8^{2-} + Mn^{2+} \longrightarrow MnO_4^- + SO_4^{2-}$

(2) $PbO_2 + HCl \longrightarrow PbCl_2 + Cl_2 + H_2O$

(3) $Cr_2O_7^{2-} + 2Fe^{2+} \longrightarrow Cr^{3+} + Fe^{3+}$

(4) $I_2 + H_2S \longrightarrow I^- + S$

3. 下列物质在一定条件下都可以做氧化剂：$KMnO_4$，$K_2Cr_2O_7$，$CuCl_2$，$FeCl_3$，$H_2O_2$，$I_2$，$Br_2$，$F_2$，$PbO_2$。试根据标准电极电势的数据，把它们按氧化能力由大到小的顺序排列，并写出它们在酸性介质中被还原的产物。

4. 已知 $\varphi^{\ominus}(Cu^{2+}/Cu^{+})=0.153\ V$，$\varphi^{\ominus}(I_2/I^{-})=0.535\ 5\ V$。为什么用碘量法可以测 $Cu^{2+}$？

5. 试根据下列元素电势图回答 $Cu^{+}$，$Ag^{+}$，$Au^{+}$，$Fe^{2+}$ 等离子中，哪些能发生歧化反应？

$\varphi_A^{\ominus}/V$：

$Cu^{2+}\xrightarrow{0.153\ V}Cu^{+}\xrightarrow{0.521\ V}Cu$　　$Ag^{2+}\xrightarrow{1.98\ V}Ag^{+}\xrightarrow{0.799\ V}Ag$

$Au^{3+}\xrightarrow{1.40\ V}Au^{+}\xrightarrow{1.692\ V}Au$　　$Fe^{3+}\xrightarrow{0.771\ V}Fe^{2+}\xrightarrow{-0.447\ V}Fe$

【$Cu^{+}$、$Au^{+}$ 能发生歧化反应】

**五、计算题**

1. 已知 $MnO_4^{-}+8H^{+}+5e^{-}\rightleftharpoons Mn^{2+}+4H_2O$　　$\varphi^{\ominus}=1.507\ V$

$Fe^{3+}+e^{-}\rightleftharpoons Fe^{2+}$　　$\varphi^{\ominus}=0.771\ V$

(1) 判断标准状态下，下列反应的自发方向：

$$MnO_4^{-}+8H^{+}+5Fe^{2+}\rightleftharpoons Mn^{2+}+4H_2O+5Fe^{3+}$$

(2) 将这两个半电池组成原电池，用电池符号表示该原电池的组成，并计算其标准电动势。

(3) 当氢离子浓度为 10 $mol\cdot L^{-1}$，其他各离子浓度均为 1 $mol\cdot L^{-1}$ 时，计算该电池的电动势。

【(1)反应正向进行；(2)$\varphi^{\ominus}=0.736\ V$；(3)$\varphi=0.83\ V$】

2. 为了测定 $PbSO_4$ 的溶度积，设计了下列原电池：

$$(-)Pb\,|\,PbSO_4\,|\,SO_4^{2-}(1.0\ mol\cdot L^{-1})\,|\,Sn^{2+}(1.0\ mol\cdot L^{-1})\,|\,Sn(+)$$

25 ℃时测得电池的电动势 $E^{\ominus}=0.22\ V$，求 $PbSO_4$ 溶度积 $K_{sp}^{\ominus}$。　【$K_{sp}^{\ominus}=1.7\times10^{-8}$】

3. 计算 298 K 时下列电池的电动势及电池反应的平衡常数：

(1) $(-)Pb\,|\,Pb^{2+}(0.1\ mol\cdot L^{-1})\,\|\,Cu^{2+}(0.5\ mol\cdot L^{-1})\,|\,Cu(+)$

(2) $(-)Sn\,|\,Sn^{2+}(0.05\ mol\cdot L^{-1})\,\|\,H^{+}(0.1\ mol\cdot L^{-1})\,|\,H_2(10^5\ Pa),Pt(+)$

(3) $(-)Pt,H_2(10^5\ Pa)\,|\,H^{+}(0.01\ mol\cdot L^{-1})\,\|\,H^{+}(1\ mol\cdot L^{-1})\,|\,H_2(10^5\ Pa),Pt(+)$

【(1)$K^{\ominus}=7.6\times10^{15}$；(2)$K^{\ominus}=5.4\times10^{4}$；(3)$K^{\ominus}=1$】

4. 计算反应在 25 ℃时的 $\Delta_rG_m^{\ominus}$。

$$Cd(s)+Pb^{2+}(aq)\longrightarrow Cd^{2+}(aq)+Pb(s)$$

【$\Delta_rG_m^{\ominus}=-53.5\ kJ\cdot mol^{-1}$】

5. 用 $KMnO_4$ 法测定硅酸盐样品中的 $Ca^{2+}$ 含量：称取试样 0.586 3 g，在一定条件下，将钙沉淀为 $CaC_2O_4$，过滤、洗涤沉淀。将洗净的 $CaC_2O_4$ 溶解于稀 $H_2SO_4$ 中，用 0.050 52 $mol\cdot L^{-1}$ $KMnO_4$ 标准溶液滴定，消耗 25.64 mL。计算硅酸盐中 $Ca^{2+}$ 的质量分数。　【$w(Ca)=0.221\ 4$】

6. 大桥钢梁的衬漆用红丹($Pb_3O_4$)做填料，称取 0.100 00 g 红丹加 HCl 处理成溶液后再加入 $K_2CrO_4$，使 $Pb^{2+}$ 定量沉淀为 $PbCrO_4$，将沉淀过滤、洗净后溶于酸并加入过量的 KI，析出的 $I_2$ 以淀粉做指示剂、用 0.100 0 $mol\cdot L^{-1}$ $Na_2S_2O_3$ 溶液滴定用去 12.00 mL，求试样中 $Pb_3O_4$ 的质量分数。

【$w(Pb_3O_4)=0.914\ 1$】

7. 抗坏血酸(摩尔质量为 176.1 $g\cdot mol^{-1}$)是一种还原剂，它的半反应为：

$$C_6H_6O_6+2H^{+}+2e^{-}=\!=\!=C_6H_8O_6$$

它能被 $I_2$ 氧化，如果 10.00 mL 柠檬果汁样品用 HAc 酸化，并加入 0.025 00 $mol\cdot L^{-1}$ $I_2$ 溶液 20.00 mL，待反应完全后，过量的 $I_2$ 需用 10.00 mL 0.010 00 $mol\cdot L^{-1}$ $Na_2S_2O_3$ 溶液滴定至终点，计算每毫升柠檬水果汁中抗坏血酸的质量。　【$\rho(C_6H_8O_6)=0.007\ 924\ g\cdot mL^{-1}$】

# 第八章

# 配位平衡与配位滴定法

## 本章教学要求

1. 掌握配合物的基本概念和命名原则。理解配位剂、配位体和配位原子的关系，能够正确地计算中心离子的配位数；根据配合物的化学式能够熟练予以命名，或根据命名能够正确地书写化学式。

2. 了解螯合物和螯合剂的概念，理解螯合剂应具备的条件。

3. 能够运用化学平衡及其移动原理，理解配位平衡常数的概念及其与配合物稳定性的关系；能定性地解释酸碱反应、沉淀反应、氧化还原反应对配位平衡的影响，并能进行简单的定量计算。

4. 了解 EDTA 的性质，根据 EDTA 各种型体的分布曲线理解酸度对 EDTA—金属离子配合物稳定性的影响。

5. 理解配位滴定反应的复杂性，掌握酸效应的概念和酸效应系数的计算方法；理解酸效应曲线的来历和用途；了解条件稳定常数的有关计算，初步学会处理复杂问题的方法。

6. 了解配位滴定曲线的含义、影响滴定突跃的因素；能够正确选择单一金属离子体系直接准确滴定的酸度条件。

7. 掌握金属指示剂的作用原理；理解金属指示剂的封闭现象和僵化现象的含义及消除方法；掌握常见金属指示剂的使用条件以及滴定至终点时指示剂颜色的变化情况。

8. 学会使用提高配位滴定选择性常用的方法。

9. 掌握 EDTA 标准溶液的配制方法和常用的配位滴定方式，并能根据等物质的量的原则，正确地计算分析结果。

配位化合物(coordination compound)简称配合物，也称络合物(complex compound)，是一类组成和结构都很复杂的化合物，其存在和应用都很广泛。生物体内的金属元素多以配合物的形式存在。例如，植物中的叶绿素是镁的配合物，植物的光合作用靠它来完成；动物血液中的血红蛋白是铁的配合物，在血液中起着输送氧气的作用；动物体内的各种酶几乎都是以配合物存在的。目前，配合物在分析化学、生物化学、医药学等领域都有广泛应用，已发展成为化学学科中一个新兴的分支学科——配位化学。本章将介绍配合物的基本概念、配位平衡及其影响因素和配位滴定法等内容。

## 第一节　配合物的基本概念

### 一、配合物的定义和组成

配位化合物是一类复杂的化合物，含有复杂的配位单元。配位单元是由中心离子（或原子）与一定数目的分子或离子以配位键结合而成的。例如，在硫酸铜溶液中加入氨水，开始时有浅蓝色的 $Cu(OH)_2$ 沉淀生成，当继续加氨水至过量时，蓝色沉淀溶解变成深蓝色溶液。总反应为：

$$CuSO_4 + 4NH_3 \rightleftharpoons \underset{\text{深蓝色}}{[Cu(NH_3)_4]SO_4}$$

此时在溶液中，除 $SO_4^{2-}$ 和 $[Cu(NH_3)_4]^{2+}$ 外，几乎检测不出 $Cu^{2+}$ 的存在。再如，在 $HgCl_2$ 溶液中加入 KI 溶液，开始时有橘黄色 $HgI_2$ 沉淀析出，继续加入 KI 至过量时，沉淀消失，变成无色的溶液。反应式为：

$$HgCl_2 + 2KI \rightleftharpoons HgI_2\downarrow + 2KCl$$

$$HgI_2 + 2KI \rightleftharpoons K_2[HgI_4]$$

像 $[Cu(NH_3)_4]SO_4$ 和 $K_2[HgI_4]$ 这类组成比较复杂的化合物就是配合物。

配合物的定义可归纳为：由一个或几个中心离子（或原子）和几个配体（阴离子或分子）以配位键相结合形成的复杂离子（或分子），通常称这种复杂离子为配离子。由配离子组成的化合物叫配合物。在实际工作中，常把配离子也称作配合物。

实验表明，在 $[Cu(NH_3)_4]SO_4$ 中 $Cu^{2+}$ 占据中心位置，称为中心离子（或形成体）。在中心离子 $Cu^{2+}$ 的周围，以配位键结合着 4 个 $NH_3$ 分子，称为配位体（ligand），简称配体；中心离子与配体组成配合物的内界（配离子），通常把配合物的内界写在方括号内；$SO_4^{2-}$ 称为外界，内界与外界之间以离子键结合，在水中能完全解离。

1. 中心离子（或原子，又名形成体）

中心离子（有时称为形成体）一般是金属阳离子，特别是过渡金属离子，但也有中性原子，如 $Ni(CO)_4$ 中的 Ni 原子。此外，少数高氧化数的非金属离子也可作为配合物的形成体，如 $[SiF_6]^{2-}$ 中的 Si(Ⅳ)。

2. 配位体和配位原子

在配合物中，同中心离子直接结合的阴离子或中性分子叫作配位体（简称配体），如 $OH^-$，$SCN^-$，$CN^-$，$NH_3$，$H_2O$ 等。配体中含有孤电子对并与中心离子形成配位键的原子称为配位原子。在配体中，每个配体只含有一个配位原子的，称为单基配体，每个配体含有两个或两个以上配位原子的，称为多基配体。表 8-1 列出了一些常见的配体。

动；反之，亦然。通常，溶液的酸度、沉淀反应、氧化还原反应等都会对配位平衡产生影响。

1. 酸碱反应对配位平衡的影响

由于大多数配体本身是弱酸根离子或中性分子，如$[FeF_6]^{3-}$中$F^-$和$[Ag(NH_3)_2]^+$中的$NH_3$，因此，溶液酸度的改变有可能使配位平衡发生移动。当溶液中$H^+$离子浓度增大时，$H^+$便和配体发生酸碱反应，生成弱电解质分子或离子，从而导致配体浓度降低，使配位平衡向配离子解离的方向移动，致使配离子的稳定性降低。这种由于系统的酸度升高，导致配合物的稳定性降低的现象称为配体的酸效应。例如：

$[FeF_6]^{3-} \rightleftharpoons Fe^{3+} + 6F^-$（配离子的解离反应）

$+$

$6H^+ \rightleftharpoons 6HF$（弱电解质分子的生成反应）

总反应为　　$[FeF_6]^{3-} + 6H^+ \rightleftharpoons Fe^{3+} + 6HF$

$$K^{\ominus} = \frac{[Fe^{3+}]\cdot[HF]^6}{[FeF_6^{3-}]\cdot[H^+]^6} = \frac{[Fe^{3+}]\cdot[HF]^6}{[FeF_6^{3-}]\cdot[H^+]^6}\cdot\frac{[F^-]^6}{[F^-]^6} = \frac{1}{K_s^{\ominus}\{[FeF_6^{3-}]\}\cdot[K_a^{\ominus}(HF)]^6}$$

显然，$K_s^{\ominus}$越小（即配离子的稳定性越小）、$K_a^{\ominus}$越小（即酸越弱），$K^{\ominus}$越大，反应进行得越彻底，配离子越容易解离。因此，在配位滴定中应特别注意溶液的酸度。

2. 沉淀反应对配位平衡的影响

在配位平衡系统中加入某种沉淀剂，使之与配合物的中心离子反应生成难溶化合物，也会导致配离子解离。例如，在$[Cu(NH_3)_4]^{2+}$溶液中加入少量的$Na_2S(s)$，就有黑色的CuS沉淀生成，配离子$[Cu(NH_3)_4]^{2+}$发生解离。反应式为：

$[Cu(NH_3)_4]^{2+} \rightleftharpoons Cu^{2+} + 4NH_3$（配离子的解离反应）

$+$

$S^{2-} \rightleftharpoons CuS\downarrow$（沉淀的生成反应）

总反应为　　$[Cu(NH_3)_4]^{2+} + S^{2-} = CuS\downarrow + 4NH_3$

$$K^{\ominus} = \frac{[NH_3]^4}{[Cu(NH_3)_4^{2+}]\cdot[S^{2-}]} = \frac{[NH_3]^4}{[Cu(NH_3)_4^{2+}]\cdot[S^{2-}]}\cdot\frac{[Cu^{2+}]}{[Cu^{2+}]}$$

$$= \frac{1}{K_s^{\ominus}\{[Cu(NH_3)_4]^{2+}\}\cdot K_{sp}^{\ominus}(CuS)}$$

$K_{sp}^{\ominus}$越小（即沉淀的溶解程度越小）、$K_s^{\ominus}$越小（即配离子的稳定性越小），则$K^{\ominus}$越大，反应向右进行的趋势越大，配离子越容易解离。

同理，也可用加入配位剂的方法促使沉淀溶解。例如，用氨水可将氯化银溶解，反应式如下：

$AgCl(s) \rightleftharpoons Cl^- + Ag^+$

$+$

$2NH_3 \rightleftharpoons [Ag(NH_3)_2]^+$

总反应为　　$AgCl(s) + 2NH_3 \rightleftharpoons [Ag(NH_3)_2]^+ + Cl^-$

$$K^{\ominus}=\frac{[Ag(NH_3)_2^+]\cdot[Cl^-]}{[NH_3]^2}=\frac{[Ag(NH_3)_2^+]\cdot[Cl^-]}{[NH_3]^2}\cdot\frac{[Ag^+]}{[Ag^+]}$$

$$=K_s^{\ominus}\{[Ag(NH_3)_2]^+\}\cdot K_{sp}^{\ominus}(AgCl)$$

$K_{sp}^{\ominus}$越大(即沉淀的溶解程度越大),$K_s^{\ominus}$ 越大(即配离子的稳定性越大),则 $K^{\ominus}$越大,反应向右进行的趋势越大,越有利于难溶物质的溶解。

**例 8-2** 欲使 0.10 mol AgCl(s)完全溶解于 1.0 L 氨水中,试计算所需氨水的最低浓度。已知 $K_{sp}^{\ominus}(AgCl)=1.8\times10^{-10}$,$K_s^{\ominus}\{[Ag(NH_3)_2]^+\}=1.1\times10^7$。

**解**:0.10 mol AgCl 完全溶解后,$Ag^+$几乎完全转化成$[Ag(NH_3)_2]^+$,溶液中必然有 0.10 $mol\cdot L^{-1}$ $Cl^-$和 0.10 $mol\cdot L^{-1}$$[Ag(NH_3)_2]^+$,同时消耗 0.20 $mol\cdot L^{-1}$ $NH_3$。设氨水的初始浓度为 $x$ $mol\cdot L^{-1}$,则

$$AgCl(s)+2NH_3\rightleftharpoons[Ag(NH_3)_2]^++Cl^-$$

平衡浓度/$(mol\cdot L^{-1})$　　$x-0.20$　　0.10　　0.10

$$K^{\ominus}=\frac{[Ag(NH_3)_2^+]\cdot[Cl^-]}{[NH_3]^2}=K_s^{\ominus}\{[Ag(NH_3)_2^+]\}\cdot K_{sp}^{\ominus}(AgCl)=1.98\times10^{-3}$$

$$\frac{(0.10)^2}{(x-0.20)^2}=1.98\times10^{-3}\qquad x=2.5$$

即所需氨水的最低浓度为 2.5 $mol\cdot L^{-1}$。

**例 8-3** 通过计算说明,在 0.10 $mol\cdot L^{-1}$$[Ag(NH_3)_2]^+$配离子溶液中加入适量固体 KBr,使 KBr 浓度达到 0.10 $mol\cdot L^{-1}$,有无 AgBr 沉淀生成?已知 $K_{sp}^{\ominus}(AgBr)=5.4\times10^{-13}$,$K_s^{\ominus}\{[Ag(NH_3)_2]^+\}=1.1\times10^7$。

**解**:由例 8-1(1)可知,0.10 $mol\cdot L^{-1}$$[Ag(NH_3)_2]^+$配离子溶液中,$Ag^+$的浓度为$1.3\times10^{-3}$ $mol\cdot L^{-1}$,则

$$Q=c(Ag^+)\cdot c(Br^-)=1.3\times10^{-3}\times0.10=1.3\times10^{-4}>K_{sp}^{\ominus}(AgBr)$$

计算结果标明,溶液混合后有 AgBr 沉淀生成。

3. 氧化还原反应对配位平衡的影响

若在配位平衡系统中加入能与中心离子发生氧化还原反应的氧化剂或还原剂,降低金属离子的浓度,也会促使配位平衡发生移动。例如,在血红色的$[Fe(SCN)_6]^{3-}$溶液中加入新配制的 $SnCl_2$ 溶液,将使溶液的血红色变浅。这是因为 $Sn^{2+}$将溶液中游离的 $Fe^{3+}$还原为 $Fe^{2+}$,从而降低了 $Fe^{3+}$浓度,使配离子遭到破坏。用反应式表示:

$$2[Fe(SCN)_6]^{3-}\rightleftharpoons12SCN^-+2Fe^{3+}$$

$$+$$

$$Sn^{2+}\rightleftharpoons2Fe^{2+}+Sn^{4+}$$

总反应为　$2[Fe(SCN)_6]^{3-}+Sn^{2+}\rightleftharpoons12SCN^-+2Fe^{2+}+Sn^{4+}$

同理,在氧化还原平衡系统中加入配位剂时,若金属离子与配位剂形成稳定的配离子,使金属离子的浓度降低,则金属离子的氧化或还原能力发生变化,氧化还原平衡随之发生

移动。例如，在 $Fe^{2+}$ 溶液中加入棕色饱和的碘水，溶液不褪色，表明 $I_2$ 不能被还原；但如果在此溶液中加入 NaF 饱和溶液，则碘水很快褪色，表明 $I_2$ 被还原了。这是因为 $F^-$ 与 $Fe^{3+}$ 生成 $[FeF_6]^{3-}$ 配离子，降低了 $Fe^{3+}$ 的浓度，增强了 $Fe^{2+}$ 的还原能力，使 $I_2$ 被还原。反应式如下：

$$2Fe^{2+}+I_2+12F^- \rightleftharpoons 2[FeF_6]^{3-}-2I^-$$

**例 8-4**　试计算 $\varphi^{\ominus}\{[Ag(NH_3)_2]^+/Ag\}$。

已知 $\varphi^{\ominus}(Ag^+/Ag)=0.799\,6\ V$，$K_s^{\ominus}\{[Ag(NH_3)_2]^+\}=1.1\times10^7$。

**解**：电极反应 $[Ag(NH_3)_2]^+ + e^- \rightleftharpoons Ag+2NH_3$

标准态时 $[Ag(NH_3)_2^+]=[NH_3]=1.0\ mol\cdot L^{-1}$

$\because Ag^+ + 2NH_3 \rightleftharpoons [Ag(NH_3)_2]^+$

$$K_s^{\ominus}=\frac{[Ag(NH_3)_2^+]}{[Ag^+]\cdot[NH_3]^2}=1.1\times10^7$$

$$\therefore\ [Ag^+]=\frac{[Ag(NH_3)_2^+]}{K_s^{\ominus}\cdot[NH_3]^2}=\frac{1.0}{1.1\times10^7\times1.0}=9.1\times10^{-8}\ mol\cdot L^{-1}$$

$$\varphi^{\ominus}\{[Ag(NH_3)_2]^+/Ag\}=\varphi(Ag^+/Ag)=\varphi^{\ominus}(Ag^+/Ag)+0.059\,2\lg[Ag^+]$$
$$=0.799\,6+0.059\,2\times\lg(9.1\times10^{-8})=0.383\ V$$

从计算结果可以看出，当简单金属离子生成配离子后，其电极电势变小，金属离子得电子能力减弱，不易被还原为金属，增大了金属离子的稳定性。

根据这个道理，在电镀银时不用 $AgNO_3$ 溶液，而是用含有 $[Ag(CN)_2]^-$ 配离子的溶液。由于这时银的析出电势比标准电势低得多，避免了被镀金属与 $Ag^+$ 发生置换反应，也有利于致密的微细晶体的生成，达到镀层与被镀物结合牢固、表面平滑、厚度均匀和美观的要求。

4. 配合物的转化

若在一种配合物溶液中加入另一种能与中心离子生成更稳定配合物的配位剂时，则会发生配合物间的转化。例如，在 $[Ag(NH_3)_2]^+$ 溶液中加入 KCN 时，发生以下反应：

$$[Ag(NH_3)_2]^+ + 2CN^- \rightleftharpoons [Ag(CN)_2]^- + 2NH_3$$

$$K^{\ominus}=\frac{[Ag(CN)_2^-]\cdot[NH_3]^2}{[Ag(NH_3)_2^+]\cdot[CN^-]^2}=\frac{[Ag(CN)_2^-]\cdot[NH_3]^2}{[Ag(NH_3)_2^+]\cdot[CN^-]^2}\cdot\frac{[Ag^+]}{[Ag^+]}$$
$$=\frac{K_s^{\ominus}\{[Ag(CN)_2]^-\}}{K_s^{\ominus}\{[Ag(NH_3)_2]^+\}}$$

因为 $K_s^{\ominus}\{[Ag(CN)_2]^-\}\gg K_s^{\ominus}\{[Ag(NH_3)_2]^+\}$，上述反应的 $K^{\ominus}$ 值很大，即反应向右进行得很完全，说明只要加入足量的 KCN，$[Ag(NH_3)_2]^+$ 可完全转化为 $[Ag(CN)_2]^-$。可见，配合物之间的转化反应实际上是配体之间的取代反应，反应进行的方向和完全程度取决于两种配离子的稳定性的大小。一般情况下，稳定性小的配合物容易转化成稳定性大的配合物，而且稳定性相差越大，转化反应越彻底。

# 第三节 配合物的应用

## 一、在冶金工业中的应用

稀有金属难以被氧化，从其矿石中分离提取有困难，但是当加入合适的配位剂后，由于生成了配合物而使矿石的处理变得相对容易。例如，在处理金矿石时，加入 NaCN 溶液，由于生成了$[Au(CN)_2]^-$，使 Au 的还原性增强，容易被 $O_2$ 氧化，形成的$[Au(CN)_2]^-$再用锌粉还原置换出金。

$$4Au+8CN^-+O_2+2H_2O \xlongequal{} 4[Au(CN)_2]^-+4OH^-$$

$$2[Au(CN)_2]^-+Zn \xlongequal{} 2Au+[Zn(CN)_4]^{2-}$$

## 二、在分析化学中的应用

配位反应几乎涉及了分析化学的所有领域。利用金属离子生成配合物后性质上的差异，可以进行离子的鉴定、分离、提纯和掩蔽等。

利用金属离子与配体形成配合物时颜色的变化，可进行金属离子的鉴定。例如，在溶液中 $NH_3$ 和 $Cu^{2+}$ 能形成深蓝色的$[Cu(NH_3)_4]^{2+}$，借此配位反应可鉴定 $Cu^{2+}$；而$[Fe(NCS)]^{2+}$呈现红色，可用于鉴定 $Fe^{3+}$；丁二肟(二乙酰二肟，简写为 HDMG)在弱碱性介质中能与 $Ni^{2+}$ 形成鲜红色难溶的二(丁二肟)合镍(Ⅱ)沉淀，借此可鉴定 $Ni^{2+}$，此法也可用于 $Ni^{2+}$ 的定量分析。

利用金属离子与配体形成配合物时溶解性的变化，可进行物质的分离。例如，在 AgCl 和 AgI 的混合物中加入 $NH_3$ 水后，AgCl 溶解生成$[Ag(NH_3)_2]^+$，而 AgI 不溶解，从而使两者分离。

在离子鉴定或测定时，为了消除其他离子的干扰，常常利用配位剂与干扰离子发生配位反应，以降低干扰离子的浓度，从而消除其他离子对被测离子的干扰。例如，鉴定 $Co^{2+}$ 时，$Fe^{3+}$ 有干扰，可先加入饱和 NaF 溶液，使之与 $Fe^{3+}$ 生成无色配离子$[FeF_6]^{3-}$而将 $Fe^{3+}$ 掩蔽起来，从而消除 $Fe^{3+}$ 对 $Co^{2+}$ 的干扰。

## 三、在生命科学中的应用

配合物，尤其是螯合物在生命科学中的应用极为广泛，许多生命现象都与配合物有关。例如，与生物体的呼吸作用有密切关系的血红蛋白就是铁与卟啉形成的螯合物，血红蛋白是生物体在呼吸过程中传送氧的物质，所以又称为氧的载体。当有 CO 气体存在时，与血红蛋白结合的氧气很快被 CO 置换：

$$\text{血红蛋白}\cdot O_2(aq)+CO(g) \rightleftharpoons \text{血红蛋白}\cdot CO(aq)+O_2(g)$$

使血红蛋白失去输送氧的功能，生物体就会因为得不到氧而窒息。科学家就是根据血红蛋白的配位结构及其作用机理研究仿制人造血。又如，植物体内的叶绿素是镁与卟啉形成的螯合物，它能进行光合作用，把太阳能转化成化学能储存在植物体内。

另外，在生物体中起特殊催化作用的生物酶，几乎都与金属有机螯合物有关。有些酶本身就是金属离子的螯合物；有些酶则需要与少量金属离子发生配位反应，被激活才能发挥其催化作用。

### 四、在医学方面的应用

配合物在医药方面的应用也十分广泛。配位剂能与细菌生存所需要的金属离子结合成稳定的配合物，使细菌不能繁殖和存活；许多药物本身就是配合物，如维生素 $B_{12}$ 以及它的衍生物都是钴的配合物，用以治疗恶性贫血；胰岛素是锌的配合物，用以治疗糖尿病；顺式$[Pt(NH_3)_2Cl_2]$对某些癌症有治疗作用；EDTA 的钙盐是消除人体内铀、钍、钚等放射性元素的高效解毒剂；砷、汞可以和二巯丙醇结合，形成稳定的无毒配合物从体液中排出，从而消除重金属离子对人体的毒害作用；枸橼酸钠可以和 $Pb^{2+}$ 形成稳定的配合物，它是防治职业性铅中毒的有效药物，能迅速减轻中毒症状和促进体内铅排出，并能改善贫血，有助于恢复健康。

除此之外，配合物还在诸如染料、电镀、催化、硬水软化、污水处理、环境保护等方面有着重要的应用。

## 第四节　配位滴定法

配位滴定法(complexometric titration)是以配位反应为基础建立起来的滴定分析方法。通常是用配位剂做滴定剂，直接或间接地测定被测组分的含量。在滴定过程中，常需要选择合适的指示剂来指示滴定终点。

配位剂可分为无机配位剂和有机配位剂，由于大多数无机配位剂与金属离子形成的配合物稳定性不高，且常伴有逐级配位现象，致使反应不够完全、反应物之间没有确定的化学计量关系，所以，这类反应一般不能用作滴定反应。20 世纪 40 年代以来，将氨羧类配位剂用于配位滴定反应后，配位滴定法得到了迅速的发展。目前，配位滴定法已成为应用最广泛的滴定分析方法之一。

### 一、EDTA 的性质

乙二胺四乙酸简称 EDTA(ethylene diamine tetraacetic acid)，每个乙二胺四乙酸分子中含有两个氨基氮原子和四个羧基氧原子，共有六个配位原子。像乙二胺四乙酸这样含有多个配位原子，且相邻的两个配位原子之间被两个或两个以上其他原子分隔开的配位剂，称为螯合剂(chelant)。螯合剂与金属离子形成的具有环状结构的配合物，称为螯合物(chelate)，也称内配合物(within the complex)。乙二胺四乙酸可以和很多金属离子形成十分稳定的螯合物，用它做滴定剂，可以测定几十种金属离子。

1. EDTA 的酸碱性

EDTA 是四元酸，常用符号 $H_4Y$ 表示。在酸度较高的溶液中，$H_4Y$ 的两个羧基可再接受两个 $H^+$ 而形成 $H_6Y^{2+}$，这样它就相当于一个六元酸，对应六级解离平衡，有 $H_6Y^{2+}$，$H_5Y^+$，$H_4Y$，$H_3Y^-$，$H_2Y^{2-}$，$HY^{3-}$，$Y^{4-}$ 七种型体存在，并且在不同的酸度下，各种型体的浓度是不同的。各种型体的分布系数(某种型体的平衡浓度与各种型体的总浓度之比,称为该形体的分布系数 $\delta$)与溶液 pH 的关系如图 8-1 所示。

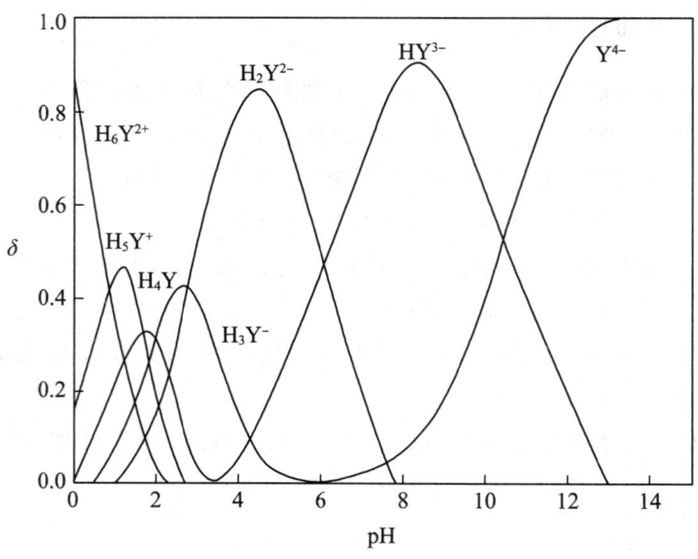


图 8-1 EDTA 各种型体的分布曲线

由图可知,当溶液的 pH<1 时,EDTA 主要以 $H_6Y^{2+}$ 型体存在;当溶液的 pH 为 2.7～6.2 时,主要以 $H_2Y^{2-}$ 型体存在;当溶液的 pH>10.3 时,主要以 $Y^{4-}$ 型体存在。这种关系也可用平衡移动的原理定性说明:

$$\underset{pH<1}{H_6Y^{2+}} \xrightleftharpoons{-H^+} \underset{1\sim1.6}{H_5Y^+} \xrightleftharpoons{-H^+} \underset{1.6\sim2}{H_4Y} \xrightleftharpoons{-H^+} \underset{2\sim2.7}{H_3Y^-} \xrightleftharpoons{-H^+} \underset{2.7\sim6.2}{H_2Y^{2-}} \xrightleftharpoons{-H^+} \underset{6.2\sim10.3}{HY^{3-}} \xrightleftharpoons{-H^+} \underset{>10.3}{Y^{4-}}$$

当 pH 增大时,平衡向右移动;反之,平衡向左移动。由于 EDTA 与金属离子的反应是其酸根 $Y^{4-}$ 离子与金属离子发生配位反应。所以,从滴定反应的完全性需要来看,溶液的酸度越低,EDTA—金属离子配合物的稳定性越大,对滴定越有利。

2. EDTA 的水溶性

EDTA 微溶于水(室温下,溶解度为 0.02 g/100 g 水),难溶于酸和一般有机溶剂,但易溶于氨水和 NaOH 溶液,并生成相应的盐。所以在实际工作中,一般用含有两分子结晶水的 EDTA 二钠盐(用符号 $Na_2H_2Y\cdot2H_2O$ 表示),习惯上仍简称为 EDTA。室温下,它在水中的溶解度约为 11 g/100 g 水,浓度约为 0.3 $mol\cdot L^{-1}$,是目前应用最广泛的配位滴定剂。

3. EDTA 的配位特点

EDTA 具有很强的配位能力,它与金属离子的配位反应具有以下特点:

(1) 普遍性。EDTA 几乎能与所有的金属离子发生配位反应,生成稳定的螯合物。

(2) 螯合物组成简单,便于分析结果的计算。在一般情况下,EDTA 与金属离子形成的都是 1∶1 的螯合物,这可简化分析结果的计算。

$$M^{2+}+H_2Y^{2-} \rightleftharpoons MY^{2-}+2H^+ \qquad M^{3+}+H_2Y^{2-} \rightleftharpoons MY^-+2H^+$$

为了简便起见，往往不考虑溶液的酸度对 EDTA 的存在型体的影响，而将其一律写作 $H_2Y^{2-}$，并且在书写滴定反应式时，常略去 $H_2Y^{2-}$ 及其与金属离子形成螯合物的电荷。如 $H_2Y^{2-}$、$MY^{2-}$ 分别简写为 $H_2Y$、MY。

(3) 螯合物的稳定性高。EDTA 与金属离子形成的螯合物一般都具有多个五元环的结构，稳定性很高。EDTA 与 $Ca^{2+}$ 形成螯合物的立体结构如图 8-2 所示。常见金属离子与 EDTA 形成螯合物的稳定常数见附表 7。

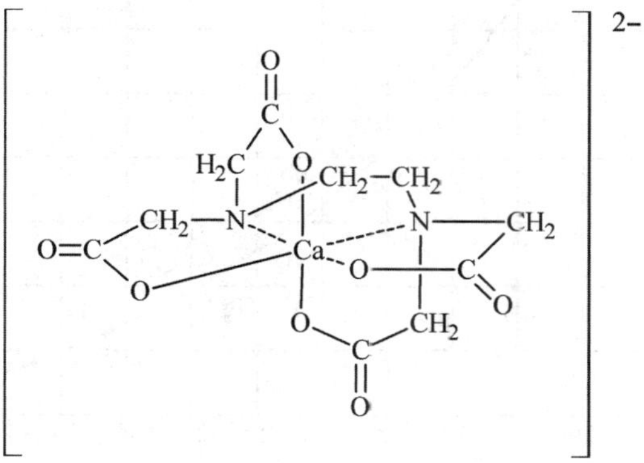

图 8-2　CaY 螯合物的立体结构图

(4) 螯合物的可溶性。EDTA 与金属离子形成的螯合物一般都易溶于水，使滴定反应能在水溶液中进行。

(5) 螯合物的颜色。EDTA 与无色金属离子生成无色的螯合物，与有色金属离子一般生成颜色更深的螯合物。例如，$Cu^{2+}$ 呈浅蓝色，而 CuY 呈深蓝色。

## 二、酸度对 EDTA 滴定法的影响

### 1. 酸效应曲线及其应用

EDTA 在溶液中有多种存在型体，但只有 $Y^{4-}$ 能与金属离子直接配位，其配位平衡可表示为：

$$\mathrm{M+Y \rightleftharpoons MY}\text{（省去电荷）}$$

$$\Big\Updownarrow{+H^+}$$

$$\mathrm{HY \xrightleftharpoons{+H^+} H_2Y \xrightleftharpoons{+H^+} \cdots}$$

若增大 $H^+$ 浓度，EDTA 的解离就会受到影响，$Y^{4-}$ 的浓度也随之降低，从而使EDTA的配位能力降低。这种由于 $H^+$ 离子浓度增大而使 EDTA 与金属离子的配位能力降低的现象称为 EDTA 的酸效应。因此，在配位滴定中溶液的 pH 不能太低，否则，配位反应就不完全。由于不同的金属离子与 EDTA 形成的配合物的稳定性大小不同，所以滴定时所允许的最低 pH（即金属离子能被准确滴定所允许的 pH）也不相同。$K_s^{\ominus}$ 越大，滴定时所允许的最低 pH 越低。将各种金属离子—EDTA 的 $\lg K_s^{\ominus}$ 对滴定相应金属离子时所允许的最低 pH 作图，得到的曲线称为 EDTA 的酸效应曲线，如图 8-3 所示。利用酸效应曲线，可以比较方便地解决以下几个问题：

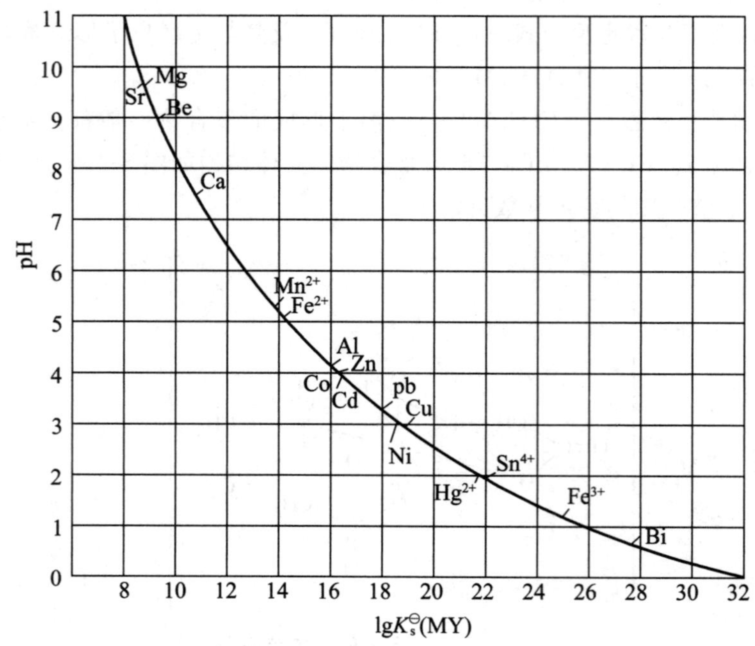


图 8-3 EDTA 的酸效应曲线

(1) 确定单独滴定某一金属离子时，所允许的最低 pH(最高酸度)。例如，用EDTA 滴定 $Fe^{3+}$ 时，pH 应大于 1；滴定 $Zn^{2+}$ 时，pH 应大于 4。由此可见，与 EDTA 形成配合物的稳定性较大的金属离子，可以在较高酸度下进行滴定。

(2) 可以判断在一定 pH 下测定某种离子时，哪些离子有干扰。例如，在 pH＝4～6 时滴定 $Zn^{2+}$，若溶液中同时存在 $Fe^{3+}$、$Cu^{2+}$、$Mg^{2+}$ 等离子，则 $Fe^{3+}$、$Cu^{2+}$ 有干扰，而 $Mg^{2+}$ 无干扰。

(3) 可以判断当有几种金属离子共存时，能否通过控制溶液酸度进行选择滴定或连续滴定。例如，当 $Fe^{3+}$、$Zn^{2+}$ 和 $Mg^{2+}$ 共存时，由于它们在酸效应曲线上相距较远，可以先在 pH＝1～2 时滴定 $Fe^{3+}$，然后在 pH＝4～5 时滴定 $Zn^{2+}$，最后再调节溶液 pH＝10 左右滴定 $Mg^{2+}$。

2. 金属离子的水解效应

酸效应曲线给出的是配位滴定所允许的最低 pH(最高酸度)，在实际中，为了使配位反应更完全，通常采用的 pH 要比最低 pH 略高，但不能过高，否则，金属离子可能发生水解，甚至生成氢氧化物沉淀，这也会降低配位反应的完全程度。金属离子因水解生成羟基配合物或氢氧化物沉淀而使其配位能力降低的现象称为金属离子的水解效应。因此，在配位滴定中，pH 不能过高，否则配位反应也不完全。例如，用 EDTA 滴定 $Mg^{2+}$ 时所允许的最低 pH＝9.7，实际滴定时控制 pH＝10。若 pH＞12，则因生成 $Mg(OH)_2$ 沉淀而无法滴定。因此，在配位滴定中，应综合考虑 EDTA 的酸效应和金属离子的水解效应，以便确定配位滴定适宜的 pH 范围。通常，适宜的 pH 范围是由实验方法确定的。

3. 条件稳定常数

通过前面的讨论可知，当有酸效应或水解效应(统称为副反应，side reaction)存在时，配位反应的完全程度就不能用配合物的稳定常数来衡量了。因为当有副反应发生时，溶液中未与 M 配位的 Y 不只是以游离状态 Y 的形式存在，还可能以 HY，$H_2Y$，……等形式存在，其总浓度用带撇“′”的[Y′]表示，则

$$[Y']=[Y]+[HY]+[H_2Y]+\cdots$$

同理，溶液中未与 Y 配位的金属离子也不只是以游离金属离子 M 的形式存在，还可能以 M(OH)，$M(OH)_2$，……等形式存在，其总浓度用带撇“′”的[M′]表示，则

$$[M']=[M]+[M(OH)]+[M(OH)_2]+\cdots$$

为了简化计算，引入了条件稳定常数的概念。

对于 M 和 Y 形成 1∶1 配合物 MY 的反应，其条件稳定常数(conditional stability constant)定义为：$K_s^{\ominus}=\dfrac{[MY]}{[M']\cdot[Y']}$

配合物的条件稳定常数与配合物的稳定常数的关系推导如下：

(1) 配位剂 Y 的酸效应系数

$$\alpha_{Y(H)}=\frac{[Y']}{[Y]}=\frac{[Y]+[HY]+[H_2Y]+\cdots+[H_6Y]}{[Y]}$$

$$=1+\frac{[HY]}{[Y]}+\frac{[H_2Y]}{[Y]}+\cdots+\frac{[H_6Y]}{[Y]} \tag{8-1}$$

(2) 金属离子的水解效应系数

$$\alpha_{M(OH)}=\frac{[M']}{[M]}=\frac{[M]+[M(OH)]+[M(OH)_2]+\cdots+[M(OH)_n]}{[M]}$$

$$=1+[OH]\beta_1+[OH]^2\beta_2+\cdots+[OH]^n\beta_n$$

(3) 配合物的条件稳定常数

$$K_s^{\ominus'}=\frac{[MY]}{[Y']\cdot[M']}=\frac{[MY]}{\alpha_{M(OH)}[M]\cdot\alpha_{Y(H)}[Y]}=\frac{K_s^{\ominus}}{\alpha_{M(OH)}\cdot\alpha_{Y(H)}}$$

$$\lg K_s^{\ominus'}=\lg K_s^{\ominus}-\lg\alpha_{M(OH)}-\lg\alpha_{Y(H)} \tag{8-2}$$

若溶液中除配位剂 Y 以外，还有其他能与金属离子发生配位反应的配位剂 L 存在，则该反应称为 M 的配位效应。配位效应的强弱，用配位效应系数 $\alpha_{M(L)}$ 表示。根据 M—L 配合物的各级累积稳定常数同样可计算出 M 的配位效应系数。

$$\alpha_{M(L)}=1+[L]\beta_1+[L]^2\beta_2+\cdots+[L]^n\beta_n$$

若溶液中金属离子既有水解效应又有配位效应，则金属离子总的副反应系数为

$$\alpha_M=\alpha_{M(OH)}+\alpha_{M(L)}-1$$

这时式(8-2)应写作：

$$\lg K_s^{\ominus'}=\lg K_s^{\ominus}-\lg\alpha_M-\lg\alpha_{Y(H)} \tag{8-3}$$

$K_s^{\ominus'}$ 表示有副反应时，配位反应进行的完全程度。在一定条件下，各种副反应系数均为定值，$K_s^{\ominus'}$ 为一常数。由式(8-3)可知，副反应系数越大，$K_s^{\ominus'}$ 越小，配合物的实际稳定性越小。EDTA 在不同 pH 时的酸效应系数见表 8-2。

表 8-2 不同 pH 时 EDTA 的 $\lg\alpha_{Y(H)}$ 值

| pH | $\lg\alpha_{Y(H)}$ | pH | $\lg\alpha_{Y(H)}$ | pH | $\lg\alpha_{Y(H)}$ |
|---|---|---|---|---|---|
| 0.00 | 23.64 | 3.60 | 9.27 | 7.20 | 3.10 |
| 0.20 | 22.47 | 3.80 | 8.85 | 7.40 | 2.88 |
| 0.40 | 21.32 | 4.00 | 8.44 | 7.60 | 2.68 |
| 0.60 | 20.18 | 4.20 | 8.04 | 7.80 | 2.47 |
| 0.80 | 19.08 | 4.40 | 7.64 | 8.00 | 2.27 |
| 1.00 | 18.01 | 4.60 | 7.24 | 8.20 | 2.07 |
| 1.20 | 16.98 | 4.80 | 6.84 | 8.40 | 1.87 |
| 1.40 | 16.02 | 5.00 | 6.45 | 8.60 | 1.67 |
| 1.60 | 15.11 | 5.20 | 6.07 | 8.80 | 1.48 |
| 1.80 | 14.27 | 5.40 | 5.69 | 9.00 | 1.28 |
| 2.00 | 13.51 | 5.60 | 5.33 | 9.20 | 1.10 |
| 2.20 | 12.82 | 5.80 | 4.98 | 9.60 | 0.75 |
| 2.40 | 12.19 | 6.00 | 4.65 | 10.00 | 0.45 |
| 2.60 | 11.62 | 6.20 | 4.34 | 10.50 | 0.20 |
| 2.80 | 11.09 | 6.40 | 4.06 | 11.00 | 0.07 |
| 3.00 | 10.60 | 6.60 | 3.79 | 11.50 | 0.02 |
| 3.20 | 10.14 | 6.80 | 3.55 | 12.00 | 0.01 |
| 3.40 | 9.70 | 7.00 | 3.32 | 13.00 | 0.00 |

**例 8-5** 计算在 pH＝5.00 的 0.10 mol·L$^{-1}$ AlY 溶液中，当游离 $F^-$ 的浓度为 0.010 mol·L$^{-1}$时 AlY 的条件稳定常数。已知$[AlF_6]^{3-}$的累积稳定常数为 $\beta_1=10^{6.13}$，$\beta_2=10^{11.15}$，$\beta_3=10^{15.00}$，$\beta_4=10^{17.75}$，$\beta_5=10^{19.37}$，$\beta_6=10^{19.84}$，$\lg K_s^{\ominus}(AlY)=16.30$，pH＝5.00 时，$\lg\alpha_{Y(H)}=6.45$。

**解：**$\alpha_{Al(L)}=1+\beta_1[F^-]+\beta_2[F^-]^2+\beta_3[F^-]^3+\beta_4[F^-]^4+\beta_5[F^-]^5+\beta_6[F^-]^6$

$=1+10^{6.13}\times0.010+10^{11.15}\times0.010^2+10^{15.00}\times0.010^3+10^{17.75}\times0.010^4+10^{19.37}\times0.010^5+10^{19.84}\times0.010^6$

$=8.9\times10^9$

$\lg\alpha_{Al(L)}=9.95$

$\lg K_s^{\ominus'}(AlY)=\lg K_s^{\ominus}(AlY)-\lg\alpha_{Al(L)}-\lg\alpha_{Y(H)}=16.30-9.95-6.45=-0.1$

$K_s^{\ominus'}(AlY)=10^{-0.1}=0.79$

由于副反应的存在，这时的条件稳定常数与稳定常数相比明显下降了。由此可见，用条件稳定常数比用稳定常数更能准确地判断在特定条件下金属离子与 EDTA 配合物的稳定性。

4. 配位滴定中缓冲溶液的作用

在配位滴定中，既要考虑滴定前溶液的酸度，又要考虑滴定过程中溶液酸度的变化。因为随着滴定剂 EDTA 的加入，被测液中往往会有 $H^+$ 离子释放出来，使溶液的酸度增大。所以，在配位滴定中，常常需要加入缓冲溶液来控制溶液的酸度。一般在 pH<2 或 pH>12 的溶液中滴定时，可直接用强酸或强碱控制溶液的酸度。

## 三、配位滴定曲线

在配位滴定中，随着 EDTA 的加入，溶液中被测金属离子 M 的浓度不断减小。由于 M 浓度很小，故常用 pM（pM＝－lg[M]）表示。若以 EDTA 标准溶液的加入量为横坐标，pM 为纵坐标作图，即可得到配位滴定曲线。在化学计量点附近 pM 发生突变，可据此选择合适的指示剂确定滴定的终点。

**例 8-6**　用 $0.010\,00\ \mathrm{mol\cdot L^{-1}}$ EDTA 标准溶液滴定 20.00 mL $0.010\,00\ \mathrm{mol\cdot L^{-1}}$ 的 $Ca^{2+}$ 溶液为例（滴定在 pH＝10.00 的 $NH_3-NH_4Cl$ 缓冲溶液中进行），讨论滴定过程中 pCa 的变化情况，并计算：(1) $V_{标准}=0.00$ mL　(2) $V_{标准}=19.98$ mL　(3) $V_{标准}=20.00$ mL　(4) $V_{标准}=20.02$ mL 时 pCa 值。已知 pH＝10.00，$\lg\alpha_{Y(H)}=0.45$，$\lg K_s^{\ominus}(CaY)=10.69$，$Ca^{2+}$ 与 $NH_3$ 不发生配位反应

**解**：$Ca^{2+}$ 与 $NH_3$ 不发生配位反应，即 $\lg\alpha_{M(L)}=0$

$$\lg K_s^{\ominus'}(CaY)=\lg K_s^{\ominus}(CaY)-\lg\alpha_{Y(H)}-\lg\alpha_{M(L)}=10.24$$

(1) 滴定前：$[Ca^{2+}]=0.010\,00\ \mathrm{mol\cdot L^{-1}}$；pCa＝2.00

(2) 滴定开始至化学计量点前：由于 $K_s^{\ominus'}(CaY)$ 较大，可认为滴入的 EDTA 与 $Ca^{2+}$ 完全配位形成 CaY，故计算溶液中 $Ca^{2+}$ 浓度时，可只考虑剩余 $Ca^{2+}$ 的浓度，而由 CaY 解离出来的 $Ca^{2+}$ 可忽略不计。设加入 EDTA 的体积为 $V$ mL，则$[Ca^{2+}]$为：

$$[Ca^{2+}]=0.010\,00\ \mathrm{mol\cdot L^{-1}}\times\frac{20.00-V}{20.00+V}$$

当 $V=19.98$ mL 时，$[Ca^{2+}]=5.0\times10^{-6}\ \mathrm{mol\cdot L^{-1}}$，pCa＝5.30

(3) 化学计量点时：$Ca^{2+}$ 与加入的 EDTA 几乎全部生成 CaY，此时溶液中$[Ca^{2+}]=[Y]$，且两种离子均由 CaY 的解离产生，则

$$K_s^{\ominus'}(CaY)=\frac{[CaY]}{[Ca^{2+}]\cdot[Y]}\qquad 10^{10.24}=\frac{\frac{1}{2}\times0.010\,00}{[Ca^{2+}]^2}$$

$$[Ca^{2+}]=5.4\times10^{-7}\ \mathrm{mol\cdot L^{-1}},\ pCa=6.27$$

(4) 化学计量点后：溶液中$[Ca^{2+}]$决定于过量的 EDTA 的浓度：

$$[Y]=0.010\,00\ \mathrm{mol\cdot L^{-1}}\times\frac{V-20.00}{V+20.00}$$

$$[CaY]=0.010\,00\ \mathrm{mol\cdot L^{-1}}\times\frac{20.00}{V+20.00}$$

$$K_s^{\ominus'}(CaY)=\frac{[CaY]}{c(Ca^{2+})\cdot c(Y)},\ [Ca^{2+}]=\frac{20.00}{10^{10.24}\times(V-20.00)}$$

当 $V=20.02$ mL 时，$[Ca^{2+}]=5.8\times10^{-8}\ \mathrm{mol\cdot L^{-1}}$，pCa＝7.24

根据例 8-6 求出的滴定过程中的 pCa 值，以 EDTA 的加入量为横坐标，pCa 为纵坐标作图，绘出 0.010 00 mol·L$^{-1}$ EDTA 滴定相同浓度的 $Ca^{2+}$ 溶液的滴定曲线，如图 8-4 表示。

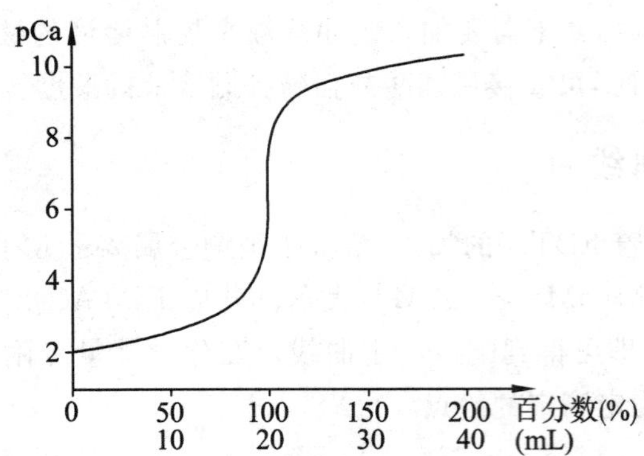


图8-4 0.010 00 mol·L$^{-1}$ EDTA 滴定 20.00 mL 0.010 00 mol·L$^{-1}$ 的 $Ca^{2+}$ 溶液的滴定曲线

由 Ca-EDTA 滴定曲线的变化趋势可知，影响滴定突跃的是 $c(\mathrm{M})$ 与 $K_s^{\ominus'}(\mathrm{MY})$ 两个因素。下面分别讨论之。

(1) 配合物条件稳定常数对滴定突跃的影响。图 8-5 是 $c(\mathrm{M})$ 一定时不同 $\lg K_s^{\ominus'}(\mathrm{MY})$ 体系的 EDTA 配位滴定曲线。由图可知，$c(\mathrm{M})$ 一定时，配合物 $K_s^{\ominus'}(\mathrm{MY})$ 值越大，滴定突跃范围就越大。而影响 $K_s^{\ominus'}(\mathrm{MY})$ 值大小的因素：① 绝对稳定常数的大小；② 溶液的酸度；③ 辅助配位剂的浓度等。在相同条件下，$K_s^{\ominus}(\mathrm{MY})$ 越大，则 $K_s^{\ominus'}(\mathrm{MY})$ 越大；溶液酸度越低(即 pH 越大)，则 $\alpha_{Y(H)}$ 越小，$K_s^{\ominus'}(\mathrm{MY})$ 就越大；其他配位剂 L 的存在，均能增大 $\alpha_{M(L)}$ 值，使 $K_s^{\ominus'}(\mathrm{MY})$ 减小。

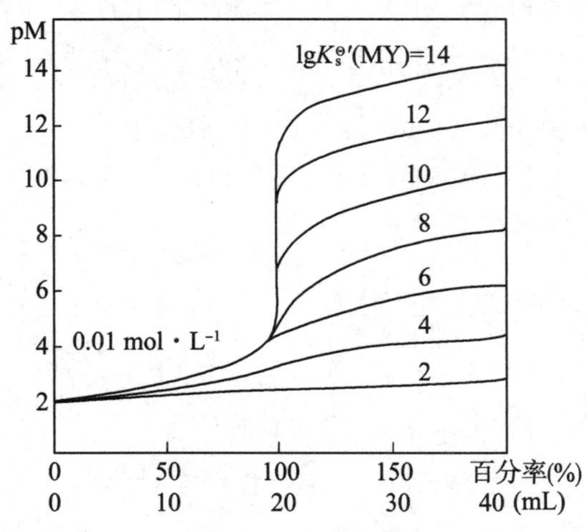


图 8-5 不同条件稳定常数下的滴定曲线

(2) 金属离子的初始浓度对滴定突跃的影响。图 8-6 是配合物的 $K_s^{\ominus'}(\mathrm{MY})$ 一定时，用 EDTA 滴定不同浓度的同一金属离子的滴定曲线。由图 8-6 可知，金属离子的初始浓度 $c(\mathrm{M})$ 越小，曲线的起点越高，滴定突跃范围越小；反之，则越大。因此，金属离子的浓

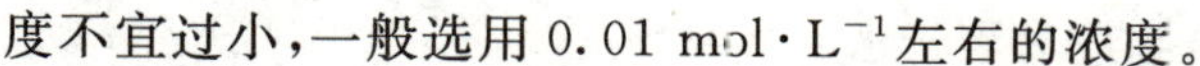
度不宜过小，一般选用0.01 mol·$L^{-1}$左右的浓度。

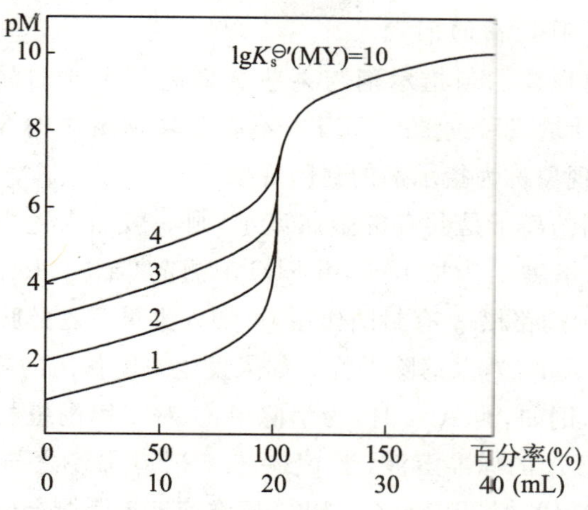


1. $10^{-1}$ mol·$L^{-1}$　2. $10^{-2}$ mol·$L^{-1}$　3. $10^{-3}$ mol·$L^{-1}$　4. $10^{-4}$ mol·$L^{-1}$

图 8-6　不同浓度下的滴定曲线

总之，讨论影响滴定突跃范围大小的因素，主要是为了选择适合的滴定条件，使滴定反应更完全(有足够大的 $K_s^{\ominus'}$ 值)，滴定突跃更明显，以达到准确滴定的目的。

## 四、金属指示剂

在配位滴定中常用一种能与金属离子生成有色配合物的显色剂来指示滴定过程中金属离子浓度的变化，这种显色剂称为金属离子指示剂，简称金属指示剂(metal ion indicator)。

### 1. 金属指示剂的作用原理

滴定开始时，金属指示剂(In)与少量被滴定金属离子反应，形成一种与指示剂本身颜色不同的配合物(MIn)：

$$\underset{A色}{M+In} \rightleftharpoons \underset{B色}{MIn}$$

随着EDTA的加入，游离金属离子逐渐被配位，形成MY。当反应达到化学计量点后，稍过量的EDTA从MIn中夺取金属离子M，使指示剂In游离出来，这样溶液的颜色就从MIn的颜色(B色)变为In和MY的混合颜色(A色和C色的混合色)，指示终点达到：

$$\underset{B色}{MIn}+Y \rightleftharpoons \underset{C色}{MY}+\underset{A色}{In}$$

### 2. 金属指示剂应具备的条件

(1) 指示剂与金属离子形成的配合物(MIn)颜色应与指示剂(In)本身的颜色有显著的差别。

(2) 显色反应灵敏、迅速，且有良好的变色可逆性。

(3) 指示剂与金属离子形成的配合物的稳定性要适当。

(4) 金属离子指示剂应比较稳定，便于贮存和使用。

(5) 指示剂与金属离子形成的配合物应易溶于水。

3. 使用金属指示剂存在的问题

(1) 指示剂的封闭现象。当指示剂与某些金属离子生成的配合物 MIn 比对应的 MY 更稳定,以致到达计量点后过量的 EDTA 不能夺取 MIn 中的 M,即指示剂在计量点附近无颜色变化,这种现象称为指示剂的封闭现象。

如果发生封闭作用的离子是共存的金属离子,则一般加入适当的掩蔽剂加以消除。例如,在 pH=10 时,以铬黑 T 为指示剂,用 EDTA 测定 $Ca^{2+}$、$Mg^{2+}$ 总量时,$Fe^{3+}$、$Al^{3+}$、$Cu^{2+}$、$Co^{2+}$、$Ni^{2+}$ 对指示剂铬黑 T 有封闭作用,可加入少量三乙醇胺(掩蔽 $Fe^{3+}$、$Al^{3+}$)和 KCN(掩蔽 $Cu^{2+}$、$Co^{2+}$、$Ni^{2+}$),以消除干扰。如果发生封闭作用的离子是被测离子,可采用返滴定法进行测定。例如,测 $Al^{3+}$ 时,为消除 $Al^{3+}$ 对二甲酚橙指示剂的封闭作用,可先往试液中加过量 EDTA 的标准溶液,于 pH=3.5 时煮沸使之与 $Al^{3+}$ 完全配位,再调 pH=5.0~6.0,加入二甲酚橙,用 $Zn^{2+}$ 或 $Pb^{2+}$ 标准溶液返滴剩余的 EDTA。

(2) 指示剂的僵化现象。若 MIn 的溶解度很小或其稳定性只略小于 MY 的稳定性,则会使终点颜色变化不明显或使终点滞后,这种现象称为指示剂的僵化现象。

通常消除指示剂僵化现象的方法有:加入适当的有机溶剂或加热,促进溶解或加快反应速度,使终点颜色变化敏锐。例如,以磺基水杨酸为指示剂,用 EDTA 标准溶液滴定 $Fe^{3+}$ 时,可将溶液适当加热再进行滴定,使指示剂变色明显。

(3) 指示剂的氧化变质现象。多数金属指示剂的分子中含有双键,易被日光、氧化剂等分解变质,其水溶液一般不稳定。例如,铬黑 T、钙指示剂的水溶液均易氧化变质。指示剂氧化变质的速度与试剂的纯度有关,一般纯度较高时,存放时间可长些。另外,有些金属离子对指示剂的氧化变质起催化作用。例如,铬黑 T 在 Mn(Ⅳ)或 $Ce^{4+}$ 离子存在下,数秒钟就被氧化而褪色。为此,在配制铬黑 T 等指示剂时,应加入盐酸羟胺等还原剂,或现用现配,或将其与中性盐一起,研磨成固体混合物。

4. 常用的金属指示剂

(1) 铬黑 T。铬黑 T 简称 EBT。EBT 属于二酚羟基偶氮类染料。在溶液中,EBT 随 pH 的变化而呈不同的颜色:当 pH<6 时,呈红色;当 7<pH<11 时,呈蓝色;当pH>12 时,呈橙色。因此,EBT 只能在 pH=7~11 的酸度范围内使用,这样,指示剂才有明显的颜色变化。在实际工作中,常选择在 pH=9~10 的酸度下使用,道理就在此。

铬黑 T 指示剂能与很多二价金属离子,如 $Ca^{2+}$、$Mg^{2+}$、$Mn^{2+}$、$Zn^{2+}$、$Pb^{2+}$、$Cd^{2+}$ 离子配位形成红色的配合物。$Fe^{3+}$、$Al^{3+}$ 对 EBT 有封闭作用。固体铬黑 T 性质比较稳定,但其水溶液或乙醇溶液均不稳定,只能保存数天。因此,常将 EBT 与干燥纯净的 NaCl 按 1∶100 的比例混合均匀,研细,密闭保存于棕色瓶中备用。

(2) 钙指示剂。钙指示剂简称钙红或 NN。同 EBT 一样,钙指示剂也是偶氮染料,并且其颜色也随溶液 pH 的变化而变化:当 pH<7 时,呈红色;当 8<pH<13.5 时,呈蓝色;当 pH>13.5 时,呈橙色。在 pH=12~13 时,用作测定钙的指示剂,终点时,溶液由红色变为蓝色。$Fe^{3+}$、$Al^{3+}$ 等对 NN 有封闭作用。

钙指示剂纯品为紫黑色粉末,很稳定,但其水溶液或乙醇溶液均不稳定,因此,常将钙指示剂与干燥的纯 NaCl 按 1：100 混合均匀，研细，密闭保存于棕色试剂瓶中备用。

(3) 二甲酚橙。二甲酚橙简称 XO，适宜酸度为 pH<6。在 pH=5～6 时，用作测定 $Zn^{2+}$、$Pb^{2+}$、$Cd^{2+}$、$Hg^{2+}$、$Ti^{3+}$ 等的指示剂，终点时，溶液由紫红色变为亮黄色。二甲酚橙及其水溶液都很稳定，常用的是 0.2%的水溶液。$Fe^{3+}$、$Al^{3+}$ 等对 XO 有封闭作用。

## 五、单一金属离子的滴定条件

同其他滴定方法一样，在用指示剂确定终点时，即使滴定终点与化学计量点完全一致，但由于人眼对颜色判断的局限性，仍可能存在±(0.2～0.5)pM 的不确定性。如果要求测定结果的相对误差在±0.1%以内，则需满足：

$$\lg[c(\mathrm{M})\cdot K_s^{\ominus\prime}(\mathrm{MY})]\geqslant 6 \tag{8-4}$$

一般将式(8-4)作为单一金属离子能被直接准确滴定的条件。在配位滴定中，通常溶液的浓度为 0.01 $\mathrm{mol\cdot L^{-1}}$左右，则式(8-4)变为：

$$\lg K_s^{\ominus\prime}(\mathrm{MY})\geqslant 8 \tag{8-5}$$

假设金属离子不存在副反应，则用 EDTA 滴定金属离子时，反应的完全程度决定于溶液的酸度。显然，为了保证 $\lg K_s^{\ominus\prime}(\mathrm{MY})\geqslant 8$，溶液的酸度必须低于某个数值，该数值即为滴定所允许的最高酸度或最低 pH。当然，酸度也不宜太低，否则金属离子会发生水解而析出氢氧化物沉淀。沉淀一旦析出，与 EDTA 的反应就会变慢，同样对滴定不利。因此，在配位滴定中酸度也不能低于金属离子水解生成氢氧化物时的酸度，这便是最低酸度。

**例 8-7**　用 0.020 00 $\mathrm{mol\cdot L^{-1}}$ EDTA 标准溶液滴定 0.020 00 $\mathrm{mol\cdot L^{-1}}$ $Fe^{3+}$溶液，试求滴定的最高允许酸度(配位反应中只存在 EDTA 的酸效应而无其他副反应)。已知$K_s^{\ominus}(\mathrm{FeY})=1.3\times10^{25}$。

**解**：配位反应中只存在 EDTA 的酸效应而无其他副反应，则 $\lg K_s^{\ominus\prime}=\lg K_s^{\ominus}-\lg\alpha_{\mathrm{Y(H)}}$

∵$\lg K_s^{\ominus\prime}(\mathrm{MY})\geqslant 8$，单一金属离子才能直接准确滴定，

∴$\lg\alpha_{\mathrm{Y(H)}}\leqslant\lg K_s^{\ominus}(\mathrm{MY})-8$

即 $\lg\alpha_{\mathrm{Y(H)}}\leqslant\lg(1.3\times10^{25})-8$

得 $\lg\alpha_{\mathrm{Y(H)}}\leqslant 17.11$

当 $\lg\alpha_{\mathrm{Y(H)}}=17.11$ 查表 8-2 得相应的 pH 约为 1.2，即准确滴定 $Fe^{3+}$溶液的最高允许酸度为 pH=1.2(最低 pH)。

## 六、提高配位滴定选择性的方法

前面讨论的都是单一离子的滴定，而实际样品中往往有多种金属离子共存，而EDTA 又能与很多金属离子形成稳定的配合物，所以在滴定某一金属离子时常常受到共存离子的干扰，用适当的方法消除干扰，这便是选择性滴定的问题。

1. 控制酸度进行分别滴定

通过调节溶液的 pH，可以改变被测离子和干扰离子与 EDTA 所形成配合物的稳定性，从而消除干扰，利用酸效应曲线可方便地解决这一问题。例如，测定样品中锌的含量

时，既可在 pH＝5～6 时以二甲酚橙做指示剂，又可在 pH＝10 时以铬黑 T 做指示剂。若样品中有$Mg^{2+}$存在，则应在 pH＝5～6 时测定锌的含量，因为 pH＝10 时$Mg^{2+}$对 $Zn^{2+}$ 的测定有干扰，而在 pH＝5～6 时，$Mg^{2+}$与 EDTA 形成的配合物不稳定，因此，不干扰锌的测定。

2．加入掩蔽剂和解蔽剂

当有几种金属离子共存时，加入一种能与干扰离子形成稳定配合物的试剂(称为配位掩蔽剂，masking agent)，往往可以较好地消除干扰。例如，测定水中 $Ca^{2+}$、$Mg^{2+}$ 含量时，$Fe^{3+}$ 和 $Al^{3+}$ 的干扰可在滴加 EDTA 溶液前加入三乙醇胺，使其与 $Fe^{3+}$ 和 $Al^{3+}$ 形成稳定的配合物而被掩蔽，使之不发生干扰。配位掩蔽剂不仅用于配位滴定法，而且广泛应用于提高其他滴定方法的选择性。例如，用间接碘量法测定胆矾中 Cu 的含量时，$Fe^{3+}$ 的干扰作用可通过加入饱和 NaF 溶液消除。常用的掩蔽剂有 $NH_4F$、NaF、KCN、三乙醇胺和酒石酸等。此外，还可以用氧化还原掩蔽剂或沉淀掩蔽剂消除共存离子的干扰。

将干扰离子掩蔽，滴定被测离子后，再加入一种试剂，使已被掩蔽的干扰离子重新释放出来，这种作用称为解蔽，所用的试剂称为解蔽剂(demasking agent)。利用某些选择性的解蔽剂，可提高配位滴定的选择性。例如，测定铜合金中的 $Pb^{2+}$时，可在氨性溶液中用 KCN 掩蔽 $Cu^{2+}$、$Zn^{2+}$，在 pH＝10 时，以铬黑 T 做指示剂，用 EDTA 滴定 $Pb^{2+}$。在滴定 $Pb^{2+}$后的溶液中加入甲醛或三氯乙醛，则$[Zn(CN)_4]^{2-}$被破坏而释放出 $Zn^{2+}$，然后用 EDTA 滴定释放出来的 $Zn^{2+}$，可测得 $Zn^{2+}$ 的含量。

3．预处理

如果用控制溶液酸度和使用掩蔽剂等方法都不能消除共存离子的干扰，可以进行预处理，即预先将干扰离子分离出去，再滴定被测离子。预处理的方法很多，应根据干扰离子和被测离子的性质进行选择。例如，磷矿石中一般含有 $Ca^{2+}$、$Mg^{2+}$、$Fe^{3+}$、$Al^{3+}$、$F^-$、$PO_4^{3-}$ 等离子，欲用 EDTA 滴定其中的金属离子，$F^-$有严重干扰，它能与 $Fe^{3+}$、$Al^{3+}$生成稳定的配合物；酸度很低时，它又能与 $Ca^{2+}$生成 $CaF_2$ 沉淀，因此在滴定前必先加酸并加热，使 $F^-$生成 HF 而挥发除去。

## 七、EDTA 滴定法的应用示例

采用不同的滴定方式，不仅扩大了 EDTA 滴定法的应用范围，使许多不能直接滴定的组分能用 EDTA 滴定法测定，而且可进一步提高配位滴定的选择性。

1．直接滴定法

金属离子与 EDTA 的配位反应如能满足滴定反应的要求，就可以采用直接滴定法(direct titration)，直接滴定法具有简便、快速、准确度高等特点。实际上，大多数金属离子都可以用 EDTA 标准溶液直接滴定。表 8-3 中列出了一些直接滴定法的应用示例。

**表 8-3　直接滴定法应用示例**

| 金属离子 | pH | 指示剂 | 其他主要滴定条件 | 终点颜色变化 |
|---|---|---|---|---|
| $Bi^{3+}$ | 1 | 二甲酚橙 | 介质 | 紫红→亮黄 |
| $Ca^{2+}$ | 12～13 | 钙指示剂 | 六次甲基四胺 | 粉红→蓝 |
| $Cd^{2+}$,$Pb^{2+}$,$Zn^{2+}$,稀土 | 5～6 | 二甲酚橙 | 六次甲基四胺加热至 80 ℃ | 紫红→亮黄 |
| $Co^{2+}$ | 5～6 | 二甲酚橙 | 氨性缓冲溶液 | 紫红→亮黄 |
| $Cd^{2+}$,$Mg^{2+}$,$Zn^{2+}$ | 9～10 | 铬黑 T | 加热或加入醇 | 酒红→蓝 |
| $Cu^{2+}$ | 2.5～10 | PAN | 加热 | 紫红→黄绿 |
| $Fe^{3+}$ | 1.5～2.5 | 磺基水杨酸 | 氨性缓冲溶液，加抗坏血酸或 $NH_2OH \cdot HCl$ 或酒石酸 | 红紫→黄 |
| $Mn^{2+}$ | 9～10 | 铬黑 T | | 红→蓝 |
| $Ni^{2+}$ | 9～10 | 紫脲酸铵 | 加热至 50～60 ℃ | 黄绿→紫红 |
| $Pb^{2+}$ | 9～10 | 铬黑 T | 氨性缓冲溶液，加酒石酸，并加热至 40～70 ℃ | 红→黄 |
| $Th^{4+}$ | 2.5～3.5 | 二甲酚橙 | 介质 | |

下面重点讨论水的硬度的测定。水中钙镁含量常用“水的硬度”表示，是水煮沸后不能除去的硬度。水的总硬度是水中钙和镁的总含量，钙、镁硬度则是分指两者的含量。水的硬度是水质的一个重要指标。各国表示硬度的方法不同，我国通常以 1 $mg \cdot L^{-1}$ $CaCO_3$ 或 10 $mg \cdot L^{-1}$ CaO 表示水的硬度，前者称为美国度，后者称为德国度，常用后者表示，简称度。

水的硬度的测定：移取一定量的水样，加入适量的掩蔽剂三乙醇胺和 pH≈10 的氨性缓冲溶液和少量的铬黑 T(简写 $HIn^{2-}$)，用 EDTA 标准溶液进行滴定。由于稳定性 CaY＞MgY＞MgIn＞CaIn，所以滴定前溶液的颜色为 MgIn 的酒红色，滴定时，EDTA 先分别与游离的 $Ca^{2+}$、$Mg^{2+}$ 反应，化学计量点后稍过量的 EDTA 夺取 CaIn 和 MgIn 中的 $Ca^{2+}$ 和 $Mg^{2+}$，使指示剂游离出来，溶液由酒红色变为蓝色，即为终点。有关反应式为：

滴定前　$Mg^{2+} + HIn^{2-} \rightleftharpoons MgIn^{-} + H^{+}$

蓝色　　酒红色

滴定时　$Ca^{2+} + H_2Y \rightleftharpoons CaY + 2H^{+}$　　$Mg^{2+} + H_2Y \rightleftharpoons MgY + 2H^{+}$

无色　　　　无色

滴定终点　$MgIn^{-} + H_2Y \rightleftharpoons MgY + HIn^{2-} + H^{+}$

酒红色　　　　蓝色

根据 EDTA 标准溶液的浓度和体积可计算出水的总硬度：

总硬度(德国度，10 $mg \cdot L^{-1}$)

$$CaO(°) = \frac{c(EDTA) \times V(EDTA) \times M(CaO)}{V_{水样} \times 10} \times 1\,000 \tag{8-6}$$

总硬度(美国度，1 $mg \cdot L^{-1}$)

$$CaCO_3(mg \cdot L^{-1})=\frac{c(EDTA)\times V(EDTA)\times M(CaCO_3)}{V_{水样}}\times 1\,000 \tag{8-7}$$

式中：$c$(EDTA)为 EDTA 标准溶液的浓度，单位为 $mol \cdot L^{-1}$；$V$(EDTA)为滴定时消耗的 EDTA 标准溶液的体积，单位为 mL；$V_{水样}$ 为测定时吸取水样的体积，单位为 mL；$M$(CaO)和 $M(CaCO_3)$分别为 CaO 和 $CaCO_3$ 的摩尔质量，单位为 $g \cdot mol^{-1}$。

若水样中存在 $Fe^{3+}$、$Al^{3+}$ 等干扰离子，可用三乙醇胺掩蔽；若含有 $Cu^{2+}$、$Pb^{2+}$、$Zn^{2+}$、$Ni^{2+}$、$Co^{2+}$ 等干扰离子，可用 $Na_2S$、KCN 等掩蔽。

需分别测定钙、镁的含量时，则应另取与上一步测定等量的水样，用 NaOH 调 pH=12，此时 $Mg^{2+}$ 生成 $Mg(OH)_2$ 沉淀而被掩蔽，然后加入钙指示剂，用 EDTA 标准溶液滴定 $Ca^{2+}$，设消耗 EDTA 体积 $V_0$。根据前后两次滴定消耗的 EDTA 体积可分别计算出钙、镁的含量。

2. 返滴定法

如果金属离子与 EDTA 反应缓慢、金属离子在所要求的 pH 条件下水解、没有合适的指示剂或指示剂存在封闭现象等，只要出现其中任何一种情况，都应采用返滴定法(back titration)。

**表 8-4 常用的返滴定剂和滴定条件**

| 待测金属离子 | pH | 返滴定剂 | 指示剂 | 终点颜色变化 |
|---|---|---|---|---|
| $Al^{3+}$，$Ni^{2+}$ | 5～6 | $Zn^{2+}$ | 二甲酚橙 | 黄→紫红 |
| $Al^{3+}$ | 5～6 | $Cu^{2+}$ | PAN | 黄→蓝紫(紫红) |
| $Fe^{2+}$ | 9 | $Zn^{2+}$ | 铬黑 T | 蓝→红 |
| $Hg^{2+}$ | 10 | $Mg^{2+}$，$Zn^{2+}$ | 铬黑 T | 蓝→红 |
| $Sn^{2+}$ | 2 | $Th^{4+}$ | 二甲酚橙 | 蓝→红 |

例如，$Al^{3+}$ 与 EDTA 反应缓慢，加之在 pH 为 4～6 时，$Al^{3+}$ 易水解，而且 $Al^{3+}$ 又对二甲酚橙等指示剂有封闭作用，因此不能用直接滴定法测定 $Al^{3+}$。

用返滴定法测 $Al^{3+}$ 时，先加入已知过量的 EDTA 标准溶液，在 pH≈3.5 时煮沸，使 $Al^{3+}$ 与 EDTA 充分反应，待反应完全后，调 pH=5～6，以二甲酚橙做指示剂，用 $Zn^{2+}$ 标准溶液返滴定剩余的 EDTA，即可测得铝的含量。

3. 置换滴定法

常用的置换滴定法(displacement titration)有：

(1) 置换出金属离子　如果被测离子与 EDTA 形成的配合物不稳定，或者根本不能发生配位反应，则可采用置换滴定法。被测离子 M 与 EDTA 反应不完全，即形成的配合物不稳定，可由 M 置换出另一配合物 NL 中的 N，再用 EDTA 滴定 N，便可求得 M 的含量。

例如，$Ag^+$ 的测定：

$$2Ag^{+}+[Ni(CN)_4]^{2-} \rightleftharpoons 2[Ag(CN)_2]^{-}+Ni^{2+}$$

其中所用的$[Ni(CN)_4]^{2-}$需要过量，以保证上述反应完全。再加入 pH=9 的氨性缓冲溶液，以紫脲酸铵做指示剂，用 EDTA 滴定置换出的 $Ni^{2+}$。根据 $Ag^{+}$ 与 EDTA 的化学计量关系，即可求得银的含量。

(2) 置换出 EDTA

将被测离子 M 与干扰离子全部用 EDTA 配位，加入选择性高的配位剂以夺取 M，并加入 EDTA，再用另一种金属离子标准溶液滴定 EDTA，即求出 M 的含量。

$$MY+L \rightleftharpoons ML+Y$$

例如，测定锡合金中的锡含量时，先加入过量的 EDTA，将可能存在的 $Pb^{2+}$、$Zn^{2+}$、$Cd^{2+}$ 等与 $Sn^{4+}$ 一起配位，再用 $Zn^{2+}$ 标准溶液滴定剩余的 EDTA，然后加入选择性强的 NaF，加热，把 SnY 中的 EDTA 释放出来，溶液冷却后再以 $Zn^{2+}$ 标准溶液滴定置换出来的 EDTA，即可求得锡的含量。

置换滴定法不仅能扩大配位滴定法的应用范围，还可以提高配位滴定的选择性。

4. 间接滴定法

有些金属离子如 $Li^{+}$、$Na^{-}$、$K^{+}$ 等与 EDTA 生成的配合物不稳定；有些非金属离子如 $SO_4^{2-}$、$PO_4^{3-}$、$CN^{-}$、$Cl^{-}$ 等不能和 EDTA 发生配位反应，则可以采用间接滴定法（indirect titration）测定。

例如，$PO_4^{3-}$ 的测定，可先在溶液中加入已知过量的 $Bi(NO_3)_3$ 溶液，使 $PO_4^{3-}$ 生成 $BiPO_4$ 沉淀，再调节 pH=1 左右，以二甲酚橙为指示剂，用 EDTA 标准溶液滴定剩余的 $Bi^{3+}$，便可求得 $PO_4^{3-}$ 的含量。

## 化学与生物

### 绿色植物标本的保色保存

采集到一个理想的绿色标本并非难事，但要将绿色标本长期保存下来就不太容易了。保存标本的传统制作方法是将采集来的植物经整理后，平放在标本夹的吸水纸上，压制吸水几天而成，这叫干态保存。因干态保存的标本未经过原色的固定，所以保色的时间较短，保色的效果往往不是很好。科技工作者做了大量的实验，发现通过对采集的植物进行化学处理，使原色固定，然后进行浸制保存，可使制作的标本色泽自然、形态逼真，能较长时间保持原色泽不变。下面简单介绍一下绿色植物标本的浸制保色保存方法。

植物体之所以呈绿色是因为植物的叶绿体中含有叶绿素。叶绿素是含有卟啉环的镁配合物，其分子结构的中央有一个金属镁原子，结构如图 8-7 所示。叶绿素呈现绿色

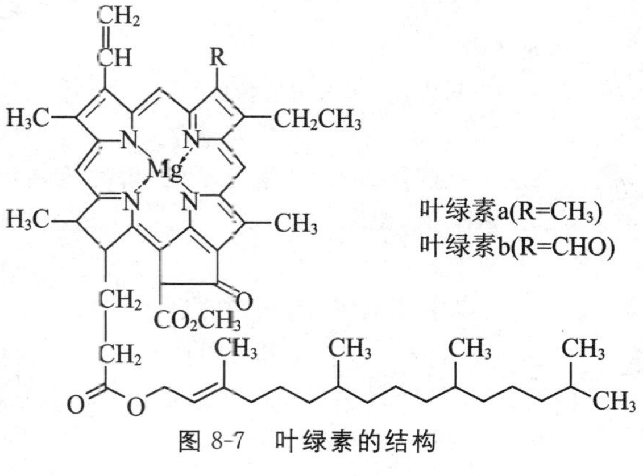

叶绿素a($R=CH_3$)
叶绿素b($R=CHO$)

图 8-7　叶绿素的结构

的原因就是由于含有镁原子的核心结构。卟啉环中的镁原子可被氢离子、铜离子、锌离子所置换。用酸处理叶片，氢离子易进入叶绿体，置换镁原子形成去镁叶绿素，使叶片呈褐色。去镁叶绿素易再与铜离子结合，形成铜代叶绿素，颜色比原来更稳定。人们常根据这一原理用醋酸铜处理来保存绿色植物标本。

对不适于热煮或药液不容易透入的植物，可以改用硫酸铜饱和水溶液 700 mL，福尔马林(35%～40%甲醛溶液)50 mL，水 250 mL 的混合液，将植物放入这种液体中浸泡，浸泡时间的长短，要视植物老嫩程度和种类而定，当植物褪成黄色而又重新变成绿色时，即可取出，用清水将药液洗净，然后放到福尔马林中保存，标本就制成了。对于叶薄而嫩的植物，将 50%乙醇 90 mL、福尔马林 5 mL、甘油 5 mL、冰醋酸 2.5 mL、氯化铜 10 g 配成混合溶液，将标本浸渍数日，保存效果也很好。

1. 举例说明下列术语的含义：

配体与配位原子；配位数与配位比；单基配体与多基配体；螯合物和螯合剂。

2. 螯合物与简单配合物有何区别？螯合剂应具备哪些条件？

3. 根据难溶电解质的溶度积和配离子的稳定常数解释：AgCl 能溶于氨水中，AgBr 微溶，但二者均可溶于 $Na_2S_2O_3$ 溶液中。

4. NaOH 加入 $CuSO_4$ 溶液中生成浅蓝色的沉淀；再加入氨水，浅蓝色的沉淀溶解成为深蓝色的溶液，将此溶液用 $HNO_3$ 处理又得到浅蓝色溶液，写出反应方程式，解释现象。

5. 乙二胺四乙酸与金属离子的配位反应有哪些特点？为什么无机配位剂很少能用作配位滴定的滴定剂？

6. 何谓配合物的条件稳定常数？它是如何通过计算得到的？它对判断能否准确滴定有何意义？

7. 酸效应曲线是怎样绘制的？它在配位滴定中有什么用途？

8. 何谓金属指示剂？作为金属指示剂应具备哪些条件？它们为什么能指示配位滴定的终点？试举一例说明。

9. 常用的配位滴定方式有哪些？请举例说明。

**一、选择题**

1. 下列电对中，$\varphi^{\ominus}$ 值最大者为(　　)。

A. $Ag^+/Ag$　　B. $AgCl/Ag$　　C. $AgI/Ag$　　D. $[Ag(NH_3)_2]^+/Ag$

2. 利用生成配合物而使难溶电解质溶解时，最有利于沉淀溶解的条件是(　　)。

A. $\lg K_s^{\ominus}$ 大，$K_{sp}^{\ominus}$ 小　　B. $\lg K_s^{\ominus}$ 大，$K_{sp}^{\ominus}$ 大

C. $\lg K_s^{\ominus}$ 小，$K_{sp}^{\ominus}$ 大　　D. $\lg K_s^{\ominus} \gg K_{sp}^{\ominus}$

3. 下列各配体中能作为螯合剂的是(　　)。

A. $F^-$　　B. $H_2O$　　C. $NH_3$　　D. $C_2O_4^{2-}$

4. 配合物$[Cu(NH_3)_2(en)]^{2+}$中，铜元素的氧化数和配位数分别为(　　)。

A. +2 和 3　　B. +2 和 4　　C. 0 和 3　　D. 0 和 4

5. 某配合物实验式为 $NiCl_2 \cdot 5H_2O$，在 1 mol 该物质的溶液中加入过量的 $AgNO_3$ 溶液时能产生 1 mol AgCl，则该配合物的内界是(　　)。

A. $[Ni(H_2O)_2Cl_2]$　　B. $[Ni(H_2O)_3Cl]^+$　　C. $[Ni(H_2O)_4]^{2+}$　　D. 无法确定

6. 下列物质不适宜做配体的是(　　)。

A. $S_2O_3^{2-}$　　B. $H_2O$　　C. $Br^-$　　D. $NH_4^+$

7. 以 EDTA 滴定法测定石灰石中 CaO(相对分子质量为 56.08)的含量，采用 0.020 08 $mol \cdot L^{-1}$ EDTA滴定。设试样中含 CaO 约 50%，试样溶解后定容至 250 mL，移取 25.00 mL 试样溶液进行滴定，则试样称取量为(　　)。

A. 0.1 g 左右　　B. 0.2～0.4 g 左右　　C. 0.4～0.7 g 左右　　D. 1.2～2.4 g 左右

8. 下列配合物能在强酸介质中稳定存在的是(　　)。

A. $[Ag(NH_3)_2]^+$　　B. $[FeCl_4]^-$　　C. $[Fe(C_2O_4)_3]^{3-}$　　D. $[Ag(S_2O_3)_2]^{3-}$

9. 用 EDTA 为标准溶液测定水的总硬度时，介质条件是(　　)。

A. 浓硫酸　　B. 浓氢氧化钠

C. 中性　　D. pH＝10 的氨性缓冲溶液

10. 在 pH 为 4 左右，用 EDTA 滴定 $Zn^{2+}$，下列离子中不干扰滴定的是(　　)。

A. $Al^{3+}$　　B. $Hg^{2+}$　　C. $Mg^{2+}$　　D. $Cu^{2+}$

11. EDTA 法滴定终点所呈现的是(　　)的颜色。

A. 金属指示剂与金属离子形成的配合物的颜色

B. 游离的金属指示剂的颜色

C. EDTA 与金属离子形成的配合物的颜色

D. 上述 B 项与 C 项的混合色

12. 在 $Fe^{3+}$、$Al^{3+}$、$Ca^{2+}$、$Mg^{2+}$ 的混合液中，用 EDTA 法测定 $Fe^{3-}$、$Al^{3+}$，欲消除 $Ca^{2+}$、$Mg^{2+}$ 的干扰，最简单的方法是(　　)。

A. 沉淀分离法　　B. 控制酸度法　　C. 配位掩蔽法　　D. 氧化还原法

13. 铝盐药物的测定常采用配位滴定法。加入过量 EDTA，加热煮沸片刻，再用标准锌溶液滴定，该滴定方式是(　　)。

A. 直接滴定法　　B. 置换滴定法　　C. 返滴定法　　D. 间接滴定法

**二、判断题**

1. 在$[FeF_6]^{3-}$ 中加入强碱，不会影响配离子的稳定性。

2. $[CaY]^{2-}$ 的 $K_s^\ominus = 6.3 \times 10^{18}$，比$[Cu(en)_2]^{2+}$ 的 $K_s^\ominus = 4.0 \times 10^{19}$ 小，所以后者更难解离。

3. 在配位滴定中，需使溶液的酸度比测定该离子所允许的最高酸度要高。

4. EDTA 与金属离子反应时会释放出 $H^+$，所以配位滴定中需加缓冲溶液控制酸度。

5. 配位剂浓度越高，生成配离子的配位数越大。

6. 在 $Fe^{3+}$ 溶液中加入 NaF 后，$Fe^{3+}$ 氧化能力降低。

7. 配合物中，配位数与配体数一定不相等。

**三、填空题**

1. 单一金属离子用 EDTA 标准溶液准确滴定的条件是____________，当测定 $Ca^{2+}$、$Mg^{2+}$ 总含量时，以________做指示剂，终点时溶液由________色变为________色。

2. 水溶液中 $Fe^{3+}$ 能将 $I^-$ 氧化为 $I_2$，滴加 $CCl_4$ 用力振荡后，得到紫色 $CCl_4$ 层，写出相关的反应方程式：____________________；再加入 KCN，紫色 $CCl_4$ 褪色，原因是________________________________________。

3. EDTA 在水溶液中有________种型体，只有________能与金属离子直接配位。一般情况下，EDTA与金属离子形成的配合物的配合比是________。

4. 酸效应系数的定义式：$\alpha_{Y(H)}=$__________，$\alpha_{Y(H)}$越大，酸效应对主反应的影响程度越\_\_\_\_\_\_\_\_。$\alpha_{Y(H)}=1$表示____________。

**四、问答题**

1. 列表写出下列配合物的名称、中心离子及其氧化数、配离子的电荷。

$Na_3[Ag(S_2O_3)_2]$ $[CrCl(NH_3)_5]SO_4$ $H_2[SiF_6]$ $[PtCl_4(NH_3)_2]$ $[Zn(NH_3)_4](OH)_2$

2. 向含有$[Ag(NH_3)_2]^+$的溶液中分别加入下列物质：稀 $HNO_3$、$NH_3 \cdot H_2O$、$Na_2S$ 溶液。试判断$[Ag(NH_3)_2]^+ \rightleftharpoons Ag^+ + 2NH_3$ 平衡移动的方向。 【正向；逆向；正向】

3. 回答下列问题：

(1) 向含有$[Ag(NH_3)_2]^+$配离子的溶液中滴加盐酸时会发生什么现象？为什么？

(2) $[Co(SCN)_4]^{2-}$的稳定性比$[Co(NH_3)_4]^{2+}$的小，为什么在酸性溶液中$[Co(SCN)_4]^{2-}$可以存在，而$[Co(NH_3)_4]^{2+}$却不能存在？

(3) EDTA 的钙盐常作为铅中毒的解毒剂，但不能用 EDTA 治疗铅中毒，为什么？

(4) 在 pH=12 时，使用钙指示剂，用 EDTA 标准溶液滴定 $Ca^{2+}$、$Mg^{2+}$ 混合溶液中的 $Ca^{2+}$ 时，为什么 $Mg^{2+}$ 不干扰？

**五、计算题**

1. 10 mL 0.050 mol·L$^{-1}$ $[Ag(NH_3)_2]^+$溶液中加入 0.010 mol 固体 NaCl（忽略体积变化），计算此溶液中 $NH_3$的浓度为多大时，无 AgCl 沉淀生成。 【$c(NH_3)>5.4$ mol·L$^{-1}$】

2. 计算下列转化反应的平衡常数，并判断转化反应能否发生。

(1) $[Cu(NH_3)_2]^+ + 2CN^- \rightleftharpoons [Cu(CN)_2]^- + 2NH_3$

(2) $[Cu(NH_3)_4]^{2+} + Zn^{2+} \rightleftharpoons [Zn(NH_3)_4]^{2+} + Cu^{2+}$

【(1)$K^\ominus=1.4\times10^{13}$；转化能进行；(2)$K^\ominus=1.4\times10^{-4}$；转化不能进行】

3. 用乙二胺四乙酸二钠溶液滴定 $Zn^{2+}$ 时，允许的最高酸度是多少？ 【pH=4.00】

4. 称取分析纯 $CaCO_3$ 0.420 6 g，用 HCl 溶解后，稀释成 500.0 mL，取出 50.00 mL，用钙指示剂在碱性溶液中滴定，用去乙二胺四乙酸二钠溶液 38.84 mL，计算乙二胺四乙酸二钠标准溶液的浓度。配制该浓度的乙二胺四乙酸二钠溶液 1.000 L，应称取 $Na_2H_2Y \cdot 2H_2O$ 多少克？

【4.028 g】

5. 移取水样 100 mL，在 pH=10.0 时，用铬黑 T 为指示剂，用 19.00 mL 0.010 50 mol·L$^{-1}$ EDTA 标准溶液滴定至终点，计算水的总硬度。 【111.9 mg·L$^{-1}$】

6. 向 1 L 含有 2.0 mol·L$^{-1}$ $NH_3$ 和 $1.0\times10^{-3}$ mol·L$^{-1}$ $[Cu(NH_3)_4]^{2+}$的溶液中，加入 0.01 mol NaOH，有无沉淀产生？若加入 0.01 mol $Na_2S$，有无沉淀产生？（设加入 NaOH 或 $Na_2S$ 后，溶液体积不变）

【不生成沉淀；生成沉淀】

7. 1.00 mL $Ni(NO_3)_2$ 溶液，加入 $NH_3-NH_4Cl$ 缓冲溶液，用水稀释后，再加入 15.00 mL $1.00\times10^{-2}$ mol·L$^{-1}$的 EDTA 标准溶液，反应完全后，过量的 EDTA 需要 $1.50\times10^{-2}$ mol·L$^{-1}$ $MgCl_2$ 标准溶液 4.37 mL 返滴定，求原来 $Ni(NO_3)_2$ 溶液的浓度。 【0.084 45 mol·L$^{-1}$】

8. 计算当溶液中 $NH_3$ 浓度为 0.55 mol·L$^{-1}$ 和 $NH_4Cl$ 浓度为 0.10 mol·L$^{-1}$时，溶液中 $Ca^{2+}$ 与 EDTA 配合物的条件稳定常数为多少？在这种情况下，能否用 EDTA 准确滴定 $Ca^{2+}$？

【$\lg K_s^{\ominus\prime}(CaY)=10.24$，能用 EDTA 准确滴定 $Ca^{2+}$】

# 第九章

# 吸光光度法

本章教学要求

1. 理解吸光光度法的基本原理。掌握互补光与互补色的概念,能够正确判断有色溶液所呈现的颜色与其吸收光的颜色之间的关系;理解光吸收曲线的含义、变化特点及其应用。

2. 掌握朗伯一比尔定律的数学表达式、定律的使用条件及有关的计算;理解分光光度法各种灵敏度所表示的含意,特别是与摩尔吸光系数有关的内容。

3. 了解显色反应的概念和选择显色反应条件的依据。

4. 掌握目视比色法和分光光度法的原理、所用的方法、主要仪器及分析结果的计算方法。

5. 掌握分光光度法测量误差的来源和测量条件的选择,能够根据分光光度法误差的来源选择合适的分析测量条件,如入射光波长、吸收池的厚度、溶液的浓度和参比溶液的选择等等。

## 第一节　基本原理

### 一、吸光光度法的分类和特点

吸光光度法属于现代仪器分析法中的光学分析法,它是基于物质对光的选择性吸收而建立起来的分析方法。根据物质对不同波长范围光的吸收,吸光光度法又可分为目视比色法、可见分光光度法、紫外分光光度法和红外吸收光谱法。分析化学中常将紫外—可见分光光度法简称为分光光度法。本章只介绍目视比色法和可见分光光度法。

吸光光度法主要用于测定试样中的微量组分,它具有以下特点:

(1)灵敏度高。常用于测定试样中质量分数为$10^{-2}$～$10^{-5}$的微量组分,甚至可测定试样中质量分数低至$10^{-6}$～$10^{-8}$的痕量组分。

(2)准确度高。相对误差一般为 2%～5%,如使用精密仪器,则可降至 1%～2%。其准确度虽不如滴定分析法的高,但已能满足微量组分测定的准确度要求。

(3)快速简便。吸光光度分析法的基本操作通常包括将样品处理成溶液、显色、测定，所需的仪器设备均不复杂，操作简单，易于掌握。

(4)应用广泛。几乎所有的无机离子和有机化合物都可直接或间接地用吸光光度法进行测定，该法是地质、冶金、材料、化工、环境、生物、医学以及农业等领域中常用的分析方法。另外，吸光光度法还可用于物质的定性分析以及化学平衡的研究，本课程不予赘述。

## 二、物质对光的选择性吸收

### 1. 单色光、复色光、互补光

具有同一波长的光称为单色光(monochromatic light)，实际上，每种颜色的光都具有一定的波长范围，见表 9-1。理论上，单色光是由具有相同能量的光子组成的。通常把由不同波长的光所组成的光称为复色光，如白光(日光、白炽灯光、日光灯光等)是由红、橙、黄、绿、青、蓝、紫等各种色光按一定的比例混合而成的，其波长范围为 400～760 nm。事实证明，把两种适当颜色的光按一定比例混合也可以得到白光，这两种光就叫互补光，它们的颜色称为互补色，如图 9-1 所示。图中，位于一条直线上的两种颜色的光都是互补光。

表 9-1　各种色光的波长范围

| 光的颜色 | 波长/nm | 光的颜色 | 波长/nm |
| --- | --- | --- | --- |
| 红色 | 760～650 | 青色 | 500～480 |
| 橙色 | 650～610 | 蓝色 | 480～450 |
| 黄色 | 610～560 | 紫色 | 450～400 |
| 绿色 | 560～500 | | |

### 2. 光吸收曲线

研究证明，物质的颜色是由于物质对不同波长的光具有选择性的吸收作用而产生的。例如，硫酸铜溶液因吸收白光中的黄色光而呈蓝色；高锰酸钾溶液因吸收白光中的绿色光而呈紫色。因此，物质呈现的颜色和吸收的光颜色之间是互补关系。

图 9-1　光的互补关系示意图

以上只是粗略地用物质对各种可见光的选择性吸收来说明物质呈现的颜色。实际上，任何一种物质对不同波长的光的吸收程度是不相同的。如果使各种波长的单色光依次通过某一浓度的溶液，并测量每一波长下溶液吸收光的程度(称为吸光度—absorbance)。再以波长(λ)为横坐标，吸光度(A)为纵坐标作图，就可得到一条曲线，称为吸收光谱(absorption spectrum)或光吸收曲线，它可以更直观地描述物质对光的吸收情况。图 9-2 是四种不同

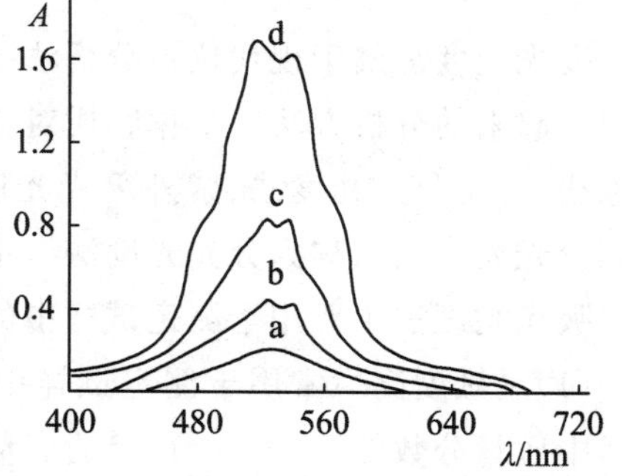

a. $1\times10^{-5}$ mg·mL$^{-1}$　b. $2\times10^{-5}$ mg·mL$^{-1}$
c. $4\times10^{-5}$ mg·mL$^{-1}$　d. $8\times10^{-5}$ mg·mL$^{-1}$

图 9-2　不同浓度 $KMnO_4$ 溶液的光吸收曲线

浓度的 $KMnO_4$ 溶液的光吸收曲线。由图可以看出：

(1) 在可见光区，$KMnO_4$ 溶液对波长 525 nm 附近的绿色光的吸收最强，而对紫光和红光的吸收很弱。光吸收程度最大处所对应的波长称为最大吸收波长，用 $\lambda_{max}$ 表示。$KMnO_4$ 溶液的 $\lambda_{max}=525$ nm。

(2) 不同浓度的 $KMnO_4$ 溶液的光吸收曲线形状相似，最大吸收波长相同；不同物质的光吸收曲线的形状和最大吸收波长均不相同。光吸收曲线与物质特性有关，这是吸光光度法定性分析的依据。

(3) 同一物质不同浓度的溶液，对同一波长光的吸收程度随溶液浓度的增大而增大，这一特性可作为吸光光度法定量分析的依据；在光吸收曲线上，对应 $\lambda_{max}$ 处，曲线的斜率最大，即在 $\lambda_{max}$ 处测定吸光度，其灵敏度最高，因此，吸收曲线是分光光度法选择入射光波长的依据。

## 三、光吸收的基本定律

朗伯(Lambert)和比尔(Beer)分别于 1760 年和 1852 年研究了光的吸收程度与液层厚度及溶液浓度的定量关系，二者结合称为朗伯—比尔定律(Lambert-Beer's Law)，也称为光吸收的基本定律，它是吸光光度法的定量依据。

当一束平行的单色光通过均匀、无散射的液体介质时，光的一部分被吸收，一部分透过溶液，还有一部分被器皿表面反射。由于在实际测定时，通常将待测溶液和参比溶液分别置于相同材料和厚度的吸收池中，因而两个吸收池反射光的强度基本相同且很小，故其影响可以不考虑。假设入射光的强度为 $I_0$，吸收光的强度为 $I_a$，透过光的强度为 $I$，溶液的浓度为 $c$，液层厚度为 $b$，如图 9-3 所示，经实验表明它们之间有如下关系：

$$\lg\frac{I_0}{I}=kbc \tag{9-1}$$

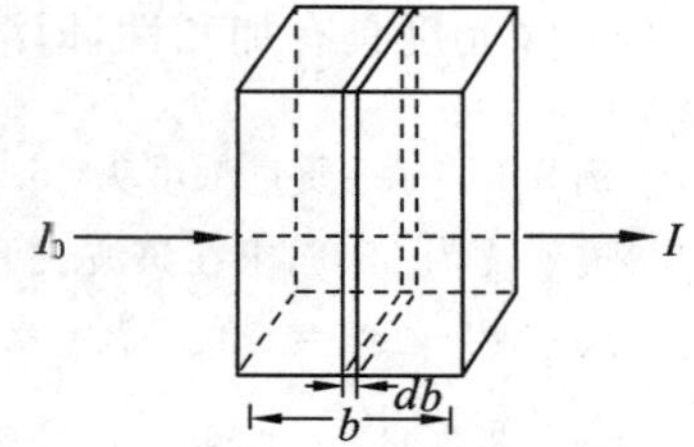


图 9-3　光通过吸光物质示意图

$\lg\frac{I_0}{I}$ 值愈大，表示光被吸收得愈多，故通常把 $\lg\frac{I_0}{I}$ 称为吸光度(absorbance)，用 $A$ 表示。上式可写成：

$$A=\lg\frac{I_0}{I}=kbc \tag{9-2}$$

式(9-2)就是朗伯一比尔定律的数学表达式，它表明：当一束单色光通过有色溶液时，溶液吸光度与溶液的浓度和液层厚度的乘积成正比。

通常把透过光的强度 $I$ 与入射光强度 $I_0$ 之比称为透光率(percent transmittance)或透射比，用 $T$ 表示，其数值可用小数或百分数表示。溶液的透光率越大，表示溶液对光的吸收越少；反之，透光率越小，则溶液对光的吸收越多。

透光率、吸光度与溶液浓度及液层厚度的关系为：

$$A=\lg\frac{1}{T}=\lg\frac{I_0}{I}=kbc \tag{9-3}$$

上式表明，吸光度与溶液浓度和液层厚度的乘积成正比，而不是与透射比成正比。以上两式中的 $k$ 是比例系数，它与入射光波长、溶液的性质及温度等有关。当入射光波长和温度一定时，溶液的浓度的单位不同，吸光系数 $k$ 的意义和表示方法也不同，常用摩尔吸光系数(molar absorptivity)和吸光系数(absorption coefficient)表示。

1. 吸光系数

吸光系数用 $a$ 表示，其单位为 $L \cdot g^{-1} \cdot cm^{-1}$，要求浓度单位为 $g \cdot L^{-1}$，液层厚度的单位为 cm。

2. 摩尔吸光系数

摩尔吸光系数用 $\varepsilon$ 表示，其单位为 $L \cdot mol^{-1} \cdot cm^{-1}$，要求浓度 $c$ 单位为 $mol \cdot L^{-1}$，液层厚度的单位为 cm，它表示吸光质点的浓度为 1 $mol \cdot L^{-1}$，液层的厚度为 1 cm 时，溶液对某一波长光的吸收能力。$\varepsilon$ 与吸光物质的本性、入射光的波长、所用试剂以及测量时的温度有关。通常所说的摩尔吸光系数指物质吸收最强时的单色光入射溶液时的摩尔吸光系数，$\varepsilon$ 越大，表示吸光质点对某波长的光吸收能力愈强，光度测定的灵敏度越高。因此测定时为提高灵敏度，必须选择 $\varepsilon$ 值较大的有色化合物。一般认为，$\varepsilon$ 在 $5\times10^4 \sim 1\times10^5$ $L \cdot mol^{-1} \cdot cm^{-1}$ 属于高灵敏度。

需要说明的是，在实际分析工作中，不是直接取浓度为 1 $mol \cdot L^{-1}$ 的有色溶液来测定 $\varepsilon$ 值，而是在适当的低浓度时测定该有色溶液的吸光度，通过计算求得 $\varepsilon$ 值。应用朗伯—比尔定律时，应注意：

(1) 朗伯—比尔定律不仅适用于可见光，也适用于红外光和紫外光；不仅适用于均匀非散射的液体(不浑浊，也不呈胶体)，也适用于固体和气体。

(2) 入射光波长应为 $\lambda_{max}$，且单色性较好。

(3) 吸光度具有加和性，即溶液的吸光度等于各吸光物质的吸光度之和。

**例 9-1** 有一质量浓度为 15.0 $ug \cdot mL^{-1}$ 的有机化合物，于 2 cm 比色皿中，在某一波长下测得透射比为 35%，求在该波长下的 $\varepsilon$ 值。已知 $M=280\ g \cdot mol^{-1}$

**解**：$A=-\lg T=-\lg 35\%=0.456$

$$c=\frac{15.0\times10^3}{280\times10^6}=5.36\times10^{-5}\ mol \cdot L^{-1}$$

$$\varepsilon=\frac{A}{bc}=\frac{0.456}{2\times5.36\times10^{-5}}=4.25\times10^3\ L \cdot mol^{-1} \cdot cm^{-1}$$

所以该波长下的 $\varepsilon$ 值为 $4.25\times10^3\ L \cdot mol^{-1} \cdot cm^{-1}$。

# 第二节 显色反应和测量条件的选择

## 一、显色反应

测定某种物质时，如果待测物质本身有较深的颜色，就可以进行直接测定，但大多数待测物质是无色或很浅的颜色，故需要选择适当的试剂与待测组分反应生成有色化合物再进行测定。将待测组分转变成有色化合物的反应叫显色反应(color reaction)。与待测组分形成有色化合物的试剂称为显色剂(color reagent)。

1. 显色反应的选择

按显色反应的类型来分，主要有氧化还原反应和配位反应两大类，而配位反应是最常用的。同一组分常可与多种显色剂发生多种显色反应，一般应用于吸光光度分析法的显色反应必须符合以下要求：

(1) 显色反应具有较高的灵敏度。通常 $\varepsilon$ 值为$10^4 \sim 10^5$ L·mol$^{-1}$·cm$^{-1}$时，可认为该反应的灵敏度较高。

(2) 显色反应选择性好，即在选定的反应条件下，显色剂仅与被测组分发生显色反应，不与共存的其他离子发生显色反应。这种显色剂实际上是不存在的，故常常根据试样中待测组分和共存元素的情况，选择干扰较少或者干扰易消除的显色剂来显色。

(3) 要求显色反应形成的有色螯合物组成恒定，化学性质稳定。有色螯合物组成恒定，被测物质与有色化合物才有定量关系，否则测定的重现性较差。

(4) 生成的有色螯合物与显色剂之间的颜色差别显著。显色剂和有色螯合物的颜色差别越大，试剂空白越大，测定的灵敏度越高。

2. 显色剂

(1) 无机显色剂。无机显色剂目前应用不多，因为其与金属离子形成的配合物不够稳定，灵敏度和选择性也不高，故只有少量使用。例如，硫氰酸盐测定 $Fe^{3+}$、$Nb^{5+}$，过氧化氢测定 $Ti^{4+}$；钼酸铵测定磷。

(2) 有机显色剂。在光度分析中有机显色剂的应用非常广泛。因为其与金属离子形成极其稳定的螯合物，选择性和灵敏度均较无机显色剂要高。有机显色剂及其产物的颜色与它的分子结构有密切关系。实践证明，分子中含有某些不饱和键的基团(如偶氮基、醌基、亚硝基等)的有机化合物，往往都有颜色，这些基团称为生色团。另外一些含孤对电子的基团，称为助色团(如—$NH_2$、—$NR_2$、—OH、—OR、—Cl 等)，这些基团与生色团上的不饱和键相互作用，使有机试剂与金属离子的反应产物的颜色加深，这种现象称为“红移”。

有机显色剂种类繁多，结构各异。例如，1,10-邻二氮菲(邻菲罗啉)属于 NN 型螯合显色剂，是测定微量 $Fe^{2+}$ 的较好的显色剂。一般显色前用盐酸羟胺将 $Fe^{3+}$ 还原为 $Fe^{2+}$，在 pH＝5～6 的条件下，它与 $Fe^{2+}$ 生成稳定的橙红色的配合物。此反应较灵敏，产物的 $\varepsilon = 1.1 \times 10^4$ L·mol$^{-1}$·cm$^{-1}$，$\lambda_{max} = 510$ nm。

## 二、影响显色反应的因素

实际工作中，为了提高准确度，在选定显色剂后必须了解影响显色反应的因素，以便控制最佳分析条件，使显色反应定量、完全、迅速。

1. 显色剂的用量

在显色反应中存在平衡：

$$M + R \rightleftharpoons MR$$

式中 M 为被测离子，R 为显色剂，MR 为有色配合物。根据化学平衡移动原理，显色剂用量越多，越有利于 M 转化为 MR，但显色剂过量有时会引起副反应，对测定不利。通常需通过实验来确定合适的显色剂用量。方法是固定待测组分的浓度及其他显色条件，加入不同量的显色剂，分别测定吸光度，绘制 $A—c(\mathrm{R})$ 关系曲线。所得曲线通常有如图 9-4 所示的三种情况。

如果显色剂用量在某一范围内，测得的吸光度不变（曲线 a 上的平台部分），即可在此范围内确定显色剂的加入量；否则就必须严格控制显色剂的用量（曲线 b、c 无平台出现）。

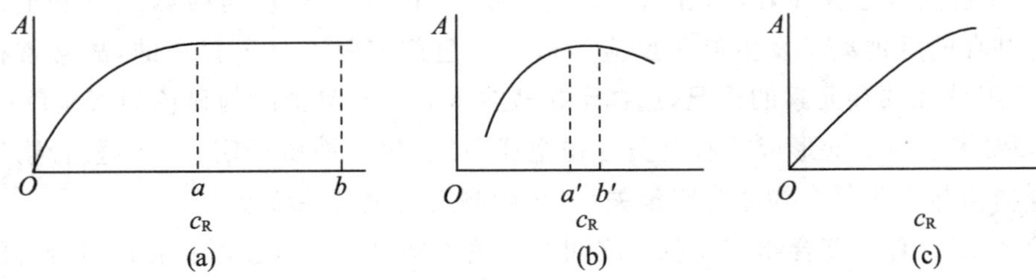


图 9-4 吸光度与显色剂浓度的关系曲线

2. 溶液的酸度

酸度对显色反应的影响主要有以下几方面：

(1) 酸度对显色剂颜色的影响。显色反应所用的显色剂有不少是有机弱酸，本身具有酸碱指示剂的性质，在不同的酸度下有不同的颜色，可能对测定结果有一定影响。

(2) 酸度对配合物组成的影响。在不同酸度下，某些被测组分与显色剂能形成不同组成的配合物。例如，磺基水杨酸与 $Fe^{3+}$ 显色反应中，在 pH 为 2～3、4～7、8～10 时分别生成配位比为 1∶1（紫红色）、1∶2（棕褐色）和 1∶3（黄色）的配合物。因此，在测定时，应使用缓冲溶液严格控制溶液的酸度。

(3) 酸度对被测离子存在状态的影响。多数金属离子在溶液酸度较低时会发生水解，形成各种多核羟基配合物、碱式盐，甚至析出氢氧化物沉淀。显然，这些水解反应的发生不利于吸光光度法的测定。

3. 显色温度

多数显色反应在室温下即可进行，但有些反应在室温下进行得很慢，须加热至一定温度（如用磷钼蓝法测定磷时，显色温度为 55～60 ℃）才能使反应速率满足分析的要求；有些反应则需要在低温下进行，因为温度升高，生成物易褪色。因此，显色反应适宜的温度需要通过实验来确定。

4. 显色时间

显色反应由于反应速度不同，完成反应需要的时间也不同。有些反应能瞬间完成，且产物颜色能在长时间内保持稳定；有些反应虽能快速完成，但产物会迅速分解。对于一般的分析，希望加入显色剂后数分钟就达到最大的吸光度，且在 1～2 h 内稳定不变。显色速度太慢，会影响分析速度；显色稳定时间太短，不便于操作。因此，显色时间也要通过实验确定。

5. 溶剂的影响

许多有色配合物在水中解离度较大，而在有机溶剂中的解离度较小。例如，

$Fe(SCN)^{2+}$在丙酮溶液中,因解离度变小而使颜色变深,从而提高了测定的灵敏度。有些配合物易溶于有机溶剂,用适当的有机溶剂将它萃取出来,再测定萃取液的吸光度,这种方法称萃取比色法。该法有以下优点:首先,它分离了杂质,提高了方法的选择性;其次,它把有色物质浓缩到有机溶剂的小体积内,降低了它的解离度,从而提高了测定的灵敏度;另外,该方法在操作上比较简单、方便,能快速得到分析结果。

## 三、分光光度法测量条件的选择

1. 光度测量的误差

(1) 读数误差

使用仪器测量时,读数误差总是客观存在的。当溶液的透光率读数误差为$\Delta T$时,相对读数误差是$\Delta T/T$。根据朗伯—比尔定律:$A=-\lg T=\varepsilon bc$

微分后得 $0.434\,3\dfrac{\Delta T}{T}=-\varepsilon b\Delta c$

变形 $\varepsilon b=-0.434\,3\dfrac{\Delta T}{T\Delta c}$

代入朗伯—比尔定律表达式:

$$\frac{\Delta c}{c}=\frac{0.434\,3\Delta T}{T\lg T}$$

要使测定结果的相对误差($\Delta c/c$)最小,对$T$求导数后,应有一最小值:

$$\frac{\mathrm{d}}{\mathrm{d}T}\left(\frac{\Delta c}{c}\right)=\frac{\mathrm{d}}{\mathrm{d}T}\left[\frac{0.434\,3\Delta T}{T\cdot\lg T}\right]=0$$

解得$\lg T=-0.434$或$T=36.8\%$

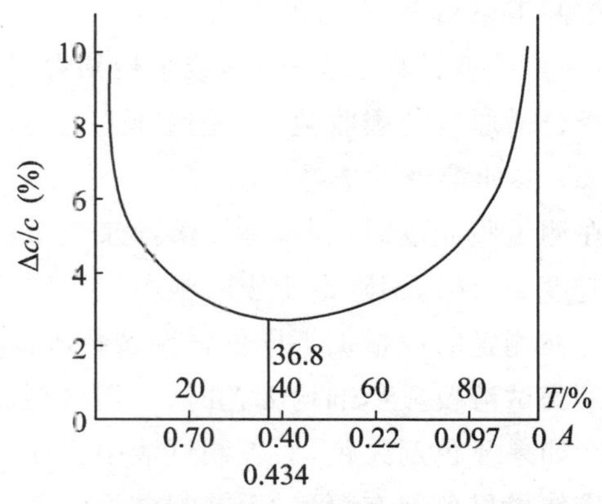


图 9-5 浓度测量的相对误差与透射比间的关系示意图

上述结果表明,当透光率为36.8%时,因读数测量所引起的相对误差最小,这时的吸光度$A=-\lg T=0.434$,如图9-5所示。曲线的最低点即为($\Delta c/c$)最小。

实际测定时,如果要求测量的相对误差小于4%,读数误差为1%,则被测溶液的透光率应在65%~15%之间,即吸光度在0.2~0.8之间。

(2) 偏离朗伯—比耳定律的误差

① 非单色光的影响 朗伯—比尔定律只有在入射光是单一波长的单色光时,才能真正成立。由于仪器的分辨能力所限,实际上无法获得真正的单色光,因而会产生误差。实验证明,如果入射光的波长范围较窄,并且在此波长范围内溶液的吸光度随波长的变化不大时,吸光度与溶液浓度之间仍有线性关系。否则吸光度随波长变化波动较大,就会偏离朗伯—比耳定律。

② 溶液的性质 溶液浓度过大,或对光产生反射、散射或引起光化学反应时,都会因偏离光吸收定律而引入误差。溶质在溶液中发生解离、缔合、互变异构时也会使溶液的吸光度与浓度间不再呈线性关系而产生误差。

(3) 仪器误差

① 仪器的稳定性 光源不稳定或电路工作状态不稳定均会产生误差。

② 仪器的精度　仪器的部件制造不精确也会引起误差，如单色器的分辨率不高，吸收池的厚度不同，检测器的灵敏度不高，转换信号时的线性不好等。

③ 杂散光的影响　由于仪器内部的灰尘和各部件的散射等因素使单色器产生的非测定用波长的光称为杂散光。杂散光进入检测器后会产生额外的信号，并且会使测定结果偏离光吸收定律。

2. 测量条件的选择

(1) 入射光波长的选择

根据吸收曲线，入射光的波长应以溶液的 $\lambda_{max}$ 为宜，此时 $\varepsilon$ 值最大，测定的灵敏度和准确度最高；但当有干扰组分存在时，应根据"吸收较大，干扰最小"的原则来选择入射光波长。

(2) 吸光度范围的控制

被测溶液的吸光度在 0.2～0.8 范围内，测量误差较小。为此可从以下三方面加以控制：一是改变试样的称样量，或采用稀释、浓缩、富集等方法来控制被测溶液的浓度；二是选择合适厚度的吸收池；三是选择适当的显色反应和参比溶液。

(3) 参比溶液的选择

在测量吸光度时，利用参比溶液来调节仪器的零点(调节仪器的透光率 $T=100\%$ 或者吸光度 $A=0$)，消除由于吸收池器壁及溶液中其他成分对入射光的反射和吸收带来的误差。在测定时应根据不同的情况选择不同的参比溶液。参比溶液的选择原则如下：

①当试液及显色剂均无色时，可用溶剂(如蒸馏水)作参比溶液。

②如果显色剂无色，而被测试液中存在其他有色离子，可用被测试液作参比溶液。

③如果显色剂有颜色，而被测试液无色，可用显色剂作参比溶液。

④如果显色剂和试液均有颜色，可将一份试液加入适当掩蔽剂，将被测组分掩蔽起来，使之不再与显色剂作用，而显色剂及其他试剂均按试液测定方法加入，以此作为参比溶液，这样可以消除显色剂和一些共存组分的干扰。

## 第三节　吸光光度法及其仪器

### 一、目视比色法

用眼睛比较溶液颜色的深浅以测定物质含量的方法，称为目视比色法。常用的目视比色法是标准系列法：使用一套由同种材料制成的，大小形状相同的平底玻璃管(称为比色管)，于管中分别加入一系列不同量的被测组分的标准溶液和待测液，在相同的实验条件下，加入等量的显色剂和其他试剂，稀释至一定刻度(比色管的规格有 10 mL、25 mL、50 mL、100 mL 等)，然后从管口垂直向下观察，比较待测液与标准溶液颜色的深浅。若待测液与某一标准溶液颜色深度一致，则说明两者浓度相等；若待测液颜色介于两标准溶液之间，则取其算术平均值作为待测液浓度。

目视比色法的主要缺点是准确度不高，如果待测液中存在第二种有色物质，甚至会无法进行测定。另外，由于许多有色溶液颜色不稳定，标准系列不能久存，经常需现配现用，因此，操作也比较麻烦。虽然可采用某些稳定的有色物质(如重铬酸钾、硫酸铜和硫酸钴等)配制永久性标准系列，或利用有色塑料、有色玻璃制成永久色阶，但由于它们的颜色与试液的颜色往往有差异，也需要进行校正。

尽管目视比色法存在上述缺点，但因其所需设备简单、操作简便，比色管内液层厚，使观察颜色的灵敏度较高，且不要求有色溶液严格符合朗伯—比尔定律，因而广泛应用于准确度要求不高的常规分析中。

## 二、分光光度法

1. 基本原理

分光光度法的基本原理是：由光源发出白光，采用分光装置，获得单色光，让单色光通过有色溶液，透过光的强度通过检测器进行测量，从而求出被测物质含量。

2. 仪器

分光光度法所用的仪器是分光光度计，它主要由光源、单色器、吸收池、检测系统和读数指示器等五大部件组成。

(1) 光源(light source)：理想的光源应有足够的发射强度，而且各波段光的发射强度分布均匀，稳定。实际中，常用钨灯做光源。可见光区的波长范围为 400～760 nm，钨灯发出的复合光波长覆盖整个可见光区。为了防止电源电压微小变化引起灯光强度变化，电源必须带有稳压装置。

(2) 单色器(monochromator)：将光源发出的连续光谱分解为单色光的装置称为单色器。单色器通常有分光棱镜、光栅等。

(3) 吸收池(absorption cell)：又称比色皿或比色杯，用来盛放待测溶液和参比溶液，通常是用光学玻璃(可见光区)或石英玻璃(紫外区)制成的。每台仪器通常配备有厚度分别为 0.5 cm、1.0 cm、2.0 cm、3.0 cm 等规格的吸收池以备选用。

(4) 检测系统(detector)：包括光电转换装置和检流计。光电转换装置通过光电池、光电管或光电倍增管把光信号转化为电信号，由检流计测量光电流，并将其转化为吸光度 $A$。

(5) 读数显示器(display)：用来把光电流或放大的信号以适当方式显示或记录下来。

3. 分析方法

(1) 标准比较法

只有几个样品溶液需要分析，而精密度要求又不是很高时，常采用标准比较法。具体步骤是：在相同条件下先配制与被测试液浓度 $c_x$ 相近的标准溶液 $c_s$，然后测其相应的吸光度为 $A_x$ 和 $A_s$，根据朗伯—比尔定律：

$$A_s=\varepsilon_s b_s c_s \quad A_x=\varepsilon_x b_x c_x$$

用相同波长的入射光和比色皿测量同一物质时，

$$\varepsilon_s=\varepsilon_x \quad b_s=b_x$$

则

$$\frac{A_s}{A_x}=\frac{c_s}{c_x} \qquad c_x=\frac{A_x}{A_s}c_s \tag{9-4}$$

$A_x$、$A_s$、$c_s$ 的数值代入式(9-4)即可求出试液的浓度 $c_x$。应该注意，利用式(9-4)计算时，只有当 $c_x$ 与 $c_s$ 相接近时，结果才可靠，否则将引入较大的误差。

(2) 标准曲线法

标准曲线法是分光光度法中最经典的定量方法，此法尤其适用于单色光纯度不高的仪器。具体方法是：先配制一系列浓度不同的标准溶液，用选定的显色剂进行显色，在一定波长下分别测定它们的吸光度 $A$。以 $A$ 为纵坐标，浓度为 $c$ 为横坐标，绘制 $A$-$c$ 曲线。若有色溶液符合朗伯－比尔定律，则可得到一条通过原点的直线，称为标准曲线，如图 9-6 所示。然后用完全相同的方法和步骤测定被测溶液的吸光度 $A_x$，便可从标准曲线上找出对应的被测溶液浓度 $c_x$，这就是标准曲线法。标准曲线法适用于经常性的、大批试样的分析工作。

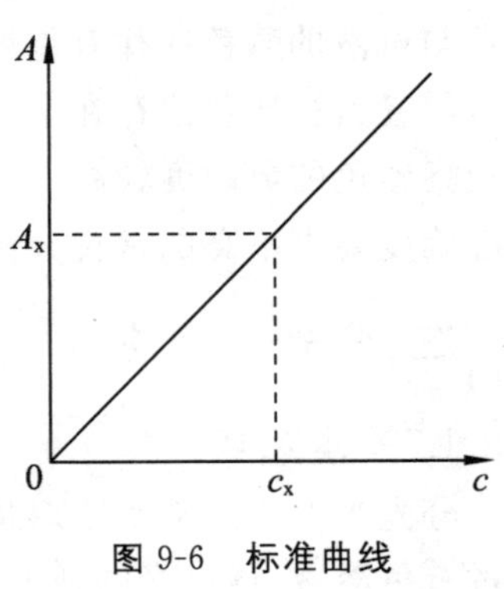

图 9-6 标准曲线

# 第四节 分光光度法的应用

## 一、单一组分的定量分析

1. 谷物蛋白含量的测定

谷物的粉碎样品与碱性 $CuSO_4$ 溶液作用，恒温振荡后，分出上层清液进行测定。在碱性条件下，蛋白质中的肽键能与 $Cu^{2+}$ 离子发生双缩脲反应，生成可溶性的紫红色化合物，在 550 nm 处，以纯蛋白标准样品做标准进行吸光度测定，即可求出谷物蛋白质的含量。

2. 植物样品中可溶性糖含量的测定

植物样品中含有三类糖：单糖、二糖和多糖，其中单糖和二糖易溶于水。各类糖的测定方法不尽相同，可溶性糖类多采用蒽酮法进行比色测定：用 80％的乙醇提取样品中的可溶性糖类，然后在浓硫酸的作用下脱水，生成糠醛类物质，糠醛与蒽酮显色剂作用生成蓝绿色物质，可在 620 nm 处进行测定。

3. 酶活性的测定

酶是高效的生物催化剂，在生物体内含量低、效率高，直接测定其活性较为困难，可通过测定其作用产物的量，间接确定其活性的强弱。例如，淀粉酶能将淀粉水解成麦芽糖，生成的麦芽糖可以用 3,5-二硝基水杨酸显色进行测定(该有色物质的最大吸收波长为 520 nm)。测得麦芽糖的含量越高，则淀粉酶的活性越强。同理，许多生物活性物质，如激素，也可以用相似的方法进行测定。这类方法的共同特点是通过测定大量组分的浓度，间接确定微量组分的含量，灵敏度较高，相对误差较小。

## 二、双组分混合物的同时分析

对于双组分的试液，如果各种吸光物质之间没有相互作用，且服从朗伯－比尔定律，

这时体系的总吸光度等于各组分吸光度之和，即吸光度具有加和性，由此可得

$$A=A_1+A_2$$

通常，根据吸收峰相互重叠的情况，可按下列两种情况进行定量分析。

（1）吸收峰互不重叠。如图 9-7(a)所示，X、Y 两组分的吸收峰互不重叠，则可分别在 $\lambda_{max}^{X}$，$\lambda_{max}^{Y}$ 处用单组分含量测定法测定组分 X 和 Y。

（2）吸收峰重叠。如图 9-7(b)所示，X、Y 两组分的吸收峰相互重叠，即 X 在 $\lambda_{max}^{Y}$ 处、Y 在 $\lambda_{max}^{X}$ 处也有吸收。这时，可分别在 $\lambda_{max}^{X}$ 和 $\lambda_{max}^{Y}$ 处测出 X、Y 两组分的总吸光度 $A_1$ 和 $A_2$，然后根据吸光度的加和性列联立方程：

在 $\lambda_{max}^{X}$ 处　　$A_1=\varepsilon_1^{X}bc_X+\varepsilon_1^{Y}bc_Y$

在 $\lambda_{max}^{Y}$ 处　　$A_2=\varepsilon_2^{X}bc_X+\varepsilon_2^{Y}bc_Y$

联立两式得：

$$\begin{cases}A_1=\varepsilon_1^{X}bc_X+\varepsilon_1^{Y}bc_Y\\A_2=\varepsilon_2^{X}bc_X+\varepsilon_2^{Y}bc_Y\end{cases}$$

式中：摩尔吸光系数可以分别用 X 和 Y 的标准溶液在 $\lambda_{max}^{X}$ 和 $\lambda_{max}^{Y}$ 波长下测定吸光度，并按下式求得

$$\varepsilon=\frac{A}{bc}$$

代入联立方程组，即可求出 $c_X$ 和 $c_Y$。

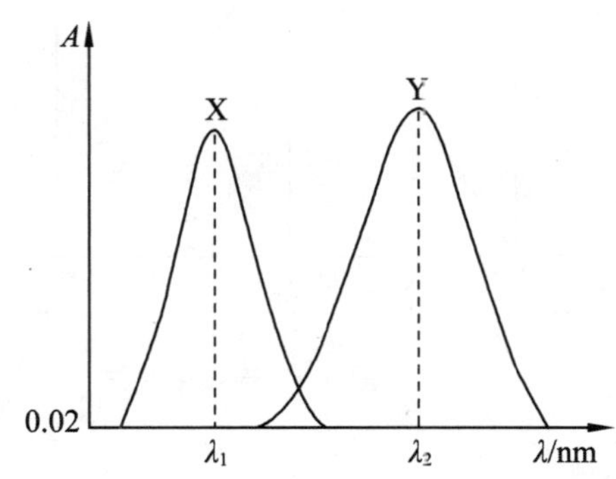


图 9-7(a)　X 和 Y 组分的吸收光谱互不重叠

图 9-7(b)　X 和 Y 组分的吸收光谱相互重叠

对含有多个组分的体系也可以用此法进行测定。所选的测定波长与组分数相同，也与联立方程组中的方程数相同。在测定了各波长下各标准溶液的吸光度和混合溶液的吸光度后，即可用联立方程组计算，求得各组分的含量。

## 三、配合物组成的测定

配合物形成后，常常比金属离子和配位体的吸光能力强，可以通过测定配合物的吸光度变化来确定配合物的组成，即确定中心离子与配体的配位比。

### 1. 物质的量比法

首先固定金属离子浓度 $c_M$，选择不同的配位体浓度 $c_R$ 混合后得到一系列 $c_R/c_M$ 比

值不同的溶液，以试剂为参比，在一定波长下测定，得到与 $c_R/c_M$ 相对应的一系列吸光度值。然后以吸光度值为纵坐标，以相应的 $c_R/c_M$ 为横坐标作图，得到一条曲线。在未达到最大配比时，$c_R$ 增大时，生成的配合物不断增多，溶液的吸光度也在不断地增大。当中心离子全部形成配合物时，再增大 $c_R$ 时，配合物的浓度变化，溶液的吸光度也不再变化，曲线成为与横轴平行的直线。由曲线转为直线的转折点应该是金属离子恰好与配体全部生成配合物时的配位比 $c_R/c_M$ 即为该配合物的配位比。在实际测量时，由于配合物的解离，曲线的拐点不够明显(图 9-8)，这时可以用外推法使上升曲线与直线相交于一点 $D$，从交点 $D$ 作横轴的垂线与横轴相交，交点的 $c_R/c_M$ 即为配合物的配位比。

2. 连续变化法

首先给定金属离子浓度和配位体浓度之和并保持不变，然后调配出一系列的不同 $c_R/c_M$ 比值的溶液。在配合物的最大吸收波长处测定这一系列溶液的吸光度。当 $c_R/c_M$ 恰好与配位比相等时，配合物的浓度最大，溶液的吸光度也最大。以溶液的吸光度为纵坐标，以金属离子浓度与总浓度($c_M$ 与 $c_R$ 之和)之比 $c_M/c$ 为横坐标做出图形，得到一条曲线。如图 9-9 所示。将曲线两侧的直线部分向上延长，相交于一点 $B$，根据 $B$ 点所对应的横坐标 $c_M/c$ 即可求出配合物的配位比，如 $c_M/c=0.5$，则 $c_R/c=0.5$，配位比 $=c_M/c_R=1$。

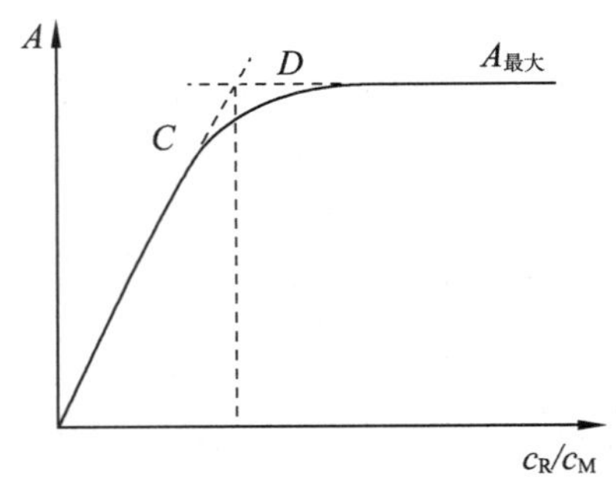

图 9-8 物质的量比法

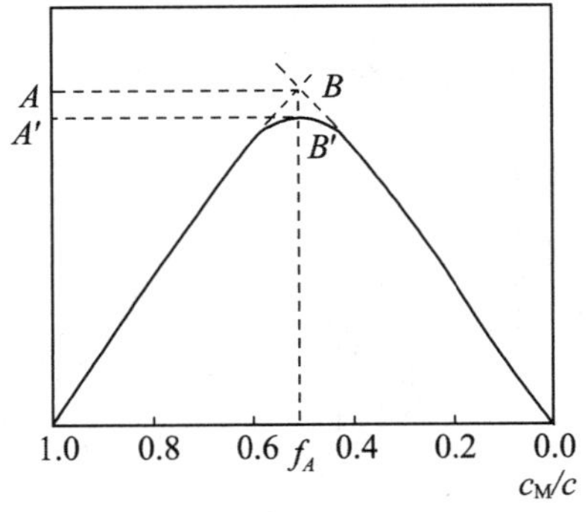

图 9-9 连续变化法

**化学与高科技**

## 现代仪器分析技术在食品分析中的应用

经典分析化学以化学分析为主的局面已经因物理学、电子学的发展而被改变。特别是 20 世纪 70 年代以来，以计算机应用为主要标志的信息时代的到来，新技术、新方法不断涌现，各类仪器分析方法在生命科学研究领域得到广泛应用，发展迅速。下面简单介绍两种常用的仪器分析技术在食品分析中的应用。

1. 食品品质鉴别

具有典型地域特征的农业土特产品，都是按照传统工艺在特定地域内生产的，通常都具有源于其产地的品质，并受当地气候、土壤等这些特殊地理因素的影响。将先进的仪器分析技术用于原产地鉴别，不但可以表明产品原材料的来源，而且还可表明产品一定的质量特征和质量信誉。

红外光谱(infrared spectrum, IR)技术是20世纪70年代以来发展起来的一项分子技术，它以分子中所含基团的特征振动形式来判断和鉴定化合物，因此被广泛用作定性分析。由于红外光谱具有鲜明的特征性，其谱带的数目、位置、形状和强度都随化合物不同而各不相同。通过谱带解析，可以获得极其丰富的有关物质结构和组成的信息，因此它是有机化合物结构解析的重要手段之一，常被用于鉴定有机化合物的官能团。红外光谱技术除了具有分析速率快、效率高、测量方便、测试重现性好、可实现在线分析等一般特点之外，它的突出特点在于样品不需要经过复杂的前处理，对一些特异试样还可以不破坏原样品，并可对微量样品进行测试。每种化合物都有红外吸收，因此任何气态、液态、固态样品均可进行红外光谱测定，这是其他仪器分析方法难以做到的。

除了红外光谱技术之外，核磁共振(nuclear magnetic resonance, NMR)技术、电感耦合等离子体质谱技术和同位素质谱技术在食品鉴别中也应用较多。

2. 食品农药残留分析

食品中农药残留分析已成为食品安全研究领域中的一个重要内容。食品中的农药残留量一般在$10^{-6}$～$10^{-9}$ $g \cdot L^{-1}$或者更低的水平，这就要求发展高灵敏度和检测性的方法。

气相色谱(GC)、高效液相色谱(HPLC)、免疫分析术(IA)、超临界流体色谱(SFC)、毛细管电泳(CE)和酶抑制技术等技术广泛应用于食品中农药残留分析，以酶抑制技术为例简单介绍。

酶抑制技术(enzyme inhibition)是在一定条件下，有机磷和氨基甲酸酯类农药对乙酰胆碱酯酶的活性有抑制作用，在底物的作用下，酶分解成可发生显色反应的硫代胆碱。与显色剂反应后，用分光光度计测定吸光度随时间的变化值，计算出酶抑制率。通过酶抑制率判定蔬菜、果品及农产品中农药残留的存在情况。利用纸片或电极作为载体将酶吸收，并制成速测箱，是这一种快速、灵敏、经济的现场检测手段。近年来，酶抑制技术进入开发速测与应用的新阶段。我国自行研制的农药速测仪正向着体积小、质量轻、便携式、灵敏度高、重现性好、经济、简便、自动化程度高的方向发展。

1. 什么是吸收曲线？什么是标准曲线？如何根据吸收曲线选择合适的定量测定波长？

2. 朗伯－比尔定律的物理意义是什么，适用条件是什么？造成有色溶液的工作曲线偏离朗伯－比尔定律的原因有哪些？

3. 吸光度与透射比有什么关系？

4. 摩尔吸光系数 $\varepsilon$ 的物理意义是什么？它与哪些因素有关？

5. 分光光度计由哪些部件组成？各有什么作用？

6. 分光光度法测定中，参比溶液的作用是什么？选择参比溶液的原则是什么？

7. 分光光度法测定时，为什么常要使用显色剂？如何选择合适的显色剂？为什么可以通过测定显色后的产物的吸光度来确定被测物质的浓度？

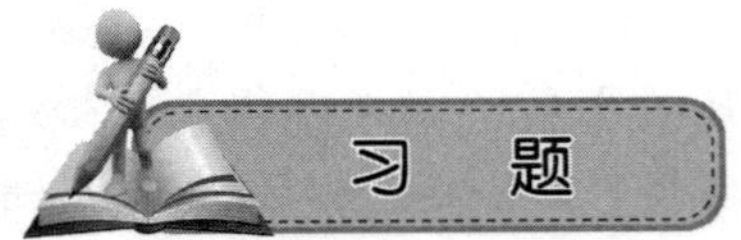


**一、选择题**

1. $KMnO_4$ 溶液呈紫红色是由于它吸收了白光中的(　　)。

A. 紫光　　B. 蓝光　　C. 绿光　　D. 黄光

2. 分光光度法中不影响摩尔吸光系数的因素是(　　)。

A. 溶液的温度　　B. 溶液的浓度　　C. 入射光的波长　　D. 物质的特性

3. 显色反应是(　　)。

A. 将无色混合物转变为有色混合物　　B. 将无机物转变为有机物

C. 将待测离子或分子转变为有色化合物　　D. 向无色物质中加入有色物质

4. 在一定波长下,用分光光度计测定某有色试液,用 2.0 cm 吸收池测定时,透光率为 60.0%,若用 1.0 cm 吸收池测定,则吸光度是(　　)。

A. 0.220　　B. 0.110　　C. 0.460　　D. 0.770

5. 用光度法测定某无色溶液。若试剂与显色剂均无色,参比溶液为(　　)。

A. 蒸馏水　　B. 被测试液

C. 除试液外的试剂加显色剂　　D. 除试液外的试剂

6. 已知 $KMnO_4$ 溶液的最大吸收波长是 525 nm,在此波长下测得某 $KMnO_4$ 溶液的吸光度为 0.710。如果不改变其他条件,将入射光波长改为 550 nm,则其吸光度将会(　　)。

A. 增大　　B. 减小　　C. 不变　　D. 不能确定

7. 某有色物质的摩尔吸光系数 $\varepsilon$ 较大,它表示(　　)。

A. 该物质的浓度较大　　B. 光透过该物质的波长较长

C. 该物质对某波长光的吸收能力强　　D. 显色反应中该物质的反应快

8. 有甲、乙两种不同浓度的同一有色物质的溶液,在同一波长下测定其吸光度,当甲用 2.0 cm 比色皿,乙用 1.0 cm 比色皿时,测得吸光度值相同,则其浓度的关系是(　　)。

A. 甲的等于乙的　　B. 甲是乙的两倍　　C. 乙是甲的两倍　　D. 不能确定

9. 人眼能感觉到的光称为可见光,其波长范围是(　　)。

A. 400～760 nm　　B. 200～320 nm　　C. 200～780 nm　　D. 200～1 000 nm

10. 符合朗伯－比尔定律的有色溶液,当其浓度增大时,最大吸收波长和吸光度分别发生的变化是(　　)。

A. 不变,增大　　B. 不变,减小　　C. 增大,不变　　D. 减小,不变

11. 某有色物质溶液的吸光度值较小时,则表明(　　)。

A. 该物质的浓度较小　　B. 该物质摩尔吸收系数较小

C. 所用比色皿较薄　　D. 上述三者都可能

**二、判断题**

1. 朗伯－比尔定律只适用于可见光。

2. 有两种均符合朗伯－比尔定律的不同有色溶液,测定时若 $b$、$I_0$ 及溶液浓度均相等,则吸光度相等。

3. 百分透光率与吸光度成正比。

4. 在制作标准曲线时,若溶液浓度较大,可能会出现标准曲线上部向下弯曲的情况。

5. 根据化学平衡原理，显色剂用量越大，对显色反应越有利，即反应速率越快，生成的有色配合物越稳定。

**三、填空题**

1. 从仪器误差来考虑，为了测定结果有较高的准确度，在分光光度法中调整待测溶液和标准溶液的浓度，使吸光度的范围为________到________。

2. 现有甲乙两个浓度不同的同一有色物质的溶液，用同一厚度的比色皿，在同一波长下测得吸光度分别为 $A_甲=0.20$，$A_乙=0.30$，若甲的浓度为 $4.0\times10^{-4}$ mol·L$^{-1}$，则乙的浓度为________________。

3. 一定条件下，被测物质的吸光度越大，则溶液的浓度越________，透光率越________，溶液的颜色越________。

4. 物质对光的吸收具有________，取决于物质的________。

5. 吸光光度法测量某试样，入射光波长的选择应满足________________________。

**四、问答题**

1. 在水质监测和管理过程中，比浊法常用于测量饮用水、工业用水、废水的透明度；也用于测量空气及其他各种气体中悬浮固体的含量，是空气和水污染研究的一种工具。目视比浊法和目视比色法有什么区别？

2. 为减小测量误差，对吸光度过高的溶液进行吸光度测量时可采取哪些措施？

**五、计算题**

1. 某试液用 2.0 cm 吸收池测量，$T=60\%$，若改用 1.0 cm 或 3.0 cm 吸收池，$T$、$A$ 各等于多少？

【$A_1=0.111$，$T_1=77.4\%$；$A_3=0.333$，$T_3=46.4\%$】

2. 有一溶液，每升含 47.0 mg 铁，吸取此溶液 5.00 mL 于 100 mL 容量瓶中显色定容，用 1.0 cm 吸收池于 510 nm 处测得吸光度为 0.467，计算吸光系数和摩尔吸光系数。

【$a=2.0\times10^2$ L·g$^{-1}$·cm$^{-1}$；$\varepsilon=1.1\times10^4$ L·mol$^{-1}$·cm$^{-1}$】

3. 用分光光度法测定土壤中含磷量时，进行下列实验：称取 1.00 g 土样，经硝化处理后定容为 100 mL，然后吸取 10.0 mL 于 50 mL 容量瓶中显色定容，用 1.0 cm 吸收池，测得吸光度为 0.250；又吸取 4.00 mL 浓度为 10.00 ug·ml$^{-1}$ 的磷标准溶液于 50 mL 容量瓶中显色定容，在同样条件下，测得吸光度为 0.150。求该土壤中磷的质量分数。【$w$(P)=0.066 7%】

4. 某含铁约 0.2% 的试样，用邻二氮菲亚铁光度法（$\varepsilon=1.1\times10^4$ L·mol$^{-1}$·cm$^{-1}$）测定，试样溶解后稀释至 100 mL，用 1.0 cm 吸收池在 510 nm 波长下测定吸光度。问：(1) 为使吸光度测量引起的浓度相对误差最小，应当称取试样多少克？(2) 如果所使用的光度计吸光度最适宜读数范围为 0.20～0.65，待测溶液含铁的浓度范围是多少？

【$m_s=0.110$ g；$1.82\times10^{-5}$～$5.91\times10^{-5}$ mol·L$^{-1}$】

# 第十章

# 电势分析法

**本章教学要求**

1. 了解电势分析法的基本原理。
2. 理解指示电极和参比电极的含义。
3. 了解离子选择性电极的测定方法。

## 第一节　电势分析法的基本原理

电势分析法(potentiometric method)是利用电极电势与溶液中某种离子的活度(或浓度)之间的关系来确定被测物质活度(或浓度)的一种电化学分析法,可分为直接电势法(direct potentiometry)和电势滴定法(potentiometric titration)。前者是通过测量原电池的电动势进行定量分析的分析方法;后者是根据滴定过程中,指示电极的电势变化来确定滴定终点的容量分析方法。

### 一、电势分析法的依据

电势分析法的依据是能斯特(Nernst)方程式。例如,某种金属 M 与其离子 $M^{n+}$ 构成电极的电势为:

$$\varphi(M^{n+}/M)=\varphi^{\ominus}(M^{n+}/M)+\frac{RT}{nF}\ln[M^{n+}] \tag{10-1}$$

式中:$[M^{n+}]$是 $M^{n+}$ 的平衡浓度(当离子浓度较大时,应将浓度换算为活度)。由式(10-1)可知,只要测得此电极的电势,就可以通过上式,求出溶液中金属离子的活度(或浓度)。但是,到目前为止,人们还无法测出单个电极的绝对电势值,这就需要先确定一个相对的标准,这个相对标准称为参比电极(reference electrode)。在实际工作中,将待测电极(又称指示电极 indicator electrode)和参比电极共同浸入试液中组成原电池,通过测定原电池的电动势,就可以求出有关离子的浓度。因此,电势分析法通常需要两个电极:一个是指示电极,其电极电势与待测离子的浓度有关,能指示待测离子浓度的变化;另一个是参比电极,其电极电势具有恒定的数值,不受待测离子浓度变化的影响。

## 二、指示电极和参比电极

### 1. 指示电极

电势分析法对指示电极的要求是：① 电极电势与待测离子浓度之间的关系符合能斯特方程；② 对离子浓度的变化响应快，且重现性好；③ 使用方便，寿命长。常用的指示电极有以下几种：

(1) 金属基电极

此类电极是基于电子转移反应的电极，可分为以下三类：

① 第一类电极　由金属与该金属离子溶液构成的电极。

例如，将金属银浸在银离子的溶液中，就构成了银电极。电极反应式：

$$Ag^{+} + e^{-} \rightleftharpoons Ag$$

能斯特方程表达式(25 ℃)

$$\varphi(Ag^{+}/Ag) = \varphi^{\ominus}(Ag^{+}/Ag) + 0.059\ 2\lg[Ag^{+}]$$

组成这类电极的金属还有铜、锌、汞、铅等。有些金属，如铁、钴、镍、铬和钨等由于表面氧化膜的影响，电极电势重现性差，不能用作指示电极。

② 第二类电极(金属及其难溶盐电极)　由金属、难溶盐浸入其难溶盐的阴离子溶液中，即构成第二类电极。

例如，Ag－AgCl 电极，电极反应式：

$$AgCl + e^{-} \rightleftharpoons Ag + Cl^{-}$$

能斯特方程表达式(25 ℃时)

$$\varphi(AgCl/Ag) = \varphi^{\ominus}(AgCl/Ag) - 0.059\ 2\lg[Cl^{-}]$$

这类电极，常在固定阴离子浓度(活度)条件下用作参比电极。

③ 零类电极　由金、铂、石墨等惰性电极浸入含有氧化还原电对的溶液中所构成，也称氧化还原电极。

例如，将铂金丝浸入含有 $Fe^{3+}$ 和 $Fe^{2+}$ 的酸性溶液中所构成的电极，其电极反应式：

$$Fe^{3+} + e^{-} \rightleftharpoons Fe^{2+}$$

能斯特方程表达式(25 ℃时)

$$\varphi(Fe^{3+}/Fe^{2+}) = \varphi^{\ominus}(Fe^{3+}/Fe^{2+}) + 0.059\ 2\lg\frac{[Fe^{3+}]}{[Fe^{2+}]}$$

惰性电极本身并不参与电极反应，只是作为氧化还原反应交换电子的场所。

(2) 离子选择性电极

离子选择性电极(ion selective electrode，SIE)也称为薄膜电极，是电势分析中应用最广泛的指示电极。它是由特定的固态或液态敏感膜构成的电极，能对溶液中的某种离子产生选择性响应，其电势与特定离子浓度(或活度)的对数呈线性关系。但是其电极电势的产生并不是基于电极反应过程中电子的得失，而是由于离子交换与扩散的结果。用一种膜间隔开不同浓度的同一种电解质溶液或不同组成的电解质溶液时，由于膜两边交换的离子数目不同，导致膜两边产生电势差。这一电势差与相应离子活度的关系符合

Nernst 方程，用 $\varphi_m$ 表示，称为膜电势(membrance potential)。公式如下：

$$\varphi_m = K' \pm \frac{2.303RT}{nF}\lg a_M$$

若 $T=298$ K，则 $\varphi_m = K' \pm \frac{0.059\ 2}{n}\lg a_M$ (10-2)

式中：对阳离子取"+"，对阴离子取"−"，$K'$ 为常数，$n$ 为待测离子的电荷数，$a_M$ 为待测离子的活度。

pH 玻璃电极是人们最早使用的离子选择性电极。pH 玻璃电极可用于各种溶液的 $H^+$ 浓度的测量，是一种以玻璃膜为传感器，对 $H^+$ 具有高度选择性响应的薄膜电极，其结构如图 10-1 所示。电极的主要部分是一个玻璃球泡，此球泡是由特殊成分的玻璃薄膜制成的，膜厚度为 30～100 μm，泡内装有 pH 一定的缓冲溶液(内参比溶液)，其中插有一根银丝(镀有氯化银)作内参比电极。玻璃电极中内参比电极的电势是恒定的，与被测溶液的 pH 无关。内参比电极和内参比溶液只是作测量仪器和玻璃膜间的传导体，而起主要作用的是能进行离子交换的玻璃膜。

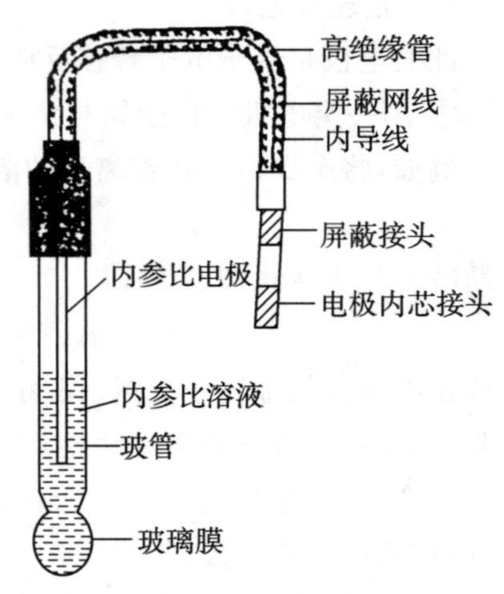

图 10-1 pH 玻璃电极示意图

为什么 pH 玻璃电极对被测溶液中的 $H^+$ 浓度变化会有响应呢？

因为这种玻璃膜的结构是由固定的带负电荷的硅酸晶格组成的骨架(以 $GL^-$ 表示)，在晶格中存在体积较小，但活动能力较强的 $Na^+$，它的活动起导电作用。当玻璃电极长时间浸泡在水溶液中时，膜的表面便形成一层厚度为$10^{-4}$～$10^{-5}$ mm 水化层。由于玻璃的硅酸结构与 $H^+$ 结合的键的强度远远大于 $Na^+$ 的强度，因此发生下面的离子交换反应：$H^+ + Na^+GL^- \xlongequal{} Na^+ + H^+GL^-$。当玻璃膜与试液接触时，由于外部试液与玻璃膜的外水化层，以及内参比溶液与玻璃膜的内水化层中 $H^+$ 的浓度不同，$H^+$ 就会从高浓度向低浓度扩散。扩散的结果，破坏了界面附近原来正负电荷分布的均匀性。于是，在两相界面附近就形成双电层结构，从而产生了相间电势($\varphi_{外}$ 和 $\varphi_{内}$)。玻璃电极的膜电势就等于二者之差，即 $\varphi_{膜} = \varphi_{外} - \varphi_{内}$。可见，膜电势的产生不是由于电子的转移，而是离子交换的结果。

2. 参比电极

电势分析法对参比电极的要求是：构造简单，电极电势重现性好，在测量电池电动势时，即使有微弱电流通过，电极电势仍能保持恒定。

通常把标准氢电极作为参比电极的一级标准，但因其使用不方便，所以常用甘汞电极、银一氯化银电极等作参比电极，它们的电极电势是相对于标准氢电极而测得的。

(1) 甘汞电极

甘汞电极是由金属汞、甘汞($Hg_2Cl_2$)和氯化钾溶液组成的，如图 10-2 所示，其电极符号为：

$$Hg(l) | Hg_2Cl_2(s) | KCl(aq)$$

电极反应为：

$$Hg_2Cl_2 + 2e^- \rightleftharpoons 2Hg + 2Cl^-$$

25 ℃时，能斯特方程表达式

$$\varphi(Hg_2Cl_2/Hg) = \varphi^{\ominus}(Hg_2Cl_2/Hg) - \frac{0.059\,2}{2}\lg[Cl^-]^2$$

$$= \varphi^{\ominus}(Hg_2Cl_2/Hg) - 0.059\,2\lg[Cl^-]$$

在一定温度下，甘汞电极的电势值只取决于 $Cl^-$ 的浓度。若 $Cl^-$ 的浓度一定，它的电极电势值一定。如果 KCl 溶液的浓度不同，甘汞电极的电势值也不同，见表 10-1。当温度超过 80 ℃时，甘汞电极的电势变得不够稳定，这时，可用银一氯化银电极做参比电极。

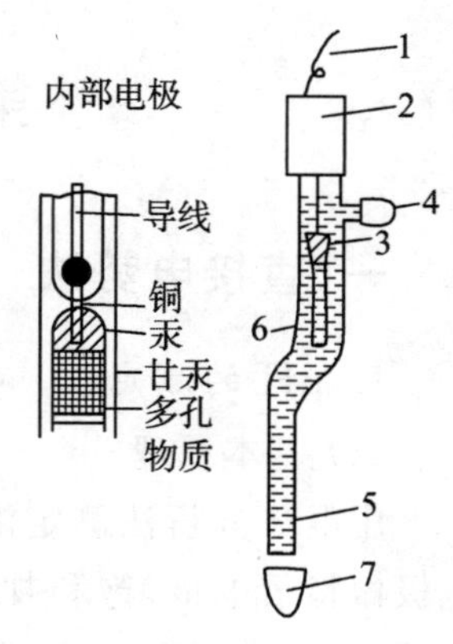


1. 电极　2. 绝缘线　3. 内部电极　4. 橡胶帽　5. 多孔物质　6. KCl 溶液　7. 橡胶帽

图 10-2　甘汞电极结构示意图

**表 10-1　甘汞电极的电极电势(25 ℃)**

| 电极名称 | KCl 溶液的浓度/($mol \cdot L^{-1}$) | 电极电势 $\varphi$/V |
|---|---|---|
| 0.1M 甘汞电极 | 0.1 | +0.336 5 |
| 1M 甘汞电极(NCE) | 1.0 | +0.282 8 |
| 饱和甘汞电极(SCE) | 饱和 | +0.243 8 |

(2) 银一氯化银电极(silver chloride electrode)

银一氯化银电极是由一根银丝镀上一薄层 AgCl 浸于一定浓度的 KCl 溶液中制成的。如图 10-3 所示。其电极符号为：

$$Ag(s) | AgCl(s) | KCl(aq)$$

电极反应为：$AgCl + e^- \rightleftharpoons Ag + Cl^-$

25 ℃时，能斯特方程表达式

$$\varphi(AgCl/Ag) = \varphi^{\ominus}(AgCl/Ag) - 0.059\,2\lg[Cl^-]$$

25 ℃时，对应不同浓度 KCl 溶液的银一氯化银电极的电极电势列于表 10-2 中。

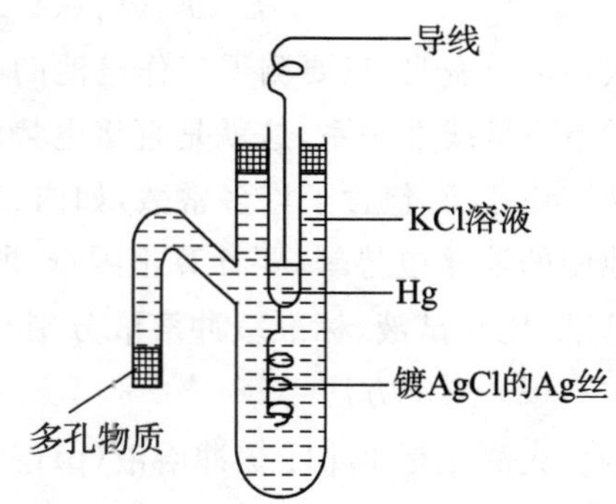


图 10-3　银一氯化银电极结构示意图

**表 10-2　银一氯化银电极的电极电势(25 ℃)**

| 电极名称 | KCl 溶液的浓度/($mol \cdot L^{-1}$) | 电极电势 $\varphi$/V |
|---|---|---|
| 0.1M 银一氯化银电极 | 0.1 | +0.288 0 |
| 1M 银一氯化银电极 | 1.0 | +0.222 3 |
| 饱和银一氯化银电极 | 饱和 | +0.200 0 |

应该指出，某一电极是做参比电极还是指示电极，不是固定不变的。在一种情况下可作为参比电极，在另一种情况下又可作为指示电极。例如，银一氯化银电极通常用作参比电极，但又可作为电势滴定法测定 $Cl^-$ 时的指示电极。

# 第二节　电势分析法的应用

## 一、直接电势法

1. pH 的测定

(1) 基本原理

用电势分析法测定溶液的 pH，是以 pH 玻璃电极做指示电极，饱和甘汞电极作参比电极，浸入试液中，组成工作电池，用酸度计来测量原电池的电动势，其装置如图 10-4 所示。工作电池可表示为：

(－)pH玻璃电极|试液‖饱和甘汞电极(＋)

该电池的电动势　$E=\varphi_{甘汞}-\varphi_{玻璃}$

将玻璃电极电势 $\varphi_{玻}=K_{玻}-0.0592\text{pH}$，代入上式，得　$E=\varphi_{甘汞}-K_{玻}+0.0592\text{pH}$

由于甘汞电极的电势在一定条件下是一个常数，可与 $K_{玻}$ 合并，得到

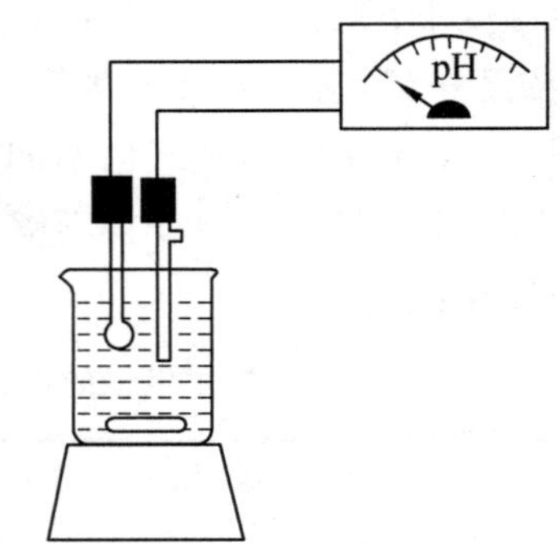


图 10-4　测定 pH 的工作电池示意图

$$E=K+0.0592\text{pH} \tag{10-3}$$

式(10-3)表明，只要测得工作电池的电动势，即可求出试液的 pH。电池的电动势与试液的 pH 呈线性关系，这就是直接电势法测定 pH 的依据。

由于 $K$ 包含了许多常数，如内、外参比电极的电势值、玻璃电极特性、不对称电势、电池中的液接电势等，要计算很困难，所以，在实际测量时常用已知 pH 的标准缓冲溶液作基准，比较试液、标准缓冲溶液分别与两支电极所组成电池的电动势，来确定试液的 pH。

(2) 测定方法

先测定标准 pH 缓冲溶液($\text{pH}_S$)的电池电动势：$E_S=K_S+0.0592\text{pH}_S$

然后在相同条件下测定试液($\text{pH}_X$)的电池电动势：$E_X=K_X+0.0592\text{pH}_X$

因为在相同条件下测定 $E_S$ 与 $E_X$，则 $K_S=K_X$，将上述两式相减，整理得：

$$\text{pH}_X=\text{pH}_S+\frac{E_X-E_S}{0.0592} \tag{10-4}$$

式(10-4)表明，通过比较 $E_X$ 和 $E_S$，即可得出试液的 pH。

为方便使用，酸度计是直接以 pH 作为标度的。在 25 ℃时，每单位 pH 标度相当于 59 mV 的电动势变化值。实际测量时，先用标准缓冲溶液校正仪器上的标度，使标度上所示的值恰好等于标准缓冲溶液的 pH；然后，再换上试液，便可直接测得试液的 pH。但由于玻璃电极的实际电极系数不一定恰好等于 59 mV，为了提高测定结果的准确度，测定时所选用的标准缓冲溶液的 pH，应当与试液的 pH 相近(差值最好不超过 3 个 pH 单位)，并根据试液的温度，用仪器上的温度补偿旋钮调整 pH 标度的电极系数。常用标准

缓冲溶液的 pH 列于表 10-3 中。

**表 10-3　常用标准缓冲溶液的 pH**

| 温度(℃) | 酒石酸氢钾(饱和) | 邻苯二甲酸氢钾 0.05 mol·$L^{-1}$ | $KH_2PO_4$-$Na_2HPO_4$ 各0.025 mol·$L^{-1}$ | 硼砂 0.01 mol·$L^{-1}$ |
|---|---|---|---|---|
| 0 | — | 4.003 | 6.984 | 9.464 |
| 14 | — | 3.998 | 6.923 | 9.332 |
| 20 | — | 4.002 | 6.881 | 9.225 |
| 25 | 3.557 | 4.008 | 6.865 | 9.180 |
| 30 | 3.552 | 4.015 | 6.853 | 9.139 |
| 35 | 3.549 | 4.024 | 6.844 | 9.142 |
| 40 | 3.547 | 4.035 | 6.838 | 9.068 |

实践证明，pH 玻璃电极的玻璃膜必须经过浸泡，才能对 $H^+$ 的变化有敏感的响应。因此，pH 玻璃电极在使用前应该在蒸馏水中浸泡 24 h 以上，使其活化。每次测量后，也应该把它置于蒸馏水中保存，使其不对称电势减小并达到稳定。

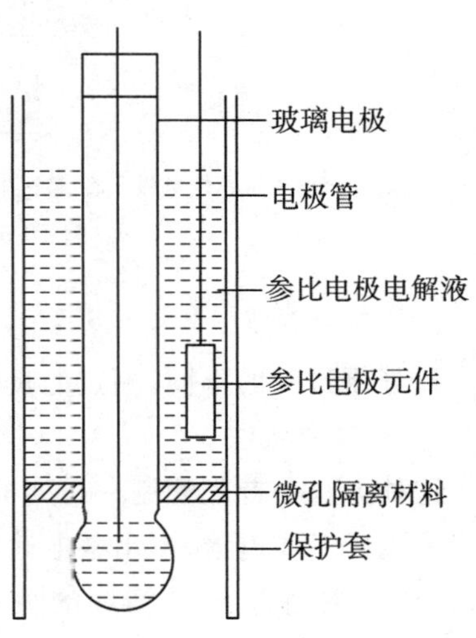

图 10-5　复合 pH 电极结构示意图

用常规的 pH 玻璃电极测定溶液的 pH，需要另选一支电极(常用饱和甘汞电极)，与之配合使用，实际操作起来不太方便，并且 pH 玻璃电极极易损坏。为此，人们又研制出了复合 pH 电极，它通常由两个同心玻璃套管构成，结构如图 10-5 所示。内管为常规的玻璃电极；外管实际上是一参比电极，参比电极主件是 Ag－AgCl 电极元件或甘汞电极元件；下端是微孔隔离材料层，既可防止电极内外溶液混合，又可为测量工作提供离子迁移通道，起到盐桥的作用。

由于复合 pH 电极是由 pH 玻璃电极和参比电极组合而成的单一电极体，所以，测定时只要把复合电极的引线接到酸度计上，并将电极插入试液中，即可测定 pH。使用复合 pH 电极省却了安装两支电极的麻烦，特别适用于小体积溶液 pH 的测定，因此，应用范围更广。目前，复合 pH 电极已基本上取代了常规的 pH 玻璃电极。

2. 离子活(浓)度的测定

(1) 基本原理

与用 pH 玻璃电极测定的原理类似，离子活(浓)度的测定是用离子选择性电极做指示电极，与参比电极一起插入到待测溶液中组成工作电池，并测量电池电动势，如图 10-6 所示。

若指示电极做正极，参比电极做负极，根据(10-2)及 $E=\varphi_{指示}-\varphi_{参比}$ 得

$$E=K\pm\frac{0.0592}{n}\lg a_M \tag{10-5}$$

式中：对阳离子取"+"，对阴离子取"−"，$K=K'-\varphi_{参比}$ 为常数，$n$ 为待测离子的电荷数，$a_M$ 为待测离子的活度。式(10-5)说明工作电池的电动势在一定条件下与待测离子活度的对数呈直线关系，通过测量电池电动势可以测定待测离子的活度，这是离子选择性电极测定离子活度的依据。

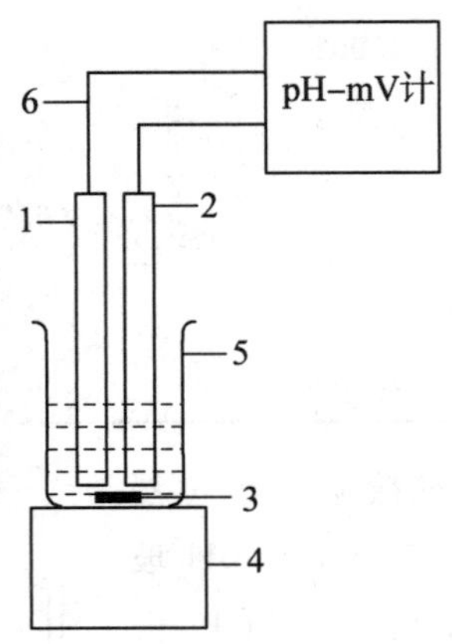


1. 离子选择性电极 2. 参比电极 3. 搅拌棒 4. 电磁搅拌器 5. 盛液容器 6. 导线

图 10-6 直接电势法测量装置示意图

(2) 测定方法

按分析过程的不同，测定的具体方法有多种，下面介绍常用的两种方法。

① 标准曲线法

这种方法是首先配制一系列标准溶液，用相应的离子选择性电极和甘汞电极分别与各溶液组成工作电池，测出各电池的电动势 $E$，然后在直角坐标纸上做 $E-\lg a_M$ 或 $E-$pM(pM 为被测离子 M 活度的负对数)曲线。再在相同条件下测出待测试样溶液的 $E$ 值，从标准曲线上即可查出待测离子的活度。图 10-7 是用氟离子选择电极测定氟离子时的工作曲线。使用标准曲线法的关键是控制离子的活度系数。因为离子选择性电极的膜电势反映的是离子的活度而不是浓度，但在一般的分析中要求测的是浓度。离子的浓度与活度之间有以下关系：$a=\gamma\cdot c$。

在稀溶液($c<10^{-3}\,mol\cdot L^{-1}$)中，活度系数 $\gamma\approx1$；当溶液浓度较大时，只有控制离子活度系数固定不变，工作电池的电动势才与被测离子的浓度呈线性关系。因此在测定时，必须把浓度很大的惰性电解质加入标准溶液和待测溶液中，使它们的离子强度很高而且接近一致，从而使两者的活度系数几乎相同。所加的惰性电解质溶液通常称为总离子强度调节缓冲剂(total ion strength adjustment buffer，简写作 TISAB)，它除了固定溶液的离子强度之外，还起着缓冲和掩蔽干扰离子的作用。例如，测定水中 $F^-$ 时常用的 TISAB 的成分包括 NaCl、HAc、NaAc 和柠檬酸钠，总离子强度为 1.75，pH≈5.5；柠檬酸钠的作用是掩蔽溶液中可能存在的 $Fe^{3+}$、$Al^{3+}$ 等干扰离子。

标准曲线法的优点是操作简便、快速，适用于大批试样的同时测定。

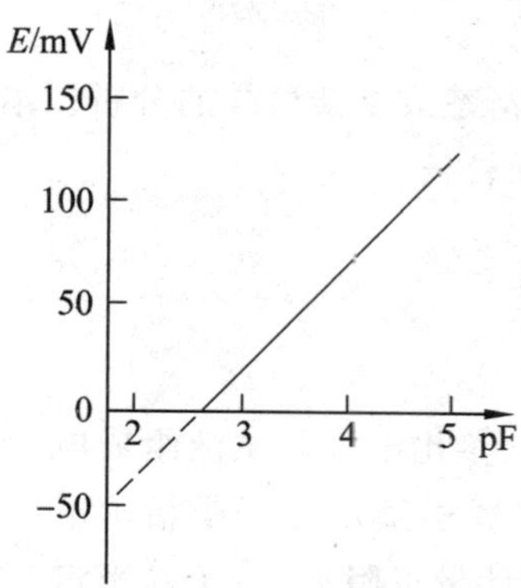


图 10-7　电势分析法的标准曲线图

(2) 标准加入法

标准曲线法要求标准溶液与待测试液具有相近的离子强度和组成，否则会因活度系数不同，而引入较大的误差。若采用标准加入法测定，则可在一定程度上减免这一误差。

设试样中被测离子浓度为 $c_x$，试液的体积为 $V_x$，设测得工作电池的电动势为 $E_1$；然后在试液中准确加入该离子的浓度为 $c_s$、体积为 $V_s$ 的标准溶液，设测得工作电池的电动势为 $E_2$。为使加入标准溶液后试液的体积不发生明显的变化，要求标准溶液的浓度要大(约为待测液浓度的 100 倍)，加入的体积要小(约为试液体积的 1%)。

对阳离子而言(25 ℃)：

$$E_1 = K + \frac{0.059\ 2}{n}\lg\gamma \cdot c_x \tag{10-6}$$

$$E_2 = K + \frac{0.059\ 2}{n}\lg\gamma \cdot \left(\frac{c_x V_x + c_s V_s}{V_s + V_x}\right) \tag{10-7}$$

由于 $\Delta c \ll c$，对试样溶液组成的影响可忽略不计，且测定条件相同，故可认为(10-6)和(10-7)两式中的 $\gamma$ 和 $K$ 值相同，则：

$$\Delta E = E_2 - E_1 = \frac{0.0592}{n}\lg\left[\frac{c_x V_x + c_s V_s}{c_x(V_s + V_x)}\right]$$

令 $S = \frac{0.0592}{n}$，取反对数，整理可得：

$$c_x = \frac{c_s V_s}{V_s + V_x}\left(10^{\Delta E/S} - \frac{V_x}{V_s + V_x}\right)^{-1}$$

这是标准加入法阳离子浓度的精确计算公式。令 $\frac{c_s V_s}{V_s + V_x} = \Delta c$，又因为 $V_s \ll V_x$，即 $V_s + V_x \approx V_x$，代入上式可得：

$$c_x = \frac{\Delta c}{10^{\Delta E/S} - 1} \tag{10-8}$$

同样可得阴离子浓度的计算式：

$$c_x = \frac{\Delta c}{10^{-\Delta E/S} - 1} \tag{10-9}$$

测定时应注意控制 $\Delta E$ 的大小，如果 $\Delta E$ 太小，测量的准确度较差；但如果 $\Delta E$ 太大，则需要加入较多的标准溶液，这可能影响溶液的总离子强度。因此，一般以 $\Delta E$ 在 20～50 mV 之间为宜。

标准加入法适用于组成不清楚或复杂试样的分析。本法的优点是不需要校正电极，但对大批试样的测定，操作时间较长。

## 二、电势滴定法

1. *方法原理*

电位滴定法是以指示电极、参比电极与试液组成电池，然后加入滴定剂进行滴定，观察滴定过程中指示电极的电极电势的变化。在化学计量点附近，由于被滴定物质的浓度发生突变，所以指示电极的电势发生突变，由此可确定滴定的终点。电势滴定法所用的装置如图 10-8 所示。滴定时用磁力搅拌器搅拌试液，避免因滴定剂局部过量而引发副反应。

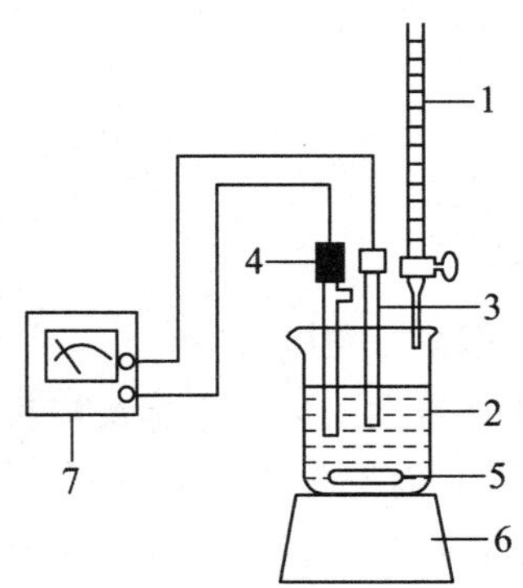

1. 滴定管　2. 滴定池　3. 指示电极
4. 参比电极　5. 搅拌子
6. 搅拌器　7. 电势计

图 10-8　电势滴定装置示意图

可见，电势滴定法的基本原理与经典的化学分析法中的滴定分析法并无质的差别，二者的区别只是确定滴定终点所用的方法不同。作为现代仪器分析方法，电势滴定法具有以下特点：

(1) 准确度较高，测定的相对误差可低至 0.2%。

(2) 能用于难以用指示剂指示终点的浑浊液或有色溶液的滴定。

(3) 可以用于非水溶液中的滴定。

(4) 能用于连续滴定和自动滴定，并适用于微量分析。

2. *滴定终点的确定*

在电势滴定法中，滴定终点的确定方法主要有 *E-V* 曲线法、一阶导数法、二阶导数法和直线法等。下面仅介绍 *E-V* 曲线法和一阶导数法。

(1) *E-V* 曲线法。取一定体积的试液于小烧杯中，在电磁搅拌下，每加入一定量的滴定剂，就测量一次电动势，直到超过化学计量点为止。在化学计量点附近，电动势的变化很快，应当每加 0.1～0.2 mL 滴定剂就测量一次电动势。以滴定剂的体积为横坐标，电动势为纵坐标，作 *E-V* 曲线，如图 10-9 所示。做两条与滴定曲线成 45°夹角的切线，在两切线间做一条垂线，通过垂线的中点做一条切线的平行线，它与曲线相交的点即为滴定终点。

(2) 一阶导数法。如果滴定曲线比较平坦，突跃不明显，拐点不易求得，则可采用一阶导数法。此方法是做$\frac{\Delta E}{\Delta V}-V$曲线，在$\frac{\Delta E}{\Delta V}$最大处是滴定终点，如图 10-10 所示。

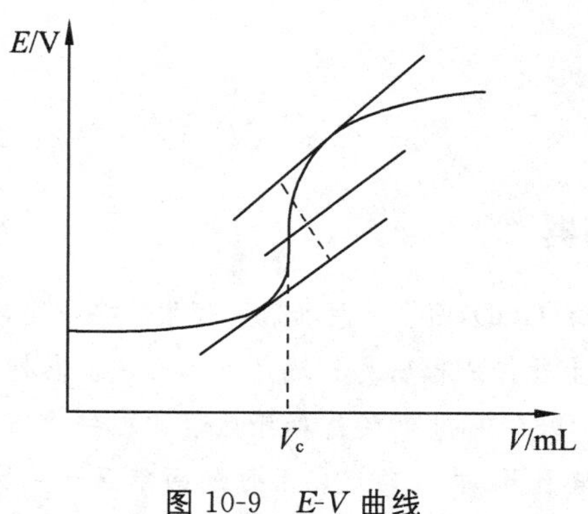

图 10-9　E-V 曲线

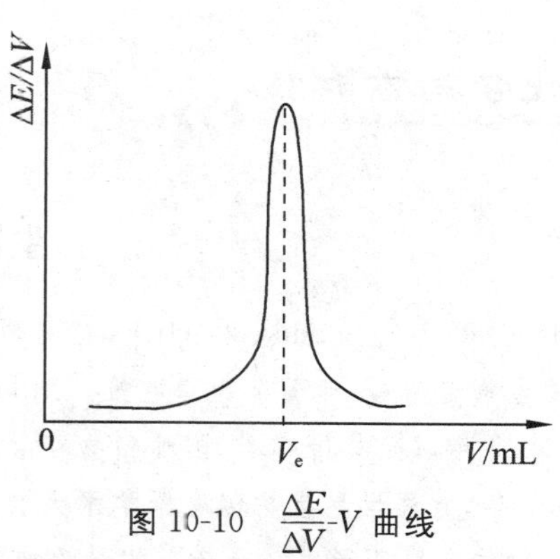

图 10-10　$\frac{\Delta E}{\Delta V}$-$V$ 曲线

通过上述讨论不难看出，如果某一滴定的滴定突跃不明显，则用 $E$-$V$ 曲线法就难以准确地确定滴定终点；而一阶导数法的突跃尖峰往往需要由实验数据外推得到，因此，这种方法也会给实验结果带来误差。所以，这两种方法只适用于对测定的准确度要求不是很高的分析工作。否则，应采用其他方法确定滴定终点。

此外，滴定终点还可以根据滴定终点时的电动势值来确定。此时，可以先从滴定标准试样获得的经验化学计量点作为确定终点电动势值的依据。这是自动电势滴定法的依据之一。

自动电势滴定法有两种类型：一种是自动控制滴定终点，当到达终点电动势值时，即自动关闭滴定装置，并显示滴定剂的用量；另一种是自动记录滴定曲线，自动运算后显示终点时滴定剂的体积。

(3) 电势滴定法的应用。电势滴定法不仅适用于各类滴定分析，还可用于弱酸(碱)的解离常数、配合物的稳定常数以及氧化还原电对的条件电极电势等的测定。

用电势滴定法对不同的物质进行滴定时，因反应类型不同，需要的指示电极和参比电极也不同，表 10-4 列出了四类滴定反应所需要的电极及其应用实例。

**表 10-4　用于各类滴定法的电极**

| 滴定方法 | 指示电极 | 参比电极 | 应用 |
|---|---|---|---|
| 酸碱滴定法 | pH 玻璃电极 | 饱和甘汞电极 | 强酸(碱)滴定弱碱(酸)、多元碱(酸)或混合碱(酸) |
| 配位滴定法 | 铂电极<br>汞电极<br>银电极<br>氟、钙离子选择性电极 | 饱和甘汞电极 | EDTA 滴定金属离子 |
| 沉淀滴定法 | 铂电极<br>银电极<br>离子选择性电极 | 饱和甘汞电极 | $AgNO_3$ 滴定卤素离子(氟除外)；$K_4[Fe(CN)_6]$滴定 $Pb^{2+}$、$Zn^{2+}$、$Ca^{2+}$ 离子 |
| 氧化还原滴定法 | 铂电极 | 饱和甘汞电极 | $KMnO_4$ 滴定碘离子、亚铁离子、亚硝酸根离子、草酸根离子等；$K_2Cr_2O_7$ 滴定碘离子、亚铁离子、硫离子、锑离子等 |

化学与高科技

## 生物传感器

20 世纪 60 年代，Updike 和 Hicks 把葡萄糖氧化酶(GOD)固定化膜和氧电极组装在一起，制成了第一种生物传感器，即葡萄糖酶电极。到 80 年代，生物传感器研究领域已基本形成。其标志性事件有：1985 年，《生物传感器》国际刊物在英国创刊；1987 年，生物传感器经典著作在牛津出版社出版；1990 年，首届世界生物传感器学术大会在新加坡召开，并且确定以后每隔两年召开一次，它标志着生物传感器已形成一个新兴的科学技术领域。生物传感器是一个非常活跃的研究和工程技术领域，它与生物信息学、生物芯片、生物控制论、仿生学、生物计算机等学科一起，处在生命科学和信息科学的交叉区域。它们的共同特征是：探索和揭示出生命系统中信息的产生、存储、传输、加工、转换和控制等基本规律，探讨应用于人类经济活动的基本方法。生物传感器技术的研究重点是：广泛地应用各种生物活性材料与传感器结合，研究和开发具有识别功能的换能器，并成为制造新型的分析仪器和分析方法的原创技术，研究和开发它们的应用。生物传感器中应用的生物活性材料对象范围包括生物大分子、细胞、细胞器、组织、器官等，以及人工合成的分子印迹聚合物(molecularly im2p rinied polymer，MIP)。

1. 生物传感器的原理

待测物质经扩散作用进入生物活性材料，经分子识别，发生生物学反应，产生的信息继而被相应的物理或化学换能器转变成可定量和可处理的电信号，再经二次仪表放大并输出，便可知道待测物浓度。

2. 生物传感器的特点

(1)采用固定化生物活性物质做催化剂，价值昂贵的试剂可以重复多次使用，克服了过去酶法分析试剂费用高和化学分析烦琐复杂的缺点。

(2)专一性强，只对特定的底物起反应，而且不受颜色、浊度的影响。

(3)分析速度快，可以一分钟得到结果。

(4)准确度高，一般相对误差可以达到 1%。

(5)操作系统比较简单，容易实现自动分析。

(6)成本低，在连续使用时，每例测定仅需要几分钱人民币。

(7)有的生物传感器能够可靠地指示微生物培养系统内的供氧状况和副产物的产生。

3. 现代生物传感器简介

(1)SPR 生物传感器。药物分析用生物传感器的典型代表产品是 SPR 生物传感器，这是一种表面膜共振分析，是实时测定生物分子结合的技术，在 90 年代初由发玛西亚公司引入，以抗原抗体结合分析为例，将抗原(或抗体)通过表面化学方法固定在芯片的金箔表面，然后让抗体(或抗原)流过抗原抗体的结合将改变膜表面液体性状，从而影响金箔共振性质，这改变可被实时检测并记录下来(这被称之结合相)，如改让缓冲液流过，结合的抗体(或抗原)将解离并被带走，这同样改变膜表面液体性状，检测并记录下来的金箔共振性质改变就是解离相。它主要用于部分新药研发中药物作用的分子活性基团的识别。

(2)固定化酶生物传感分析仪。固定化酶生物传感分析仪是最早出现且精度最高的生物传感器。固定化酶生物传感器最重要服务对象包括：临床、食品分析、发酵工业控制、环境监测、防卫安全检测等领域。例如，在发酵工业的氨基酸工业（味精、天冬氨酸、丙氨酸、赖氨酸等）、抗生素工业（葡萄糖等的在线监测和控制系统）、酒类工业（酒精生物传感器 1 min 可得到结果）、酶制剂工业（糖化酶快速分析）、淀粉糖工业（葡萄糖、淀粉、糖化酶的分析）、生物细胞培养（葡萄糖、乳酸、谷氨酰胺分析）、石化工业中微生物脱硫细胞培养监控、维生素 C 的生产、发酵甘油的生产等。

(3)血糖—乳酸生物传感自动分析仪。具有自动识别试管位置功能的样品盘、自动定量吸入样品的取样系统和相应的生物传感敏感膜组装成整机，能实现微量取样、快速响应、高精度，操作完全自动化的有竞争力的新生物传感器。

(4)高精度血糖分析仪。高精度血糖分析仪是采用固定化酶的生物传感分析仪。其分精度可以达到 0.5%～2%，比家用保健类生物传感器几乎高一个数量级，比目前医用生化分析仪的精度也高 2～3 个百分点。这在血糖分析领域是非常重要的，它们可以用作血糖分析的标准方法。尤其是在市场销售的手掌型血糖分析仪出现质量事故时，需要另一种有说服力的分析方法证明其分析结果时，固定化酶葡萄糖生物传感分析仪可以作为一种理想的仲裁工具。它们既可作为医用类型的分析仪，还可用作生物技术产业的过程监控、食品分析和科研的工具。多种酶传感器研究开发比较成熟，已形成商品。

4. 家用医疗保健类生物传感器——手掌型血糖分析器

糖尿病人可以自测的手掌型血糖分析器已经达到大规模应用的程度。在 20 世纪 70 年代血糖自我监测仪器就已问市，使血糖的检验由医院延伸到家庭中。20 世纪 80 年代，新一代血糖及操作技术简单化，使得自我监测血糖的准确度提高了。手掌型血糖分析器是研究者最初沿着干化学试剂条测定尿糖浓度的思路，采用酶法葡萄糖分析技术，并结合丝网印刷和微电子技术制作的电极，以及智能化仪器的读出装置，三者完美组合而成的微型化的血糖分析仪。

1. 在电势分析法中，什么叫指示电极和参比电极？

2. 什么是电势滴定法？如何确定滴定的终点？与经典的滴定分析法相比较，它有哪些优缺点？

3. 比较直接电势法和电势滴定法的特点。

4. 用直接电势法测定溶液 pH 时，为什么要用 pH 标准缓冲溶液定位？

5. pH 玻璃电极为何能作为 pH 测定中的指示电极？讨论欲顺利、准确地进行 pH 的电势测定，应注意哪些问题。

**一、选择题**

1. 下列各项中，与电势分析法无关的是(　　)。

A. 电动势　　B. 参比电极　　C. 指示电极　　D. 指示剂

2. 指示电极的电极电势与待测组分的浓度之间(　　)。

A. 符合能斯特方程　　B. 符合质量作用定律

C. 符合阿仑尼乌斯公式　　D. 不确定

3. 下列关于电势滴定法的叙述中,正确的是(　　)。

A. 需要适当的指示剂指示终点　　B. 不需要指示剂指示终点

C. 可用于有副反应发生的情况　　D. 只能用于氧化还原滴定法

4. 下列关于 pH 玻璃电极的叙述中不正确的是(　　)。

A. 是一种离子选择性电极　　B. 可做指示电极

C. 电极电势只与溶液的酸度有关　　D. 可做参比电极

5. 下列电极中,常被用作参比电极的是(　　)。

A. 甘汞电极　　B. pH 玻璃电极　　C. 惰性金属电极　　D. 晶体膜电极

6. 电势滴定法不需要(　　)。

A. 滴定管　　B. 参比电极　　C. 指示电极　　D. 指示剂

7. pH 玻璃电极在使用前一定要在蒸馏水中浸泡 24 h,其目的是(　　)。

A. 清洗电极　　B. 校正电极　　C. 活化电极　　D. 检查电极好坏

**二、判断题**

1. 玻璃电极的膜电势与溶液中氢离子的浓度成直线关系。

2. Ag-AgCl 电极的电极电势与组成电极的 $Ag^+$ 浓度成直线关系。

3. 离子选择性电极膜电势的产生是因为被测离子与膜上的离子发生了离子交换而不是因为发生了氧化还原反应。

4. 在不加离子强度调节剂或总离子强度调节剂的情况下,用离子选择性电极只能测定离子的活度而非浓度。

5. 测定溶液 pH 时,不慎将玻璃电极打碎,为了继续实验,更换一支新的玻璃电极即可。

6. 饱和甘汞电极可作为参比电极,其电极电势与组成电极的内参比溶液 KCl 的浓度有关。

7. 电势滴定法本质上是一种滴定分析方法。

**三、填空题**

1. 电势分析法是一种__________方法(化学分析或仪器分析),根据测定原理的不同,分为__________和__________。

2. 用离子选择性电极以“标准加入法”进行定量分析时,应要求加入标准溶液的体积要________,浓度要________,这样做的目的是____________________。

3. 电位分析法中常用的参比电极有________、________等,直接电位法测定溶液 pH 时用______电极做指示电极。

4. 甘汞电极的电极反应式为____________________,电极符号为____________。

**四、计算题**

1. 在 25 ℃时用标准加入法测定试液中 $Cu^{2+}$ 的浓度,于 100 mL 铜盐溶液中加入 1 mL 0.1 $mol \cdot L^{-1}$ 的 $Cu(NO_3)_2$ 溶液,电动势增大 4 mV。求原试液中铜离子的总浓度。

【$c(Cu^{2+})=2.7\times10^{-3}\ mol \cdot L^{-1}$】

2. 使用离子选择性电极测定溶液中钙离子浓度,测得该离子选择性电极和另一个浸入 0.010 $mol \cdot L^{-1}$ $Ca^{2+}$ 溶液的参比电极组成的电动势为 0.250 V;用相同电池在未知浓度的溶液中得到的电动势为 0.227 V,假设两种溶液的离子强度相同,计算未知液中 $Ca^{2+}$ 的浓度。

【$c(Ca^{2+})=0.079\ mol \cdot L^{-1}$】

3. 下表中列出的是用 0.100 0 $mol \cdot L^{-1}$ 的 NaOH 溶液滴定 50.00 mL 某一元弱酸的数据：

| 体积/mL | pH | 体积/mL | pH | 体积/mL | pH |
|---|---|---|---|---|---|
| 0.00 | 3.40 | 12.00 | 6.11 | 15.80 | 10.03 |
| 1.00 | 4.00 | 14.00 | 6.60 | 16.00 | 10.61 |
| 2.00 | 4.50 | 15.00 | 7.04 | 17.00 | 11.30 |
| 4.00 | 5.05 | 15.50 | 7.70 | 20.00 | 11.96 |
| 7.00 | 5.47 | 15.60 | 8.24 | 24.00 | 12.39 |
| 10.00 | 5.85 | 15.70 | 9.43 | 28.00 | 12.57 |

(1) 绘制滴定曲线；

(2) 计算试样中弱酸的浓度。

【$c_{弱酸}=3.12\times10^{-2}\ mol \cdot L^{-1}$】

4. 由玻璃电极和甘汞电极组成工作电池，25 ℃时，以 pH＝4.00 的标准缓冲溶液测得电动势为 0.814 V，那么在 $c(HAc)=1.00\times10^{-2}\ mol \cdot L^{-1}$ 的醋酸溶液中，此电池的电动势应是多少？设 $a(H^+)=[H^+]$。

【$E=0.777$ V】

# 第十一章

# 物质结构基础

## 本章教学要求

1. 理解原子核外电子运动的特性，了解基态和激发态、波函数和原子轨道、概率密度和电子云、能级和能级组、屏蔽效应和钻穿效应、能级交错和能级分裂现象以及简并轨道等概念。

2. 了解四个量子数所表示的意义，掌握量子数的取值规则。

3. 理解单电子原子轨道能级顺序图，熟记多电子原子轨道近似能级顺序图，掌握多电子原子核外电子排布的一般原理及表示方法。

4. 理解原子结构与元素周期系之间的关系，能较熟练地判断常见元素在周期表中的位置，掌握元素基本性质的周期性变化。

5. 理解离子键和共价键的形成条件、特征及区别，掌握 $\sigma$ 键和 $\pi$ 键的形成条件及特点。

6. 理解杂化轨道理论的基本要点，掌握 $sp$、$sp^2$、$sp^3$ 杂化轨道的空间构型、键角及常见实例；理解不等性 $sp^3$ 杂化轨道的空间构型。

7. 理解配合物的价键理论的要点，掌握外轨型配合物（$sp$、$sp^2$、$sp^3$、$sp^3d^2$）和内轨型配合物（$dsp^2$、$d^2sp^3$）的结构特征及性质。

8. 掌握成键元素的电负性差值与键的极性、偶极矩与分子极性间的关系；掌握分子间作用力和氢键的概念及其对物质物理性质的影响。

物质种类繁多，性质各异，究其原因是物质内部的结构不同所致。迄今已发现 100 余种元素，正是这些元素的原子组成了千千万万种性质各异的物质。因此，要了解物质的性质及其变化情况，首先必须了解原子和分子的内部结构。

本章主要讨论原子核外电子运动的特性及描述方法、多电子原子核外电子的排布、元素基本性质的周期性变化规律、现代共价键理论中的价键理论和杂化轨道理论、分子间作用力的形成及其对物质物理性质的影响、配合物的价键理论及其简单的应用。

# 第一节　原子结构

## 一、氢原子光谱和玻尔理论

1. 氢原子光谱

不同波长的光折射程度不同，因此，光线通过三棱镜折射后，将按波长的大小依次分开，所形成的光带称为光谱。白光折射后可形成红、橙、黄、绿、青、蓝、紫等没有间断的连续光带，这种光谱称为连续光谱(continuous spectrum)。原子被火花、电弧等激发后也产生光，此类光线经过折射后得到若干由间断的、明亮的条纹(称为谱线)所形成的光谱，这种光谱称为线状光谱(line spectrum)或原子光谱(atomic spectrum)，每条谱线对应着特定的波长。例如，一只充有低压氢气的放电管，通过高压电流，氢原子受激发后发出的光经过三棱镜折射，就得到了氢原子光谱。氢原子光谱由一系列不连续的谱线组成，在可见光区(波长在 400～760 nm 范围内)可得到四条明亮的谱线 $H_\alpha$、$H_\beta$、$H_\gamma$、$H_\delta$(图 11-1)，它们的波长依次为 656.2 nm，486.1 nm，434.0 nm 和 410.2 nm。

氢原子光谱的这些实验事实，用当时的原子结构理论(如卢瑟福核型原子模型等)无法解释。根据经典电磁学理论，原子核外电子绕核做圆周运动时会不断地向外辐射出电磁波，电子能量也会随之逐渐降低，电子就会逐渐地向核靠近，最后堕入原子核致使原子湮灭。另外，因为电子能量是逐渐降低的，所以辐射光的波长逐渐变大，辐射光的光谱应该是连续的。但事实上，原子没有湮灭，原子光谱也不是连续的光谱，而是线状光谱。

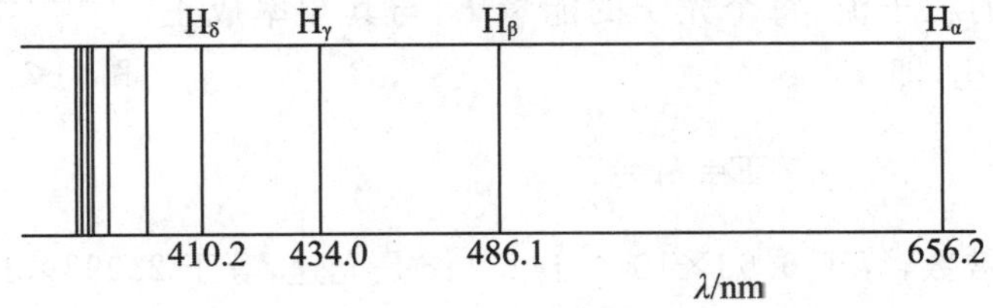


图 11-1　氢原子可见光谱图

2. 玻尔理论

经典电磁学理论无法解释氢原子光谱的事实，更说明不了谱线的规律性，为解决这个问题，玻尔(Bohr N)综合了普朗克的量子学说和爱因斯坦的光子学说，于 1913 年提出玻尔理论，该理论的基本要点是：

(1) 定态假设。电子只能在一些符合量子条件的轨道上运动。

(2) 能级假设。电子在上述轨道上运动时，不释放能量，此时原子具有一定的能量称为定态。原子可以有许多能级，能量最低的能级称为基态，其余的称为激发态。

(3) 跃迁假设。电子从外界吸收辐射能时可以从低能级跃迁到高能级上去，变成不稳定的激发态，并极易自动跃迁回低能级上来，这时以光的形式释放的能量为：

$$\Delta E = E_2 - E_1 = h\nu \qquad (11\text{-}1)$$

式中：$E_1$、$E_2$ 是两个能级的能量；$\nu$ 是辐射频率。

玻尔理论成功地解释了经典物理学无法解释的氢原子光谱的不连续性，指出原子结构的量子化特征。但因该理论的基础仍是经典力学，只是在经典力学上人为地加了一些量子化的条件，而微观粒子的运动具有波粒二象性，不服从经典力学，因而玻尔理论必然被适用于微观粒子运动特性的量子力学代替。

## 二、微观粒子运动的特性

### 1. 光的波粒二象性

20 世纪初，量子理论和光子学说使人们对原子结构的认识发生了质的飞跃。1905 年，爱因斯坦根据光照射某些金属会发生光电效应这一实验现象提出了光子学说。

实验装置如图 11-2 所示，依据当时公认的光的经典电磁学说推论，光的强度越大，产生光电子的动能也应该越大，只要光的强度足够，各种频率的光对各种金属都会发生光电效应。但事实上，只有当光的频率超过某一临界频率时，才能发射电子。

该临界频率是这种金属的特有属性，如果光的频率下降到临界频率之下，无论入射光的强度多大，光电流都会降到零。

从金属表面射出一个电子所需要的能量称为脱出功，不同的金属有不同的脱出功。爱因斯坦认为，一个电子接受一个光子的作用，只有当光子的能量 $h\nu$ 超过金属的脱出功时，才会发射出电子。如果光的频率太低，则光子的能量小于金属的脱出功，电子就不能获得足以逃逸金属表面的能量。

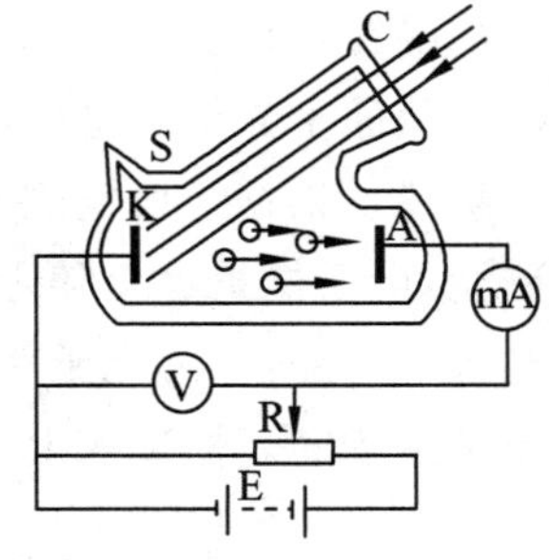

图 11-2 光电效应示意图

爱因斯坦运用普朗克的量子学说成功地解释了光电效应。光是由光子组成的粒子流，每个光子的能量 $E$，与其频率成正比，与其波长成反比，即

$$E=h\nu=\frac{hc}{\lambda} \tag{11-2}$$

式中，$h$ 是普朗克常数，等于 $6.63\times10^{-34}\ \mathrm{J\cdot s^{-1}}$；$c$ 是光速，等于 $2.998\times10^{8}\ \mathrm{m\cdot s^{-1}}$。

光电效应说明，光不仅具有波动性，而且具有粒子性，称为光的波粒二象性(wave-partical dualism)。所谓光的波动性，是光能发生干涉、衍射和偏振等现象，具有波的特征，可以用波长或频率来描述。所谓光的粒子性，是光的一些性质(如光电效应、光辐射和光吸收等)可以用动量来描述，且表示波动性的波长 $\lambda$ 与表示粒子性的动量 $p$ 之间可以通过普朗克常数 $h$ 建立下列关系：

$$p=h/\lambda \tag{11-3}$$

连续的波动性与不连续的粒子性是光的统一特性，光具有波粒二象性。

### 2. 电子的波粒二象性

1924 年，法国物理学家德布罗意(L. de Broglie)在光的波粒二象性的启发下，大胆地提出了电子等微观粒子也具有波粒二象性的假设。他认为既然光不仅是一种波，而且具有粒子性，那么微观粒子在一定条件下，也可能呈现波的性质。他预言，质量为 $m$，运动速率为 $\upsilon$ 的微观粒子的波长 $\lambda$ 为：

$$\lambda=\frac{h}{p}=\frac{h}{mv} \tag{11-4}$$

式中：$h$ 为普朗克常数；$p$ 是粒子的动量；$\lambda$ 为粒子波的波长；$m$ 为粒子的质量；$v$ 为粒子的运动速率。此式被称为德布罗意关系式。等式的左边是波长，表征微观粒子的波动性；右边是动量，表征微观粒子的粒子性，微观粒子的波粒二象性通过德布罗意关系式定量地联系起来，将微观粒子所具有的波称为德布罗意波，也叫物质波。

1927 年，德布罗依假设由美国科学家戴维逊（C. J. Davisson）和革末（L. H. Germer）的电子衍射实验得到证实。该实验是将一束高速运动的电子流通过晶体粉末，经晶格的狭缝射到荧光屏上，结果在屏幕上得到了一系列明暗交替的衍射环纹（图 11-3）。电子衍射实验证明电子具有波动性，有一定的频率和波长，否则电子流中的每一个电子通过狭缝后必然集中在荧光屏上的某一点，而不会发生衍射现象。

根据德布罗依关系式，可以计算出电子的波长（电子运动的速率约为 $10^6\ \mathrm{m\cdot s^{-1}}$）：

$$\lambda=\frac{h}{mv}=\frac{6.63\times10^{-34}}{9.11\times10^{-31}\times10^{6}}=0.728\times10^{-9}\,\mathrm{m}=728\ \mathrm{pm}$$

此值与实验测得的电子波长相吻合，相当于 X 光的波长。

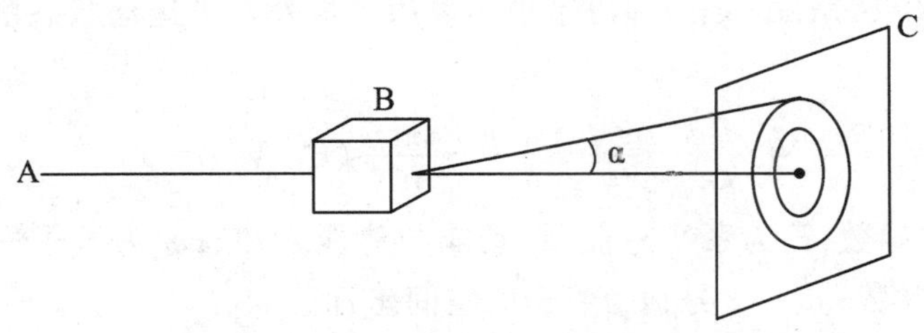


A. 电子束发生器 B. 晶体粉末 C. 屏幕

图 11-3 电子衍射示意图

后来的实验发现，质子、中子、原子等微观粒子都有衍射现象，而且符合德布罗意关系式，说明波粒二象性是微观粒子的共同特性，是微观世界的普遍现象。

3. 测不准原理

由于微观粒子的运动具有波粒二象性，不遵循经典力学定律，即没有固定的运动轨迹，也就无法准确预测某一瞬间电子的位置（坐标）和速率（动量）。1927 年，德国物理学家海森堡（W. Heisenberg）推出如下的不确定原理关系式（此关系有多种表达形式，下面列出了其中的一种）：

$$\Delta x\cdot\Delta p\geqslant h \tag{11-5}$$

式中：$\Delta x$ 表示粒子位置的不确定值；$\Delta p$ 表示粒子动量的不确定值。该式表明，微观粒子位置的不确定值 $\Delta x$ 越小，则它的动量的不确定值 $\Delta p$ 就越大，反之亦然。

4. 物质波的实质

物质波能在真空中传播，因此它不是机械波（如水波、声波）；物质波可以由中性粒子的运动产生，因此它不是电磁波。1926 年，德国物理学家玻恩（M. Born）提出物质波的统计解释，认为空间某点波的强度（波振幅绝对值的平方）和粒子在该点出现的概率密度成正比。为了证明这一解释，毕恒曼等人用极弱的电子流作衍射实验，他们使等速度的电子一个一个地通过金属箔,发现电子到达底片留下的感光点位置不定,难以预测,但随着时间的推移,感光点开始显现疏密分布。此图像与同速率强电子流(大量电子同时进行)在短时间内形成的衍射图一模一样。这表明电子的波动性不是电子相互作用的结果,而是电子运动固有的属性,它可以由大量电子在瞬间运动中表现出来,也可以由单个电子在长时间的运动中表现出来。也就是说,电子的波动性是与其运动的统计性联系在一起的。在衍射图中,衍射强度正是电子波强度的具体反映,它和电子出现的概率密度大小相关。图像中亮的环纹是电子出现概率密度大的区域,暗的环纹是电子出现概率密度小的区域。衍射图像反映了电子在空间的概率密度分布的状态。因此,电子等物质波是概率波(或几率波),它不同于经典波,是只与粒子在空间各点出现的概率密度大小相关的一种波。

## 三、核外电子运动状态的近代描述

### 1. 波函数和原子轨道

由于电子运动具有波粒二象性,其运动规律必须用量子力学来研究。1926 年,奥地利物理学家薛定谔(Schrodinger)提出了描述氢原子核外电子运动状态的波动方程,称为薛定谔方程:

$$\frac{\partial^2\psi}{\partial x^2}+\frac{\partial^2\psi}{\partial y^2}+\frac{\partial^2\psi}{\partial z^2}+\frac{8\pi^2 m}{h^2}(E-V)\psi=0 \tag{11-6}$$

式中:$\psi$[psai]为波函数;$E$ 为系统总能量(动能与势能之和);$m$ 为电子质量;$V$ 为系统的势能;$h$ 为普朗克常数;$x,y,z$ 分别为粒子的空间坐标。

因为薛定谔方程是针对电子在核外空间运动状态建立的,所以薛定谔方程的解—波函数(wave function)$\psi$ 不是一个个具体的数,而是以空间坐标$(x,y,z)$为变量的函数式,并且要由 $n,l,m$ 三个常数来规定,常将波函数写成 $\psi_{n,l,m}(x,y,z)$。

在求解薛定谔方程的过程中,为了便于数学运算,将直角坐标$(x,y,z)$转换成了球极坐标$(r,\theta,\varphi$[fai]$)$,转换关系如图 11-4 所示。两种坐标的关系是:$x=r\sin\theta\cos\varphi$,$y=r\sin\theta\sin\varphi$,$z=r\cos\theta$,$r^2=x^2+y^2+z^2$

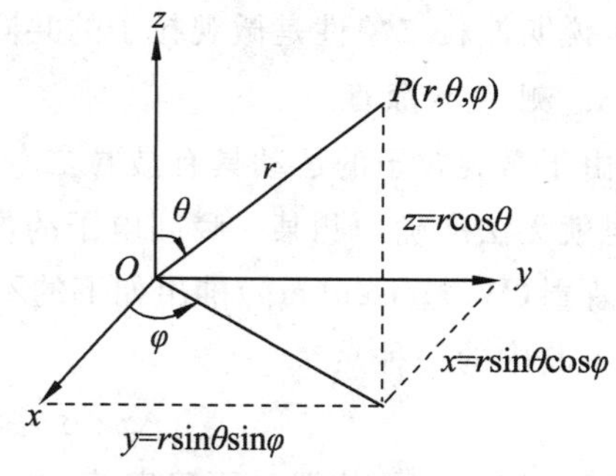

图 11-4 球坐标与直角坐标的转换关系

薛定谔方程有很多解,为了使所求的解符合电子在核外"有限空间"运动的实际和微观粒子的物理量量子化的特征,$\psi$ 右下角所示的三个常数的取值必须符合量子化的规定,故称为量子数(quantum number)。它们的名称和取值规定分别如下:

主量子数(principal quantum number) $n=1,2,3,\cdots,\infty$。

角量子数(angular quantum number) $l=0,1,2,\cdots,n-1$,共可取 $n$ 个数值。

磁量子数(magnetic quantum number) $m=0,\pm1,\pm2,\cdots,\pm l$,共可取$(2l+1)$个

数值。

**表 11-1　氢原子轨道与三个量子数的关系**

| $n$ | $l$ | $m$ | 轨道名称 | 轨道数 |
|---|---|---|---|---|
| 1 | 0 | 0 | 1s | 1 |
| 2 | 0 | 0 | 2s | 1 |
| 2 | 1 | −1,0,+1 | 2p | 3 |
| 3 | 0 | 0 | 3s | 1 |
| 3 | 1 | −1,0,+1 | 3p | 3 |
| 3 | 2 | −2,−1,0,+1,+2 | 3d | 5 |

可见，量子数之间有一定的制约关系，只有符合上述关系的 $n,l,m$ 值才是合理的，即赋予 $n,l,m$ 一组合理的数值，就可以得到一个相应的波函数 $\psi_{n,l,m}(x,y,z)$ 的数学表达式，它是代表核外电子运动的一种稳定状态。为了形象地描述电子的运动状态，常把波函数称为原子轨道(atomic orbital)，所以原子轨道和波函数是同义词。在实际使用时，原子轨道更多强调空间图像，而波函数则强调函数式，即它们只是用不同的方式描述电子的运动状态，没有实质性的区别。需要说明的是，这里的“轨道”不同于经典力学中物体运动的轨道或轨迹，而是代表电子的一种运动状态。习惯上常把角量子数 $l=0,1,2,\cdots$ 等状态，分别称为 s,p,d…态，并把 s,p,d…态的各波函数分别称之为 s 轨道，p 轨道，d 轨道。表 11-1 列出了氢原子轨道与三个量子数的关系。

2. 概率密度和电子云

波函数 $\psi_{n,l,m}$ 是描述电子在核外运动状态的函数式，波函数 $\psi_{n,l,m}$ 一旦确定，电子在核外空间的运动状态也就确定了。所谓原子轨道是电子在核外空间最大概率分布的区域。同时，量子力学理论已经证明，波函数的平方($|\psi|^2$)可以用来表示核外电子的概率密度。概率密度(probability density)是在空间某一点附近单位体积内电子出现的概率，则电子在核外空间一定体积(dτ[tau])内出现的概率等于概率密度与该体积的乘积。即

$$概率=概率密度\times体积=|\psi|^2\cdot d\tau$$

通常，用小黑点的疏密程度表示电子在核外空间各点附近出现的概率密度。小黑点密集的区域，电子出现的概率密度大，小黑点稀疏的区域，电子出现的概率密度小。这种用小黑点来表示电子在核外空间概率密度分布的图形称为电子云，即电子云就是概率密度的形象化描述，是电子运动统计性的结果。s 电子云是球形对称的，说明 $|\psi_s|^2$ 与角度 $\theta$ 和 $\varphi$ 无关。图 11-5 是氢原子的 1s 电子云。可见，随着离核距离的增大，电子出现的概率密度逐渐减小，但在核外空间等半径的球面上，电子出现的概率密度相等。

3. 原子轨道的空间图像

波函数 $\psi$ 表征了原子核外电子的运动状态。为了便于做平面图，常将波函数 $\psi_{n,l,m}(r,\theta,\varphi)$ 进行变量分离：

$$\psi_{n,l,m}(r,\theta,\varphi)=R_{n,l}(r)\cdot Y_{l,m}(\theta,\varphi) \tag{11-7}$$

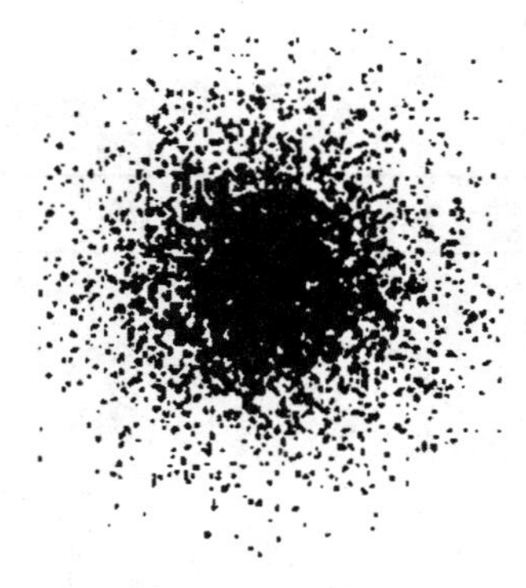
图 11-5 氢原子 1s 电子云示意图

式中：$R_{n,l}(r)$称为波函数的径向部分，仅与 $r$ 有关，它的表达式由量子数 $n,l$ 的取值确定；$Y_{l,m}(\theta,\varphi)$称为波函数的角度部分，与 $\theta,\varphi$ 有关，它的表达式由量子数 $l,m$ 的取值确定。同样，概率密度 $|\psi|^2$ 也可用类似的形式表示：

$$|\psi_{n,l,m}(r,\theta,\varphi)|^2=R_{n,l}^2(r)\cdot Y_{l,m}^2(\theta,\varphi) \tag{11-8}$$

（1）原子轨道的角度分布图

将波函数 $\psi$ 的角度部分 $Y_{l,m}(\theta,\varphi)$随$(\theta,\varphi)$变化所作的图形称为原子轨道的角度分布图。它是以原子核为球极坐标的原点，按角度$(\theta,\varphi)$引出一条条射线，截取长度为 $Y_{l,m}(\theta,\varphi)$的线段，并将所有点连接起来而构成的曲面，见图 11-6。请注意，因 $Y_{l,m}(\theta,\varphi)$与 $n$ 无关，故每一个图像都可代表不同电子层（即 $n$ 取不同值）的同一类轨道，如 $p_x$ 图形代表了 $Y_{1,1}(\theta,\varphi)$。

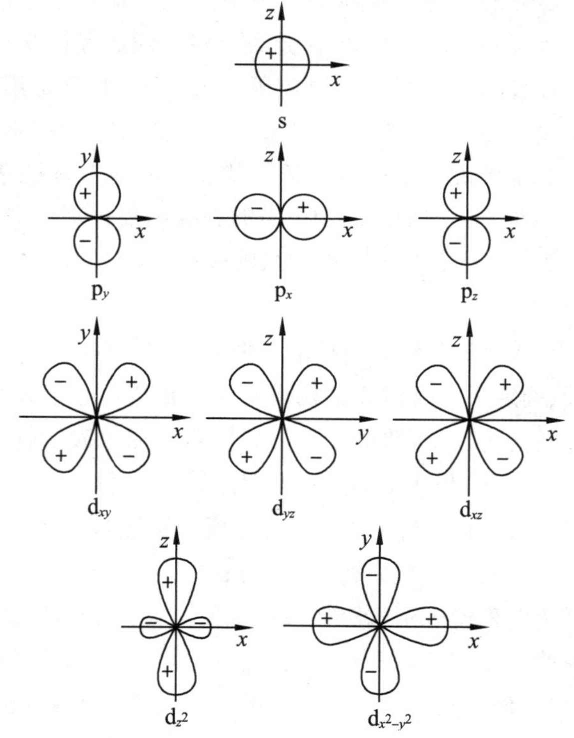

图 11-6 原子轨道的角度分布图

由图 11-6 可看出，原子轨道的角度分布图的曲面上有正号和负号，它们表示 $Y(\theta,\varphi)$在曲面所在空间数值的正负，而与正电荷、负电荷无关。原子轨道的角度分布图表明了原子轨道的形状和空间伸展方向，其特点如下：

① s 轨道呈球形对称，取正值。

② p 轨道呈双球形（或哑铃形）中心反对称，其正负与坐标方向一致，$|Y(\theta,\varphi)|$的极

大值出现在轨道对称轴的正、负方向，这对 p 轨道的成键作用有重要影响。p 轨道有三种不同的伸展方向，分别是沿着 $x$，$y$，$z$ 坐标轴的方向伸展，分别记作 $p_x$，$p_y$，$p_z$。

③ d 轨道呈花瓣形中心对称，有 5 种不同的伸展方向，分别记作 $d_{xy}$，$d_{xz}$，$d_{yz}$，$d_{z^2}$，$d_{x^2-y^2}$。

> **Question**
> 电子云的角度部分可以用 $Y_{l,m}^2(\theta,\varphi)$ 表示，试推测原子轨道的角度分布图与电子云的角度分布图有哪些异同点。

(2) 原子轨道的径向分布图

电子运动的径向概率分布常用径向分布函数和径向分布函数图来表示。电子在核外空间的概率分布与空间体积有关，如果将空间体积考虑成离核距离为 $r$，厚度为 d$r$ 的薄层球壳，如图 11-7 所示，则球壳体积为：

$$d\tau = 4\pi r^2 dr$$

电子在薄层球壳内出现的概率为：

$$dp = |\psi|^2 \cdot d\tau = |\psi|^2 \cdot 4\pi r^2 \cdot dr = R^2(r) \cdot 4\pi r^2 \cdot dr$$

式中 $R$ 为波函数的径向部分。定义 $D(r) = R^2(r) \cdot 4\pi r^2$，为径向分布函数，其物理意义是：距原子核距离为 $r$ 的单位厚度球形薄壳内电子出现的概率。图 11-8 为氢原子各种状态的径向分布图。

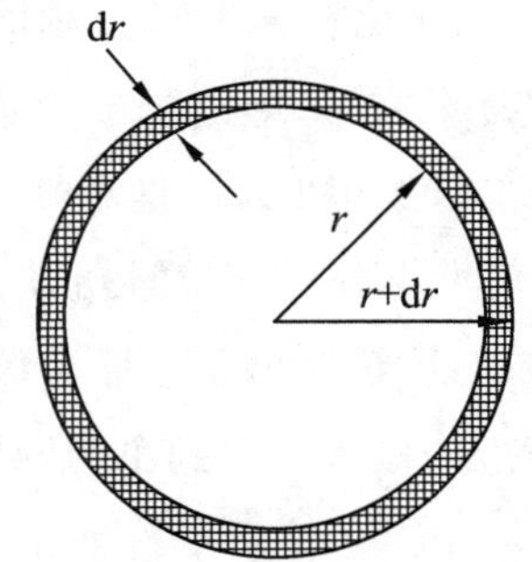


图 11-7 薄层球壳剖面图

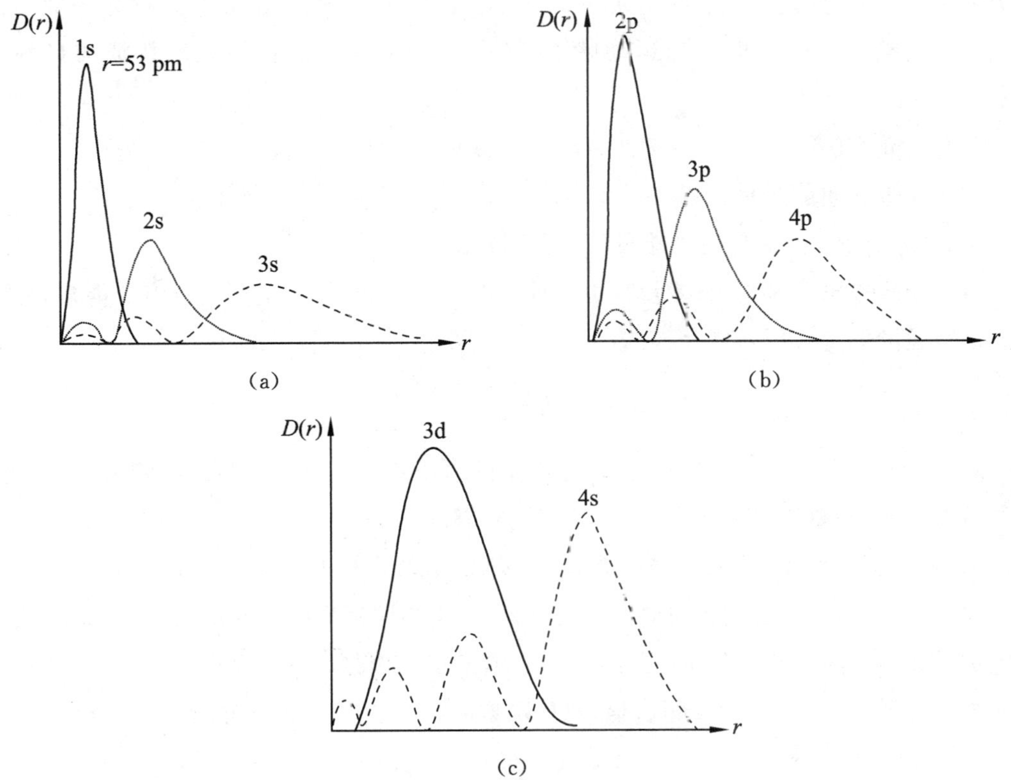


图 11-8 氢原子各种状态的径向分布函数图

图 11-8 中的曲线具有以下特点：

① 对 1s 轨道而言，径向分布函数图在 $r=53$ pm 处有峰值，而 53 pm 恰恰是玻尔理论中基态氢原子的轨道半径。现代量子力学理论和玻尔理论在这一点上虽有相似之处，但它们有着本质的区别：玻尔理论认为氢原子核外的电子只能在半径 $r=53$ pm 的圆形轨道上绕核运动，而量子力学认为氢原子的电子只是在 $r=53$ pm 的薄层球壳内出现的概率最大而已。

② 径向分布函数图中峰的数目为$(n-l)$个。例如，4s 轨道，$n=4$，$l=0$，有 4 个峰；3d 轨道，$n=3$，$l=2$，有 1 个峰。

③ 比较 $n$ 不同、$l$ 相同的径向分布函数图（图 a、b），可以看出，当 $n$ 增大时最高峰位置逐渐右移（即电子出现最大概率分布区域离核的平均距离变远）；$n$ 相同、$l$ 不相同时（如 3s、3p 和 3d），最高峰位置则比较接近。因此，从径向分布函数图来看，核外电子是按 $n$ 值大小分层分布的，$n$ 决定了电子层数。另外，$n$ 相同，$l$ 取值越小，峰越多，小峰离原子核越近，说明电子在原子核附近出现的概率越大，就 3s、3p 和 3d 来说，电子出现在原子核附近的概率由大到小的顺序是 3s＞3p＞3d。

### 4. 四个量子数及其对核外电子运动状态的描述

原子中各电子在核外的运动状态，指电子所在的电子层和原子轨道的能级、形状、伸展方向等，可用解薛定谔方程时引入的三个量子数即主量子数、角量子数、磁量子数加以描述。欲完整确定一个电子的运动状态，还需一个描述电子自旋运动特征的自旋量子数。

(1) 主量子数($n$)

主量子数又叫能量量子数，它只能取 1，2，3，…等正整数。

① 主量子数 $n$ 是决定电子能量的主要因素。

氢原子为单电子原子，其能量只由主量子数决定，$n$ 值越大，电子所具有的能量越高。各原子轨道的能量可用下式表示：

$$E_n=\frac{-2.179\times10^{-18}}{n^2}\text{J} \tag{11-9}$$

对于多电子原子（核外有两个及以上电子的原子）而言，主量子数是决定每个电子能量的主要因素，一般情况下，$n$ 值越大，电子的能量越高。

② 主量子数表示原子中电子出现概率最大的区域离核的远近或电子层数。

同一原子中，主量子数相同的电子，在离核近乎相同距离的空间范围内运动，因此可将主量子数相同的电子归并在一起称为一个电子层。例如，$n=1$ 表示能量最低，离核最近的第一电子层，$n=2$ 表示能量次低、离核次近的第二电子层，其余依此类推。电子层常用光谱学符号 K、L、M、N、O、P、Q 等表示，如 $n=1$，称为第一电子层或 K 层；$n=2$，称为第二电子层或 L 层；……。

(2) 角量子数($l$)

电子在核外运动时，不仅具有一定的能量，也具有一定的角动量。角动量由角量子数决定，故 $l$ 称为角量子数，其取值为 $l=0,1,2,3,\cdots,n-1$。在光谱学上分别用 s，p，d，f 等符号表示。$l$ 的物理意义：

① 表示电子的亚层。由角量子数的取值可知，对应于一个 $n$ 值，可能有 $n$ 个 $l$ 值，这表示同一电子层中包含几个不同的亚层。例如，当 $n=1$ 时，$l=0$，即第一电子层中只有一个亚层，称为 1s 亚层；当 $n=2$ 时，$l=0,1$，即第二电子层中有两个亚层，分别称为 2s 亚层，2p 亚层。

② 表示原子轨道(或电子云)的形状。例如，$l=0$(s 态)的原子轨道的形状为球形；$l=1$(p 态)的原子轨道呈双球形(也称哑铃形)；$l=3$(d 态)的原子轨道呈花瓣形。

③ 在多电子原子中，$l$ 与 $n$ 一起决定电子的能量。多电子原子中，电子的能量不仅取决于主量子数 $n$，还与角量子数 $l$ 有关。当 $n$ 相同时，一般情况是 $l$ 值越大能量越高，因此在描述多电子原子体系电子的能量状态时，需要 $n$ 和 $l$ 两个量子数。

(3) 磁量子数($m$)

磁量子数 $m$ 的取值受角量子数 $l$ 的制约，即 $m=0,\pm1,\pm2,\pm3,\cdots,\pm l$，共取 $(2l+1)$ 个值。磁量子数 $m$ 表示同一形状的原子轨道在空间的伸展方向。每个亚层中原子轨道有 $(2l+1)$ 种空间伸展方向，也就有 $(2l+1)$ 个轨道。例如，$l=0$ 的 s 亚层中，$m$ 只有“0”一个值，原子轨道只有一种伸展方向，即一条轨道；$l=1$ 的 p 亚层中，$m$ 可以取 $+1,0,-1$ 三个值，轨道在空间有三种伸展方向，即三条轨道；同理，d 亚层有五条轨道，f 亚层有七条轨道。

磁量子数 $m$ 的取值只影响原子轨道的空间取向，不影响原子轨道的能量。因此，$n$ 和 $l$ 都相同的轨道具有相同的能量，这样的轨道称为简并轨道或等价轨道，如 p 轨道是三重简并轨道，d 轨道是五重简并轨道，f 轨道是七重简并轨道。

(4) 自旋量子数($m_s$)

自旋量子数 $m_s$ 的取值只有 $+\frac{1}{2}$ 和 $-\frac{1}{2}$，说明电子自旋有正旋($m_s=+\frac{1}{2}$)和反旋($m_s=-\frac{1}{2}$)两种状态，分别以“↿”和“⇂”表示。一个原子轨道上最多可以拥有两个自旋方向相反的电子，称为成对电子。

综上所述，波函数或原子轨道是由 $n$、$l$、$m$ 三个量子数来确定的，但是原子中每个电子的运动状态必须由 $n$、$l$、$m$、$m_s$ 四个量子数来确定，四个量子数都确定后，电子在原子核外的运动状态也就确定了。表 11-2 列出了电子层、亚层、原子轨道、电子的运动状态数与量子数取值之间的关系。

表 11-2 电子层、亚层、原子轨道、电子的运动状态数与量子数取值之间的关系

| 电子层 | | 亚层(能级) | | | | 磁量子数 $m$ | 自旋量子数 $m_s$ | 电子层中总的轨道数 | 状态数 | |
|---|---|---|---|---|---|---|---|---|---|---|
| 主量子数 | 光谱符号 | 角量子数 | 轨道符号 | 亚层数 | 轨道数 | | | | 各轨道 | 各电子层 |
| 1 | K | 0 | 1s | 1 | 1 | 0 | +1/2,−1/2 | 1 | 2 | 2 |
| 2 | L | 0<br>1 | 2s<br>2p | 2 | 1<br>3 | 0<br>−1,0,+1 | +1/2,−1/2 | 4 | 2<br>6 | 8 |
| 3 | M | 0<br>1<br>2 | 3s<br>3p<br>3d | 3 | 1<br>3<br>5 | 0<br>−1,0,+1<br>−2,−1,0,+1,+2 | +1/2,−1/2 | 9 | 2<br>6<br>10 | 18 |
| 4 | N | 0<br>1<br>2<br>3 | 4s<br>4p<br>4d<br>4f | 4 | 1<br>3<br>5<br>7 | 0<br>−1,0,+1<br>−2, −1,0,+1,+2<br>−3,−2,−1,0,+1,+2,+3 | +1/2,−1/2 | 16 | 2<br>6<br>10<br>14 | 32 |
| | | | | $n$ | | | | $n^2$ | | $2n^2$ |

## 四、基态多电子原子的结构

1. 多电子原子轨道近似能级图

美国化学家鲍林(L. Paulling)根据光谱实验数据,总结出多电子原子轨道能级高低顺序,提出了多电子原子的原子轨道近似能级图,如图 11-9 所示。

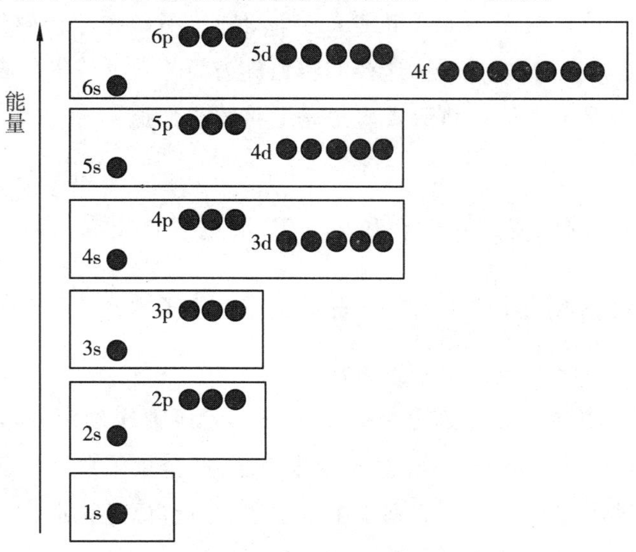


图 11-9 多电子原子轨道近似能级图

在能级图中,把能量相近的能级划分为一个能级组,共分为 7 个能级组。图中每一

方框代表一个能级组，方框内每个圆圈代表一个原子轨道。从图 11-9 可以看出：

(1) 当轨道角动量量子数 $l$ 相同时，随着主量子数 $n$ 值的增大，原子轨道的能量依次升高。例如，$E_{1s}<E_{2s}<E_{3s}<E_{4s}$，$E_{2p}<E_{3p}<E_{4p}<E_{5p}$，这可用屏蔽效应(shielding effect)对轨道能级的影响来解释。

除氢原子外，其他原子均为多电子原子。在多电子原子中，某一电子除受原子核的吸引作用外还要受到其他电子的排斥作用。因此，多电子原子的薛定谔方程无法求得精确解。为了求解多电子原子的薛定谔方程，人们运用了一种称为中心力场模型的近似处理方法，该模型把多电子原子中其他电子对指定电子的排斥作用近似地看作是抵消了一部分核电荷数对指定电子的吸引作用。这种抵消部分核电荷数的作用叫屏蔽效应(shielding effect)。屏蔽效应的强弱可用屏蔽常数 $\sigma$ 来衡量，$\sigma$ 为屏蔽造成的核电荷数减少或抵消的部分，单位为 1。$(Z-\sigma)$称为有效核电荷数，用 $Z^*$ 表示。在以上假设的基础上，解氢原子薛定谔方程所得的结果就可用于多电子原子系统。多电子原子中某一电子的能量为：

$$E=-2.179\times10^{-18}\,\text{J}\times\frac{Z^{*2}}{n^2}=-2.179\times10^{-18}\,\text{J}\times\frac{(Z-\sigma)^2}{n^2} \tag{11-10}$$

在多电子原子中，电子的能量除取决于主量子数 $n$ 外，还与屏蔽常数 $\sigma$ 有关，$n$ 越大，电子离核越远，受其他电子的屏蔽越强，$\sigma$ 值越大，有效核电荷 $Z^*$ 越小，电子的能量就越高。因此角量子数相同的各原子轨道的能量随主量子数的增大而升高。

(2) 当主量子数 $n$ 相同时，随着轨道角动量量子数 $l$ 值的增大，轨道能量升高，发生了所谓"能级分裂"现象。例如，$E_{ns}<E_{np}<E_{nd}<E_{nf}$，这可由钻穿效应(penetration effect)对轨道能级的影响来解释。

多电子原子中的钻穿效应，可以借用氢原子的径向分布图来粗略地加以解释。由图 11-8 知，3s、3p 和 3d 轨道的径向分布有很大差别。3s 有 3 个峰，其中最小的峰离核最近，这表明 3s 电子能穿透内层电子所占据的空间而靠近原子核，这种作用称为钻穿作用。3p 有 2 个峰，最小峰与核的距离比 3s 最小峰远一些，这说明 3p 电子钻穿作用小于 3s。同理，3d 电子的钻穿作用更小。钻穿作用对轨道能量有明显的影响。因为电子钻穿得越靠近原子核，受其他电子屏蔽的作用越小，受核的吸引力越强，因而轨道能量就越低。由于电子钻穿作用的不同导致 $n$ 相同而 $l$ 不同的轨道能级发生分裂的现象，称为钻穿效应。可见，$n$ 相同，$l$ 越小，电子的钻穿作用越强，轨道能量就越低。

(3) 当主量子数 $n$ 和角动量量子数 $l$ 都不同时，会发生能级交错现象。例如，

$$E_{4s}<E_{3d}$$

发生能级交错的主要原因在于：3d，4s 轨道在同一能级组，能量相差不大，但 4s 电子的钻穿能力大于 3d 电子的。从 3d 和 4s 径向分布图(图 11-8)可以看出，4s 的最大峰虽然比 3d 的离核远些，但它的小峰钻到了离核很近的地方，可以更好地回避其他电子的屏蔽。因为钻穿效应导致能量的降低超过了主量子数增大对轨道能量升高的作用，致使 3d 轨道的能量高于 4s 轨道的。

鲍林近似能级图形象地表示出各原子轨道能量的相对高低，这是基态多电子原子中电子排布的依据，电子按能级的顺序进行填充，填满一个能级组后再填下一个能级组。所以这种能级图也可以看作电子填充顺序图。必须指出，鲍林近似能级图仅粗略地反映

了多电子原子中原子轨道能量的相对高低，不能认为所有元素原子的能级顺序都是一成不变的。另外，图中所示的仅仅是同一种元素的空的原子轨道能量的相对高低。例如，对于钠原子的1s与2s轨道能量，有$E_{1s}<E_{2s}$，但是它无法比较氢原子的1s与钠原子的2s轨道能量的相对高低；另外，这只是一个电子填充的能级顺序图，因为它不能比较填充电子以后的原子轨道能量的相对高低。例如，基态铁原子的电子按顺序填充入轨道后，有$E_{4s}>E_{3d}$，这已由实验事实证明。

2. 基态多电子原子核外电子排布的一般原则及表示方法

(1) 核外电子排布的一般原则

根据原子光谱实验结果和量子力学理论研究的结论，原子核外电子排布服从以下三个原则：

① 泡利(W. E. Pauli)不相容原理　泡利不相容原理有以下几种表述方式：

a. 在同一原子中，不可能存在运动状态完全相同的电子。

b. 在同一原子中，不可能存在四个量子数完全相同的电子。

c. 每一条原子轨道最多只能容纳自旋方向相反的两个电子。

这几种说法是等效的，从一种说法可推证出其他的说法。根据保里不相容原理和各电子层原子轨道数可算出每个电子层最多所容纳的电子数为$2n^2$。

② 能量最低原理　电子在原子轨道上的排布要尽可能使整个原子系统能量最低。因此，电子填入原子轨道时，要按原子轨道能级由低到高的顺序依次排布，只有这样，原子中各电子才能处于能量最低状态，使整个原子系统能量达到最低。

③ 洪特(F. Hund)规则　在简并轨道(或等价轨道)上，电子尽可能单独占有轨道，并且自旋方向相同。因为当轨道中已有一个电子时，第二个电子的填入就需要一定的能量克服第一个电子的斥力，使系统能量升高。所以，轨道中单电子的排布有利于系统能量的降低。

作为洪特规则的特例，简并轨道处于全充满($s^2$，$p^6$，$d^{10}$，$f^{14}$)、半充满($s^1$，$p^3$，$d^5$，$f^7$)或全空($s^0$，$p^0$，$d^0$，$f^0$)状态时，能量最低、最稳定。例如，铬原子和铜原子的原子序数分别是24和29，其价层电子排布分别是$3d^5 4s^1$和$3d^{10}4s^1$，而不是$3d^4 4s^2$和$3d^9 4s^2$。因为$3d^5$和$3d^{10}$分别是半充满和全充满的稳定结构。

周期表中，大多数元素原子的电子构型都遵循基态原子核外电子排布的三个原则，也有部分过渡元素、镧系和锕系元素的外层电子排布不符合上述排布原则，说明影响电子排布的因素较为复杂。

(2) 核外电子排布的表示方法

核外电子排布的表示方法比较多，下面只介绍其中最常用的两种。

① 电子构型(也称电子结构式或电子组态)　用能级符号表示，并在能级符号的右上角加上数字，表示该能级上所排布的电子数。例如，铁的原子序数为26，核外有26个电子，基态铁原子的电子结构式为$_{26}Fe$：$1s^2 2s^2 2p^6 3s^2 3p^6 3d^6 4s^2$。

为了书写方便，常把内层已经达到稀有气体电子结构的部分，用该稀有气体的元素符号加上方括号表示，称为原子实。例如，铁原子内层电子构型为$1s^2 2s^2 2p^6 3s^2 3p^6$，与稀有气体Ar的电子结构相同，则Fe的电子结构式可简化为$_{26}Fe$：[Ar]$3d^6 4s^2$。需要注意的是，虽然原子中的电子是按照近似能级图由低到高的顺序填充的，但在书写原子的电子构型时，要按主量子数 $n$ 由小到大的顺序书写。

因为化学反应过程中，通常只涉及原子外层电子的变化，因此，常把原子参加化学反应时用于成键的电子称为价电子。用价层电子构型表示原子结构既简单明了，又能反映原子的价电子结构特征。所谓价电子构型，对主族元素来说指最外层 $n$s，$n$p 轨道的电子结构；副族元素指 $(n-1)$d，$n$s 轨道的电子结构。例如，硫(S)的价电子构型为 $3s^2 3p^4$；锰(Mn)的价电子构型为 $3d^5 4s^2$。

② 原子轨道图式　通常用短线、□或○等符号表示原子轨道，用↿、⇂表示自旋方向不同的电子，将电子按照排布原则填入短线、□或○中就得到原子轨道图式。例如，氧(O)的原子轨道图式为：

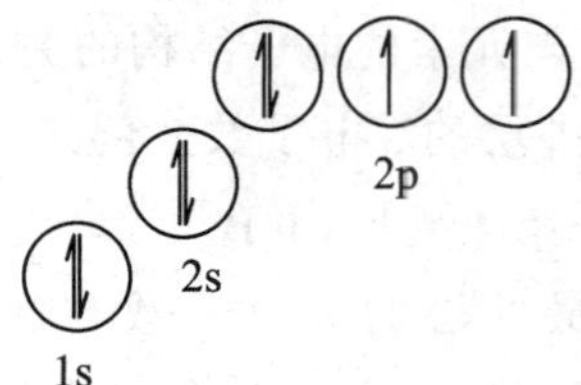


原子轨道图式能直观地反映核外电子的自旋情况及未成对的电子(也称成单电子)数。在后面讨论共价键理论时，通常只需要写出价层电子构型的原子轨道图式。

3. 电子层结构与周期表

核外电子分布的周期性是元素周期律的基础，而元素周期表是周期律的具体表现形式。周期表有很多种，现在常用的是长式周期表(见书后彩色插页)。

(1) 电子层结构与周期的划分

元素周期表中的每一横行称为一个周期，周期是以能级组为依据划分的，同周期元素基态原子的电子排布在相同的能级组，每一周期元素的价电子构型从 $n\mathrm{s}^1$ 开始，到 $n\mathrm{p}^6$ 结束(第 1 周期例外)，即从碱金属开始，到稀有气体结束。目前，元素周期表中共有 7 个周期，每周期所含元素的种类等于对应的能级组中所能容纳的电子总数。从表 11-3 看出：周期数＝对应的最高能级组数＝电子层数＝最大的主量子数。

**表 11-3　原子结构与各周期元素种数的关系**

| 周期序号 | 原子序数 | 相应价电子轨道及能级 | 能级组电子容量 | 各周期元素种数 |
|---|---|---|---|---|
| 1 | 1～2 | 1s | 2 | 2 |
| 2 | 3～10 | 2s 2p | 8 | 8 |
| 3 | 11～18 | 3s 3p | 8 | 8 |
| 4 | 19～36 | 4s 3d 4p | 18 | 18 |
| 5 | 37～54 | 5s 4d 5p | 18 | 18 |
| 6 | 55～86 | 6s 4f 5d 6p | 32 | 32 |
| 7 | 87～118 | 7s 5f 6d 7p | 32 | 32 |

(2) 电子层结构与族的划分

元素周期表中的每一列称为一个族(Ⅷ族例外,它包含3列)。族是以价电子构型为依据划分的,同族元素的价层电子构型相似(个别例外,如Ⅷ中的9种元素的价电子构型就有区别)。周期表中共有18列,划分为16族,其中有7个主族(族的符号是A)、7个副族(族的符号是B)、1个0(族)、1个Ⅷ(族)。

① 主族元素电子构型的特点是内层轨道全满、价电子构型是最外层 $ns$,$np$ 轨道的电子结构。主族元素族的序号等于价电子数(0族除外)。例如,$_{19}K$  $[Ar]4s^1$,价电子构型是 $4s^1$,位于第4周期,ⅠA;$_{35}Br$  $[Ar]3d^{10}4s^24p^5$,价电子构型是 $4s^24p^5$,位于第4周期,ⅦA。

② 副族元素电子构型的特点是内层d、f轨道未满,其价电子构型是 $(n-1)d$,$ns$ 轨道的电子结构。副族元素族的序号与元素的电子结构的关系有以下两种情况:

ⅠB~ⅡB:族的序号等于最外层的s电子数。例如,$_{47}Ag$  $[Kr]4d^{10}5s^1$,位于第5周期,ⅠB;$_{30}Zn$  $[Ar]3d^{10}4s^2$,位于第4周期,ⅡB。

ⅢB~ⅦB:族的序号等于最外层的s电子数与次外层的d电子数之和。例如,$_{24}Cr$  $[Ar]3d^54s^1$,位于第4周期,ⅥB;$_{25}Mn$  $[Ar]3d^54s^2$,位于第4周期,ⅦB。

③ Ⅷ:该族元素最外层的s电子数与次外层的d电子数之和为8~10。例如,$_{26}Fe$  $[Ar]3d^64s^2$,属于第4周期,Ⅷ族;$_{28}Ni$  $[Ar]3d^84s^2$,属于第4周期,Ⅷ族。

(3) 电子层结构与区的划分

**表11-4 周期表各区的划分**

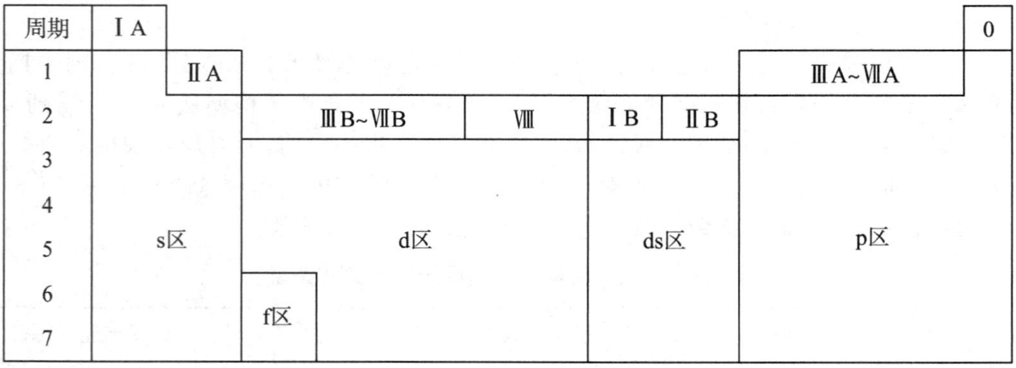

| 周期 | ⅠA | ⅡA | ⅢB~ⅦB | Ⅷ | ⅠB | ⅡB | ⅢA~ⅦA | 0 |
|---|---|---|---|---|---|---|---|---|
| 1 | | | | | | | | |
| 2 | | | | | | | | |
| 3 | | | | | | | | |
| 4 | | | | | | | | |
| 5 | s区 | | d区 | | ds区 | | p区 | |
| 6 | | | f区 | | | | | |
| 7 | | | | | | | | |

各区所包含的族及各区元素的价电子构型如下:

s区:ⅠA~ⅡA  $ns^{1\sim2}$

p区:ⅢA~ⅦA、零(族)  $ns^2np^{1\sim6}$(个别例外,如He)

d区:ⅢB~ⅦB、Ⅷ  $(n-1)d^{1\sim9}ns^{1\sim2}$(个别例外,如Pd)

ds区:ⅠB~ⅡB  $(n-1)d^{10}ns^{1\sim2}$

f区:镧系、锕系  $(n-2)f^{1\sim14}(n-1)d^{0\sim2}ns^2$

其中,s区和p区元素为主族元素,d区、ds区、f区元素为副族或第Ⅷ族元素。副族元素又称为过渡元素,其中第4、第5、第6周期过渡元素分别称为第一、第二、第三过渡系列,f区元素称为内过渡元素。

## 五、元素基本性质的周期性

元素的基本性质，如原子半径、电离能、电子亲和能和电负性等都与原子结构密切相关，原子核外电子结构的周期性变化直接导致了元素性质的周期性变化。

1. 原子半径

由于电子运动具有波动性，电子云没有明显的边界，因此，原子不存在经典意义上的半径。所谓原子半径是基于原子是球形的假设，根据相邻原子的核间距测定得到的。由于原子之间的作用力不同，原子半径常分为以下三种：

(1)共价半径。同种元素形成共价单键时相邻两原子核间距离的一半称为原子的共价半径；

(2)金属半径。金属晶体中，两个相邻金属原子核间距离的一半称为金属半径；

(3)范德华(J. van der Waals)半径。在非键合的两个原子间，原子与原子靠分子间作用力相互结合，相邻两原子核间距离的一半称为范德华半径。

一般说来，同一元素的共价半径最小，金属半径稍大(比共价半径大10%～15%)，范德华半径最大。但一般情况下，金属元素采用金属半径，非金属元素采用共价半径，稀有气体元素采用范德华半径，其数据见附表8。

元素的原子半径在周期表中的变化规律可归纳为：

(1) 同一周期中原子半径的递变按短周期和长周期有所不同。在同一短周期中，由于有效核电荷数逐渐递增，核对电子的吸引力逐渐增大，原子半径逐渐减小。在长周期中，过渡元素由于有效核电荷数递增不明显，因而原子半径减小缓慢。

(2) 同一主族元素原子半径从上到下依次增大。因为从上到下，原子的电子层数增多起主要作用，所以半径增大。副族元素的原子半径从上到下递变规律不是很明显，特别是第5周期和第6周期同族元素原子半径非常相近，这是由镧系收缩引起的。

镧系元素从La到Lu整个系列的原子半径缓慢减小的现象称为镧系收缩(lanthanide contraction)。镧系元素最后填入的电子在$(n-2)$f轨道上，对外层电子屏蔽很强，有效核电荷数增加得很缓慢，所以半径减小幅度很小。由于镧系收缩，镧系以后的各元素如Hf，Ta，W等原子半径也相应缩小，致使它们的半径与上一个周期的同族元素Zr，Nb，Mo非常接近，相应的性质也非常相似，在自然界中常共生在一起，很难分离。

2. 电离能和电子亲和能

(1) 电离能(ionization energy)

元素的1个基态气态原子失去1个电子成为+1价的气态正离子所需要的能量称为元素的第一电离能，用$I_1$表示；+1价的气态正离子再失去1个电子成为+2价气态正离子所需要的能量称为第二电离能，用$I_2$表示。元素可依次有第三、第四电离能等。例如：

$$Mg(g) \longrightarrow Mg^{+}(g) + e^{-} \qquad I_1 = 738\ kJ \cdot mol^{-1}$$

$$Mg^{+}(g) \longrightarrow Mg^{2+}(g) + e^{-} \qquad I_2 = 1\ 451\ kJ \cdot mol^{-1}$$

因为从原子中移走电子需要消耗能量，以克服核对电子的吸引作用，因此元素的电离能都是正值(单位是$kJ \cdot mol^{-1}$)，且$I_1 < I_2 < I_3 < \cdots$。这是因为随着离子所带正电荷的增多，离子的半径越来越小，核对外层电子的吸引作用逐渐增大，因而元素的原子失电子

的能力也逐渐降低。

电离能的数据可由实验测得，周期表中各元素原子的第一电离能数据见附表 9。通常所说的电离能，如果没有特别说明，都指元素的第一电离能。

电离能的大小反映了元素原子失去电子的难易程度，即元素的金属性的强弱。电离能越小，原子越易失去电子，元素的金属性越强。电离能的大小决定于元素的有效核电荷数、元素的原子半径和原子的电子构型。元素电离能的变化具有以下规律：

① 同一周期元素，从左到右，元素的有效核电荷数逐渐增多，原子半径逐渐减小，电离能数值逐渐增大。稀有气体元素的最外电子层，由于具有 8 电子（He 为 2 电子）的稳定结构，在同一周期中电离能最大。在长周期中的过渡元素，由于增加的电子填充在次外层，有效核电荷数增加得不明显，原子半径减小得较缓慢，因此，电离能增大得也不明显。

② 同一主族元素，从上到下，有效核电荷数增加得不明显，但因电子层数增加使原子半径明显地增大，因此，电离能逐渐减小。同一副族元素，从上到下，第一电离能变化的规律性不强。

Question

从附表9中看出，Mg的第一电离能大于Al的第一电离能，如何解释？类似的反常现象，还存在于哪些元素之间？

(2) 电子亲和能（electron affinity）

元素的 1 个基态的气态原子得到 1 个电子，成为－1 价的气态离子所放出的能量称为元素的第一电子亲和能，用 $A_1$ 表示。与电离能一样，某些元素也有第二，甚至第三电子亲和能。例如：

$O(g)+e^- \longrightarrow O^-(g)$ $\qquad A_1=-141\ kJ\cdot mol^{-1}$

$O^-(g)+e^- \longrightarrow O^{2-}(g)$ $\qquad A_2=+780\ kJ\cdot mol^{-1}$

可以看出，O 的第一电子亲和能是负值，表示系统放出能量；O 的第二电子亲和能是正值，这是因为把一个电子加到带负电荷的离子上，要克服非常大的静电斥力，需要吸收能量。一般来说，大多数元素的第一电子亲和能为负值，第二电子亲和能均为正值。目前，元素电子亲和能的数据不如电离能的数据充足，且准确度较差。因此，元素亲和能的应用不多。表 11-5 列出了部分元素的第一电子亲和能的数据。

**表 11-5 主族元素的第一电子亲和能/kJ·mol⁻¹**

| | | | | | | | |
|---|---|---|---|---|---|---|---|
| H<br>－73 | | | | | | | He<br>＋48.2 |
| Li<br>－59.6 | Be<br>＋48.2 | B<br>－26.2 | C<br>－121.9 | N<br>＋6.75 | O<br>－141.0 | F<br>－328.0 | Ne<br>＋115.8 |
| Na<br>－52.9 | Mg<br>＋38.6 | Al<br>－42.5 | Si<br>－133.6 | P<br>－72.1 | S<br>－200.4 | Cl<br>－349.0 | Ar<br>＋96.5 |
| K<br>－48.4 | Ca<br>＋28.9 | Ga<br>－28.9 | Ge<br>－115.8 | As<br>－78.2 | Se<br>－195.0 | Br<br>－324.7 | Kr<br>＋96.5 |
| Rb<br>－46.9 | Sr<br>＋28.9 | In<br>－28.9 | Sn<br>－115.8 | Sb<br>－103.2 | Te<br>－190.2 | I<br>－295.1 | Xe<br>＋77.2 |

电子亲和能是原子获得电子难易程度的量度。元素的电子亲和能代数值越小,表示原子获得电子的能力越大,元素的非金属性越强;元素的电子亲和能代数值越大,则表示原子获得电子的能力越小,元素的非金属性越弱。元素的电子亲和能取决于有效核电荷数、原子半径和原子的电子构型。

在周期表中,元素电子亲和能的变化规律与电离能的变化规律基本相同。同一周期中,从左至右,电子亲和能的代数值逐渐减小;在同一族中,从上到下,电子亲和能的代数值逐渐增大,但第 2 周期元素 O 和 F 的电子亲和能的代数值高于同族第 3 周期元素 S 和 Cl 的。这一反常现象是由于第 2 周期元素(O,F)的原子半径小,电子云密度大,电子间的斥力强,抵消了部分电子亲和能所致。

3. 电负性(electro negativity)

元素的电离能和电子亲和能分别从一个侧面反映了元素的原子失去或得到电子能力的大小,为了综合表征原子得失电子的能力,1932 年鲍林提出了电负性的概念。元素电负性指在分子中成键元素的原子吸引成键电子的能力,用 $X$ 表示。他指定最活泼的非金属元素氟的电负性为 4.0,然后通过计算得出其他元素电负性的相对值。元素的电负性越大,表示该元素的原子在分子中吸引成键电子的能力越强;反之,则越弱。附表 10 列出了由鲍林标度法得到的元素电负性的数值。

由附表 10 可知,同一周期主族元素的电负性从左到右依次递增,这是由于原子的有效核电荷数逐渐增多,半径依次减小,使原子在分子中吸引成键电子的能力逐渐增大。在同一主族中,从上到下电负性逐渐减小,这说明原子在分子中吸引成键电子的能力逐渐减弱。过渡元素电负性的变化没有明显的规律。

元素的电负性在化学中有着广泛的应用,它是全面衡量元素金属性和非金属性相对强弱的一个重要物理量。元素的电负性值越大,元素的非金属性越强,金属性越弱;反之,亦然。一般地说,金属元素的电负性小于 2.0,非金属元素的电负性则大于 2.0,个别元素例外。

## 第二节　共价键与分子结构

为了解释非金属单质中的化学键问题,1916 年,美国化学家路易斯(G. N. Lewis)提出了共价键理论。该理论认为原子在形成分子时,通过共用电子对达到稀有气体的稳定结构。1927 年,德国化学家海特勒(W. Heitler)和美籍科学家伦敦(F. London)用量子力学研究氢分子,揭示了共价键的本质;1931 年,美国化学家鲍林(L. Pauling)又提出了杂化轨道理论,较好地说明了多原子分子的形成过程和空间结构;1932 年,德国化学家洪特(F. Hund)和美国化学家密立根(R. S. Mulliken)提出了分子轨道理论,用于研究分子中电子的运动状态。本课程只介绍建立在量子力学基础上的价键理论和杂化轨道理论。

## 一、价键理论(Valence bond theory 简称 VB 法)

1. 氢分子的形成和共价键的本质

海特勒和伦敦用量子力学理论研究了两个氢原子互相接近的过程中系统能量 $E$ 与核间距 $R$ 的关系,研究结果如图 11-10 所示。如果两个 H 原子中的电子自旋方向相反,则当两原子相互靠近时,随着核间距 $R$ 的减小,系统能量逐渐降低,当 $R=87$ pm(实验值为 74 pm)时系统的能量达到最低值;如果两个 H 原子中的电子自旋方向相同,则当两个原子相互靠近时,随着核间距 $R$ 的减小,系统能量逐渐升高。可见,电子的自旋方向相反的两个 H 原子在距离 87 pm 处能结合成稳定的 $H_2$ 分子,而电子自旋相同时两个 H 原子无法成键。

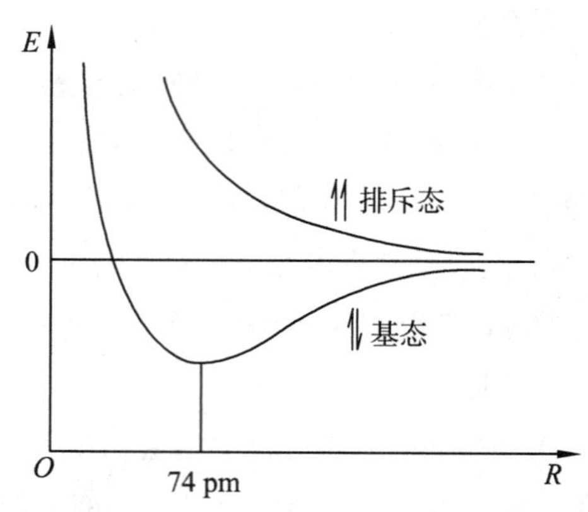


图 11-10 $H_2$ 分子形成过程的能量变化示意图

量子力学理论认为,第一种情况是两个 H 原子的 1s 原子轨道发生重叠(波函数相加),核间形成了一个电子概率密度较大的区域,因而有效地降低了两个原子核之间的正电排斥作用,同时两个 H 原子核都被电子概率密度大的区域所吸引,进而增加了两个原子核的结合力,使系统能量达到最低值(称为 $H_2$ 分子的基态),有利于形成稳定的共价键;第二种情况是两个 H 原子的 1s 原子轨道异号重叠(波函数相减),两个原子核间电子的概率密度几乎为零,因而增大了两个原子核之间的正电排斥作用,系统能量随着核间距 $R$ 的减小而逐渐升高,并且始终高于 H 原子的能量,系统处于不稳定状态(称为 $H_2$ 分子的排斥态),不能形成共价键。

可见,共价键的本质是成键原子轨道之间的重叠,同时也存在原子核对核间电子概率密度较大区域的电性吸引作用。将量子力学对氢分子的处理结果加以推广,就建立了价键理论。

2. VB 法的基本要点

(1) 自旋相反的未成对价电子互相配对形成共价键,价电子配对过程就是价层原子轨道的重叠过程。

(2) 成键的原子轨道总是尽可能最大限度地重叠,使两核间电子的概率密度最大,形成的共价键最稳定。因此,参与重叠的原子轨道符号必须相同(保证波函数相加),而且原子轨道必须沿其空间伸展方向(即电子概率密度分布最大的方向)重叠。例如,H 原子的 1s 轨道和 Cl 原子的 $3p_x$ 轨道重叠时,有如图 11-11 所示的 4 种情况。图中(a)为同号重叠,且沿着原子轨道伸展方向重叠,符合最大限度的重叠原则,属于有效重叠,能形成稳定的化学键;(b)、(c)、(d)均不符合最大限度的重叠原则,属于无效重叠,不能形成化学键。

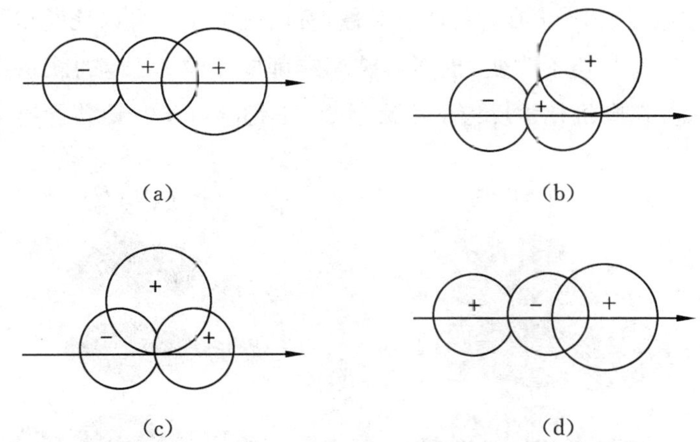


图 11-11　原子轨道重叠方式示意图

3. 共价键的特征

(1) 共价键有饱和性。自旋相反的未成对电子互相配对才能成键,所以一个原子可能形成的共价键的数目,也就是原子核外未成对的电子数,因此共价键具有饱和性。例如,氢原子外层只有一个未成对的电子,所以它只能与另一个氢原子或其他一价的原子结合形成双原子分子,而不可能再与第二个原子结合,这就是共价键的饱和性。

(2) 共价键有方向性。价键理论认为,共价键是由成键原子轨道重叠形成的,原子轨道重叠越多,形成的共价键越稳定,而所有的原子轨道在空间都有一定的伸展方向(s 轨道除外),这就决定了共价键有方向性。

因为有机化合物分子中的原子主要是以共价键相结合的,共价键的饱和性和方向性决定了有机化合物的分子都是由一定数目的某几种元素的原子按特定的方式结合形成的,所以其分子都有其特定的大小和立体构型,而分子的立体构型与分子的物理性质、化学性质乃至生理活性都有密切的关系。

4. 共价键的分类

共价键按其共用电子对的数目不同,可分为单键和重键两种。共用一对电子而形成的键,叫作单键;共用两对或两对以上电子而形成的键,叫作重键。由于原子轨道在空间都有一定的伸展方向(s 轨道除外),所以在形成共价键时,原子轨道也可以按不同的方向进行重叠,根据原子轨道重叠方式的不同,可将共价键分为 $\sigma$[sigma]键和 $\pi$[pai]键。

(1) $\sigma$ 键

原子轨道沿键轴(即两成键原子核之间的连线。习惯上以 $x$ 轴作为键轴)方向"头碰头"地重叠形成的共价键称为 $\sigma$ 键,形成 $\sigma$ 键的电子称为 $\sigma$ 电子,可以形成 $\sigma$ 键的轨道重叠方式有：s-s 重叠、s-$p_x$ 重叠、$p_x$-$p_x$ 重叠（以 $x$ 轴作键轴），如图 11-12(a)所示。共价单键一般是 $\sigma$ 键。例如，甲烷分子中的碳氢键和乙烷分子中的碳氢键及碳碳键都是 $\sigma$ 键。

$\sigma$ 键的轨道重叠部分对键轴呈圆柱形对称，所以成键原子可以绕着键轴自由旋转，成键原子轨道的形状、符号均不改变，也不会破坏或削弱 $\sigma$ 键。$\sigma$ 键的轨道重叠程度较大，所以 $\sigma$ 键比较稳定，在有机化学反应中不易断裂。$\sigma$ 键存在于一切共价键中。

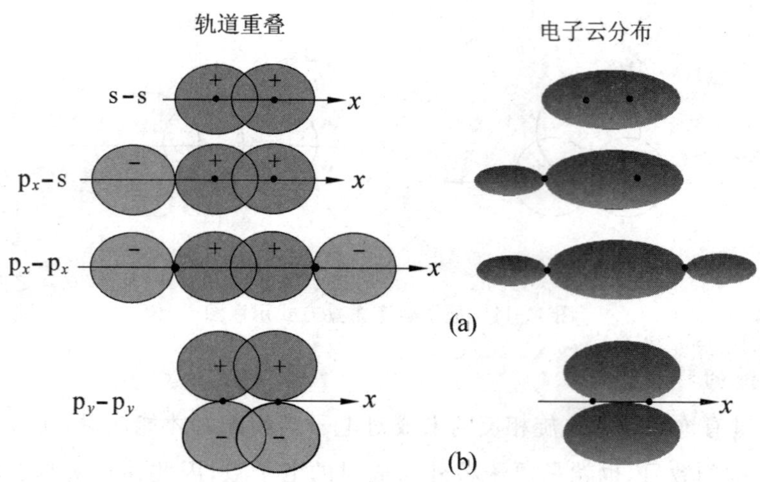


图 11-12　$\sigma$ 键和 $\pi$ 键的原子轨道重叠及电子云分布示意图

(2) $\pi$ 键

原子轨道沿键轴方向“肩并肩”地重叠形成的共价键称为 $\pi$ 键，构成 $\pi$ 键的电子叫 $\pi$ 电子，可以形成 $\pi$ 键的轨道重叠方式有：$p_y$-$p_y$ 重叠、$p_z$-$p_z$ 重叠（以 $x$ 轴做键轴），如图 11-12(b)所示。例如，N 原子有 3 个未成对的 p 电子，3 个简并的 p 轨道互相垂直，当形成 $N_2$ 分子时，若两个 $p_x$ 轨道以“头碰头”的方式重叠形成 $p_x$-$p_x$ $\sigma$ 键，那么 $p_y$、$p_z$ 轨道必然分别以“肩并肩”方式重叠形成两条 $p_y$-$p_y$、$p_z$-$p_z$ $\pi$ 键，所以 $N_2$ 分子中有 1 条 $\sigma$ 键，2 条 $\pi$ 键，如图 11-13 所示。而乙烯中的碳碳双键就是由一个 $\sigma$ 键和一个 $\pi$ 键组成的，乙炔分子中碳碳三键是由一个 $\sigma$ 键和两个 $\pi$ 键组成的。

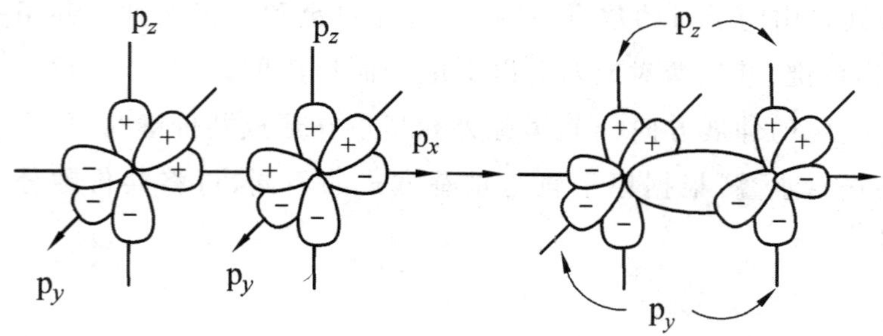


图 11-13　$N_2$ 分子中化学键的形成示意图

π 键的轨道重叠部分对通过键轴的平面呈镜面反对称.轨道重叠部分对等地分布在包括键轴所在平面(称为节面)的上、下两侧,形状、大小相同但符号相反。一般来说,π 键的重叠程度小于 σ 键,因而稳定性也小于 σ 键,所以在有机化学反应中,π 键容易断裂,碳原子趋向于形成比较牢固的 σ 键,因而含有重键的有机化合物都容易发生加成反应。

## 二、杂化轨道理论

价键理论成功地解释了共价键的本质、特点和类型,但却无法解释一些多原子分子的空间构型。例如,价键理论认为,在形成 $NH_3$ 分子时,N 原子的 3 个互相垂直的 2p 轨道可以和 3 个 H 原子的 1s 轨道重叠形成 3 条 σ 键,所以 HNH 之间所夹的角应该是 90°,但实验结果却为 107.3°。为了合理地解释分子的空间构型,1931 年,美国化学家鲍林从电子具有波动性而波可以叠加的思想出发,提出了杂化轨道理论(hybrid orbital theory),补充和发展了价键理论。

1. 杂化轨道理论的基本要点

(1) 杂化与杂化轨道。原子在形成分子的过程中,为了增大轨道的重叠程度,提高成键能力,中心原子中若干不同类型的、能量相近的原子轨道混合起来,重新组成一组新的原子轨道,这种重新组合的过程叫杂化(hybridization),所形成的新轨道叫杂化轨道(hybrid orbital)。

(2) 参与杂化的原子轨道总数与形成的杂化轨道数目相等,即有多少条原子轨道参加杂化,就能形成多少条杂化轨道。

(3) 杂化轨道的成键能力强。杂化轨道中电子云的分布更集中,更有利于原子轨道最大限度地重叠,形成的 σ 键更稳定。

(4) 杂化轨道的空间取向有利于系统能量最低。为了使系统能量最低,杂化轨道在空间总是尽量远离,使杂化轨道间的夹角最大,排斥作用最小。

应该注意的是,原子轨道杂化,只有在形成分子的过程中才会发生,孤立的原子是不会发生杂化的。同时,只有能量相近的原子轨道(如 2s 和 2p)才能发生杂化,能量相差较大的轨道(如 1s 轨道和 2p 轨道)间不能发生杂化。

2. 杂化类型与分子的空间构型

参与杂化的原子轨道的种类和数目不同,所形成的杂化轨道类型不同。当杂化轨道与成键原子的价电子轨道重叠成键时,同样要满足最大重叠原理,原子轨道重叠越多,形成的化合物越稳定。所以,不同的杂化类型也就对应了不同的分子空间构型。

按杂化后形成的杂化轨道的成分和能量不同,可将杂化分为等性杂化和不等性杂化两种。

(1) 等性杂化

*n* 个能量相近的不同类型原子轨道杂化之后得到 *n* 个完全等同(成分和能量完全相同)的杂化轨道,称为等性杂化(equivalent hybridization)。对于 s、p 型杂化,等性杂化通常有以下几种:

① sp 杂化　sp 杂化轨道是由 1 条 *n*s 轨道和 1 条 *n*p 轨道杂化而成,形成两条性质

相同、能量相等的 sp 杂化轨道。其特点是每条 sp 杂化轨道含有$\frac{1}{2}$s 轨道成分和$\frac{1}{2}$p 轨道成分，2 条 sp 杂化轨道在空间尽可能远离，其夹角为 180°，呈直线形，如图 11-14 所示，未参与杂化的 2 条 *n*p 轨道与它们垂直。

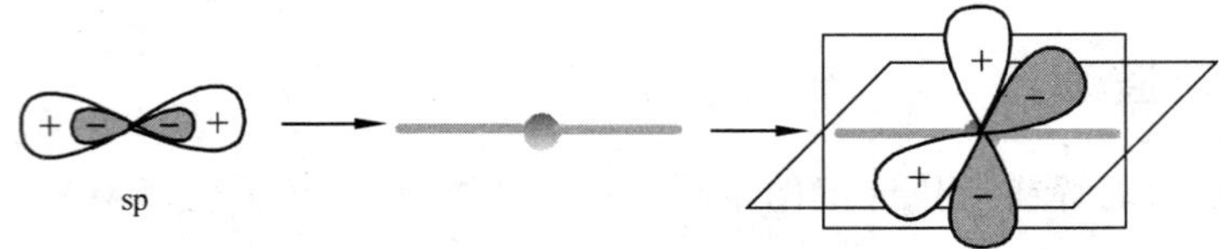


图 11-14　sp 杂化轨道示意图

② $sp^2$ 杂化　$sp^2$ 杂化轨道是由 1 条 *n*s 轨道和 2 条 *n*p 轨道杂化而成，其特点是每条 $sp^2$ 杂化轨道含有$\frac{1}{3}$s 轨道成分和$\frac{2}{3}$p 轨道成分，3 条 $sp^2$ 杂化轨道间夹角 120°，在空间呈平面三角形，如图 11-15 所示，未参与杂化的 1 条 *n*p 轨道垂直于该平面三角形。

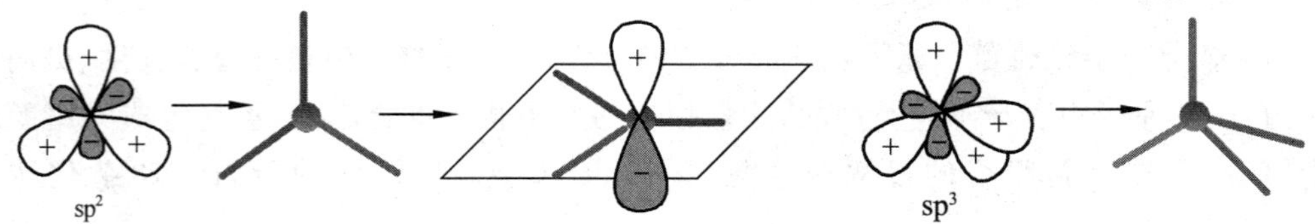


图 11-15　$sp^2$ 杂化轨道示意图　　图 11-16　$sp^3$ 杂化轨道示意图

③ $sp^3$ 杂化　$sp^3$ 杂化轨道是由 1 条 *n*s 轨道和 3 条 *n*p 轨道杂化而成，其特点是每条 $sp^3$ 杂化轨道含有$\frac{1}{4}$s 轨道成分和$\frac{3}{4}$p 轨道成分，4 条 $sp^3$ 杂化轨道间夹角 109°28′，空间构型为四面体形，如图 11-16 所示。

(2) 不等性杂化

中心原子若有含有孤对电子的原子轨道参与杂化，则杂化后的轨道成分不相同，这种杂化称为不等性杂化(nonequivalent hybridization)。分子的构型既与杂化类型有关，也与孤对电子的数目有关。现以 $NH_3$ 分子和 $H_2O$ 分子为例来讨论不等性杂化。

在 $NH_3$ 分子中，基态 N 原子的价电子构型为 $2s^2 2p^3$。杂化轨道理论认为，在形成氨分子时 N 原子发生了不等性的 $sp^3$ 杂化：

在 $NH_3$ 分子中，N 原子采用不等性 $sp^3$ 杂化形成 4 条不等性的 $sp^3$ 杂化轨道，三条具有单电子的杂化轨道与 3 个 H 原子的 1s 轨道重叠形成三个 σ 键，另外一条被孤对电子(已成对电子)占据，不能参与成键，该杂化轨道所含 s 轨道成分较其余杂化轨道的多，电子的概率密度大，对其他成键电子排斥力强，致使∠HNH 由 109°28′缩小到 107°18′。$NH_3$ 分子的空间构型为三角锥形，如图 11-17(a)所示。

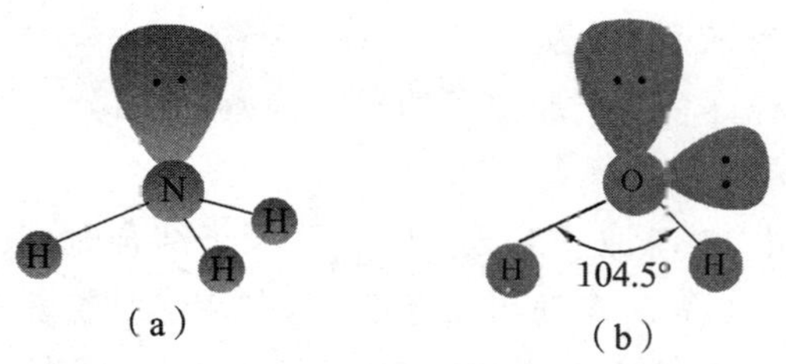


图 11-17　$NH_3$ 分子和 $H_2O$ 分子构型示意图

在 $H_2O$ 分子中，O 原子的价层电子构型为 $2s^2 2p^4$，有两个成单电子。实验测得键角为 104.5°。杂化轨道理论认为，氧原子与氢原子成键时中心原子氧原子也发生了不等性 $sp^3$ 杂化：

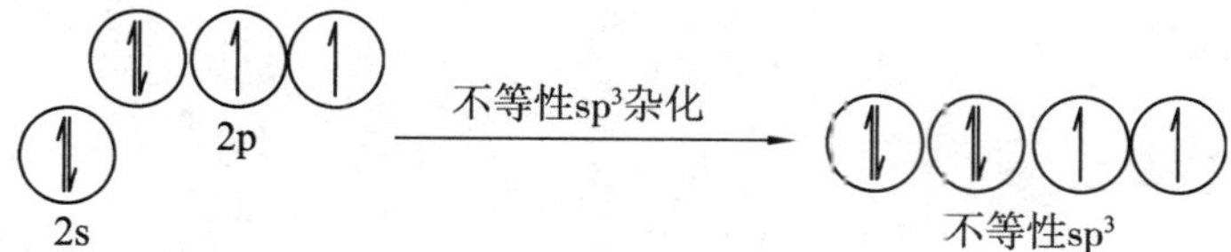


因为氧原子中有 2 条 $sp^3$ 杂化轨道被孤对电子占据，对成键电子的排斥力更强，致使∠HOH 进一步缩小，只有 104.5°，所以 $H_2O$ 分子的空间构型为 V 形（或弯曲形），如图 11-17(b)所示。

现将常见中心原子的杂化类型与分子空间构型的关系列入表 11-6 中。

**表 11-6　中心原子的杂化类型和分子空间构型间的关系**

| 杂化类型 | sp | $sp^2$ | | $sp^3$ | | |
|---|---|---|---|---|---|---|
| 参与杂化的轨道 | 1 条 s，1 条 p | 1 条 s，2 条 p | | 1 条 s，3 条 p | | |
| 杂化轨道数目 | 2 | 3 | | 4 | | |
| 杂化性质 | 等性 | 等性 | 不等性 | 等性 | 不等性 | 不等性 |
| 杂化轨道夹角 | 180° | 120° | $<120°$ | 109°28′ | $<109°28′$ | $<109°28′$ |
| 杂化轨道中的孤对电子数 | 0 | 0 | 1 | 0 | 1 | 2 |
| 杂化轨道空间构型 | 直线形 | 正三角形 | 三角形 | 正四面体 | 四面体 | 四面体 |
| 分子的空间构型 | 直线形 | 三角形 | V 形 | 四面体 | 三角锥 | V 形 |
| 实例 | $CO_2$<br>炔烃碳<br>$HgCl_2$<br>$ZnCl_2$<br>$CdCl_2$ | $SO_3$<br>烯烃碳<br>$NO_3^-$<br>$CO_3^{2-}$ | $NO_2$<br>$SO_2$ | $NH_4^+$<br>烷烃碳<br>$SiCl_4$<br>$ClO_4^-$ | $PCl_3$<br>$PH_3$<br>$NH_3$<br>$H_3O^+$ | $OF_2$<br>$H_2O$ |

杂化轨道理论通过原子轨道的杂化以及杂化轨道中孤对电子的数目，成功地解释了多原子分子的空间构型，但要预测多原子分子的空间构型，使用价层电子对互斥理论就比较方便、快捷。

3. 杂化轨道理论的应用

杂化轨道理论可解释许多分子或离子的空间构型，下面分三种杂化方式举例说明。

(1) sp 杂化

在气态 $BeCl_2$ 分子中，中心原子 Be 与 2 个 Cl 原子结合时，其价层轨道 2s 中的 1 个电子被激发到 2p 轨道上，1 条 2s 轨道和 1 条 2p 轨道杂化形成了 2 条完全等同的 sp 杂化轨道，2 个 Cl 原子的 3p 单电子轨道分别与 Be 原子的两条 sp 杂化轨道沿键轴方向“头碰头”重叠形成两条等同的 sp-pσ 键，所以 $BeCl_2$ 分子结构呈直线形，键角为 180°，$BeCl_2$ 分子的形成过程及空间构型如图 11-18 所示。

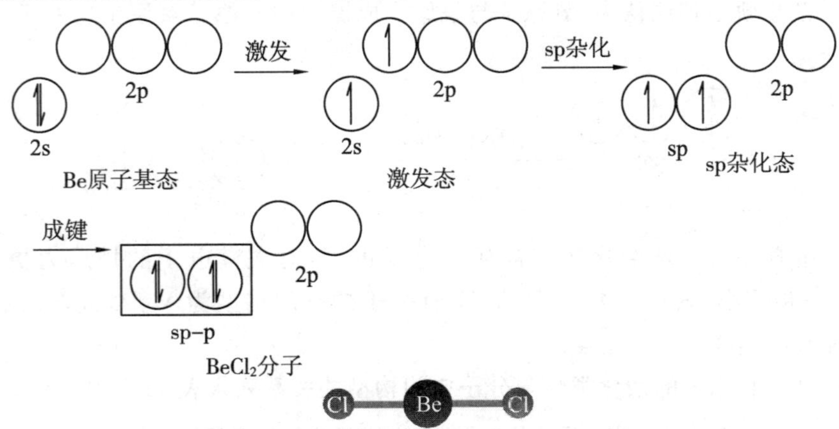


图 11-18 $BeCl_2$ 的形成过程及空间构型示意图

另外，乙炔分子中的 C 原子也是采用 sp 杂化方式成键的，每个 C 原子以一个 sp 杂化轨道与一个 H 原子的 1s 轨道重叠形成一个 sp-s σ 键，各碳原子的另一个 sp 杂化轨道相互重叠形成一个 sp-sp σ 键，C 原子上的其余 2 个 p 轨道分别与另一个 C 原子的 2 个 p 轨道以“肩并肩”的方式重叠形成 2 个相互垂直的 p-p π 键，所以乙炔分子是直线形分子。

(2) $sp^2$ 杂化

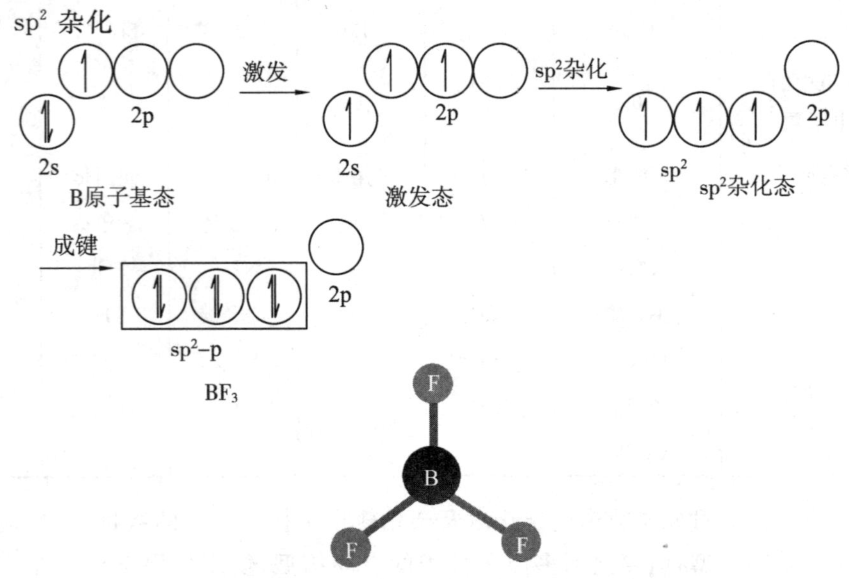


图 11-19 $BF_3$ 的形成过程及其空间构型示意图

在 $BF_3$ 分子中，中心原子 B 与 3 个 F 原子结合时，其价层轨道 2s 中的 1 个电子被激发到 2p 轨道上，1 条 2s 轨道和 2 条 2p 轨道杂化形成了 3 条完全等同的 $sp^2$ 杂化轨道，3 个 F 原子的 2p 单电子轨道与分别与 B 原子的 3 条 $sp^2$ 杂化轨道沿平面三角形的三个顶点"头碰头"重叠，形成 3 条等同的 $sp^2$-p $\sigma$ 键，$BF_3$ 分子呈平面三角形结构，键角为 120°，$BF_3$ 的形成过程及其空间构型如图 11-19 所示。

另外，乙烯分子中的 C 原子采用的也是 $sp^2$ 杂化。每个 C 原子以两条 $sp^2$ 杂化轨道与两个 H 原子的 1s 轨道重叠形成两个 $sp^2$-s $\sigma$ 键，各自的另一个 $sp^2$ 杂化轨道相互重叠形成 $sp^2$-$sp^2$ $\sigma$ 键。同时每个 C 原子还各有一个未参加杂化的 p 轨道，它们以"肩并肩"的方式相互重叠，在垂直于乙烯分子平面方向形成一个 p-p $\pi$ 键，分子中的 6 个原子共平面，呈对顶三角形结构。

(3) $sp^3$ 杂化

在 $CH_4$ 分子中，中心原子 C 原子和 4 个 H 原子成键时，其价层 2s 轨道中的 1 个电子被激发到 2p 轨道上，1 条 2s 轨道和 3 条 2p 轨道杂化形成了 4 条完全等同的 $sp^3$ 杂化轨道，4 个 H 原子的 s 轨道与 C 原子的 4 条 $sp^3$ 杂化轨道沿正四面体的 4 个顶点"头碰头"重叠形成 4 条等同的 $sp^3$-s $\sigma$ 键，$CH_4$ 分子呈正四面体形结构，键角为 109°28′，$CH_4$ 分子的形成过程及其空间构型如图 11-20 所示。

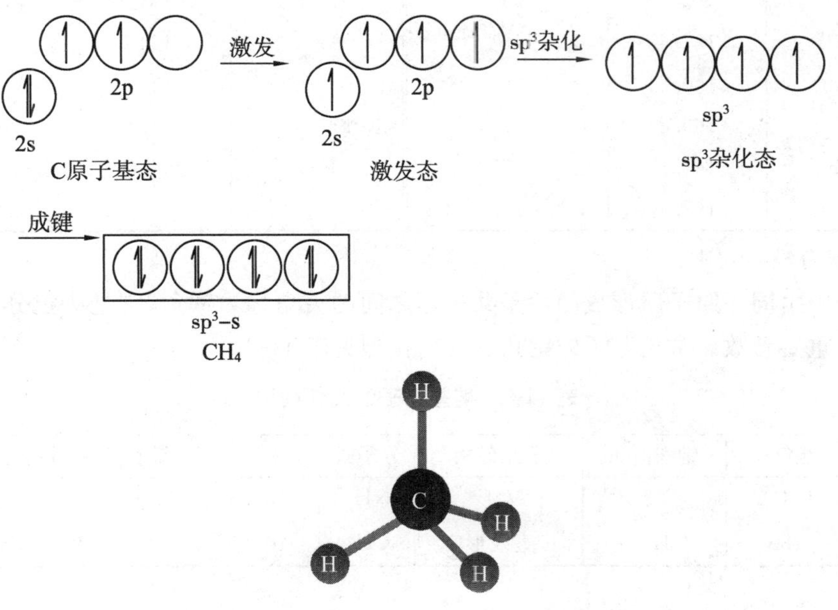


图 11-20 $CH_4$ 的形成过程及其空间构型示意图

## 三、键参数(bond parameter)

### 1. 键能

用来描述化学键强弱的物理量。在 298.15 K 和标准压力(100 kPa)下，将 1 mol 气态 AB 分子的键断开，生成气态原子所需要的能量，称为键能。用符号 $E_B$ 表示，单位为 $kJ \cdot mol^{-1}$。

对于双原子分子，键能等于键的离解能，用符号 $D$ 表示，单位为 $kJ\cdot mol^{-1}$。例如，

$$H_2(g) \longrightarrow 2H(g) \qquad D_{H-H}=E_{H-H}=436\ kJ\cdot mol^{-1}$$

对于多原子分子，键能等于全部离解能的平均值。例如，

$$NH_3(g) \longrightarrow NH_2(g)+H(g) \qquad D_1=435\ kJ\cdot mol^{-1}$$

$$NH_2(g) \longrightarrow H(g)+NH(g) \qquad D_2=397\ kJ\cdot mol^{-1}$$

$$NH(g) \longrightarrow H(g)+N(g) \qquad D_3=339\ kJ\cdot mol^{-1}$$

在 $NH_3$ 分子中，N-H 键的键能等于 3 个等价 $n$-H 键离解能的平均值，即

$$E_{B(N-H)}=(D_1+D_2+D_3)/3=390\ kJ\cdot mol^{-1}$$

一般来说，键能越大，相应的共价键越牢固，形成的分子越稳定。

2. 键长

分子中两个成键原子核间的平均距离为键长，单位为 pm($10^{-12}$ m)。一般来说，键长越长，键能越小；键长越短，键能越大。表 11-7 列出一些共价键的键长和键能的数据。

**表 11-7　一些共价键的键长和键能数据**

| 共价键 | 键长/pm | 键能/($kJ\cdot mol^{-1}$) | 共价键 | 键长/pm | 键能/($kJ\cdot mol^{-1}$) |
|---|---|---|---|---|---|
| H—H | 76 | 436 | C—H | 109 | 413 |
| H—F | 91.8 | 565 | C—C | 154 | 346 |
| H—Cl | 127.4 | 431 | C═C | 134 | 602 |
| H—Br | 140.8 | 362 | C≡C | 120 | 835 |
| H—I | 160.8 | 295 | Br—Br | 228.4 | 190 |
| F—F | 141.8 | 155 | I—I | 266.6 | 149 |
| Cl—Cl | 198.8 | 240 | | | |

3. 键角

分子中由同一原子所形成的两条共价键之间的夹角称为键角，它是决定分子空间结构的一个重要参数。常见分子的键角和几何构型见表 11-8。

**表 11-8　某些分子的几何构型**

| 分子式 | 键角/° | 键长/pm | 分子几何构型 | 分子式 | 键角/° | 键长/pm | 分子几何构型 |
|---|---|---|---|---|---|---|---|
| $H_2O$ | 104.5 | 98 | V 形 | $NH_3$ | 107.3 | 107 | 三角锥形 |
| $CO_2$ | 180 | 121 | 直线形 | $CH_4$ | 109.5 | 109 | 正四面体形 |

# 第三节　分子间作用力

## 一、分子的极性和极化

1. 分子的极性

(1) 共价键的极性

在共价键中，根据成键原子的电负性，可分为极性共价键和非极性共价键。分子中

成键两原子的电负性相同时，电子云在两核间均匀分布，形成的共价键正负电荷重心重合，称为非极性共价键，简称非极性键；成键两原子的电负性不相同时，电子云集中在电负性较大的原子一方，造成正、负电荷在两个原子间分布不均匀，形成的共价键正负电荷重心不重合，称为极性共价键，简称极性键。键的极性取决于成键两原子的电负性差值，电负性差值越大，键的极性越强，如表 11-9 所示。键极性的定量描述是用键距来表示。键距是矢量，规定其方向从正电荷指向负电荷，SI 单位为 c·m(库伦·米)，也可以用 $\delta^+$ 或 $\delta^-$ 标在有关原子上来表示共价键的原子带部分正电荷或部分负电荷的情况。例如：

$$\overset{\delta^+}{H}-\overset{\delta^-}{F}$$

**表 11-9　共价键的极性与元素的电负性**

| H—X 键 | HF | HCl | HBr | HI |
|---|---|---|---|---|
| X 的电负性 | 4.0 | 3.0 | 2.8 | 2.5 |
| 电负性差值 | 1.9 | 0.9 | 0.7 | 0.4 |
| 键的极性 | 键的极性递增 ← | | | |

实际上，极性共价键是典型的共价键和典型的离子键之间的过渡键型，当两个原子的电负性差值大到一定的程度，共价键则转变成离子键；从离子键角度看，即使在典型的离子键中，如 CsF 中，也含有共价键的成分，随着两个原子的电负性差值变小，离子键中的共价键成分也随之增大，当电负性差值小到一定程度时，离子键就转变为共价键。

(2) 分子的极性

正负电荷重心重合的分子叫作非极性分子(non-polar molecule)；正负电荷重心不重合的分子叫作极性分子(polar molecule)。分子的极性与键的极性的关系如下：

① 若分子中的键是非极性键，则分子为非极性分子($O_3$ 除外)，如 $Cl_2$、$F_2$、$P_4$、$S_8$ 等，是以非极性键结合的非极性分子。

② 若分子中的键是极性键，但分子的空间结构对称，则键的极性相互抵消，所形成的分子就是非极性分子，如 $CO_2$、$BF_3$ 等，是以极性键结合的非极性分子。若分子中的键是极性键，且分子的空间结构不对称，则键的极性不能相互抵消，所形成的分子就是极性分子，如 $NH_3$、$H_2O$ 等，是以极性键结合的极性分子。

分子极性的大小可以用偶极矩(dipole moment)$\mu$ 来衡量，$\mu$ 的 SI 单位为 C·m。它等于分子中正(或负)电荷重心的电量 $q$ 与正、负电荷重心之间的距离 $d$ 的乘积：

$$\mu=q\cdot d \tag{11-11}$$

偶极矩也是一个矢量，方向由正电荷的重心指向负电荷的重心。分子的偶极距是分子中共价键各键距的矢量和。它的大小标明了相应分子极性的强弱，偶极矩越大，分子极性越强。偶极矩可以通过实验测定。表 11-10 列出了一些气态分子偶极矩的实验数据。利用偶极矩可以推测分子的极性及分子的空间构型。例如，$CO_2$ 分子，$\mu=0$，判断是非极性分子，直线形；$H_2O$ 分子，$\mu>0$，判断是极性分子，V 形。

表 11-10 一些分子的偶极矩及其空间构型

| 分子 | $\mu/(10^{-30}C\cdot m)$ | 空间构型 | 分子 | $\mu/(10^{-30}C\cdot m)$ | 空间构型 |
|---|---|---|---|---|---|
| $H_2$ | 0.0 | 直线形 | HBr | 2.6 | 直线形 |
| $O_2$ | 0.0 | 直线形 | HI | 1.3 | 直线形 |
| $N_2$ | 0.0 | 直线形 | CO | 0.33 | 直线形 |
| $Cl_2$ | 0.0 | 直线形 | NO | 0.53 | 直线形 |
| $CO_2$ | 0.0 | 直线形 | $H_2O$ | 6.2 | V 形 |
| $CS_2$ | 0.0 | 直线形 | $H_2S$ | 3.7 | V 形 |
| $CH_4$ | 0.0 | 正四面体形 | $SO_2$ | 5.3 | V 形 |
| $CCl_4$ | 0.0 | 正四面体形 | $NH_3$ | 5.0 | 三角锥形 |
| HF | 6.4 | 直线形 | $PH_3$ | 1.8 | 三角锥形 |
| HCl | 3.6 | 直线形 | $CHCl_3$ | 3.5 | 四面体形 |

2. 分子的极化作用和变形性

在讨论分子的极性时，只考虑孤立分子中电荷的分布情况，如果把分子置于外电场中，分子中电荷的分布会发生变化。

非极性分子在外电场的影响下，分子中带正电荷的原子核被吸引到外电场的负极，带负电荷的电子被吸引到外电场的正极，使分子发生变形，分子中正负电荷的重心互相分离，产生了偶极，这个过程叫作分子的极化(molecular polarization)，所形成的偶极称为诱导偶极(induce dipole)，如图 11-21 所示。外电场使分子变形的作用称为外电场的极化作用；分子在外电场的极化作用下变形的现象称为分子的变形性(molecular deformability)。电场强度越大、分子体积越大，分子变形性越大。如果取消外电场，诱导偶极将自行消失。

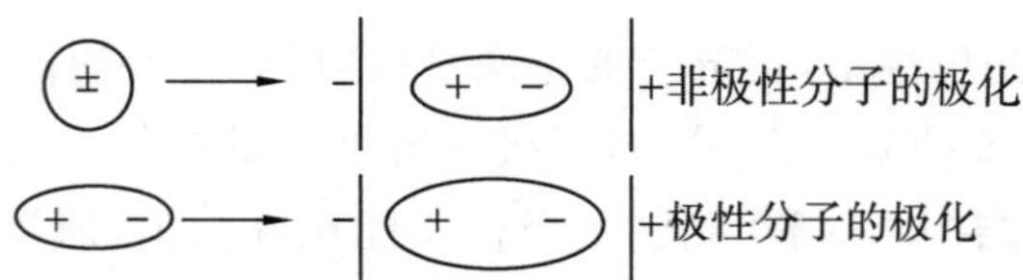


图 11-21 分子的极化作用示意图

对于极性分子来说，本身就存在偶极，这种偶极叫固有偶极(permanent dipole)。当把极性分子放在电场中时，极性分子间将按异性相吸的原则在电场中定向排列；同时，在外电场作用下，分子中偶极之间的距离进一步增大，在原来固有偶极的基础上又产生一个诱导偶极，使分子的极性增强。

## 二、分子间作用力

离子键、共价键是两种基本的化学键，它们是分子中相邻原子间强烈的化学结合力，是决定分子性质的主要因素。在分子与分子间存在着一种较弱的作用力，称为分子间力

(intermolecular force),这种分子间作用力比化学键键能小 1～2 个数量级,但对物质的物理性质(聚集状态、熔点、沸点、溶解度等)有明显的影响。分子间作用力通常包括色散力、取向力和氢键三种。

1. 色散力

由于分子中的电子和原子核在不断的运动过程中经常发生相对位移,使分子中正、负电荷重心在某一瞬间不重合而产生了瞬时偶极(instantaneous dipole)。当非极性分子靠近到一定距离时,由于同极相斥,异性相吸,瞬时偶极总是处于异极相邻的状态。分子间通过瞬时偶极产生的作用力称为色散力(dipersion force)。如图 11-22(a)所示。瞬时偶极存在的时间虽然短暂,但这种异性相邻的状态在不断重复,因此色散力始终存在。任何分子相互靠近时,都会产生瞬时偶极,因此色散力存在于所有的分子之间,它是分子间最普遍、最主要的一种作用力。色散力的大小与分子的变形性有关。分子的体积越大,最外层电子离核越远,核对其吸引力越弱,分子的变形性就越大。对化学性质相似的同系物,相对分子质量越大,变形性越强,色散力也越强。例如,直链烷烃的熔、沸点随着碳原子数的增加而升高,原因就是物质的熔、沸点主要与分子间作用力有关,分子间作用力越大,熔、沸点越高。而直链烷烃中的分子间作用力以色散力为主,色散力与分子的相对分子质量有关,所以直链烷烃的碳原子数越多,相对分子质量越大,色散力越强,熔、沸点越高。

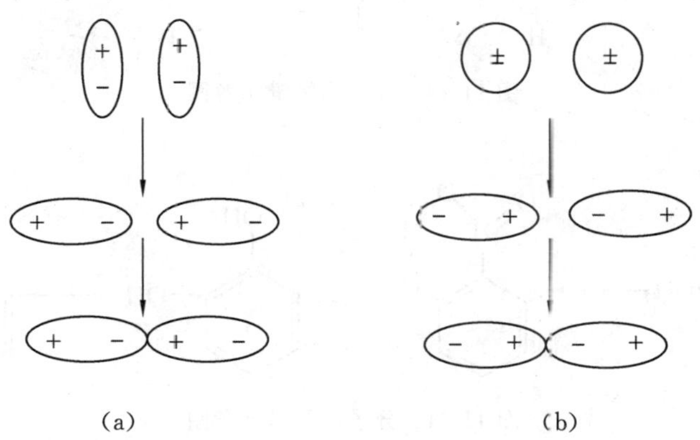

(a)　　(b)

图 11-22　分子间作用力示意图

2. 取向力

极性分子具有固有偶极,当两个极性分子相互靠近时,固有偶极同极相斥,异极相吸,使极性分子按异极相邻的状态定向排列,在定向排列过程中,分子的固有偶极之间相互吸引而产生的作用力称为取向力(orientation force),也叫偶极—偶极作用力。如图 11-22(b)所示。取向力存在于极性分子之间,其大小除了与分子间距离有关外,还与分子的极性有关,分子极性越强,则分子间取向力越强。例如,丁酮与正戊烷相对分子质量相同,但丁酮的沸点高于正戊烷,原因是丁酮中含有酮羰基,分子极性强于正戊烷,丁酮分子间的取向力大于正戊烷分子间的取向力,而丁酮与正戊烷相对分子质量相同,分子间色散力相近,所以丁酮分子之间的相互作用力大于正戊烷分子之间的相互作用力,因此丁酮的沸点高于正戊烷。顺-1,2-二氯乙烯(极性分子)的沸点高于反-1,2-二氯乙烯(非极性分子)的沸点也是同样的道理。

3. 氢键

(1) 氢键的形成条件

氢键指氢化物中与电负性大的原子 X 以共价键结合的 H 原子,与另一氢化物中电负性大的原子 Y 之间的静电吸引作用。

氢键可以用下列通式表示:X—H……Y,式中实线表示共价键,虚线表示氢键,X、Y 代表 F、O、N 等电负性很大、半径很小且含有孤对电子的原子。当氢原子与 X 原子形成共价键时,成键电子对强烈地偏向 X 原子,使氢原子几乎成为"裸露"的质子,有很强的正电效应,它可以和另一氢化物分子中电负性很大、半径很小的 Y 原子的孤对电子产生静电吸引作用而形成氢键。

(2) 氢键的分类和特征

氢键有分子间氢键和分子内氢键之分。在两个或两个以上的分子之间形成的氢键为分子间氢键,如图 11-23 所示。同一分子内形成的氢键为分子内氢键,如图 11-24 所示。

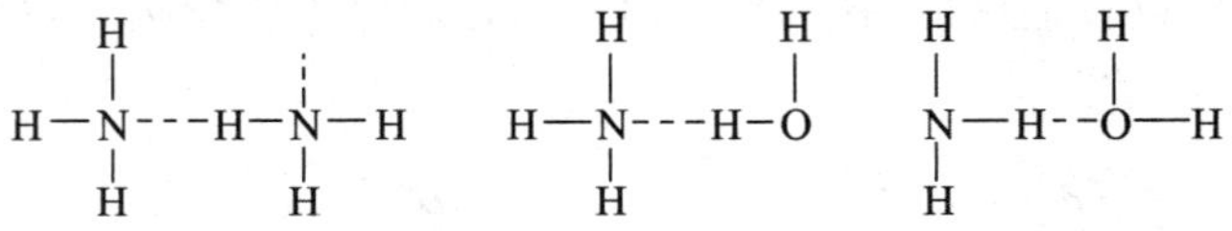

图 11-23 分子间氢键示意图

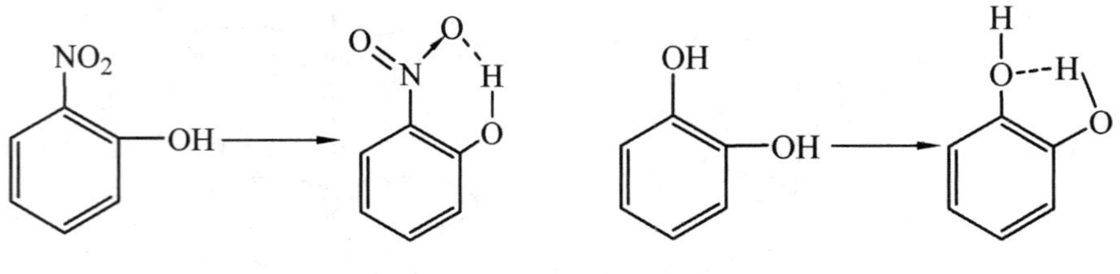

图 11-24 分子内氢键示意图

由图 11-23、11-24 可以看出,氢键具有以下特点:① 有饱和性。一个 X—H 中的 H 只能与一个 Y 原子形成氢键;② 有方向性。Y 原子与 X—H 中的 H 形成氢键时,应与 X—H 轴的方向一致,并且三个原子尽可能处于同一直线上(若形成分子内氢键,则另当别论)。

(3) 氢键形成对物质性质的影响

① 对物质熔、沸点的影响 分子间氢键的形成,会使物质的熔、沸点升高,这是因为要使固体熔化或液体气化,除了需克服分子间作用力外,还必须增加额外的能量以破坏分子间氢键,如 $NH_3$、$H_2O$、HF 的熔、沸点均是同族氢化物中最高的。分子内氢键的形成,往往会削弱分子间作用力,使物质的熔、沸点降低。例如,邻硝基苯酚的熔点是 45 ℃,而间硝基苯酚和对硝基苯酚的熔点分别是 96 ℃和 114 ℃。

② 对物质溶解度的影响　如果溶质分子与溶剂分子间能够形成氢键，则溶质的溶解度较大，如 HF、$NH_3$ 极易溶于水，乙醇可与 $H_2O$ 以任意比例互溶，还有低级的羧酸、酮、醛和酰胺等均可与水形成氢键，因而它们在水中的溶解度较大。甲烷等烃类化合物，因不与水形成氢键而难溶于水。如果溶质分子形成分子内氢键，则该溶质在极性溶剂中溶解度较小，而在非极性溶剂中溶解度较大，如邻硝基苯酚在水中的溶解度小于对硝基苯酚的，在苯中则正好相反。

③ 对生物体的影响　氢键对生物体的影响极为重要，生物体内的蛋白质、DNA（脱氧核糖核酸）等高分子内及分子间都存在大量的氢键。蛋白质是许多氨基酸以酰胺键（又称肽键）缩合而成，这些长链分子之间是靠羰基上的氧和氨基上的氢以氢键彼此在折叠平面上相连。这些氢键决定着蛋白质、DNA 等生命高分子的稳定性和立体构象以及其所蕴藏的遗传机制。由此可见，没有氢键的存在，就没有这些特殊而稳定的大分子结构，也正是这些大分子支撑了生物机制，担负着贮存营养、传递信息等一切生物功能。

# *第四节　配合物的价键理论

## 一、配合物的空间结构

### 1. 配合物的空间结构

配合物的空间结构指在配合物的内界中，配体在形成体周围的空间分布情况。通过 X 射线的衍射实验发现，配体在中心原子（离子）周围的排布不是任意的堆积，而是按一定的方式相结合，形成不同的空间结构。配体数目不同，配合物的空间结构也不同。

实验结果表明，中心离子的配位数与配合物的空间结构有下列关系：

(1) 配位数为 2 者，空间结构为直线形，如图 11-25(a)所示，常见的$[Ag(NH_3)_2]^+$、$[Cu(CN)_2]^-$、$[Cu(NH_3)_2]^+$、$[Ag(CN)_2]^-$等都是直线形的结构。

(2) 配位数为 3 者，空间结构为平面三角形，如图 11-25(b)所示，$[Cu(CN)_3]^-$是平面三角形的结构。

(3) 配位数为 4 者，有两种结构：一种是平面正方形，如图 11-25(c)所示，常见的有$[Pt(NH_3)_2Cl_2]$、$[Cu(NH_3)_4]^{2+}$、$[PtCl_4]^{2-}$、$[Ni(CN)_4]^{2-}$等；另一种是四面体，如图 11-25(d)所示，常见的$[ZnCl_4]^{2-}$、$[Ni(NH_3)_4]^{2+}$、$[Cd(CN)_4]^{2-}$是四面体结构。

(4) 配位数为 5 者，也有两种结构：一种是三角双锥形，如图 11-25(e)所示，常见的 $Fe(CO)_5$、$[CuCl_5]^{3-}$、$[Ni(CN)_5]^{2-}$等（此类较为少见）；另一种是正方锥体，如图 11-25(f)所示，常见的有$[TiF_5]^{2-}$、$[SbF_5]^{2-}$、$[Ni(CN)_5]^{3-}$等（此类很少见）。

(5) 配位数为 6 者，空间结构为正八面体形，如图 11-25(g)所示，常见的有$[Fe(CN)_6]^{3-}$、$[AlF_6]^{3-}$、$[PtCl_6]^{2-}$、$[Co(NH_3)_6]^{3+}$、$[FeF_6]^{3-}$等。

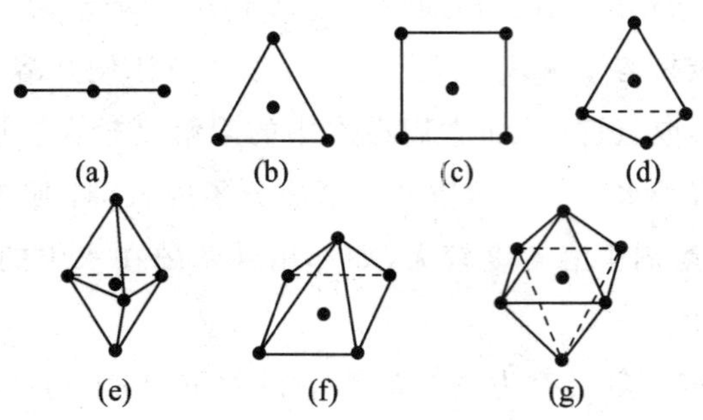


图 11-25　不同配位数的配离子的空间结构示意图

### 2. 配合物的异构现象

配合物结构复杂，异构现象非常普遍。下面做简单介绍。

(1) 构造异构。构造异构指配合物的化学式相同，但原子排列次序不同的异构现象。

例如，$CoBrSO_4(NH_3)_5$ 有红色和紫色 2 种异构体，红色的能与 $AgNO_3$ 溶液反应，并且溴离子可全部被沉淀为 AgBr，故它的化学式是 $[Co(SO_4)(NH_3)_5]Br$；紫色的可与 $BaCl_2$ 溶液反应，并且硫酸根可全部被沉淀为 $BaSO_4$，故它的化学式是 $[CoBr(NH_3)_5]SO_4$。又如，$CrCl_3(H_2O)_6$ 有 $[Cr(H_2O)_6]Cl_3$（紫色）、$[CrCl(H_2O)_5]Cl_2 \cdot H_2O$（亮绿色）和 $[CrCl_2(H_2O)_4]Cl \cdot 2H_2O$（暗绿色）3 种构造异构体。

(2) 立体异构。立体异构指化学式和原子排列次序都相同，而原子在空间排列方向不同而造成的异构现象。立体异构分为几何异构和旋光异构 2 种。

① 几何异构　例如，平面正方形的 $[Pt(NH_3)_2Cl_2]$ 有顺式和反式 2 种几何异构体（图 11-26）。2 个相同的配体处于正方形相邻二顶角的称为顺式异构体，处于对角的称为反式异构体。顺式异构体呈棕黄色，为极性分子，可溶于水，是一种抗癌药物。反式异构体呈淡黄色，为非极性分子，难溶于水，没有抗癌作用。

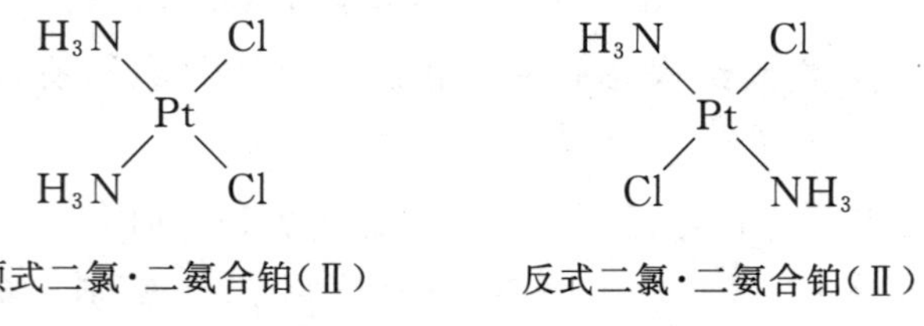


图 11-26　$[Pt(NH_3)_2Cl_2]$ 的顺反异构现象

配位数为 6 的八面体配合物也有顺反异构现象。若配合物中含有多种配体，或既有单基配体，又有多基配体，几何异构现象就更复杂。

② 旋光异构　两种异构体互成镜像关系，类似于人的左手和右手，这种分子称为手性分子或不对称分子。例如，*cis*-$[CoCl_2(en)_2]^+$ 与它的镜像不能重叠（图 11-27）。

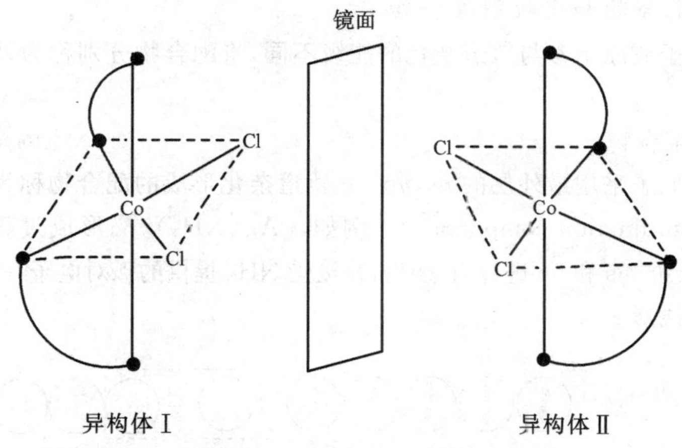


图 11-27 *cis*-$[CoCl_2(en)_2]^+$ 的旋光异构现象

由图 11-27 可知，异构体Ⅱ和异构体Ⅰ彼此不能重叠，但异构体Ⅱ和异构体Ⅰ的镜像相同，所以 *cis*-$[CoCl_2(en)_2]^+$ 属于手性分子，具有旋光异构体(异构体Ⅰ、异构体Ⅱ)。这类配合物在生物体内的生理功能有极大的差异。

## 二、配合物的价键理论

1. 价键理论的基本要点

配位化合物的价键理论(valence bond theory)是美国化学家鲍林把杂化轨道理论应用于配合物的结构而形成的。价键理论的主要内容如下：

(1) 配合物的中心离子或原子 M(形成体)同配体 L 之间以配位键结合。配体提供孤对电子，是电子对的给予体(donor)。形成体则提供空轨道，接受配体提供的孤对电子，是电子对的接受体(acceptor)。两者之间形成配位键，通常表示为 M←L。例如，在配离子$[Co(NH_3)_6]^{3+}$中，6 个 $NH_3$ 各提供一对孤对电子与 $Co^{3+}$ 形成 6 条配位键。

(2) 为了增强成键能力，形成体用能量相近的原子轨道(如第一过渡系金属元素的 3d,4s,4p,4d 轨道)杂化，并以杂化后的空轨道来接受配体提供的孤对电子形成配位键。配离子的空间结构、配位数、稳定性等主要取决于杂化轨道的数目和类型。中心离子的配位数、杂化轨道类型与配合物空间构型间的关系见表 11-11。

表 11-11 杂化轨道与配合物空间结构

| 配位数 | 杂化轨道类型 | 空间构型 | 配合物示例 |
|---|---|---|---|
| 2 | sp | 直线形 | $[Ag(NH_3)_2]^+$ |
| 3 | $sp^2$ | 平面三角形 | $[CuCl_3]^-$ |
| 4 | $dsp^2$ | 平面正方形 | $[Cu(NH_3)_4]^{2+}$ |
| 4 | $sp^3$ | 正四面体形 | $[ZnCl_4]^{2-}$ |
| 5 | $dsp^3$ | 三角双锥形 | $Fe(CO)_5$ |
| 6 | $sp^3d^2$　$d^2sp^3$ | 正八面体形 | $[FeF_6]^{3-}$、$[Fe(CN)_6]^{2-}$ |

2. 外轨型配合物和内轨型配合物

根据中心离子或原子参与轨道杂化的能级不同，将配合物分别称为外轨型配合物和内轨型配合物。

(1) 外轨型配合物

中心离子或原子采用最外层的 $n$s，$n$p，$n$d 轨道杂化形成的配合物称为外轨型配合物(outer orbital coordination compounds)。例如，$[Ag(NH_3)_2]^+$ 形成过程如图 11-28 所示。$Ag^+$ 以最外层的 5s 和 5p 进行 sp 杂化，并接受 $NH_3$ 提供的孤对电子，故$[Ag(NH_3)_2]^+$ 的空间构型为直线形。

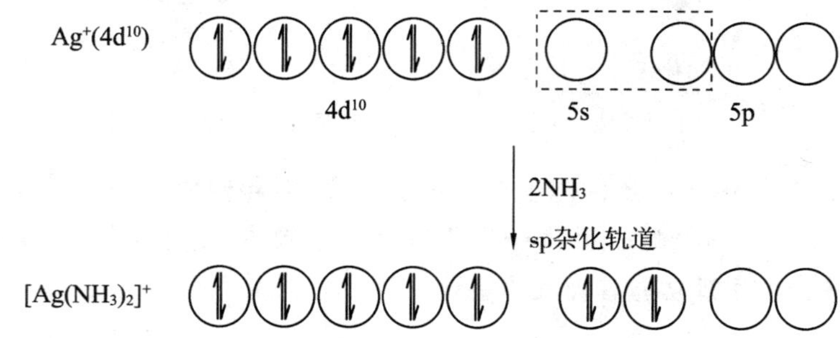


图 11-28 $[Ag(NH_3)_2]^+$ 配离子的形成过程示意图

又如 $Fe^{3+}$ 价层电子构型为 $3d^5$，$[FeF_6]^{3-}$ 的形成过程，如图 11-29 所示。

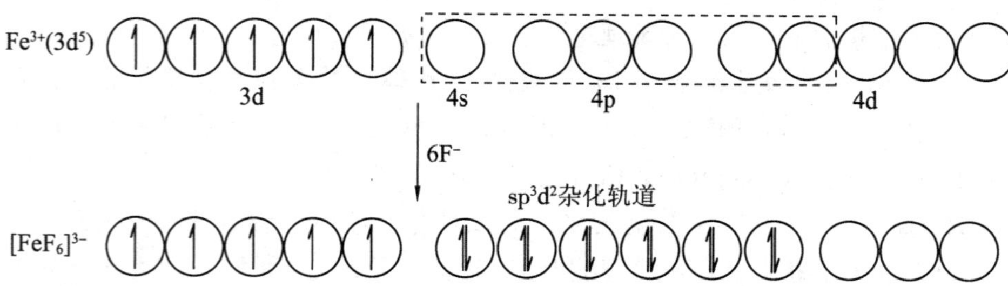


图 11-29 $[FeF_6]^{3-}$ 配离子的形成过程示意图

$Fe^{3+}$ 以 1 条 4s 轨道、3 条 4p 轨道、2 条 4d 轨道进行杂化，形成 6 条 $sp^3d^2$ 杂化轨道，并分别与 $F^-$ 提供的孤对电子形成 6 个 $\sigma$ 配键，6 条 $sp^3d^2$ 杂化轨道取最大夹角，指向正八面体的 6 个顶点，因此$[FeF_6]^{3-}$ 配离子的空间构型为正八面体形。

(2) 内轨型配合物

中心离子或原子若以$(n-1)$d，$n$s，$n$p 轨道杂化成键，由于$(n-1)$d 是内层轨道，故这类配合物称为内轨型配合物(inner orbital coordination compounds)。例如，$[Ni(CN)_4]^{2-}$ 形成过程如图 11-30 所示。

在 $CN^-$ 的影响下，$Ni^{2+}$ 的$(n-1)$d 电子发生重排，空出一个 3d 轨道，进行 $dsp^2$ 杂化，所以$[Ni(CN)_4]^{2-}$ 配离子的空间构型为平面正方形。

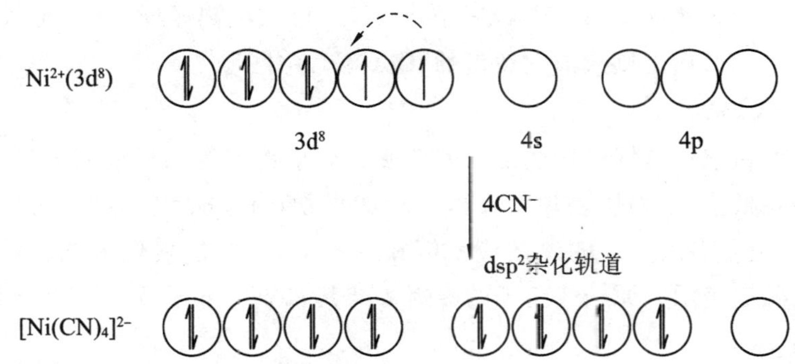


图 11-30　$[Ni(CN)_4]^{2-}$ 配离子的形成过程示意图

再如$[Fe(CN)_6]^{3-}$配离子的形成过程，如图 11-31 所示。

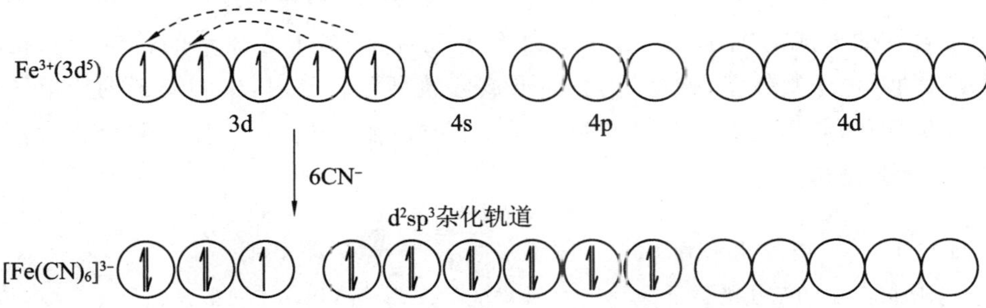


图 11-31　$[Fe(CN)_6]^{3-}$ 配离子的形成过程示意图

$Fe^{3+}$的$(n-1)$d 电子受 $CN^-$ 的影响发生重排，空出两条 3d 轨道，与外层的 1 条 4s 轨道、3 条 4p 轨道进行杂化，形成 6 条 $d^2sp^3$ 杂化轨道，分别接受 6 个 $CN^-$ 中 C 提供的孤对电子形成 6 个 $\sigma$ 配键，因此$[Fe(CN)_6]^{3-}$配离子的空间构型为正八面体形。

(3) 影响中心离子杂化方式的因素

①中心离子(或原子)的价电子构型　内层没有 d 电子或 d 轨道全满($d^{10}$)的离子，如 $Al^{3+}$、$Ag^+$、$Zn^{2+}$、$Hg^{2+}$ 等只形成外轨型配合物，其他构型的过渡元素离子，既可形成外轨型亦可形成内轨型配合物，如 $Fe^{3+}$。

②配位原子的电负性　如果配位原子的电负性较小，如 C(在 $CN^-$、CO 中)，较易给出孤电子对，对中心离子(或原子)的影响较大，使中心离子(或原子)的$(n-1)$d 电子结构发生变化，即$(n-1)$d 轨道上的成单电子被强行配对，以空出部分轨道来接受配体的孤对电子，形成所谓的内轨型配合物。如果配位原子的电负性较大，如 F、O 等，不易给出孤对电子，则中心离子(或原子)的价电子结构不发生变化，仅用其外层的空轨道 $ns$,$np$,$nd$ 形成杂化轨道，并与配体结合，形成外轨型配合物。

中心离子与配体间形成内轨型配离子时，配体提供的孤对电子进入中心离子的内层轨道成键，结合得牢固，因此内轨型配合物的键能较大，较稳定，在水中不易解离；而外轨型配合物的键能较小，稳定性较小，在水中易解离。

③中心离子的杂化类型还与中心离子的电荷有关。一般来说，中心离子的电荷越多，配位原子的孤对电子所受的吸引力就越强，越容易进入中心离子的内层空轨道成键，

形成内轨型配合物。例如，$Co^{2+}$ 和 $Co^{3+}$ 在与 $NH_3$ 形成配离子时，前者形成的是外轨型的$[Co(NH_3)_6]^{2+}$，而后者则形成内轨型的$[Co(NH_3)_6]^{3+}$。

### 3. 配合物的磁性

物质的磁性指它在磁场中表现出来的性质。如果物质的电子全部成对，电子自旋产生的磁效应相互抵消，该物质表现为反磁性。如果物质的正反自旋电子数目不相等，即有未成对电子，电子自旋产生的磁效应不能相互抵消，该物质表现为顺磁性。物质磁性的强弱通常用磁矩表示。原子或离子的磁矩 $\mu$ 与其未成对电子数 $n$ 有关，两者之间具有下列近似关系：

$$\mu=\sqrt{n(n+2)} \tag{11-12}$$

$\mu$ 的单位是波尔磁子(B. M.)，1 B. M. $=9.274\ 078\times10^{-24}\ A\cdot m^2$。

配合物的磁性为配合物的结构研究提供了重要的依据，可通过对配合物磁矩的测定来确定配合物的未成对电子数。在形成外轨型配合物时，中心离子的价电子结构不发生，未成对的单电子数较多，磁矩较大；而形成内轨型配合物时，中心离子的价电子层结构大多发生变化，使未成对的单电子数减少，相应地磁矩也变小。如果配合物中没有未成对电子，则其磁矩为零。

**例 11-1** 实验测得$[Fe(H_2O)_6]^{3+}$的磁矩 $\mu$ 为 5.92 B. M.，试说明：

(1) 中心离子的杂化类型； (2) $[Fe(H_2O)_6]^{3+}$是内轨型还是外轨型？

(3) 配离子的空间结构； (4) 配合物的磁性。

**解**：(1) $\mu=\sqrt{n(n+2)}=5.92$，$n\approx5$，即$[Fe(H_2O)_6]^{3+}$有 5 个成单电子。$Fe^{3+}$ 的价电子构型为 $3d^5 4s^0 4p^0 4d^0$，即有 5 个成单电子，形成$[Fe(H_2O)_6]^{3+}$后，成单电子数没有变化，说明 3d 电子没有发生重排，故配离子 $Fe^{3+}$ 采用的是 $sp^3d^2$ 杂化方式。

(2) $Fe^{3+}$ 采用了最外层的 4d 轨道参加杂化成键，所以形成的是外轨型配合物。

(3) 中心离子以 $sp^3d^2$ 杂化轨道所形成的配合物具有八面体结构，所以$[Fe(H_2O)_6]^{3+}$的空间结构是八面体形。

(4) 在$[Fe(H_2O)_6]^{3+}$中有 5 个成单电子，所以该配离子具有顺磁性。

配合物的成单电子数与磁矩的理论值之间的关系，列于表 11-12 中。

**表 11-12 磁矩的理论值与未成对电子数的关系**

| 未成对电子数 | $\mu$/B. M. | 未成对电子数 | $\mu$/B. M. |
|---|---|---|---|
| 0 | 0 | 3 | 3.87 |
| 1 | 1.73 | 4 | 4.90 |
| 2 | 2.83 | 5 | 5.92 |

## 化学与生活

### 20世纪的明星分子——NO

诺贝尔在一百多年前制造安全炸药时，曾把硝酸甘油作为主要原料之一。当时他患有严重的心绞痛，医生让他服用含“硝酸甘油”的药，却遭到他的强烈反对，在弥留之际，他曾这样说：“医生给我开的药竟是硝酸甘油，这难道不是对我一生巨大的讽刺吗？”

其实这并非讽刺。科学家在后来的研究中发现：硝酸甘油能舒张血管平滑肌，从而扩张血管。他们认为，肯定有一种叫作“内皮细胞舒张因子”的东西，如果找到它，就能打开人体机理奥秘的一片新天地，从而找到更有效的方法治疗心肌梗死等病。

1980年，美国科学家Furchgott在一项研究中发现了一种小分子物质，具有使血管平滑肌松弛的作用，后来被命名为血管内皮细胞舒张因子（endothelium-derived relaxing factor，EDRF），它是一种不稳定的生物自由基。众所周知，硝酸甘油是治疗心绞痛的药物，多年来人们一直希望从分子水平上弄清楚其作用机理。

1986年，这一百年谜团终于被伊格纳罗（Louis J. Ignarro）博士和其他两位药理学家佛契哥特（Robert F. Furchgott）及穆拉德（Ferid Murad）破译，它不是猜测已久的蛋白质类大分子，而是简简单单的一氧化氮！顿时，一氧化氮摇身变成了明星分子。伊格纳罗博士和其他两位研究者因发现有关一氧化氮在心血管系统中具有独特信号分子作用，而于1998年获得诺贝尔生理学或医学奖。一氧化氮是生物学中最简单的分子之一，仅由两个原子组成——一个氮原子（N）和一个氧原子（O）。尽管一氧化氮的结构简单，但目前一氧化氮被认为是人体体内最重要的分子，对人体健康至关重要。

在一氧化氮的诸多作用中，以血管舒张作用最为重要，这有助于调整血流至全身的每一个部位。一氧化氮可舒张血管以确保心脏的足够供血。一氧化氮也可阻止血栓形成，血栓可诱发卒中和心脏病发作，同时一氧化氮可调节血压。

根据一氧化氮能使血管扩张，促进血液循环这一原理，美国辉瑞（Pfizer）公司研制出了新药Viagra（俗称伟哥）。一氧化氮，这一简单的无机小分子，作为打开神秘生命科学大门的一把钥匙，正等待着科学家进一步研究和开发。

**一、选择题**

1. 下列波函数符号错误的是（　　）。

   A. $\psi_{1,0,0}$　　B. $\psi_{2,1,0}$　　C. $\psi_{1,1,0}$　　D. $\psi_{3,0,0}$

2. 下列说法不正确的是（　　）。

   A. 氢原子中，电子的能量只取决于主量子数 $n$

   B. 多电子原子中，电子的能量不仅与 $n$ 有关，还与 $l$ 有关

   C. 波函数由四个量子数确定

   D. $\psi$ 是薛定谔方程的合理解，称为波函数

3. 2p 轨道的磁量子数取值正确的是(　　)。

A. 1,2　　B. 0,1,2　　C. 1,2,3　　D. 0,+1,−1

4. 基态某原子中能量最高的电子是(　　)。

A. 3,2,+1,+$\frac{1}{2}$　　B. 3,0,0,+$\frac{1}{2}$　　C. 3,1,0,+$\frac{1}{2}$　　D. 2,1,0,+$\frac{1}{2}$

5. 某元素+3 价离子的电子排布式为 $1s^2 2s^2 2p^6 3s^2 3p^6 3d^5$,该元素属于周期表(　　)。

A. ⅤA 族　　B. ⅤB 族　　C. ⅢB 族　　D. Ⅷ族

6. 下列各物质化学键中存在 σ 键和 π 键的是(　　)。

A. $CH_2O$　　B. $PH_3$　　C. $C_2H_6$　　D. $N_2$

7. 下列物质的分子间只存在色散力的是(　　)。

A. $SiH_4$　　B. $NH_3$　　C. $H_2S$　　D. $CH_3OH$

8. 下列第一电离能由小到大的顺序正确的是(　　)。

A. Li<Be<O<N　　B. Li<Be<N<O　　C. Be<Li<O<N　　D. Be<Li<N<O

9. 下列配离子中,属于外轨型配合物的是(　　)。

A. $[FeF_6]^{3-}$　　B. $[Cr(NH_3)_6]^{3+}$　　C. $[AuCl_4]^-$　　D. $[Ni(CN)_4]^{2-}$

10. 测得 $[Co(NH_3)_6]^{3+}$ 磁矩 $\mu$=0B.M.,可知 $Co^{3+}$ 采取的杂化类型是(　　)。

A. $sp^3$　　B. $dsp^2$　　C. $d^2sp^3$　　D. $sp^3d^2$

11. 下列物质具有顺磁性的是(　　)。

A. $[Zn(NH_3)_4]^{2+}$　　B. $[Ni(NH_3)_4]^{2+}$　　C. $[Fe(CN)_6]^{3-}$　　D. $[Ni(CN)_4]^{2-}$

12. 含有 sp-$sp^3$ 杂化轨道重叠所形成的 σ 键的化合物是(　　)。

A. $CH_3CH_2C{\equiv}CCH_3$　　B. $CH_3CH{=}CHCH{=}CHCH_3$

C. $(CH_3)_2CHCH_2CH_3$　　D. $CH_3CH_2CH{=}CH_2$

13. 下列关于分子间作用力的说法正确的是(　　)。

A. 含氢化合物中都存在氢键

B. 分子型物质的沸点总是随着相对分子质量的增加而增大

C. 极性分子间只存在取向力

D. 色散力存在于所有相邻分子间

14. 已知 $[PtCl_2(OH)_2]$ 有两种顺反异构体,成键电子所占据的杂化轨道应该是(　　)。

A. $sp^3$　　B. $dsp^2$　　C. $d^2sp^3$　　D. $sp^3d^2$

15. 不能独立存在的价键是(　　)。

A. 极性键　　B. 非极性键　　C. σ　　D. π

16. 下列各组量子数合理的是(　　)。

A. 3,3,0,$\frac{1}{2}$　　B. 2,3,1,$\frac{1}{2}$　　C. 3,1,1,−$\frac{1}{2}$　　D. 2,0,1,−$\frac{1}{2}$

17. $H_2O$ 的沸点是 100 ℃,$H_2Se$ 的沸点是−42 ℃,这一事实可用(　　)加以解释。

A. 共价键　　B. 离子键　　C. 氢键　　D. 范德华力

18. 含有极性键而偶极矩又等于零的分子是(　　)。

A. $SO_2$　　B. $NCl_3$　　C. $HgCl_2$　　D. $N_2$

**二、判断题**

1. 与杂化轨道形成的键不一定都是 σ 键。

2. $sp^2$ 杂化指的是 1 个 s 电子和 2 个 p 电子进行杂化。

3. 极性分子中一定有极性键存在,有极性键的分子不一定是极性分子。

4. 将基态氢原子的电子激发到 2s 或 2p 轨道，所需能量相同。

5. 凡是微小的物体都具有波粒二象性。

6. 原子形成共价键的数目等于游离的气态原子的未共用电子数。

7. 在元素周期表中每一周期元素的个数正好等于相应的最外层电子轨道可以容纳的电子数目。

8. 中心离子的配位数为 4 的配离子，其结构都是四面体形。

9. 同一中心离子的内轨型配合物的磁性都小于外轨型配合物。

10. 乙醇和甲醚的相对分子质量相同，所以沸点相同。

11. $n=1$ 时，有自旋相反的两个电子；$n=3$ 时，原子中有 3s、3p、3d 三个轨道。

12. 磁量子数 $m=0$ 的轨道都是 s 轨道。

13. s 轨道是个圆圈，而 p 电子是沿"8"字形轨道运行的。

14. 电子云是高速运动着的电子分散而成的负电子云。

15. 任何原子中，$(n-1)$d 轨道的能量总是比 $n$s 轨道的能量高。

**三、填空题**

1. 波函数 $\psi$ 是描述________的数学函数式，它和________是同义词，$|\psi|^2$ 的物理意义是________，电子云是________的形象化表示。

2. $He^+$ 的主量子数 $n=3$ 的各原子轨道能量顺序是 $E_{3s}$________$E_{3p}$________$E_{3d}$（填"＞""＜"或"＝"）。

3. 填入合理的量子数：

(1) $n=(\quad)$, $l=2$, $m=0$, $m_s=+\frac{1}{2}$　(2) $n=3$, $l=(\quad)$, $m=1$, $m_s=-\frac{1}{2}$

(3) $n=4$, $l=3$, $m=0$, $m_s=(\quad)$　(4) $n=2$, $l=0$, $m=(\quad)$, $m_s=+\frac{1}{2}$

(5) $n=1$, $l=(\quad)$, $m=(\quad)$, $m_s=(\quad)$

4. 根据要求填写下表：

| $Z$ | 元素符号 | 电子构型 | 价电子构型 | 周期 | 族 | 区 |
|---|---|---|---|---|---|---|
| 29 | | | | | | |
| 42 | Mo | | | | | |
| | | | $3s^1$ | | | |
| | | [He]$2s^22p^3$ | | | | |
| | | | | 4 | ⅦB | |

5. Cl，Mg，Si 三种原子相比，原子半径由大到小的顺序是________，最高氧化数由低到高的顺序是________，第一电离能由低到高的顺序是________。

6. S 溶于 $CS_2$ 中要靠它们之间的________力。

7. 下列各组量子数中，________组代表基态 Al 原子最容易失去的电子，________组代表基态 Al 原子最难失去的电子。

(1) $1,0,0,-\frac{1}{2}$　(2) $2,1,1,-\frac{1}{2}$　(3) $3,0,0,+\frac{1}{2}$

(4) $3,1,1,-\frac{1}{2}$　(5) $2,0,0,+\frac{1}{2}$

**四、简答题**

1. 下列各电子结构式，哪一种是基态原子？哪一种是激发态原子，哪一种不存在？

(1) $1s^2 2s^1$　(2) $1s^2 2s^1 2d^1$　(3) $1s^2 2s^1 2p^2$

(4) $1s^2 2s^1 2p^1$　(5) $1s^2 2s^2 2p^2$　(6) $1s^2 2s^2 2p^6 3s^2 3p^6 3d^1$

2. 指出下列各能级对应的 $n$ 和 $l$ 值及每一能级包含的轨道数：

(1) 2p　(2) 4f　(3) 6s　(4) 5d

3. 基态 Ti 元素的电子构型是 $[Ar]3d^2 4s^2$，试问：这 22 个电子：(1) 属于哪几个电子层、哪几个亚层？(2) 填充了哪几个能级组的哪几个能级？(3) 占据了多少个原子轨道？(4) 其中单电子轨道有几个？(5) 价电子有多少个？

4. 根据配合物的价键理论，判断下列配离子哪些是外轨型，哪些是内轨型，中心离子采用的杂化类型，并指出配合物的空间构型以及是顺磁性还是反磁性？

(1) $[Ni(CN)_4]^{2-}$　(2) $[CoF_6]^{3-}$　(3) $[Zn(NH_3)_4]^{2+}$　(4) $[Ag(CN)_2]^{2-}$

5. 符合下列每一种情况的元素各属于哪一种元素：

(1) 在 $n=4, l=0$ 轨道上有 2 个电子和 $n=3, l=2$ 轨道上的 5 个电子是价电子；

(2) 3d 轨道全充满，4s 轨道只有 1 个电子；

(3) +3 价离子的电子构型与基态氩元素的相同。

6. 指出下列各组化合物中，哪种化合物的键极性最大？哪种化合物的键极性最小？

(1) NaCl、$MgCl_2$、$AlCl_3$、$SiCl_4$、$PCl_5$

(2) LiF、NaF、KF、RbF、CsF

(3) HF、HCl、HBr、HI

7. 指出以下分子的中心原子所采用的杂化类型。

(1) $BeH_2$（直线形）　(2) $HgCl_2$（直线形）　(3) $NCl_3$（三角锥形）

(4) $BCl_3$（平面三角形）　(5) $PH_3$（三角锥形）　(6) $OF_2$（V 形）

(7) $SiCl_4$（四面体形）　(8) $C_2H_2$（直线形）　(9) $SiHCl_3$（四面体形）

8. 写出 $BF_3$（平面三角形）和 $NF_3$（三角锥形）中心原子的杂化类型；判断 $BF_3$、$NF_3$ 是极性分子还是非极性分子；在 $BF_3$ 分子间和 $NF_3$ 分子间，分别存在哪几种作用力？

# 总复习题(一)

**一、选择题(下列各题只有一个答案是正确的)**

1. 下列各溶液浓度均为 0.1 mcl·L$^{-1}$,其中沸点最高的是(　　)。

   A. HAc　　B. $CaCl_2$　　C. $C_{12}H_{22}O_{11}$　　D. NaCl

2. 稀溶液的下列各组性质中,与溶质的本性无关的是(　　)。

   A. 蒸气压和黏度　　B. 沸点升高和渗透压　　C. 凝固点降低和颜色　　D. 凝固点降低和沸点

3. 称取相同质量的难挥发非电解质 A 和 B,分别溶解在 1 L 水中配成稀溶液,测得 A 溶液的凝固点比 B 溶液的低,则(　　)。

   A. B 的分子量小于 A 的相对分子质量　　B. B 的分子量与 A 的相对分子质量相等

   C. B 的分子量大于 A 的相对分子质量　　D. 无法确定

4. 将 0.01 mol·L$^{-1}$KBr 溶液与 0.02 mol·L$^{-1}$ $AgNO_3$ 溶液等体积混合制成溶胶,下列电解质中对该溶胶聚沉能力最大的是(　　)。

   A. $Na_3PO_4$　　B. NaCl　　C. $MgSO_4$　　D. $Mg(NO_3)_2$

5. 某封闭系统在一热力学过程中,自环境中吸热 100 kJ,对环境做功 75 kJ,则其内能变化为(　　)。

   A. −25 kJ　　B. +25 kJ　　C. −175 kJ　　D. +175 kJ

6. 反应 $2CuO(s) = Cu_2O(s) + \frac{1}{2}O_2(g)$ 在常温和标准状态下不能自发进行,这说明该反应(　　)。

   A. $\Delta_r H_m^\ominus > 0, \Delta_r S_m^\ominus > 0$　　B. $\Delta_r H_m^\ominus > 0, \Delta_r S_m^\ominus < 0$

   C. $\Delta_r H_m^\ominus < 0, \Delta_r S_m^\ominus < 0$　　D. $\Delta_r H_m^\ominus < 0, \Delta_r S_m^\ominus > 0$

7. 在任意状态下,反应正向自发进行的条件是(　　)。

   A. $\Delta_r H_m$ 为负值　　B. $\Delta_r G_m(T)$为负值　　C. $\Delta_r H_m^\ominus$ 为负值　　D. $\Delta_r G_m^\ominus(T)$为负值

8. 已知 $\Delta_f G_m^\ominus(AgCl) = -109.6$ kJ·mol$^{-1}$,则反应 $2AgCl(s) = 2Ag(s) + Cl_2(g)$ 的 $\Delta_r G_m^\ominus$ 为(　　) kJ·mol$^{-1}$。

   A. −219.2　　B. −109.6　　C. 219.2　　D. 109.6

9. 对一定温度下进行的可逆反应,平衡状态下改变某一物质的浓度时,不变的是(　　)。

   A. 反应物的转化率　　B. 弱电解质的电离度　　C. 反应的平衡常数　　D. 反应速率

10. 某反应 372 K 时,反应速率常数为 $3.0 \times 10^{-3}$ L·mol$^{-1}$·min$^{-1}$;在 745 K 时,反应速率常数为 $6.0 \times 10^{-2}$ L·mol$^{-1}$·min$^{-1}$,则该反应的反应级数和活化能分别为(　　)。

    A. 1 和−119.7 kJ·mol$^{-1}$　　B. 1 和 119.7 kJ·mol$^{-1}$

    C. 2 和−119.7 kJ·mol$^{-1}$　　D. 2 和 119.7 kJ·mol$^{-1}$

11. 计算式 $\frac{0.021\,15 \times (24.90 - 15.80) \times 10^{-3} \times 24.30}{0.250\,0} \times 100\%$ 的结果应为(　　)。

    A. 1.868%　　B. 1.87%　　C. 1.871%　　D. 1.865 1%

12. 按照酸碱质子理论判断,下列各组物质中,既是质子酸又是质子碱的是(　　)。

    A. $H_2$、$NO_2^-$、$HSO_4^-$、$H_2PO_4^-$　　B. $H_2$、HAc、$Cl^-$、$NH_3$

    C. $CN^-$、$PO_4^{3-}$、$H_2O$、$OH^-$　　D. $NH_3$、$H_2O$、$HPO_4^{2-}$、$HS^-$

13. 在配制 $SnCl_2$、$SbCl_3$、$Bi(NO_3)_3$ 等溶液时,为了防止其水解,可以(　　)。

    A. 加碱　　B. 加酸　　C. 加水　　D. 加热

14. 欲配制 pH=7.0 的缓冲溶液,应选择的缓冲体系是(　　)。

A. HAc-NaAc　　B. $NH_3-NH_4Cl$　　C. $NaH_2PO_4-Na_2HPO_4$　　D. $NaHCO_3-Na_2CO_3$

已知 $K_a^\ominus(HAc)=1.8\times10^{-5}$;$K_b^\ominus(NH_3\cdot H_2O)=1.8\times10^{-5}$;$H_2CO_3$　$K_{a1}^\ominus=4.2\times10^{-7}$,$K_{a2}^\ominus=5.6\times10^{-11}$;$H_3PO_4$　$K_{a1}^\ominus=7.6\times10^{-3}$;$K_{a2}^\ominus=6.3\times10^{-8}$;$K_{a3}^\ominus=4.4\times10^{-13}$。

15. 测得某难溶电解质 MOH 的饱和溶液在室温下的 pH 为 10.00,则该难溶电解质的溶度积等于(　　)。

A. $1.0\times10^{-8}$　　B. $5.0\times10^{-13}$　　C. $5.0\times10^{-9}$　　D. $1.0\times10^{-13}$

16. 室温下,下列各电对的电极电势值不受溶液 pH 影响的是(　　)。

A. $MnO_2/Mn^{2+}$　　B. $Cl_2/Cl^-$　　C. $O_2/H_2O$　　D. $Cr_2O_7^{2-}/Cr^{3+}$

17. 在配合物 $K_2[Co(C_2O_4)_2(en)]$中,中心离子的氧化数和配位数分别是(　　)。

A. +3 和 3　　B. +3 和 4　　C. +2 和 6　　D. +2 和 5

18. γ 射线、X 射线、微波、紫外光和可见光等都属于电磁辐射,其中能量最低的是(　　)。

A. γ 射线　　B. 微波　　C. X 射线和可见光　　D. 紫外光

19. 符合朗伯-比尔定律的有色溶液稀释后,其最大吸收波长的位置(　　)。

A. 向长波方向移动　　B. 向短波方向移动

C. 不移动,但吸光度减小　　D. 不移动,但吸光度增大

20. 室温下,用玻璃电极测定溶液的 pH 时,溶液的 pH 每减小 1 个单位,则(　　)。

A. 工作电池电动势增大 59.2 mV　　B. 工作电池电动势减小 59.2 mV

C. 玻璃电极的电势增大 59.2 mV　　D. 玻璃电极的电极减小 59.2 mV

**二、填空题**

1. 根据稀溶液的依数性可以测定化合物的相对分子质量,对于蛋白质类大分子化合物的测定应该采用________法。

2. 融雪剂的作用原理是________________________________。

3. 在 298K 时,反应 $N_2O_4(g)\rightleftharpoons 2NO_2(g)$　$K^\ominus=0.13$,当 $p(N_2O_4)=100$ kPa,$p(NO_2)=50$ kPa 时,此反应的自发方向是________;若升高反应体系的温度,此反应的 $K^\ominus$ 值增大。则该反应的 $\Delta_r H_m^\ominus$ ____0(填“>”“<”或“=”)。

4. 设某一温度下,$2NO(g)+Cl_2(g)=2NOCl(g)$是基元反应,则该反应的速率方程是________________________________________;反应级数是________。

5. 采用滴定分析法测定试样时,要计算分析结果必须先确定________________的物质的量之比。

6. 用热碱水洗涤衣物更容易洗干净,是因为________________________________。

7. 酚酞指示剂变成浅红色后,很快又会褪色的原因是____________________________。

8. 已知 $K_a^\ominus(HAc)=1.8\times10^{-5}$,0.1 $mol\cdot L^{-1}$ NaOH 溶液与 0.2 $mol\cdot L^{-1}$ HAc 等体积混合,所得溶液的 pH 等于________。

9. CuS(s)可溶于硝酸,是因为________________________________________。

10. 在一定温度和标准状态下,将反应 $Cl_2(g)+2I^-=2Cl^-+I_2(s)$设计成原电池,其电池符号是__________;若在碘电极中加入少量固体 $AgNO_3$,则电池电动势将________(填“增大”“减小”或“不变”)。

11. 从废定影液中回收银的步骤是:先用 $Na_2S_2O_3$ 溶液清洗未曝光的 AgBr,再用 $Na_2S$ 回收析出的银,涉及的两种反应分别是____________反应和__________反应。

12. 组成白光的单色光至少应有____________。

13. pH 玻璃电极使用前必须经过浸泡,其目的是________________________。

14. 测定溶液 pH 所用的两个电极的名称分别是________电极和________电极,其中________的电极电势与被测液的 pH 无关。

15. 电势滴定法与一般的滴定分析法相比较,不用_________指示终点,可在一定程度上减小主观误差。

**三、判断题**

1. 等物质的量的 $AgNO_3$ 与 KI 作用，制得的 AgI 溶胶体系是不稳定的。

2. 凡是用指示剂法确定终点时，指示剂加入量越多，终点颜色变化越明显。

3. 实际能够发生的化学反应都可用作滴定反应。

4. $Mg(OH)_2(s)$在 $NH_4Cl$ 溶液中的溶解度比在 $MgCl_2$ 溶液中的溶解度大。

5. 金属指示剂指示的是被测液中金属离子浓度的变化，所以，在选择金属指示剂时不必考虑溶液的酸度。

6. 在一定温度和入射光波长下，某物质溶液的摩尔吸光系数越大，则该溶液的浓度越大。

7. 在一定温度下，氧化还原反应进行的完全程度决定于其 $\Delta_r G_m(T)$值的大小。

8. 在分光光度法中，若显色剂本身有颜色，则应选择显色剂做参比。

9. 离子选择性电极的膜电势是由于离子的交换和迁移产生的，与电子转移无关。

10. 在电势分析法中，指示电极的电极电势与被测离子浓度的关系符合能斯特方程式。

**四、简答题**

1. 菠菜的维生素含量在各种蔬菜中名列前茅。例如，每斤菠菜约含维生素 C 138 g，比大家熟悉的西红柿的含量还高一倍。因此，常吃菠菜不仅有益于健康，而且对于贫血、高血压、软骨病和牙出血等病症有很好的疗效。在生活中人们常听到这样的提示：不要将菠菜和豆腐放在一起做。为什么？

2. 生活中处处包含着化学知识。例如，人们在购买猪羊肉时，常根据肉的颜色来判断其新鲜程度，这样做道理何在？

3. 在 EDTA 滴定法中，必须严格控制溶液的酸度，为什么？

4. 实验室制取 $Cl_2$ 时，需要用浓盐酸与二氧化锰加热，其中涉及哪些化学原理？设盐酸浓度为 $10\ mol \cdot L^{-1}$，其余物质均处于标准状态下。

5. 任何一种固体样品的分析，通常都需要准确称取一定的质量，若采用滴定分析法，计算要称取的试样质量的依据是什么？

6. 简述在分光光度法中，为了保证测定结果的准确度，一般需要考虑哪些测量条件？

**五、计算题**

1. 将 60 mL $0.4\ mol \cdot L^{-1}$ $NH_4Cl$ 溶液与 40 mL $0.3\ mol \cdot L^{-1}$ NaOH 溶液混合，求混合液的 pH；若在此溶液中加入 95.2 mg $MgCl_2(s)$（忽略溶液体积的变化），是否会生成 $Mg(OH)_2$ 沉淀？已知 $K_b^{\ominus}(NH_3 \cdot H_2O)=1.8\times10^{-5}$，$K_{sp}^{\ominus}[Mg(OH)_2]=1.8\times10^{-11}$，$MgCl_2$ 的相对分子质量为 95.2。

2. 已知 298 K 时，$\varphi^{\ominus}(Cr_2O_7^{2-}/Cr^{3+})=1.33\ V$，$\varphi^{\ominus}(Br_2/Br^-)=1.065\ V$，通过计算说明：当 $c(Cr_2O_7^{2-})=c(Cr^{3+})=c(Br^-)=1.0\ mol \cdot L^{-1}$，pH=6 时，$Cr_2O_7^{2-}$ 能否被 $Br^-$ 还原？

3. 25 ℃时，往 $0.10\ mol \cdot L^{-1}$ $CuSO_4$ 溶液中加入锌粒，求反应的平衡常数和 $Zn^{2+}$ 离子的平衡浓度。已知 $\varphi^{\ominus}(Zn^{2+}/Zn)=-0.763\ V$，$\varphi^{\ominus}(Cu^{2+}/Cu)=0.337\ V$。

4. 在 $\lambda=220$ nm 时，测得某溶液的 $T=20\%$，若吸收池厚度为 1 cm，溶液的浓度为 $1.000\times10^{-4}\ mol \cdot L^{-1}$，求摩尔吸光系数。

5. 测定下列电池的电动势：pH 玻璃电极 | $H^+$ ‖ 饱和甘汞电极，当标准缓冲溶液的 pH 为 4.00 时，测得电池电动势为 0.302 V。当用试液代替缓冲溶液时，测得电池电动势为 0.164 V，求试液的 pH。

# 总复习题(一)参考答案

一、选择题

| 题号 | 1 | 2 | 3 | 4 | 5 | 6 | 7 | 8 | 9 | 10 |
|---|---|---|---|---|---|---|---|---|---|---|
| 答案 | B | B | C | A | B | A | B | C | C | D |
| 题号 | 11 | 12 | 13 | 14 | 15 | 16 | 17 | 18 | 19 | 20 |
| 答案 | B | D | B | C | A | B | C | B | C | B |

二、填空题

1. 渗透压
2. 溶液的凝固点较纯溶剂的低
3. 逆向 ＞
4. $\nu = c^2(NO)c(Cl_2)$ 3
5. 滴定剂与被测组分
6. $CO_3^{2-} + H_2O \rightleftharpoons HCO_3^- + OH^-$ 是吸热反应
7. 空气中 $CO_2$ 的影响
8. 4.74
9. 硝酸具有强氧化性,反应式:$3CuS(s) + 8H^+ + 2NO_3^- = 3Cu^{2+} + 3S(s) + 2NO\uparrow + 4H_2O$
10. $Pt(s) | I_2(s) | I^-(1.0\ mol \cdot L^{-1}) \| Cl^-(1.0\ mol \cdot L^{-1}) | Cl_2(100\ kPa), Pt(s)$ 减小
11. 配位 沉淀 12. 两种 13. 活化电极,即使玻璃电极对氢离子有响应
14. 指示 参比 指示 15. 指示剂

三、判断题

| 题号 | 1 | 2 | 3 | 4 | 5 | 6 | 7 | 8 | 9 | 10 |
|---|---|---|---|---|---|---|---|---|---|---|
| 答案 | √ | × | × | √ | × | × | × | √ | √ | √ |

四、简答题

1. 答:因为菠菜中含有很多草酸,而豆腐中的卤水($MgCl_2$)或石膏($CaSO_4$)与草酸相遇会发生沉淀反应,生成难溶于水的草酸镁或草酸钙沉积在血管壁上,影响血液循环,这一点对儿童的生长发育影响特别大。

2. 答:因为屠宰猪羊时放血不完全而残存血红素,血红素是亚铁离子的配合物,因此,新鲜肉呈鲜红色。随着肉的陈放,血红素中的亚铁离子逐渐被氧化为三价铁离子而使肉呈现暗红色。

3. 答:因为 EDTA 本身是一种多元弱酸,它的存在形式与溶液的酸度有关,其中能与金属离子作用的是 EDTA 的酸根;EDTA 的性质之一是具有广泛的配位性,如果被测液中有干扰离子存在,将影响滴定结果;指示终点所用的金属指示剂,通常是有机的多元弱酸或弱碱,而且其颜色往往随溶液酸度的改变而变化,而被测定的金属离子往往易发生水解影响滴定结果。总而言之,在 EDTA 滴定法中为了保证滴定反应的完全性、分析结果的准确性等,必须严格控制溶液的酸度。

4. 答:有关的反应式:$2MnO_2 + 4HCl = 2MnCl_2 + Cl_2 + 2H_2O$。

已知 $\varphi^\ominus(Cl_2/Cl^-) = 1.36\ V$,$\varphi^\ominus(MnO_2/Mn^{2+}) = 1.23\ V$,显然,在 298 K 下,上述反应不能自发地正向进行。若用浓盐酸,则按能斯特方程可知:

$$\varphi(Cl_2/Cl^-)=\varphi^{\ominus}(Cl_2/Cl^-)+\frac{0.059\ 2}{2}\lg\frac{1}{[Cl^-]^2}=1.36+\frac{0.059\ 2}{2}\lg\frac{1}{10^2}=1.30\ V$$

$$\varphi(MnO_2/Mn^{2+})=\varphi^{\ominus}(MnO_2/Mn^{2+})+\frac{0.059\ 2}{2}\lg[H^+]^4=1.23+\frac{0.059\ 2}{2}\lg10^4=1.35\ V$$

显然 $\varphi(MnO_2/Mn^{2+})>\varphi(Cl_2/Cl^-)$，所以，用浓盐酸和二氧化锰反应在室温下就可以制得氯气，为了加快反应速度，需要加热。可见，实验室制备氯气时所选择的实验条件，同时涉及化学热力学和化学动力学的原理。

5. 答：称取试样质量取决于被测组分的含量、所采用的分析方法的测量精度等。

6. 答：分光光度法的测量条件包括选择合适的入射光波长(通常是“最大吸收”原则)、控制合适的溶液浓度和选择合适的参比溶液。

**五、计算题**

1. 解：两种溶液混合后，发生下列反应：

| | $NH_4^+$ | $+OH^-$ | $=\!=\!=NH_3+H_2O$ |
|---|---|---|---|
| 反应前/mmol | 24 | 12 | 0 |
| 反应完全/mmol | 12 | 0 | 12 |

即反应完全时，溶液中有剩余的 $NH_4^+$ 和生成的 $NH_3$，二者组成缓冲溶液，

$$pH=pK_a^{\ominus}(NH_4^+)+\lg\frac{n(NH_3)}{n(NH_4^+)}=14.00-\lg(1.8\times10^{-5})=9.26;$$

$$c(OH^-)=10^{-9.26}\,mol\cdot L^{-1},c(Mg^{2+})=\frac{95.2\times10^{-3}}{95.2\times100\times10^{-3}}=1.0\times10^{-2}\,mol\cdot L^{-1};$$

$\because$ $c(Mg^{2+})\cdot c^2(OH^-)=1.0\times10^{-2}\times(10^{-9.26})^2=3.0\times10^{-21}<K_{sp}^{\ominus}[Mg(OH)_2]$，

$\therefore$ 混合溶液中无 $Mg(OH)_2$ 沉淀生成。

2. 解：正极反应为 $Cr_2O_7^{2-}+14H^++6e^-=\!=\!=2Cr^{3+}+7H_2O$，

根据能斯特方程，得

$$\varphi(Cr_2O_7^{2-}/Cr^{3+})=\varphi^{\ominus}(Cr_2O_7^{2-}/Cr^{3+})+\frac{0.059\ 2}{6}\lg[H^+]^{14}=1.33+\frac{0.059\ 2}{6}\lg[10^{-6}]^{14}=0.50V$$

负极反应为 $Br_2(l)+2e^-=\!=\!=2Br^-$，该电极处于标准状态下 $\varphi^{\ominus}(Br_2/Br^-)=1.065V>0.50V$

因为正极的电极电势较负极的低，所以，此时 $Cr_2O_7^{2-}$ 不能被 $Br^-$ 还原。

3. 解：电池反应为 $Cu^{2+}+Zn(s)\rightleftharpoons Zn^{2+}+Cu(s)$，

$E^{\ominus}=\varphi^{\ominus}(Cu^{2+}/Cu)-\varphi^{\ominus}(Zn^{2+}/Zn)=1.1\ V$，

$\lg K^{\ominus}=\frac{2\times1.1}{0.0592}=37.16\quad K^{\ominus}=1.1\times10^{37}$，

由 $K^{\ominus}$ 值可知，上述电池反应进行得非常完全，再结合参加反应的物质间的化学计量关系可知，$Cu^{2+}$ 基本上完全转化成了 $Zn^{2+}$，所以 $[Zn^{2+}]\approx0.10\ mol\cdot L^{-1}$。

4. 解：$A=-\lg T=-\lg0.2=0.699$，

$\because$ $A=\varepsilon bc$，

$\therefore\varepsilon=\frac{A}{bc}=\frac{0.699}{1.000\times10^{-4}}=6.99\times10^3\,L\cdot mol^{-1}\cdot cm^{-1}$。

5. 解：将已知条件代入式 $pH_X=pH_S+\frac{E_X-E_S}{0.0592}$，即可求得试液的 pH：

$pH=4.00+\frac{0.164-0.302}{0.059\ 2}=1.67$，

即试液的 pH 为 1.67。

# 总复习题(二)

## 一、选择题(下列各题只有一个答案是正确的)

1. 下列水溶液的浓度均为 0.1 $mol \cdot kg^{-1}$,其中凝固点最低的是(　　)。

A. NaCl 溶液　　B. $C_{12}H_{22}O_{11}$ 溶液　　C. HAc 溶液　　D. $H_2SO_4$ 溶液

2. 溶胶具有聚结不稳定性,但经纯化后的 $Fe(OH)_3$ 溶胶可以存放数年而不聚沉,其原因是(　　)。

A. 胶体的布朗运动　　B. 胶体的丁达尔效应

C. 胶团有溶剂化膜　　D. 胶粒带电和胶团有溶剂化膜

3. 有浓度均为 0.01 $mol \cdot L^{-1}$ 的电解质:① $NaNO_3$;② $Na_2SO_4$;③ $Na_3PO_4$;④ $MgCl_2$。它们对 $Fe(OH)_3$溶胶的聚沉能力大小顺序为(　　)。

A. ①②③④　　B. ②④③①　　C. ③②①④　　D. ③②④①

4. 已知反应 $2H_2(g)+O_2(g)=2H_2O(g)$ 的 $\Delta_r H_m^\ominus=-483.63\ kJ \cdot mol^{-1}$,下列叙述正确的是(　　)。

A. $\Delta_f H_m^\ominus(H_2O,g)=-483.63\ kJ \cdot mol^{-1}$

B. $\Delta_r H_m^\ominus=-483.63\ kJ \cdot mol^{-1}$表示 $\xi=1$ mol 时系统的焓变

C. $\Delta_r H_m^\ominus=-483.63\ kJ \cdot mol^{-1}$表示生成 1 mol $H_2O(g)$时系统的焓变

D. $\Delta_r H_m^\ominus=-483.63\ kJ \cdot mol^{-1}$表示该反应为吸热反应

5. 已知反应 $2SO_2(g)+O_2(g) \rightleftharpoons 2SO_3(g)$平衡常数为 $K_1^\ominus$,反应 $SO_2(g)+\frac{1}{2}O_2(g) \rightleftharpoons SO_3(g)$平衡常数为 $K_2^\ominus$,则 $K_1^\ominus$ 和 $K_2^\ominus$ 的关系为(　　)。

A. $K_1^\ominus=K_2^\ominus$　　B. $K_1^\ominus=\sqrt{K_2^\ominus}$　　C. $K_2^\ominus=\sqrt{K_1^\ominus}$　　D. $2K_1^\ominus=K_2^\ominus$

6. 反应 $2MnO_4^- +5C_2O_4^{2-}+16H^+ = 2Mn^{2+}+10CO_2+8H_2O$　$\Delta_r H_m^\ominus<0$,欲使 $KMnO_4$ 褪色加快,可采取的措施最好不是(　　)。

A. 升高温度　　B. 降低温度　　C. 加酸　　D. 增加 $C_2O_4^{2-}$ 浓度

7. 从精密度好就可断定分析结果准确度高的前提是(　　)。

A. 随机误差小　　B. 系统误差小　　C. 平均偏差小　　D. 相对偏差小

8. 下列物质中,酸的强度最大的是(　　)。

A. HAc　$pK_a^\ominus(HAc)=4.74$　　B. HCN　$pK_a^\ominus(HCN)=9.31$

C. $NH_4^+$　$pK_b^\ominus(NH_3 \cdot H_2O)=4.74$　　D. HCOOH　$pK_b^\ominus(HCOONa)=10.26$

9. 用 $Na_2CO_3$ 为基准物质标定 HCl 溶液时,下列情况对 HCl 溶液的浓度不产生影响的是(　　)。

A. 用去离子水溶解锥形瓶中的 $Na_2CO_3$ 时,多加了 5.0 mL 去离子水

B. 烘干 $Na_2CO_3$ 时,温度控制 200 ℃以下

C. 滴定管未用 HCl 溶液润洗

D. 滴定速度太快,附着在滴定管壁上的 HCl 溶液来不及流下来就读取滴定体积

10. 下列各对物质中,能组成缓冲溶液的是(　　)。

A. HAc－NaAc　　B. NaCl－HCl

C. NaOH－NaCl　　D. $HCl-H_2O$

11. 下列物质中,不适宜做配体的是(　　)。

A. $S_2O_3^{2-}$　　B. $H_2O$　　C. $Br^-$　　D. $NH_4^+$

12. 某金属指示剂在溶液中存在下列平衡:

$$\underset{\text{紫红}}{H_2In^-} \xrightleftharpoons{pK_{a2}^{\ominus}=6.3} \underset{\text{蓝}}{HIn^{2-}} \xrightleftharpoons{pK_{a3}^{\ominus}=11.6} \underset{\text{橙}}{In^{3-}}$$

它与金属离子形成的配合物显红色,使用该指示剂的 pH 范围是(　　)。

A. <6.3　　B. >6.3　　C. 7~10　　D. 6.3±1

13. 根据 $\varphi^{\ominus}(Cu^{2+}/Cu)=0.341\ 9$ V,$\varphi^{\ominus}(Fe^{3+}/Fe^{2+})=0.771$ V,标准状态下能将 Cu 氧化为 $Cu^{2+}$,但不能氧化 $Fe^{2+}$ 的氧化剂对应电对的 $\varphi^{\ominus}$ 值应是(　　)。

A. $\varphi^{\ominus}<0.771$ V　　B. $\varphi^{\ominus}>0.341\ 9$ V

C. $0.341\ 9\ \text{V}<\varphi^{\ominus}<0.771$ V　　D. $\varphi^{\ominus}<0.341\ 9$ V,$\varphi^{\ominus}>0.771$ V

14. 某有色溶液,当浓度减小时,溶液的最大吸收波长和吸光度分别(　　)。

A. 向长波方向移动,不变　　B. 不变,变小

C. 不变,最大　　D. 向短波方向移动,不变

15. 下列各电极的 $\varphi^{\ominus}$ 最大的是(　　)。

A. $\varphi^{\ominus}(Ag^+/Ag)$　　B. $\varphi^{\ominus}(AgBr/Ag)$　　C. $\varphi^{\ominus}(AgI/Ag)$　　D. $\varphi^{\ominus}(AgCl/Ag)$

16. 反应 $HCl(g)+NH_3(g)$══$NH_4Cl(s)$,在 298 K 时是自发的.若使逆反应在高温时能自发,则该反应(　　)。

A. $\Delta_rH_m^{\ominus}>0,\Delta_rS_m^{\ominus}>0$　　B. $\Delta_rH_m^{\ominus}>0,\Delta_rS_m^{\ominus}<0$

C. $\Delta_rH_m^{\ominus}<0,\Delta_rS_m^{\ominus}<0$　　D. $\Delta_rH_m^{\ominus}<0,\Delta_rS_m^{\ominus}>0$

17. 已知 25 ℃,0.10 mol·$L^{-1}$一元弱酸 HB 的 pH=3.00,则 0.1 mol·$L^{-1}$共轭碱 NaB 溶液的 pH 为(　　)。

A. 11.00　　B. 9.00　　C. 8.50　　D. 9.50

18. 分析某一试样含硫量,称取试样 3.5 g,分析结果报告合理的为(　　)。

A. 0.040 99　　B. 0.04　　C. 0.040 9　　D. 0.041

19. 若每毫升 $K_2Cr_2O_7$ 标准溶液中含 0.014 71 g $K_2Cr_2O_7$,则 $c(\frac{1}{5}K_2Cr_2O_7)$为(　　)mol·$L^{-1}$。已知 $M(K_2Cr_2O_7)=294.18$ g·$mol^{-1}$

A. 0.050 00　　B. 0.300 0　　C. 0.014 71　　D. 0.008 333

20. 油画长期暴露在空气中,会由于硫化氢的存在而变黑。为使已变暗的古油画恢复原来白色,使用的方法是(　　)。

A. 用稀 $H_2O_2$ 水溶液擦洗　　B. 用清水小心擦洗

C. 用钛白粉细心涂描　　D. 用硫黄漂白

**二、填空题**

1. 将等体积的 0.003 mol·$L^{-1}$ $AgNO_3$ 溶液和 0.008 mol·$L^{-1}$ KCl 溶液混合所得的 AgCl 溶胶的胶团结构式为__________,该溶胶在电场中向______极移动。

2. 已知反应 $N_2O_5(g)$══$N_2O_4(g)+O_2(g)$在 298 K 时的速率常数为 $3.46\times10^5\ s^{-1}$,在 338 K 时的速率常数为 $4.87\times10^7\ s^{-1}$,该反应的活化能为______,反应级数为______。

3. 佛尔哈德法测定 $I^-$ 时采取______法(填"直接法"或"返滴定法"),滴定时应注意______。

4. 在光度分析中,溶剂、试剂、试液、显色剂均无色,应选择______做参比溶液;试剂和显色剂均无色,被测试液中存在其他有色离子,应选______做参比溶液。

5. $[Cr(NH_3)_4Cl_2]NO_3$ 名称为____________________，中心离子为__________，配位原子为__________，配位数为________。

6. 在含有 AgCl(s)的饱和溶液中加入 0.1 $mol \cdot L^{-1}$ $AgNO_3$，AgCl 的溶解度__________，这是由于__________。

7. 用 $KMnO_4$ 滴定 $H_2C_2O_4$ 溶液，第一滴 $KMnO_4$ 滴入后紫色褪去很慢，而随着滴定的进行反应越来越快，这是由于反应生成的________有________作用。用 $KMnO_4$ 测定 $Fe^{2+}$ 时，若滴定反应中用 HCl 调节酸度，测定结果会________。

8. $NaH_2PO_4$ 在水溶液中的 PBE 为__________。

9. 将等体积的 0.10 $mol \cdot L^{-1}$ 的 $H_3PO_4$ 溶液与 0.15 $mol \cdot L^{-1}$ 的 NaOH 溶液混合，则混合后溶液的 pH=________。已知 $H_3PO_4$ $K_{a1}^{\ominus}=7.5\times10^{-3}$，$K_{a2}^{\ominus}=6.3\times10^{-8}$，$K_{a3}^{\ominus}=4.7\times10^{-13}$。

10. pH 电势法测定时，酸度计需用标准缓冲溶液定位，目的是__________________。

**三、判断题**

1. 施肥过多造成的"烧苗"现象，是因为植物细胞液的渗透压小于土壤溶液的渗透压。

2. $\varphi^{\ominus}$ 的大小反映物质得失电子的能力，与电极反应的写法有关。

3. 解离度和解离常数在一定温度下均能表示弱电解质的解离程度，但是解离度与浓度有关，而解离常数与浓度无关。

4. 某一反应在一定条件下的平衡转化率为 25.3%，但加入催化剂后，其转化率大于 25.3%。

5. 所谓沉淀完全，就是利用沉淀剂将溶液中的某一离子完全除去，而且沉淀剂用量越多，沉淀越完全。

6. 精密度高，准确度也一定高。

7. 砝码读错属于系统误差，做对照实验是为了消除系统误差。

8. Fe(s)和 $Cl_2$(l)的 $\Delta_f H_m^{\ominus}$ 都为零。

9. 强酸滴定弱碱，突跃范围与弱碱的解离常数和起始浓度有关。

10. EDTA 直接滴定中，终点所呈现的颜色是游离金属指示剂的颜色。

**四、简答题**

1. 不慎发生重金属离子中毒，为什么服用大量牛奶可以减轻病状？

2. 请用质子酸碱理论解释在水溶液中 $NH_3$ 与 $HPO_4^{2-}$ 哪一个碱性强。

已知 $K_b^{\ominus}(NH_3 \cdot H_2O)=1.8\times10^{-5}$；$H_3PO_4$ $K_{a1}^{\ominus}=7.5\times10^{-3}$，$K_{a2}^{\ominus}=6.3\times10^{-8}$，$K_{a3}^{\ominus}=4.7\times10^{-13}$。

3. $K_2Cr_2O_7$ 法测 $Fe^{2+}$ 含量时，以二苯胺磺酸钠为指示剂，必须加入 $H_2SO_4-H_3PO_4$ 混合酸，加 $H_2SO_4$ 的目的是什么？加 $H_3PO_4$ 的目的是什么？

4. 古生物遗体化石的主要成分为 $Ca_3(PO_4)_2$，一般混杂于灰岩中（主要成分为 $CaCO_3$），为了显示该古生物遗体化石的形态，一般选用 HAc 而不是 $H_3PO_4$ 或 HCl 除去其周围的灰岩，请从沉淀溶解平衡的角度分析其原因。

5. 某化工厂要对其产品高锰酸钾中 $KMnO_4$ 的质量分数进行测定，要求测定结果的相对误差不得大于±0.3%。有人提出两种分析方案：

(1) 利用可见分光光度法测定；

(2) 在酸性介质中，用 $Na_2C_2O_4$ 标准溶液滴定样品溶液。

您认为这两种方案是否可行？为什么？写出有关反应式。若以上方案均不可行，请设计一分析方案，并简述测定步骤，写出分析结果计算式。

已知 $\varphi^{\ominus}(MnO_4^-/MnO_2)=1.679$ V，$\varphi^{\ominus}(MnO_2/Mn^{2+})=1.224$ V，$\varphi^{\ominus}(MnO_4^-/Mn^{2+})=1.507$ V，$\varphi^{\ominus}(CO_2/H_2C_2O_4)=0.49$ V。

**五、计算题**

1. 反渗透法是淡化海水制备饮用水的一种方法。若 298 K 时用密度为 1 021 $kg \cdot m^{-3}$ 的海水提取淡水，至少应在海水一侧加多大的压力？假设海水中盐的总浓度以 NaCl 的质量分数计为 3%，其中的 NaCl 完全离子化。已知 $M(NaCl)=58.44\ g \cdot mol^{-1}$。

2. 固体 $AgNO_3$ 的分解反应为 $AgNO_3(s)$ ══ $Ag(s)+NO_2(g)+\frac{1}{2}O_2(g)$，298 K 时，相关的热力学数据为：

| | $AgNO_3(s)$ | $Ag(s)$ | $NO_2(g)$ | $O_2(g)$ |
|---|---|---|---|---|
| $\Delta_f H_m^\ominus/(kJ \cdot mol^{-1})$ | −123.14 | | 33.85 | |
| $S_m^\ominus/(J \cdot mol^{-1} \cdot K^{-1})$ | 140.92 | 42.70 | 240.45 | 205.0 |

计算标准状态下 $AgNO_3(s)$ 分解的温度。若要防止 $AgNO_3$ 分解，保存时应采取什么措施？

3. 某一含惰性杂质的混合碱样品 0.602 8 g，加水溶解，用 0.202 2 $mol \cdot L^{-1}$ HCl 溶液滴定至酚酞终点，用去 HCl 溶液 20.30 mL；加入甲基橙，继续滴定至甲基橙变色，又用去 HCl 溶液 22.45 mL，问样品由何种碱组成？各组分的质量分数为多少？

已知 $M(NaOH)=40.01\ g \cdot mol^{-1}$，$M(Na_2CO_3)=105.99\ g \cdot mol^{-1}$，$M(NaHCO_3)=84.01\ g \cdot mol^{-1}$。

4. 某溶液中含有 $Ca^{2+}$ 和 $Ba^{2+}$，浓度均为 0.10 $mol \cdot L^{-1}$，向溶液中滴加 $Na_2SO_4$ 溶液，开始出现沉淀时 $SO_4^{2-}$ 浓度应为多大？当 $CaSO_4$ 开始沉淀时，溶液中剩下的 $Ba^{2+}$ 浓度为多大？能否用此方法分离 $Ca^{2+}$ 和 $Ba^{2+}$？已知 $K_{sp}^\ominus(CaSO_4)=1.96\times10^{-4}$，$K_{sp}^\ominus(BaSO_4)=1.08\times10^{-10}$。

5. 某原电池：(−)Cu | $Cu^{2+}$(0.10 $mol \cdot L^{-1}$) ‖ $ClO_3^-$(2.0 $mol \cdot L^{-1}$)，$H^+$(5.0 $mol \cdot L^{-1}$)，$Cl^-$(1.0 $mol \cdot L^{-1}$) | Pt(+)。已知：$\varphi^\ominus(Cu^{2+}/Cu)=0.341\ 9\ V$，$\varphi^\ominus(ClO_3^-/Cl^-)=1.451\ V$

(1) 写出原电池反应。

(2) 计算 298 K 时，电池电动势 $E$，判断反应方向。

(3) 计算 298 K 时，原电池反应的标准平衡常数 $K^\ominus$。

6. 一化合物的相对分子质量为 125，摩尔吸收系数为 $2.50\times10^5\ L \cdot mol^{-1} \cdot cm^{-1}$，今欲配制 1 L 该化合物溶液，稀释 200 倍后，于 1.00 cm 吸收池中测得的吸光度为 0.600，那么应称取该化合物多少克？

# 总复习题(二)参考答案

**一、选择题**(下列各题只有一个答案是正确的)

| 题号 | 1 | 2 | 3 | 4 | 5 | 6 | 7 | 8 | 9 | 10 |
|---|---|---|---|---|---|---|---|---|---|---|
| 答案 | D | D | D | B | C | B | B | D | A | A |
| 题号 | 11 | 12 | 13 | 14 | 15 | 16 | 17 | 18 | 19 | 20 |
| 答案 | D | C | C | B | A | C | B | D | B | A |

**二、填空题**

1. $\{(AgCl)_m \cdot nCl^- \cdot (n-x)K^+\}^{x-} \cdot xK^+$　正

2. 103.56 $kJ \cdot mol^{-1}$　一级

3. 返滴定　先加入过量的硝酸银标准溶液后再加入指示剂铁铵矾

4. 溶剂　试液

5. 硝酸二氯·四氨合铬(Ⅲ)　$Cr^{3+}$　N,Cl　6

6. 减小　同离子效应

7. $Mn^{2+}$　催化作用　偏高

8. $[H_3PO_4]+[H^+]=[HPO_4^{2-}]+2[PO_4^{3-}]+[OH^-]$

9. 7.20

解析:溶液混合反应后生成 $H_2PO_4^-$ 和 $HPO_4^{2-}$,构成缓冲溶液,浓度均为 0.025 $mol \cdot L^{-1}$,

$pH=pK_{a2}^{\ominus}-\lg\dfrac{[H_2PO_4^-]}{[HPO_4^{2-}]}=7.20-\lg\dfrac{0.025}{0.025}=7.20$。

10. 消除不对称电势对测定的影响

**三、判断题**

| 题号 | 1 | 2 | 3 | 4 | 5 | 6 | 7 | 8 | 9 | 10 |
|---|---|---|---|---|---|---|---|---|---|---|
| 答案 | √ | × | √ | × | × | × | × | × | √ | × |

**四、简答题**

1. 答:由于可溶性重金属离子(强电解质)可使胶体聚沉,人体组织中的蛋白质作为一种胶体,遇到可溶性重金属盐会发生凝结而变性,误服重金属盐会使人中毒。如果立即服用大量鲜牛奶这类胶体溶液,可促使重金属与牛奶中的蛋白质发生聚沉作用,从而减轻重金属离子对人体的危害。

2. 答:$NH_3+H_2O \rightleftharpoons NH_4^+ +OH^-$　$K_b^{\ominus}(NH_3 \cdot H_2O)=1.8\times10^{-5}$;

$HPO_4^{2-}+H_2O \rightleftharpoons H_2PO_4^- +OH^-$　$K_{b2}^{\ominus}=K_w^{\ominus}/K_{a2}^{\ominus}=10^{-14}/(6.3\times10^{-8})=1.58\times10^{-7}$;

$K_b^{\ominus}$ 值越大,碱性越强,由此可见,$NH_3 \cdot H_2O$ 的碱性最强。

3. 答:加入硫酸的目的是调节酸度,反应在酸性介质条件下进行,同时防止 $Fe^{2+}$ 水解;加入 $H_3PO_4$ 的目的一是扩大突跃范围,使指示剂二苯胺磺酸钠的变色范围全部落在突跃范围之内,二是消除 $Fe^{3+}$ 黄色干扰,便于终点观察。

4. 答:用 $H_3PO_4$ 或 HCl 除去 $CaCO_3$,化石中的 $Ca_3(PO_4)_2$ 会转化为可溶的 $Ca(H_2PO_4)_2$,化学平衡关系式为 $Ca_3(PO_4)_2+4H^+ \rightleftharpoons 3Ca^{2+}+2H_2PO_4^-$;使用 HAc 时,$CaCO_3$ 会溶解,而化石中的 $Ca_3(PO_4)_2$ 不溶。

5. 答:(1)不正确。分光光度法相对误差较大,不能满足对准确度的要求。

(2)不正确。因 $\varphi^{\ominus}(MnO_4^-/MnO_2) > \varphi^{\ominus}(MnO_2/Mn^{2+})$，$MnO_4^-$ 将氧化反应中生成的 $Mn^{2+}$，生成 $MnO_2$ 沉淀，使滴定无法进行；$2MnO_4^- + 3Mn^{2+} + 2H_2O = 5MnO_2 + 4H^+$；

准确称取质量为 $m$ 的样品，溶解，滤去不溶物，定容至体积 $V_1$。准确取体积 $V_2$ 的该溶液，用硫酸调节为强酸性，准确加入过量的 $Na_2C_2O_4$ 标准溶液，待反应完全，加热约至 85 ℃，用 $KMnO_4$ 标准溶液滴定至终点。

$$\omega(KMnO_4) = \frac{V_1\{2c(Na_2C_2O_4)V(Na_2C_2O_4) - 5c(KMnO_4)V(KMnO_4)\}M(KMnO_4)}{5mV_2} \times 100\%$$

**五、计算题**

1. 解：依题意，每升海水的质量为 1 021 g，其中 NaCl 的物质的量

$$n(NaCl) = \frac{m(NaCl)}{M(NaCl)} = \frac{V_{海水}\rho_{海水}w(NaCl)}{M(NaCl)} = \frac{1\ 021 \times 3\%}{58.44} = 0.524\ \text{mol},$$

每升海水 NaCl 的物质的量浓度：$c(NaCl) = \frac{n(NaCl)}{V} = 0.524\ \text{mol} \cdot \text{L}^{-1}$，

因为题意假定 NaCl 完全离子化，所以溶液中粒子数应扩大一倍，根据渗透压定律：

$$\Pi = cRT = 2c(NaCl)RT$$
$$= 2 \times 0.524 \times 8.314 \times 298 = 2\ 597.1\ \text{kPa}。$$

2. 解：$AgNO_3(s)$ 分解的温度即为反应 $AgNO_3(s) = Ag(s) + NO_2(g) + \frac{1}{2}O_2(g)$ 的转化温度。

根据公式：$T = \frac{\Delta_r H_m^{\ominus}}{\Delta_r S_m^{\ominus}}$；

$$\Delta_r H_m^{\ominus} = \Delta_f H_m^{\ominus}(NO_2,g) + \Delta_f H_m^{\ominus}(Ag,s) + \frac{1}{2}\Delta_f H_m^{\ominus}(O_2,g) - \Delta_f H_m^{\ominus}(AgNO_3,s)$$
$$= 33.85 - (-123.14)$$
$$= 156.99\ \text{kJ} \cdot \text{mol}^{-1},$$

$$\Delta_r S_m^{\ominus} = \frac{1}{2}S_m^{\ominus}(O_2,g) + S_m^{\ominus}(NO_2,g) + S_m^{\ominus}(Ag,s) - S_m^{\ominus}(AgNO_3,s)$$
$$= \frac{1}{2} \times 205.0 + 240.45 + 42.70 - 140.92$$
$$= 244.73\ \text{J} \cdot \text{mol}^{-1} \cdot \text{K}^{-1},$$

$$T = \frac{156.99 \times 10^3}{244.73} = 641\ \text{K} = (641 - 273)\ ℃ = 368\ ℃$$

分解温度 $T > 368$ ℃；

若要防止 $AgNO_3$ 分解，应低温避光保存。

3. 解：因为 $V_2 > V_1$，所以混合物是由 $Na_2CO_3$ 和 $NaHCO_3$ 组成的，

$$w(Na_2CO_3) = \frac{c(HCl)V_1(HCl)M(Na_2CO_3)}{m_s} \times 100\%$$
$$= \frac{0.202\ 2 \times 20.30 \times 105.99 \times 10^{-3}}{0.602\ 8} \times 100\% = 72.17\%,$$

$$w(NaHCO_3) = \frac{c(HCl)(V_2 - V_1)M(NaHCO_3)}{m_s} \times 100\%$$
$$= \frac{0.202\ 2 \times (22.45 - 20.30) \times 84.01 \times 10^{-3}}{0.602\ 8} \times 100\% = 6.06\%,$$

4. 解：$BaSO_4$ 开始沉淀时，溶液中 $c(SO_4^{2-})$ 为

$$c(SO_4^{2-}) = \frac{K_{sp}^{\ominus}(BaSO_4)}{c(Ba^{2+})} = \frac{1.08 \times 10^{-10}}{0.10} = 1.08 \times 10^{-9}\ \text{mol} \cdot \text{L}^{-1},$$

$CaSO_4$ 开始沉淀时，溶液中 $c(SO_4^{2-})$ 为：

$$c(SO_4^{2-})=\frac{K_{sp}^{\ominus}(CaSO_4)}{c(Ca^{2+})}=\frac{1.96\times10^{-4}}{0.10}=1.96\times10^{-3}\ mol\cdot L^{-1}>1.08\times10^{-9}\ mol\cdot L^{-1},$$

先沉淀的是 $BaSO_4$，此时 $c(SO_4^{2-})$ 为 $1.08\times10^{-9}\ mol\cdot L^{-1}$，

当 $CaSO_4$ 开始沉淀时，$c(SO_4^{2-})$ 为 $1.96\times10^{-3}\ mol\cdot L^{-1}$，则溶液中的 $c(Ba^{2+})$ 为

$$c(Ba^{2+})=\frac{K_{sp}^{\ominus}(BaSO_4)}{c(SO_4^{2-})}=\frac{1.08\times10^{-10}}{1.96\times10^{-3}}=5.5\times10^{-8}\ mol\cdot L^{-1}<1.0\times10^{-5}\ mol\cdot L^{-1},$$

故可用此法分离 $Ca^{2+}$ 和 $Ba^{2+}$。

5. 解：(1) 原电池反应为 $ClO_3^-+3Cu+6H^+=Cl^-+3Cu^{2+}+3H_2O$。

(2) 298 K 时，

正极的电极电势为

$$\varphi(ClO_3^-/Cl^-)=\varphi^{\ominus}(ClO_3^-/Cl^-)+\frac{0.059\ 2}{6}\lg\frac{[ClO_3^-]\cdot[H^+]^6}{[Cl^-]}$$

$$=1.451+\frac{0.059\ 2}{6}\lg\frac{2.0\times5.0^6}{1.0}=1.495\ V$$

负极的电极电势为

$$\varphi(Cu^{2+}/Cu)=\varphi^{\ominus}(Cu^{2+}/Cu)+\frac{0.059\ 2}{2}\lg[Cu^{2+}]$$

$$=0.341\ 9+\frac{0.059\ 2}{2}\lg0.10=0.312\ 3\ V$$

电池的电动势为 $E=\varphi_+-\varphi_-=\varphi(ClO_3^-/Cl^-)-\varphi(Cu^{2+}/Cu)=1.495-0.312\ 3=1.183\ V$，

电池电动势 $E>0$，反应向正方向进行。

(3) 电池的标准电动势为

$$E^{\ominus}=\varphi_+^{\ominus}-\varphi_-^{\ominus}=\varphi^{\ominus}(ClO_3^-/Cl^-)-\varphi^{\ominus}(Cu^{2+}/Cu)=1.451-0.3419=1.109\ V$$

所以 $\lg K^{\ominus}=\frac{nE^{\ominus}}{0.059\ 2}=\frac{6\times1.109}{0.059\ 2}=112.40$，$K^{\ominus}=2.5\times10^{112}$。

6. 解：根据 $A=\varepsilon bc$ 得

$$c=\frac{A}{\varepsilon b}=\frac{0.600}{2.5\times10^5\times1}=2.40\times10^{-6}\ mol\cdot L^{-1},$$

则稀释前的浓度为 $2.40\times10^{-6}\times200=4.80\times10^{-4}\ mol\cdot L^{-1}$，

所以需要该化合物的质量为 $4.80\times10^{-4}\times1\times125=0.060\ 0\ g$。

# 附　表

附表 1　元素的相对原子质量表

| 元素名称及符号 | 相对原子质量 | 元素名称及符号 | 相对原子质量 | 元素名称及符号 | 相对原子质量 |
|---|---|---|---|---|---|
| 银 Ag | 107.868 2 | 钆 Gd | 157.25 | 铂 Pt | 195.078 |
| 铝 Al | 26.981 54 | 锗 Ge | 72.61 | 镭 Ra | 226.025 4 |
| 氩 Ar | 39.948 | 氢 H | 1.007 94 | 铷 Rb | 85.467 8 |
| 砷 As | 74.921 6 | 氦 He | 4.002 60 | 铼 Re | 186.207 |
| 金 Au | 196.966 5 | 汞 Hg | 200.59 | 铑 Rh | 102.905 5 |
| 硼 B | 10.811 | 碘 I | 126.904 5 | 钌 Ru | 101.072 |
| 钡 Ba | 137.33 | 铟 In | 114.82 | 硫 S | 32.066 |
| 铍 Be | 9.012 18 | 钾 K | 39.098 3 | 锑 Sb | 121.760 |
| 铋 Bi | 208.980 4 | 氪 Kr | 83.80 | 钪 Sc | 44.955 91 |
| 溴 Br | 79.904 | 镧 La | 138.905 5 | 硒 Se | 78.963 |
| 碳 C | 12.011 | 锂 Li | 6.941 | 硅 Si | 28.085 5 |
| 钙 Ca | 40.078 | 镥 Lu | 174.967 | 钐 Sm | 150.36 |
| 镉 Cd | 112.41 | 镁 Mg | 24.305 | 锡 Sn | 118.710 |
| 铈 Ce | 140.12 | 锰 Mn | 54.938 0 | 锶 Sr | 87.62 |
| 氯 Cl | 35.453 | 钼 Mo | 95.94 | 钽 Ta | 180.947 9 |
| 钴 Co | 58.933 2 | 氮 N | 14.006 7 | 碲 Te | 127.60 |
| 铬 Cr | 51.996 1 | 钠 Na | 22.989 77 | 钍 Th | 232.038 1 |
| 铯 Cs | 132.905 4 | 钕 Nd | 144.24 | 钛 Ti | 47.867 |
| 铜 Cu | 63.546 | 氖 Ne | 20.179 7 | 铊 Tl | 204.383 |
| 镝 Dy | 162.50 | 镍 Ni | 58.69 | 铀 U | 238.028 9 |
| 铒 Er | 167.26 | 氧 O | 15.999 4 | 钒 V | 50.941 5 |
| 铕 Eu | 151.964 | 磷 P | 30.973 76 | 钨 W | 183.84 |
| 氟 F | 18.998 403 | 铅 Pb | 207.2 | 钇 Y | 88.905 85 |
| 铁 Fe | 55.845 | 钯 Pd | 106.42 | 锌 Zn | 65.39 |
| 镓 Ga | 69.723 | 镨 Pr | 140.907 65 | 锆 Zr | 91.224 |

**附表 2 常见化合物的相对分子质量表**

| 化学式 | 相对分子质量 | 化学式 | 相对分子质量 | 化学式 | 相对分子质量 |
|---|---|---|---|---|---|
| $AgBr$ | 187.77 | $H_3PO_4$ | 98.00 | $Na_2S_2O_3 \cdot 5H_2O$ | 248.17 |
| $AgCl$ | 143.32 | $KBrO_3$ | 167.00 | $NiCl_2 \cdot 6H_2O$ | 237.69 |
| $Ag_2CrO_4$ | 331.73 | $KC_8H_5O_4$ | 204.22 | $Ni(NO_3)_2 \cdot 6H_2O$ | 290.79 |
| $AgI$ | 234.77 | $KCl$ | 74.55 | $NiSO_4 \cdot 7H_2O$ | 280.85 |
| $AgNO_3$ | 169.87 | $K_2Cr_2O_7$ | 294.18 | $P_2O_5$ | 141.95 |
| $AlCl_3$ | 133.34 | $KHC_8H_4O_4$ | 204.22 | $PbCO_3$ | 267.21 |
| $AlCl_3 \cdot 6H_2O$ | 241.43 | $KI$ | 166.00 | $PbC_2O_4$ | 295.22 |
| $Al_2O_3$ | 101.96 | $KIO_3$ | 214.00 | $PbCl_2$ | 278.11 |
| $As_2O_3$ | 197.84 | $KMnO_4$ | 158.03 | $PbO$ | 223.20 |
| $As_2S_3$ | 246.02 | $KOH$ | 56.11 | $PbO_2$ | 239.20 |
| $BaCl_2$ | 208.24 | $MgCl_2$ | 95.21 | $PbS$ | 239.26 |
| $BaCl_2 \cdot 2H_2O$ | 244.27 | $MgNH_4PO_4$ | 137.32 | $PbSO_4$ | 303.26 |
| $BaCrO_4$ | 253.32 | $MgO$ | 40.30 | $SO_2$ | 64.06 |
| $BaSO_4$ | 233.39 | $Mg(OH)_2$ | 58.32 | $SO_3$ | 80.06 |
| $CO_2$ | 44.01 | $MnO_2$ | 86.94 | $SbCl_3$ | 228.11 |
| $CaO$ | 56.08 | $MnSO_4$ | 151.00 | $SbCl_5$ | 299.02 |
| $CaCO_3$ | 100.09 | $NH_3$ | 17.03 | $Sb_2O_3$ | 291.50 |
| $CO(NH_2)_2$ | 60.09 | $NH_4Cl$ | 53.49 | $SiO_2$ | 60.08 |
| $Cr_2O_3$ | 151.99 | $Na_2B_4O_7 \cdot 10H_2O$ | 381.37 | $SnCl_2$ | 189.60 |
| $CuO$ | 79.55 | $Na_2CO_3$ | 105.99 | $SnCl_4$ | 260.50 |
| $CuSO_4$ | 159.60 | $Na_2C_2O_4$ | 134.00 | $SrCrO_4$ | 203.61 |
| $CuSO_4 \cdot 5H_2O$ | 249.68 | $NaAc$ | 82.03 | $Sr(NO_3)_2$ | 211.63 |
| $FeCl_2$ | 126.75 | $NaAc \cdot 3H_2O$ | 136.08 | $ZnCO_3$ | 125.39 |
| $FeCl_3$ | 162.21 | $NaCl$ | 58.44 | $ZnCl_2$ | 136.29 |
| $Fe_2O_3$ | 159.69 | $NaClO$ | 74.44 | $Zn(NO_3)_2$ | 189.39 |
| $Fe(OH)_3$ | 106.87 | $NaHCO_3$ | 84.01 | $ZnO$ | 81.39 |
| $FeSO_4 \cdot 7H_2O$ | 278.01 | $Na_2H_2Y \cdot 2H_2O$ | 372.24 | $ZnS$ | 97.44 |
| $H_3BO_3$ | 61.83 | $NaOH$ | 40.00 | $ZnSO_4$ | 161.44 |
| $HCOOH$ | 46.03 | $Na_2HPO_4$ | 142.0 | $ZnSO_4 \cdot 7H_2O$ | 287.55 |
| $CH_3COOH$ | 60.05 | $NaH_2PO_4$ | 120.0 | | |
| $H_2C_2O_4 \cdot 2H_2O$ | 126.07 | $Na_3PO_4$ | 163.94 | | |
| $H_2O_2$ | 34.02 | $Na_2S$ | 78.04 | | |

## 附表 3 常见物质的热力学数据(298.15 K,100 kPa)

| 化学式 | 状态 | $\Delta_f H_m^\ominus/(kJ\cdot mol^{-1})$ | $\Delta_f G_m^\ominus/(kJ\cdot mol^{-1})$ | $S_m^\ominus/(J\cdot mol^{-1}\cdot K^{-1})$ |
|---|---|---|---|---|
| Ag | s | 0 | 0 | 42.70 |
| AgBr | s | −99.50 | −95.94 | 107.1 |
| AgCl | s | −127.03 | −109.72 | 96.11 |
| AgI | s | −62.38 | −66.32 | 114.22 |
| $AgNO_2$ | s | −44.4 | −19.8 | 128 |
| $AgNO_3$ | s | −123.14 | −32.18 | 140.92 |
| $Ag_2CO_3$ | s | −506.14 | −437.14 | 167.36 |
| $Ag_2O$ | s | −30.57 | −10.32 | 121.71 |
| α-$Ag_2S$ | s | −31.80 | −40.25 | 145.60 |
| Al | s | 0 | 0 | 28.32 |
| $AlCl_3$ | s | −695.38 | −636.81 | 167.36 |
| α-$Al_2O_3$ | s | −1 699.79 | −1 576.41 | 50.99 |
| $Al(OH)_3$ | s,无定形 | −1 275.70 | −1 137.63 | 71.13 |
| $Al_2(SO_4)_3$ | s | −3 434.98 | −3 091.93 | 239.32 |
| α-As | s | 0 | 0 | 35.15 |
| $AsCl_3$ | l | −355.6 | −295.0 | 233.5 |
| $AsCl_3$ | g | −299.16 | −286.60 | 327.19 |
| $AsH_3$ | g | 171.54 | 175.73 | 217.57 |
| $As_2S_3$ | s | −146.44 | −135.81 | 112.13 |
| Au | s | 0 | 0 | 47.70 |
| AuBr | s | −18.4 | −15.5 | 113 |
| $AuBr_3$ | s | −54.4 | −24.7 | 100.4 |
| AuCl | s | −35.1 | −15.6 | 100.4 |
| B | s | 0 | 0 | 5.86 |
| $BBr_3$ | g | −188.61 | −213.38 | 324.22 |
| $BBr_3$ | l | −220.92 | −219.24 | 228.86 |
| $BCl_3$ | g | −395.39 | −380.33 | 289.91 |
| $H_3BO_3$ | s | −1 088.68 | −963.16 | 89.58 |
| $BF_3$ | g | −1 110.43 | −1 093.28 | 253.97 |
| $B_2H_6$ | g | 31.38 | 82.34 | 232.88 |
| $B_2O_3$ | s | −1 263.57 | −1 184.07 | 54.02 |
| Ba | s | 0 | 0 | 66.94 |
| $BaCO_3$ | s | −1 218.80 | −1 138.88 | 112.13 |
| $BaCl_2$ | s | −860.06 | −810.86 | 125.52 |
| BaO | s | −558.15 | −528.44 | 70.29 |
| $Ba(OH)_2$ | s | −946.42 | −856.47 | 94.98 |

(续表)

| 化学式 | 状态 | $\Delta_f H_m^\ominus/(kJ \cdot mol^{-1})$ | $\Delta_f G_m^\ominus/(kJ \cdot mol^{-1})$ | $S_m^\ominus/(J \cdot mol^{-1} \cdot K^{-1})$ |
|---|---|---|---|---|
| BaS | s | −443.50 | −437.23 | 78.24 |
| $BaSO_4$ | s | −1 465.24 | −1 353.11 | 132.21 |
| Be | s | 0 | 0 | 9.54 |
| $BeCl_2$ | s | −511.70 | −467.77 | 85.77 |
| BeO | s | −610.86 | −581.58 | 14.10 |
| $BeSO_4$ | s | −1 196.62 | −1 088.68 | 89.96 |
| $Br_2$ | l | 0 | 0 | 152.30 |
| $Br_2$ | g | 30.7 | 3.14 | 245.35 |
| C(石墨) | s | 0 | 0 | 5.69 |
| C(金刚石) | s | 1.895 | 2.900 | 2.377 |
| $CCl_4$ | l | −139.49 | −68.74 | 214.43 |
| $CH_4$ | g | −74.58 | −50.79 | 186.19 |
| $C_2H_6$ | g | −84.67 | −32.89 | 229.49 |
| $C_6H_6$ | l | 49.1 | 124.5 | 173.4 |
| $CH_3OH$ | l | −238.66 | −166.27 | 126.8 |
| $C_2H_5OH$ | l | −288.3 | −181.64 | 148.5 |
| $CH_3COOH$ | l | −484.5 | −389.9 | 159.8 |
| CO | g | −110.52 | −137.27 | 197.91 |
| $CO_2$ | g | −393.51 | −394.38 | 213.64 |
| $CO(NH_2)_2$ | s | −333.51 | −197.33 | 93.14 |
| Ca | s | 0 | 0 | 41.63 |
| $CaC_2$ | s | −62.78 | −67.78 | 60.29 |
| $CaCO_3$ | s | −1 206.88 | −1 128.76 | 92.89 |
| CaO | s | −635.55 | −604.17 | 39.75 |
| $CaSO_4$ | s | −1 432.7 | −1 320.3 | 106.69 |
| $Cl_2$ | g | 0 | 0 | 233 |
| Cu | s | 0 | 0 | 33.3 |
| CuO | s | −155.23 | −127.19 | 43.51 |
| $CuSO_4$ | s | −769.86 | −661.91 | 113.39 |
| $CuSO_4 \cdot 2H_2O$ | s | −2 277.98 | −1 879.87 | 305.43 |
| $F_2$ | g | 0 | 0 | 203.34 |
| Fe | s | 0 | 0 | 27.15 |
| $Fe_2O_3$ | s | −822.16 | −740.99 | 89.96 |
| $Fe_3O_4$ | s | −1 120.89 | −1 014.20 | 146.02 |
| $H_2$ | g | 0 | 0 | 130.68 |

（续表）

| 化学式 | 状态 | $\Delta_f H_m^\ominus/(kJ \cdot mol^{-1})$ | $\Delta_f G_m^\ominus/(kJ \cdot mol^{-1})$ | $S_m^\ominus/(J \cdot mol^{-1} \cdot K^{-1})$ |
|---|---|---|---|---|
| HBr | g | 36.23 | −53.22 | 198.48 |
| HCl | g | −92.31 | −95.27 | 186.68 |
| HI | g | 25.94 | 1.30 | 206.33 |
| $H_2O$ | l | −285.84 | −237.19 | 69.94 |
| $H_2O$ | g | −241.83 | −228.59 | 188.72 |
| $H_2O_2$ | l | −187.78 | −120.35 | 109.6 |
| $H_2S$ | g | −20.51 | −33.02 | 205.64 |
| Hg | g | 60.84 | 31.76 | 174.89 |
| Hg | l | 0 | 0 | 77.40 |
| $Hg_2Cl_2$ | s | −264.93 | −210.66 | 195.81 |
| $HgCl_2$ | s | −230.12 | −185.77 | 144.35 |
| HgO(红) | s | −90.71 | −58.53 | 71.79 |
| $I_2$ | g | 62.24 | 19.37 | 260.58 |
| $I_2$ | s | 0 | 0 | 116.73 |
| K | s | 0 | 0 | 63.60 |
| KOH | s | −424.76 | −379.08 | 78.9 |
| KCl | s | −436.74 | −409.14 | 51.30 |
| $KMnO_4$ | s | −837.2 | −737.6 | 171.71 |
| Li | s | 0 | 0 | 29.12 |
| $Li_2O$ | s | −597.94 | −561.18 | 37.57 |
| LiH | g | 139.24 | 116.47 | 170.90 |
| LiCl | s | −408.61 | −384.37 | 59.33 |
| Mg | s | 0 | 0 | 32.68 |
| MgO | s | −601.70 | −569.43 | 26.94 |
| $Mg(OH)_2$ | s | −924.54 | −833.51 | 63.18 |
| $MgCl_2$ | s | −641.32 | −591.79 | 89.62 |
| Mn | s | 0 | 0 | 32.01 |
| $MnO_2$ | s | −520.03 | −465.14 | 53.05 |
| $N_2$ | g | 0 | 0 | 191.49 |
| $NH_3$ | g | −46.19 | −16.14 | 192.51 |
| $NH_4Cl$ | s | −315.39 | −203.89 | 94.56 |
| NO | g | 90.37 | 86.69 | 210.62 |

（续表）

| 化学式 | 状态 | $\Delta_f H_m^\ominus/(kJ \cdot mol^{-1})$ | $\Delta_f G_m^\ominus/(kJ \cdot mol^{-1})$ | $S_m^\ominus/(J \cdot mol^{-1} \cdot K^{-1})$ |
|---|---|---|---|---|
| $NO_2$ | g | 33.85 | 51.84 | 240.45 |
| $N_2O$ | g | 81.55 | 103.60 | 220.00 |
| $N_2O_4$ | g | 9.66 | 89.29 | 304.30 |
| $N_2O_5$ | s | −41.84 | 133.89 | 113.39 |
| Na | s | 0 | 0 | 51.05 |
| NaBr | s | −359.95 | −347.69 | 85.77 |
| NaCl | s | −411.00 | −384.03 | 72.38 |
| $Na_2O$ | s | −415.90 | −376.6 | 72.8 |
| NaOH | s | −426.73 | −376.98 | 52.30 |
| $Na_2CO_3$ | s | −1 130.94 | −1 047.67 | 135.98 |
| $NaHCO_3$ | s | −947.68 | −851.86 | 102.00 |
| $O_2$ | g | 0 | 0 | 205.0 |
| $O_3$ | g | 142.26 | 163.43 | 237.7 |
| P(白) | s | 0 | 0 | 41.09 |
| P(红) | s | −17.6 | −12.1 | 22.80 |
| $PH_3$ | g | 9.25 | 18.24 | 210.04 |
| $P_4O_{10}$ | s | −2 984.0 | −2 697.7 | 228.86 |
| Pb | s | 0 | 0 | 64.81 |
| S(正交) | s | 0 | 0 | 31.80 |
| S(单斜) | s | 0.33 | — | — |
| $SO_2$ | g | −296.06 | −300.37 | 248.53 |
| $SO_3$ | g | −395.18 | −370.37 | 256.23 |
| Si | s | 0 | 0 | 18.70 |
| $\alpha$-$SiO_2$ | s | −910.94 | −856.64 | 41.84 |
| Zn | s | 0 | 0 | 41.63 |

附表 4 常见弱电解质的解离常数(298.15 K)

| 弱酸名称 | 化学式 | $K_a^\ominus$ | $pK_a^\ominus$ |
|---|---|---|---|
| 砷酸 | $H_3AsO_4$ | $5.6\times10^{-3}$ | 2.25 |
| | | $1.7\times10^{-7}$ | 6.77 |
| | | $3.0\times10^{-12}$ | 11.52 |
| 亚砷酸 | $H_3AsO_3$ | $6.0\times10^{-10}$ ($K_{a1}^\ominus$) | 9.22 |
| 硼酸 | $H_3BO_3$ | $7.3\times10^{-10}$ | 9.14 |
| 乙酸 | $CH_3COOH$(HAc) | $1.8\times10^{-5}$ | 4.74 |
| 甲酸 | HCOOH | $1.8\times10^{-4}$ | 3.74 |
| 碳酸 | $H_2CO_3$ | $4.2\times10^{-7}$ | 6.38 |
| | | $5.6\times10^{-11}$ | 10.25 |
| 氢氟酸 | HF | $3.5\times10^{-4}$ | 3.45 |
| 氢氰酸 | HCN | $4.9\times10^{-10}$ | 9.31 |
| 氢硫酸 | $H_2S$ | $9.1\times10^{-8}$ | 7.04 |
| | | $1.1\times10^{-12}$ | 11.96 |
| 次氯酸 | HClO | $3.0\times10^{-8}$ | 7.52 |
| 次溴酸 | HBrO | $2.1\times10^{-9}$ | 8.68 |
| 次碘酸 | HIO | $2.3\times10^{-11}$ | 10.64 |
| 亚硝酸 | $HNO_2$ | $4.6\times10^{-4}$ | 3.33 |
| 磷酸 | $H_3PO_4$ | $7.6\times10^{-3}$ | 2.12 |
| | | $6.3\times10^{-8}$ | 7.20 |
| | | $4.4\times10^{-13}$ | 12.33 |
| 亚硫酸 | $H_2SO_3$ | $1.5\times10^{-2}$ | 1.82 |
| | | $1.0\times10^{-7}$ | 7.00 |
| 草酸(乙二酸) | $H_2C_2O_4$ | $5.9\times10^{-2}$ | 1.23 |
| | | $6.4\times10^{-5}$ | 4.19 |

| 弱碱名称 | 化学式 | $K_b^\ominus$ | $pK_b^\ominus$ |
|---|---|---|---|
| 氨水 | $NH_3\cdot H_2O$ | $1.8\times10^{-5}$ | 4.74 |
| 羟氨 | $NH_2OH$ | $1.1\times10^{-8}$ | 7.96 |
| 六亚甲基四胺 | $(CH_2)_6N_4$ | $1.4\times10^{-9}$ | 8.85 |
| 乙二胺 | $H_2NCH_2CH_2NH_2$ | $8.5\times10^{-5}$ | 4.07 |
| | | $7.1\times10^{-8}$ | 7.15 |
| 苯胺 | $C_6H_5NH_2$ | $4.0\times10^{-10}$ | 9.40 |

附表 5 常见难溶电解质的溶度积常数(298.15 K)

| 难溶电解质名称 | 化学式 | $K_{sp}^{\ominus}$ | $pK_{sp}^{\ominus}$ | 难溶电解质名称 | 化学式 | $K_{sp}^{\ominus}$ | $pK_{sp}^{\ominus}$ |
|---|---|---|---|---|---|---|---|
| 氯化银 | AgCl | $1.8\times10^{-10}$ | 9.74 | 硫氰酸亚铜 | CuSCN | $4.8\times10^{-15}$ | 14.32 |
| 溴化银 | AgBr | $5.4\times10^{-13}$ | 12.27 | 氢氧化铬 | $Cr(OH)_3$ | $6.3\times10^{-31}$ | 30.20 |
| 碘化银 | AgI | $8.5\times10^{-17}$ | 16.07 | 氢氧化亚铁 | $Fe(OH)_2$ | $4.9\times10^{-17}$ | 16.31 |
| 铬酸银 | $Ag_2CrO_4$ | $1.1\times10^{-12}$ | 11.96 | 氢氧化铁 | $Fe(OH)_3$ | $2.6\times10^{-39}$ | 38.59 |
| 碳酸银 | $Ag_2CO_3$ | $8.1\times10^{-12}$ | 11.09 | 硫化铁 | FeS | $3.7\times10^{-19}$ | 18.43 |
| 氰化银 | AgCN | $6.0\times10^{-17}$ | 16.22 | 氯化亚汞 | $Hg_2Cl_2$ | $2.0\times10^{-18}$ | 17.70 |
| 硫氰酸银 | AgSCN | $1.2\times10^{-12}$ | 11.92 | 溴化亚汞 | $Hg_2Br_2$ | $1.3\times10^{-21}$ | 20.89 |
| 氢氧化铝 | $Al(OH)_3$ | $1.3\times10^{-33}$ | 32.89 | 碘化亚汞 | $Hg_2I_2$ | $1.2\times10^{-28}$ | 27.92 |
| 碳酸银 | $Ag_2CO_3$ | $8.1\times10^{-12}$ | 11.09 | 硫化汞 | HgS(红) | $4.0\times10^{-53}$ | 52.40 |
| 碳酸钡 | $BaCO_3$ | $8.1\times10^{-9}$ | 8.09 | 硫化汞 | HgS(黑) | $1.6\times10^{-52}$ | 51.80 |
| 铬酸钡 | $BaCrO_4$ | $1.6\times10^{-10}$ | 9.80 | 磷酸铵镁 | $MgNH_4PO_4$ | $2.5\times10^{-13}$ | 12.60 |
| 氟化钡 | $BaF_2$ | $1.0\times10^{-6}$ | 6.00 | 碳酸镁 | $MgCO_3$ | $2.6\times10^{-5}$ | 4.59 |
| 硫酸钡 | $BaSO_4$ | $1.1\times10^{-10}$ | 9.96 | 氢氧化镁 | $Mg(OH)_2$ | $1.2\times10^{-11}$ | 10.92 |
| 碳酸钙 | $CaCO_3$ | $8.7\times10^{-9}$ | 8.06 | 氢氧化锰 | $Mn(OH)_2$ | $4.0\times10^{-14}$ | 13.40 |
| 草酸钙 | $CaC_2O_4$ | $2.6\times10^{-9}$ | 8.59 | 硫化锰 | MnS | $1.4\times10^{-15}$ | 14.85 |
| 氟化钙 | $CaF_2$ | $4.0\times10^{-11}$ | 10.40 | 碳酸铅 | $PbCO_3$ | $3.3\times10^{-14}$ | 13.48 |
| 硫酸钙 | $CaSO_4$ | $2.0\times10^{-4}$ | 3.70 | 氯化铅 | $PbCl_2$ | $1.6\times10^{-5}$ | 4.80 |
| 氢氧化钙 | $Ca(OH)_2$ | $5.0\times10^{-6}$ | 5.30 | 铬酸铅 | $PbCrO_4$ | $1.8\times10^{-14}$ | 13.74 |
| 硫化镉 | CdS | $3.6\times10^{-29}$ | 28.44 | 硫酸铅 | $PbSO_4$ | $1.6\times10^{-8}$ | 7.96 |
| 氢氧化镉 | $Cd(OH)_2$ | $2.5\times10^{-14}$ | 13.60 | 硫化铅 | PbS | $8.0\times10^{-28}$ | 27.47 |
| 氢氧化亚钴 | $Co(OH)_2$ | $1.6\times10^{-15}$ | 14.80 | 硫化锡 | SnS | $1.0\times10^{-25}$ | 25.00 |
| 氢氧化钴 | $Co(OH)_3$ | $2.0\times10^{-44}$ | 43.70 | 硫酸锶 | $SrSO_4$ | $1.1\times10^{-8}$ | 7.96 |
| 硫化铜 | CuS | $8.5\times10^{-45}$ | 44.07 | 碳酸锶 | $SrCO_3$ | $1.1\times10^{-10}$ | 9.96 |
| 氢氧化铜 | $Cu(OH)_2$ | $5.6\times10^{-20}$ | 19.25 | 氢氧化锌 | $Zn(OH)_2$ | $1.2\times10^{-17}$ | 16.92 |
| 碘化亚铜 | CuI | $5.1\times10^{-12}$ | 11.29 | 硫化锌 | α-ZnS | $1.6\times10^{-24}$ | 23.80 |
| 碳酸铜 | $CuCO_3$ | $1.4\times10^{-10}$ | 9.85 | 硫化锌 | β-ZnS | $2.5\times10^{-22}$ | 21.60 |

## 附表 6　元素的标准电极电势表(298.15 K)

1. 在酸性介质中

| 元素符号 | 电极反应式 | $\varphi^{\ominus}$/V |
|---|---|---|
| Ag | $AgI + e^- \rightleftharpoons Ag + I^-$ | −0.15 |
| | $AgBr + e^- \rightleftharpoons Ag + Br^-$ | 0.073 |
| | $AgCl + e^- \rightleftharpoons Ag + Cl^-$ | 0.22 |
| | $Ag_2CrO_4 + 2e^- \rightleftharpoons 2Ag + CrO_4^{2-}$ | 0.447 |
| | $Ag^+ + e^- \rightleftharpoons Ag$ | 0.799 6 |
| | $Ag^{2+} + e^- \rightleftharpoons Ag^+$ | 1.98 |
| Al | $[AlF_6]^{3-} + 3e^- \rightleftharpoons Al + 6F^-$ | −2.069 |
| | $Al^{3+} + 3e^- \rightleftharpoons Al$ | −1.662 |
| As | $As + 3H^+ + 3e^- \rightleftharpoons AsH_3$ | −0.608 |
| | $HAsO_2 + 3H^+ + 3e^- \rightleftharpoons As + 2H_2O$ | 0.248 |
| | $H_3AsO_4 + 2H^+ + 2e^- \rightleftharpoons HAsO_2 + 2H_2O$ | 0.56 |
| Au | $Au^+ + e^- \rightleftharpoons Au$ | 1.692 |
| | $[AuCl_4]^- + 3e^- \rightleftharpoons Au + 4Cl^-$ | 1.002 |
| | $Au^{3+} + 3e^- \rightleftharpoons Au$ | 1.498 |
| | $Au^{3+} + 2e^- \rightleftharpoons Au^+$ | 1.401 |
| B | $H_3BO_3 + 3H^+ + 3e^- \rightleftharpoons B + 3H_2O$ | −0.869 8 |
| Ba | $Ba^{2+} + 2e^- \rightleftharpoons Ba$ | −2.912 |
| Be | $Be^{2+} + 2e^- \rightleftharpoons Be$ | −1.847 |
| Bi | $BiOCl + 2H^+ + 3e^- \rightleftharpoons Bi + Cl^- + H_2O$ | 0.158 3 |
| | $BiO^+ + 2H^+ + 3e^- \rightleftharpoons Bi + H_2O$ | 0.32 |
| Br | $Br_2(l) + 2e^- \rightleftharpoons 2Br^-$ | 1.065 |
| | $HBrO + H^+ + e^- \rightleftharpoons 1/2Br_2(l) + H_2O$ | 1.574 |
| | $HBrO + H^+ + 2e^- \rightleftharpoons Br^- + H_2O$ | 1.331 |
| | $BrO_3^- + 6H^+ + 5e^- \rightleftharpoons 1/2Br_2(l) + 3H_2O$ | 1.482 |
| | $BrO_3^- + 6H^+ + 6e^- \rightleftharpoons Br^- + 3H_2O$ | 1.423 |
| C | $CO_2 + 2H^+ + 2e^- \rightleftharpoons CO + H_2O$ | −0.12 |
| | $2CO_2 + 2H^+ + 2e^- \rightleftharpoons H_2C_2O_4$ | −0.49 |
| Ca | $Ca^{2+} + 2e^- \rightleftharpoons Ca$ | −2.868 |
| Cd | $Cd^{2+} + 2e^- \rightleftharpoons Cd$ | −0.403 |

（续表）

| 元素符号 | 电极反应式 | $\varphi^{\ominus}/V$ |
| --- | --- | --- |
| Ce | $Ce^{3+}+3e^{-} \rightleftharpoons Ce$ | −2.336 |
| | $Ce^{4+}+e^{-} \rightleftharpoons Ce^{3+}$ | 1.72 |
| Cl | $Cl_2(g)+2e^{-} \rightleftharpoons 2Cl^{-}$ | 1.358 3 |
| | $HClO+H^{+}+e^{-} \rightleftharpoons 1/2Cl_2(g)+H_2O$ | 1.611 |
| | $HClO+H^{+}+2e^{-} \rightleftharpoons Cl^{-}+H_2O$ | 1.482 |
| | $HClO_2+2H^{+}+2e^{-} \rightleftharpoons HClO+H_2O$ | 1.645 |
| | $HClO_2+3H^{+}+4e^{-} \rightleftharpoons Cl^{-}+2H_2O$ | 1.57 |
| | $ClO_3^{-}+6H^{+}+5e^{-} \rightleftharpoons 1/2Cl_2(g)+3H_2O$ | 1.47 |
| | $ClO_3^{-}+6H^{+}+6e^{-} \rightleftharpoons Cl^{-}+3H_2O$ | 1.451 |
| | $ClO_3^{-}+3H^{+}+2e^{-} \rightleftharpoons HClO_2+H_2O$ | 1.214 |
| | $ClO_3^{-}+2H^{+}+e^{-} \rightleftharpoons ClO_2(g)+H_2O$ | 1.152 |
| | $ClO_4^{-}+8H^{+}+7e^{-} \rightleftharpoons 1/2Cl_2(g)+4H_2O$ | 1.39 |
| | $ClO_4^{-}+8H^{+}+8e^{-} \rightleftharpoons Cl^{-}+4H_2O$ | 1.389 |
| | $ClO_4^{-}+2H^{+}+2e^{-} \rightleftharpoons ClO_3^{-}+H_2O$ | 1.189 |
| Co | $Co^{2+}+2e^{-} \rightleftharpoons Co$ | −0.28 |
| Cr | $Cr^{2+}+2e^{-} \rightleftharpoons Cr$ | −0.913 |
| | $Cr^{3+}+3e^{-} \rightleftharpoons Cr$ | −0.744 |
| | $Cr^{3+}+e^{-} \rightleftharpoons Cr^{2+}$ | −0.407 |
| | $Cr_2O_7^{2+}+14H^{+}+6e^{-} \rightleftharpoons 2Cr^{3+}+7H_2O$ | 1.33 |
| | $HCrO_4^{-}+7H^{+}+3e^{-} \rightleftharpoons Cr^{3+}+4H_2O$ | 1.35 |
| Cu | $Cu^{+}+e^{-} \rightleftharpoons Cu$ | 0.521 |
| | $Cu^{2+}+2e^{-} \rightleftharpoons Cu$ | 0.3419 |
| | $Cu^{2+}+e^{-} \rightleftharpoons Cu^{+}$ | 0.153 |
| | $Cu^{2+}+I^{-}+e^{-} \rightleftharpoons CuI$ | 0.86 |
| F | $F_2+2e^{-} \rightleftharpoons 2F^{-}$ | 2.866 |
| | $F_2+2H^{+}+2e^{-} \rightleftharpoons 2HF$ | 3.053 |
| Fe | $Fe^{2+}+2e^{-} \rightleftharpoons Fe$ | −0.447 |
| | $Fe^{3+}+3e^{-} \rightleftharpoons Fe$ | −0.041 |
| | $Fe^{3+}+e^{-} \rightleftharpoons Fe^{2+}$ | 0.771 |
| | $FeO_4^{2-}+8H^{+}+3e^{-} \rightleftharpoons Fe^{3+}+4H_2O$ | 2.2 |

（续表）

| 元素符号 | 电极反应式 | $\varphi^{\ominus}/V$ |
| --- | --- | --- |
| H | $H_2(g)+2e^- \rightleftharpoons 2H^-$ | −2.23 |
| | $2H^+ +2e^- \rightleftharpoons H_2$ | 0 |
| Hg | $Hg_2I_2+2e^- \rightleftharpoons 2Hg+2I^-$ | −0.040 5 |
| | $Hg_2Cl_2+2e^- \rightleftharpoons 2Hg+2Cl^-$（饱和 KCl） | 0.268 1 |
| | $2HgCl_2+2e^- \rightleftharpoons Hg_2Cl_2+2Cl^-$ | 0.63 |
| | $Hg_2^{2+}+2e^- \rightleftharpoons 2Hg$ | 0.797 3 |
| | $Hg^{2+}+2e^- \rightleftharpoons Hg$ | 0.851 |
| | $2Hg^{2+}+2e^- \rightleftharpoons Hg_2^{2+}$ | 0.92 |
| I | $I_2+2e^- \rightleftharpoons 2I^-$ | 0.535 5 |
| | $I_3^-+2e^- \rightleftharpoons 3I^-$ | 0.536 |
| | $2HIO+2H^++2e^- \rightleftharpoons I_2+2H_2O$ | 1.439 |
| | $HIO+H^++2e^- \rightleftharpoons I^-+H_2O$ | 0.987 |
| | $2IO_3^-+12H^++10e^- \rightleftharpoons I_2+6H_2O$ | 1.195 |
| | $IO_3^-+6H^++6e^- \rightleftharpoons I^-+3H_2O$ | 1.085 |
| K | $K^++e^- \rightleftharpoons K$ | −2.931 |
| Li | $Li^++e^- \rightleftharpoons Li$ | −3.040 1 |
| Mg | $Mg^{2+}+2e^- \rightleftharpoons Mg$ | −2.372 |
| Mn | $Mn^{2+}+2e^- \rightleftharpoons Mn$ | −1.185 |
| | $Mn^{3+}+e^- \rightleftharpoons Mn^{2+}$ | 1.541 5 |
| | $MnO_2+4H^++2e^- \rightleftharpoons Mn^{2+}+2H_2O$ | 1.224 |
| | $MnO_4^-+8H^++5e^- \rightleftharpoons Mn^{2+}+4H_2O$ | 1.507 |
| | $MnO_4^-+4H^++3e^- \rightleftharpoons MnO_2+2H_2O$ | 1.679 |
| N | $N_2O+2H^++2e^- \rightleftharpoons N_2+H_2O$ | 1.766 |
| | $2NO+2H^++2e^- \rightleftharpoons N_2O+H_2O$ | 1.591 |
| | $2HNO_2+4H^++4e^- \rightleftharpoons H_2N_2O_2+2H_2O$ | 0.86 |
| | $2HNO_2+4H^++4e^- \rightleftharpoons N_2O+3H_2O$ | 1.297 |
| | $HNO_2+H^++e^- \rightleftharpoons NO(g)+H_2O$ | 0.983 |
| | $N_2O_4+4H^++4e^- \rightleftharpoons 2NO+2H_2O$ | 1.035 |
| | $N_2O_4+2H^++2e^- \rightleftharpoons 2HNO_2$ | 1.065 |
| | $NO_3^-+4H^++3e^- \rightleftharpoons NO(g)+2H_2O$ | 0.957 |

（续表）

| 元素符号 | 电极反应式 | $\varphi^{\ominus}/V$ |
|---|---|---|
| | $NO_3^- + 3H^+ + 2e^- \rightleftharpoons HNO_2 + H_2O$ | 0.934 |
| | $2NO_3^- + 4H^+ + 2e^- \rightleftharpoons N_2O_4(g) + 2H_2O$ | 0.803 |
| Na | $Na^+ + e^- \rightleftharpoons Na$ | −2.71 |
| Ni | $Ni^{2+} + 2e^- \rightleftharpoons Ni$ | −0.257 |
| | $NiO_2 + 4H^+ + 2e^- \rightleftharpoons Ni^{2+} + 2H_2O$ | 1.678 |
| O | $O_2(g) + 2H^+ + 2e^- \rightleftharpoons H_2O_2$ | 0.695 |
| | $O_2(g) + 4H^+ + 4e^- \rightleftharpoons 2H_2O$ | 1.229 |
| | $O_3 + 2H^+ + 2e^- \rightleftharpoons O_2 + H_2O$ | 2.076 |
| | $O(g) + 2H^+ + 2e^- \rightleftharpoons H_2O$ | 2.421 |
| | $H_2O_2 + 2H^+ + 2e^- \rightleftharpoons 2H_2O$ | 1.776 |
| | $F_2O + 2H^+ + 4e^- \rightleftharpoons H_2O + 2F^-$ | 2.153 |
| P | P(白)$+ 3H^+ + 3e^- \rightleftharpoons PH_3(g)$ | −0.063 |
| | $H_3PO_2 + H^+ + e^- \rightleftharpoons P + 2H_2O$ | −0.508 |
| | $H_3PO_3 + 2H^+ + 2e^- \rightleftharpoons H_3PO_2 + H_2O$ | −0.499 |
| | $H_3PO_4 + 2H^+ + 2e^- \rightleftharpoons H_3PO_3 + H_2O$ | −0.276 |
| Pb | $PbI_2 + 2e^- \rightleftharpoons Pb + 2I^-$ | −0.365 |
| | $PbSO_4 + 2e^- \rightleftharpoons Pb + SO_4^{2-}$ | −0.358 8 |
| | $PbCl_2 + 2e^- \rightleftharpoons Pb + 2Cl^-$ | −0.267 5 |
| | $Pb^{2+} + 2e^- \rightleftharpoons Pb$ | −0.126 2 |
| | $PbO_2 + 4H^+ + 2e^- \rightleftharpoons Pb^{2+} + 2H_2O$ | 1.455 |
| | $PbO_2 + SO_4^{2-} + 4H^+ + 2e^- \rightleftharpoons PbSO_4 + 2H_2O$ | 1.691 3 |
| Pd | $Pd^{2+} + 2e^- \rightleftharpoons Pd$ | 0.951 |
| Pt | $[PtCl_4]^{2-} + 2e^- \rightleftharpoons Pt + 4Cl^-$ | 0.755 |
| | $Pt^{2+} + 2e^- \rightleftharpoons Pt$ | 1.18 |
| | $[PtCl_6]^{2-} + 2e^- \rightleftharpoons [PtCl_4]^{2-} + 2Cl^-$ | 0.68 |
| S | $S + 2H^+ + 2e^- \rightleftharpoons H_2S(aq)$ | 0.142 |
| | $NO_3^- + 4H^+ + 3e^- \rightleftharpoons NO(g) + 2H_2O$ | 0.957 |
| | $S_4O_6^{2-} + 2e^- \rightleftharpoons 2S_2O_3^{2-}$ | 0.08 |
| | $H_2SO_3 + 4H^+ + 4e^- \rightleftharpoons S + 3H_2O$ | 0.449 |
| | $SO_4^{2-} + 4H^+ + 2e^- \rightleftharpoons H_2SO_3 + H_2O$ | 0.172 |

（续表）

| 元素符号 | 电极反应式 | $\varphi^{\ominus}$/V |
|---|---|---|
| | $S_2O_8^{2-}+2e^- \rightleftharpoons 2SO_4^{2-}$ | 2.01 |
| Sb | $Sb_2O_3+6H^++6e^- \rightleftharpoons 2Sb+3H_2O$ | 0.152 |
| | $SbO^++2H^++3e^- \rightleftharpoons Sb+H_2O$ | 0.212 |
| | $Sb_2O_5+6H^++4e^- \rightleftharpoons 2SbO^++3H_2O$ | 0.581 |
| Se | $Se+2H^-+2e^- \rightleftharpoons H_2Se(aq)$ | −0.399 |
| | $H_2SeO_3+4H^++4e^- \rightleftharpoons Se+3H_2O$ | 0.74 |
| | $SeO_4^{2-}+4H^++2e^- \rightleftharpoons H_2SeO_3+H_2O$ | 1.151 |
| Si | $[SiF_6]^{2-}+4e^- \rightleftharpoons Si+6F^-$ | −1.24 |
| | $SiO_2$(石英)$+4H^++4e^- \rightleftharpoons Si+2H_2O$ | 0.857 |
| Sn | $Sn^{2+}+2e^- \rightleftharpoons Sn$ | −0.137 5 |
| | $Sn^{4+}+2e^- \rightleftharpoons Sn^{2+}$ | 0.151 |
| Sr | $Sr^{2+}+2e^- \rightleftharpoons Sr$ | −2.89 |
| Ti | $Ti^{2+}+2e^- \rightleftharpoons Ti$ | −1.63 |
| | $Ti^{3+}+e^- \rightleftharpoons Ti^{2+}$ | −0.9 |
| | $TiO_2+4H^++4e^- \rightleftharpoons Ti+2H_2O$ | −0.86 |
| | $TiO^{2+}+2H^++e^- \rightleftharpoons Ti^{3+}+H_2O$ | 0.1 |
| Tl | $Tl^++e^- \rightleftharpoons Tl$ | −0.336 |
| | $Tl^{3+}+2e^- \rightleftharpoons Tl^+$ | 1.252 |
| V | $V^{3+}+e^- \rightleftharpoons V^{2+}$ | −0.255 |
| | $VO^{2+}+2H^++e^- \rightleftharpoons V^{3+}+H_2O$ | 0.337 |
| Zn | $Zn^{2+}+2e^- \rightleftharpoons Zn$ | −0.7618 |

2. 在碱性介质中

| 元素符号 | 电极反应式 | $\varphi^{\ominus}$/V |
|---|---|---|
| Ag | $Ag_2S+2e^- \rightleftharpoons 2Ag+S^{2-}$ | −0.691 |
| | $AgCN+e^- \rightleftharpoons Ag+CN^-$ | −0.017 |
| | $Ag_2O+H_2O+2e^- \rightleftharpoons 2Ag+2OH^-$ | 0.342 |
| | $[Ag(CN)_2]^-+e^- \rightleftharpoons Ag+2CN^-$ | −0.31 |
| | $[Ag(NH_3)_2]^++e^- \rightleftharpoons Ag+2NH_3$ | 0.373 |
| | $2AgO+H_2O+2e^- \rightleftharpoons Ag_2O+2OH^-$ | 0.607 |

（续表）

| 元素符号 | 电极反应式 | $\varphi^{\ominus}$/V |
|---|---|---|
| Al | $Al(OH)_3+3e^- \rightleftharpoons Al+3OH^-$ | −2.33 |
| As | $AsO_2^-+2H_2O+3e^- \rightleftharpoons As+4OH^-$ | −0.68 |
|  | $AsO_4^{3-}+2H_2O+2e^- \rightleftharpoons AsO_2^-+4OH^-$ | −0.71 |
| B | $H_2BO_3^-+H_2O+3e^- \rightleftharpoons B+4OH^-$ | −1.79 |
| Br | $BrO^-+H_2O+2e^- \rightleftharpoons Br^-+2OH^-$ | 0.761 |
|  | $BrO_3^-+3H_2O+6e^- \rightleftharpoons Br^-+6OH^-$ | 0.61 |
| Cl | $ClO^-+H_2O+2e^- \rightleftharpoons Cl^-+2OH^-$ | 0.841 |
|  | $ClO_2^-+H_2O+2e^- \rightleftharpoons ClO^-+2OH^-$ | 0.66 |
|  | $ClO_2(g)+e^- \rightleftharpoons ClO_2^-$ | 0.95 |
|  | $ClO_2^-+2H_2O+4e^- \rightleftharpoons Cl^-+4OH^-$ | 0.76 |
|  | $ClO_3^-+3H_2O+6e^- \rightleftharpoons Cl^-+6OH^-$ | 0.623 |
|  | $ClO_3^-+H_2O+2e^- \rightleftharpoons ClO_2^-+2OH^-$ | 0.33 |
|  | $ClO_4^-+H_2O+2e^- \rightleftharpoons ClO_3^-+2OH^-$ | 0.36 |
| Co | $Co(OH)_2+2e^- \rightleftharpoons Co+2OH^-$ | −0.73 |
|  | $[Co(NH_3)_6]^{3+}+e^- \rightleftharpoons [Co(NH_3)_6]^{2+}$ | 0.108 |
|  | $[Co(NH_3)_2]^{2+}+2e^- \rightleftharpoons Co+6NH_3$ | −0.422 |
| Cr | $Cr(OH)_3+3e^- \rightleftharpoons Cr+3OH^-$ | −1.48 |
|  | $CrO_2^-+2H_2O+3e^- \rightleftharpoons Cr+4OH^-$ | −1.20 |
|  | $CrO_4^{2-}+4H_2O+3e^- \rightleftharpoons Cr(OH)_3+5OH^-$ | −0.13 |
| Cu | $Cu_2O+H_2O+2e^- \rightleftharpoons 2Cu+2OH^-$ | −0.36 |
|  | $[Cu(NH_3)_2]^++e^- \rightleftharpoons Cu+2NH_3$ | −0.12 |
| Fe | $Fe(OH)_3+e^- \rightleftharpoons Fe(OH)_2+OH^-$ | −0.56 |
|  | $[Fe(CN)_6]^{3-}+e^- \rightleftharpoons [Fe(CN)_6]^{4-}$ | 0.358 |
| H | $2H_2O+2e^- \rightleftharpoons H_2+2OH^-$ | −0.8277 |
| I | $IO^-+H_2O+2e^- \rightleftharpoons I^-+2OH^-$ | 0.485 |
|  | $IO_3^-+3H_2O+6e^- \rightleftharpoons I^-+6OH^-$ | 0.26 |
|  | $H_3IO_6^{2-}+2e^- \rightleftharpoons IO_3^-+3OH^-$ | 0.70 |
| Mg | $Mg(OH)_2+2e^- \rightleftharpoons Mg+2OH^-$ | −2.69 |

（续表）

| 元素符号 | 电极反应式 | $\varphi^{\ominus}$/V |
|---|---|---|
| Mn | $Mn(OH)_2+2e^- \rightleftharpoons Mn+2OH^-$ | −1.56 |
| | $MnO_4^{2-}+2H_2O+2e^- \rightleftharpoons MnO_2+4OH^-$ | 0.60 |
| | $MnO_4^-+2H_2O+3e^- \rightleftharpoons MnO_2+4OH^-$ | 0.595 |
| | $MnO_4^-+e^- \rightleftharpoons MnO_4^{2-}$ | 0.558 |
| N | $NO_2^-+H_2O+e^- \rightleftharpoons NO+2OH^-$ | −0.46 |
| | $NO_3^-+H_2O+2e^- \rightleftharpoons NO_2^-+2OH^-$ | 0.01 |
| | $2NO_3^-+2H_2O+2e^- \rightleftharpoons N_2O_4+4OH^-$ | −0.85 |
| O | $O_2+H_2O+2e^- \rightleftharpoons HO_2^-+OH^-$ | −0.076 |
| | $O_2+2H_2O+4e^- \rightleftharpoons 4OH^-$ | 0.401 |
| | $O_3+H_2O+2e^- \rightleftharpoons O_2+2OH^-$ | 1.24 |
| P | $P+3H_2O+3e^- \rightleftharpoons PH_3(g)+3OH^-$ | −0.87 |
| | $PO_4^{3-}+2H_2O+2e^- \rightleftharpoons HPO_3^{2-}+3OH^-$ | −1.05 |
| | $HPO_3^{2-}+2H_2O+2e^- \rightleftharpoons H_2PO_2^-+3OH^-$ | −1.65 |
| | $H_2PO_2^-+e^- \rightleftharpoons P+2OH^-$ | −1.82 |
| | $HPO_3^{2-}+2H_2O+3e^- \rightleftharpoons P+5OH^-$ | −1.71 |
| Pb | $PbO_2+H_2O+2e^- \rightleftharpoons PbO+2OH^-$ | 0.247 |
| S | $S+2e^- \rightleftharpoons S^{2-}$ | −0.476 27 |
| | $S_4O_6^{2-}+2e^- \rightleftharpoons 2S_2O_3^{2-}$ | 0.08 |
| | $2SO_3^{2-}+3H_2O+4e^- \rightleftharpoons S_2O_3^{2-}+6OH^-$ | −0.58 |
| Si | $SiO_3^{2-}+3H_2O+4e^- \rightleftharpoons Si+6OH^-$ | −1.697 |
| Sn | $HSnO_2^-+H_2O+2e^- \rightleftharpoons Sn+3OH^-$ | −0.909 |
| | $[Sn(OH)_6]^{2-}+2e^- \rightleftharpoons HSnO_2^-+H_2O+3OH^-$ | −0.93 |
| Zn | $Zn(OH)_2+2e^- \rightleftharpoons Zn+2OH^-$ | −1.249 |
| | $ZnO_2^{2-}+2H_2O+2e^- \rightleftharpoons Zn+4OH^-$ | −1.215 |
| | $[Zn(CN)_4]^{2-}+2e^- \rightleftharpoons Zn+4CN^-$ | −1.26 |
| | $[Zn(NH_3)_4]^{2+}+2e^- \rightleftharpoons Zn+4NH_3$ | −1.04 |

附表 7　常见配离子的稳定常数(298.15 K)

| 配离子化学式 | $K_s^\ominus$ | $\lg K_s^\ominus$ | 配离子化学式 | $K_s^\ominus$ | $\lg K_s^\ominus$ |
|---|---|---|---|---|---|
| $[Ag(CN)_2]^-$ | $1.3\times10^{21}$ | 21.11 | $[Cu(NH_3)_2]^+$ | $7.2\times10^{10}$ | 10.86 |
| $[Ag(NH_3)_2]^+$ | $1.1\times10^{7}$ | 7.04 | $[Cu(NH_3)_4]^{2+}$ | $2.1\times10^{13}$ | 13.32 |
| $[Ag(SCN)_2]^-$ | $3.7\times10^{7}$ | 7.57 | $[Cu(en)_2]^{2+}$ | $1.0\times10^{20}$ | 20.00 |
| $[Ag(S_2O_3)_2]^{3-}$ | $2.9\times10^{13}$ | 13.46 | $[Fe(CN)_6]^{4-}$ | $1.0\times10^{35}$ | 35.00 |
| $[Al(C_2O_4)_3]^{3-}$ | $2.0\times10^{16}$ | 16.30 | $[Fe(CN)_6]^{3-}$ | $1.0\times10^{42}$ | 42.00 |
| $[AlF_6]^{3-}$ | $6.9\times10^{19}$ | 19.84 | $[Fe(C_2O_4)_3]^{3-}$ | $2.0\times10^{20}$ | 20.30 |
| $[Cd(CN)_4]^{2-}$ | $6.0\times10^{18}$ | 18.84 | $[Fe(SCN)]^{2+}$ | 138 | 2.14 |
| $[CdCl_4]^{2-}$ | $6.3\times10^{12}$ | 12.80 | $[FeF_6]^{3-}$ | $1.0\times10^{16}$ | 16.00 |
| $[Cd(NH_3)_4]^{2+}$ | $1.3\times10^{7}$ | 7.11 | $[HgCl_4]^{2-}$ | $1.2\times10^{15}$ | 15.08 |
| $[Cd(SCN)_4]^{2-}$ | $4.0\times10^{3}$ | 3.60 | $[Hg(CN)_4]^{2-}$ | $2.5\times10^{41}$ | 41.40 |
| $[Co(NH_3)_6]^{2+}$ | $1.3\times10^{5}$ | 5.11 | $[HgI_4]^{2-}$ | $6.8\times10^{29}$ | 29.83 |
| $[Co(SCN)_4]^{2-}$ | $1.0\times10^{3}$ | 3.00 | $[Hg(NH_3)_4]^{2+}$ | $1.9\times10^{19}$ | 19.28 |
| $[Cu(CN)_2]^-$ | $1.0\times10^{24}$ | 24.00 | $[Ni(CN)_4]^{2-}$ | $2.0\times10^{31}$ | 31.30 |
| $[Cu(CN)_4]^{3-}$ | $2.0\times10^{30}$ | 30.30 | $[Ni(NH_3)_4]^{2+}$ | $9.1\times10^{7}$ | 7.96 |
| $[Pb(Ac)_4]^{2-}$ | $3.0\times10^{8}$ | 8.48 | $[CdY]^{2-}$ | $2.9\times10^{16}$ | 16.46 |
| $Pb(CN)_4^{2-}$ | $1.0\times10^{11}$ | 11.00 | $[FeY]^-$ | $1.3\times10^{25}$ | 25.11 |
| $[Zn(CN)_4]^{2-}$ | $5.0\times10^{16}$ | 16.70 | $[FeY]^{2-}$ | $2.1\times10^{14}$ | 14.32 |
| $[Zn(C_2O_4)_2]^{2-}$ | $4.0\times10^{7}$ | 7.60 | $[HgY]^{2-}$ | $5.0\times10^{21}$ | 21.70 |
| $[Zn(OH)_4]^{2-}$ | $4.6\times10^{17}$ | 17.66 | $[MgY]^{2-}$ | $5.0\times10^{8}$ | 8.70 |
| $[Zn(NH_3)_4]^{2+}$ | $2.9\times10^{9}$ | 9.46 | $[MnY]^{2-}$ | $7.4\times10^{13}$ | 13.87 |
| $[AgY]^{3-}$ | $2.1\times10^{7}$ | 7.32 | $[NiY]^{2-}$ | $4.2\times10^{18}$ | 18.62 |
| $[AlY]^-$ | $3.0\times10^{8}$ | 8.48 | $[PdY]^{2-}$ | $3.2\times10^{18}$ | 18.50 |
| $[BiY]^-$ | $8.7\times10^{27}$ | 27.94 | $[PbY]^{2-}$ | $1.1\times10^{18}$ | 18.04 |
| $[CaY]^{2-}$ | $4.9\times10^{10}$ | 10.69 | $[SnY]^{2-}$ | $1.3\times10^{22}$ | 22.11 |
| $[CoY]^{2-}$ | $2.0\times10^{16}$ | 16.30 | $[ZnY]^{2-}$ | $3.2\times10^{16}$ | 16.50 |
| $[CuY]^{2-}$ | $6.3\times10^{18}$ | 18.80 | | | |

## 附表 8　元素的原子半径/pm

| | | | | | | | | | | | | | | | | | |
|---|---|---|---|---|---|---|---|---|---|---|---|---|---|---|---|---|---|
| H 32 | | | | | | | | | | | | | | | | | He 93 |
| Li 123 | Be 89 | | | | | | | | | | | B 82 | C 77 | N 70 | O 66 | F 64 | Ne 112 |
| Na 154 | Mg 136 | | | | | | | | | | | Al 118 | Si 117 | P 110 | S 104 | Cl 99 | Ar 154 |
| K 203 | Ca 174 | Sc 144 | Ti 132 | V 122 | Cr 118 | Mn 117 | Fe 117 | Co 116 | Ni 115 | Cu 117 | Zn 125 | Ga 126 | Ge 122 | As 121 | Se 117 | Br 114 | Kr 169 |
| Rb 216 | Sr 191 | Y 162 | Zr 145 | Nb 134 | Mo 130 | Tc 127 | Ru 125 | Rh 125 | Pd 128 | Ag 134 | Cd 148 | In 144 | Sn 140 | Sb 141 | Te 137 | I 133 | Xe 190 |
| Cs 235 | Ba 198 | Lu 158 | Hf 144 | Ta 134 | W 130 | Re 128 | Os 126 | Ir 127 | Pt 130 | Au 134 | Hg 144 | Tl 148 | Pb 147 | Bi 146 | Po 146 | At 145 | Rn 220 |

| | | | | | | | | | | | | | |
|---|---|---|---|---|---|---|---|---|---|---|---|---|---|
| La 169 | Ce 165 | Pr 164 | Nb 164 | Pm 163 | Sm 162 | Eu 185 | Gd 162 | Tb 161 | Dy 160 | Ho 158 | Er 158 | Tm 158 | Yb 170 |

附表 9 常见元素的第一电离能数据/(kJ · $mol^{-1}$)

| | | | | | | | | | | | | | | | | | |
|---|---|---|---|---|---|---|---|---|---|---|---|---|---|---|---|---|---|
| H<br>1 312 | | | | | | | | | | | | | | | | | He<br>2 372 |
| Li<br>520 | Be<br>900 | | | | | | | | | | | B<br>801 | C<br>1 086 | N<br>1 402 | O<br>1 314 | F<br>1 681 | Ne<br>2 081 |
| Na<br>496 | Mg<br>738 | | | | | | | | | | | Al<br>578 | Si<br>787 | P<br>1 012 | S<br>1 000 | Cl<br>1 251 | Ar<br>1 521 |
| K<br>419 | Ca<br>590 | Sc<br>631 | Ti<br>658 | V<br>650 | Cr<br>653 | Mn<br>717 | Fe<br>759 | Co<br>758 | Ni<br>737 | Cu<br>746 | Zn<br>906 | Ga<br>579 | Ge<br>762 | As<br>944 | Se<br>941 | Br<br>1 140 | Kr<br>1 351 |
| Rb<br>403 | Sr<br>550 | Y<br>616 | Zr<br>660 | Nb<br>664 | Mo<br>685 | Tc<br>702 | Ru<br>711 | Rh<br>720 | Pd<br>805 | Ag<br>731 | Cd<br>868 | In<br>558 | Sn<br>709 | Sb<br>832 | Te<br>869 | I<br>1 008 | Xe<br>1 170 |
| Cs<br>376 | Ba<br>503 | La<br>538 | Hf<br>654 | Ta<br>761 | W<br>770 | Re<br>760 | Os<br>840 | Ir<br>880 | Pt<br>870 | Au<br>890 | Hg<br>1 007 | Tl<br>589 | Pb<br>716 | Bi<br>703 | Po<br>812 | At<br>912 | Rn<br>4 073 |

**附表 10 元素的电负性**

| H 2.2 | | | | | | | | | | | | | | | | |
|---|---|---|---|---|---|---|---|---|---|---|---|---|---|---|---|---|
| Li 1.0 | Be 1.6 | | | | | | | | | | | B 2.0 | C 2.6 | N 3.0 | O 3.4 | F 4.0 |
| Na 0.9 | Mg 1.3 | | | | | | | | | | | Al 1.6 | Si 1.9 | P 2.2 | S 2.6 | Cl 3.2 |
| K 0.8 | Ca 1.0 | Sc 1.4 | Ti 1.6 | V 1.7 | Cr 1.7 | Mn 1.6 | Fe 1.8 | Co 1.9 | Ni 1.9 | Cu 1.9 | Zn 1.7 | Ga 1.8 | Ge 2.0 | As 2.2 | Se 2.6 | Br 3.0 |
| Rb 0.8 | Sr 1.0 | Y 1.2 | Zr 1.3 | Nb 1.6 | Mo 2.2 | Tc 1.9 | Ru 2.2 | Rh 2.2 | Pd 2.2 | Ag 1.9 | Cd 1.7 | In 1.8 | Sn 2.0 | Sb 2.1 | Te 2.1 | I 2.7 |
| Cs 0.8 | Ba 0.9 | Lu 1.3 | Hf 1.3 | Ta 1.5 | W 2.4 | Re 1.9 | Os 2.2 | Ir 2.2 | Pt 2.3 | Au 2.5 | Hg 2.0 | Tl 2.0 | Pb 2.3 | Bi 2.0 | Po 2.0 | At 2.2 |
| Fr 0.7 | Ra 0.9 | | | | | | | | | | | | | | | |

# 参考书目

[1] 傅献彩.大学化学[M].北京:高等教育出版社,2008.
[2] 赵士铎.普通化学[M].北京:中国农业出版社,2007.
[3] 卜平宇,夏泉.普通化学[M].北京:科学出版社,2006.
[4] 逄忠孔.普通化学[M].北京:新华出版社,2004.
[5] 钟国清.大学基础化学[M].北京:科学出版社,2003.
[6] 陈虹锦.无机及分析化学[M].北京:科学出版社,2002.
[7] 冯辉霞.无机及分析化学[M].武汉:华中科技大学出版社,2008.
[8] 朱灵峰.分析化学[M].北京:中国农业出版社,2002.
[9] 李建颖.分析化学学习指导与习题精解[M].天津:南开大学出版社,2004.
[10] 贾之慎.无机及分析化学[M].北京:高等教育出版社,2009.
[11] 浙江大学.无机及分析化学学习指导[M].北京:高等教育出版社,2004.
[12] 武汉大学.分析化学[M].北京:高等教育出版社,2000.
[13] 王金胜.基础生物化学[M].北京:中国林业出版社,2006.
[14] 呼世斌,翟彤宇.无机及分析化学[M].北京:高等教育出版社,2010.
[15] 王世华,刘玉鑫.工科基础化学知识板块设计初探[J].大学化学,2005,20(3):24-27.
[16] 韩峻,李玉卿,等.几种常用植物教学标本的制作方法[J].云南中医学院学报,2006,29(2):31-34.
[17] 刘晓霞,张金环.植物标本的采集、制作与保存[J].陕西农业科学,2008,25(1):223-224.
[18] 黄肇宇,蒋波,等.植物标本原色泽的保存技术研究[J].玉林师范学院学报(自然科学),2006,27(3):126-128.
[19] 李晖.配位化学(双语版)[M].北京:化学工业出版社,2006.
[20] 孟长功.大学普通化学(第六版)[M].大连:大连理工大学出版社,2007.
[21] 寇元.魅力化学[M].北京:北京大学出版社,2010.
[22] 赵雷洪,竺丽英.生活中的化学[M].杭州:浙江大学出版社,2010.
[23] 甘道初.化学大渗透[M].北京:中国青年出版社,1987.
[24] 任丽萍.普通化学[M].北京:高等教育出版社,2006.
[25] 虎玉森.普通化学学习指导[M].北京:高等教育出版社,2007.
[26] 唐有祺,王夔.化学与社会[M].北京:高等教育出版社,2000.
[27] 大连理工大学无机化学教研室.无机化学[M].北京:高等教育出版社,2006.